최상위 수학S를 위한 특별 학습 서비스

문제풀이 동영상
MATH MASTER 전 문항

상위권 학습 자료
상위권 단원평가+경시 기출문제(디딤돌 홈페이지 www.didimdol.co.kr)

최상위 수학 S 6-1

펴낸날 [개정판 1쇄] 2022년 8월 15일 [개정판 6쇄] 2024년 8월 27일
펴낸이 이기열
펴낸곳 (주)디딤돌 교육
주소 (03972) 서울특별시 마포구 월드컵북로 122 청원선와이즈타워
대표전화 02-3142-9000
구입문의 02-322-8451
내용문의 02-323-9166
팩시밀리 02-338-3231
홈페이지 www.didimdol.co.kr
등록번호 제10-718호
구입한 후에는 철회되지 않으며 잘못 인쇄된 책은 바꾸어 드립니다.

최상위 수학S 6·1 학습 스케줄표

짧은 기간에 집중력 있게 한 학기 과정을 학습할 수 있도록 설계하였습니다.
방학 때 미리 공부하고 싶다면 8주 완성 과정을 이용하세요.

공부한 날짜를 쓰고 하루 분량 학습을 마친 후, 부모님께 확인 check☑를 받으세요.

주	1일차	2일차	3일차	4일차	5일차
1주	월 일	월 일	월 일	월 일	월 일
	1. 분수의 나눗셈				
	8~11쪽 ☐	12~15쪽 ☐	16~19쪽 ☐	20~23쪽 ☐	24~27쪽 ☐
2주	월 일	월 일	월 일	월 일	월 일
	1. 분수의 나눗셈	2. 각기둥과 각뿔			
	28~30쪽 ☐	32~37쪽 ☐	38~41쪽 ☐	42~45쪽 ☐	46~49쪽 ☐
3주	월 일	월 일	월 일	월 일	월 일
	2. 각기둥과 각뿔		3. 소수의 나눗셈		
	50~53쪽 ☐	54~56쪽 ☐	58~63쪽 ☐	64~67쪽 ☐	68~71쪽 ☐
4주	월 일	월 일	월 일	월 일	월 일
	3. 소수의 나눗셈			4. 비와 비율	
	72~75쪽 ☐	76~79쪽 ☐	80~82쪽 ☐	84~87쪽 ☐	88~89쪽 ☐

공부를 잘 하는 학생들의 좋은 습관 8가지

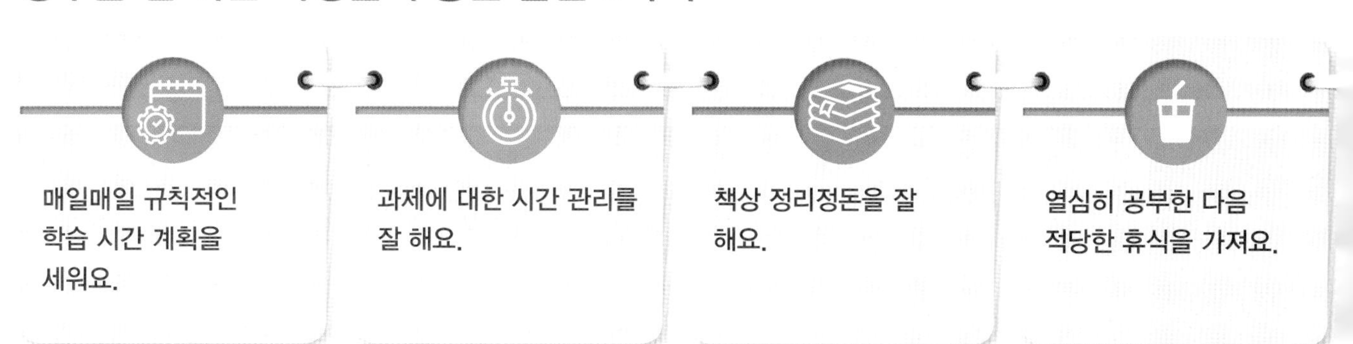
매일매일 규칙적인 학습 시간 계획을 세워요.
과제에 대한 시간 관리를 잘 해요.
책상 정리정돈을 잘 해요.
열심히 공부한 다음 적당한 휴식을 가져요.

자르는 선 ✂

5주	월 일	월 일	월 일	월 일	월 일
	4. 비와 비율				
	90~93쪽 ☐	94~97쪽 ☐	98~101쪽 ☐	102~105쪽 ☐	106~108쪽 ☐

6주	월 일	월 일	월 일	월 일	월 일
	5. 여러 가지 그래프				
	110~113쪽 ☐	114~117쪽 ☐	118~121쪽 ☐	122~125쪽 ☐	126~131쪽 ☐

7주	월 일	월 일	월 일	월 일	월 일
	5. 여러 가지 그래프		6. 직육면체의 부피와 겉넓이		
	132~134쪽 ☐	135~136쪽 ☐	138~141쪽 ☐	142~143쪽 ☐	144~147쪽 ☐

8주	월 일	월 일	월 일	월 일	월 일
	6. 직육면체의 부피와 겉넓이				
	148~151쪽 ☐	152~155쪽 ☐	156~159쪽 ☐	160~163쪽 ☐	164~166쪽 ☐

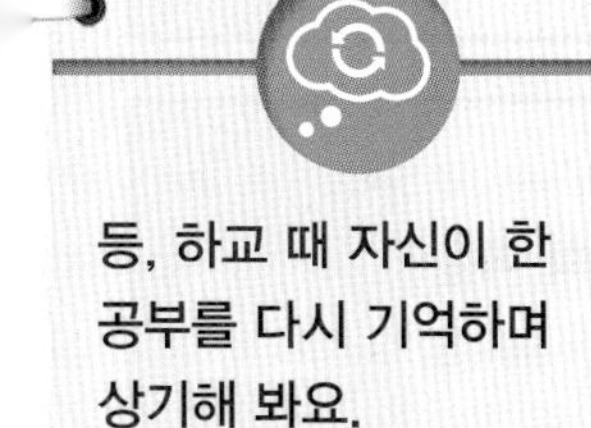

등, 하교 때 자신이 한
공부를 다시 기억하며
상기해 봐요.

모르는 부분에 대한
질문을 잘 해요.

수학 문제를 푼 다음
틀린 문제는 반드시 오답
노트를 만들어요.

자신만의 노트 필기법이
있어요.

초등 6·1

상위권의 기준

최상위 수학 S

디딤돌

상위권의 힘, 느낌!

처음 자전거를 배울 때, 설명만 듣고 탈 수는 없습니다.
하지만, 직접 자전거를 타고 넘어져 가며
방법을 몸으로 느끼고 나면
나는 이제 '자전거를 탈 수 있는 사람'이 됩니다.
그리고 평생 자전거를 탈 수 있습니다.

수학을 배우는 것도 꼭 이와 같습니다.
자세한 설명, 반복학습 모두 필요하지만
가장 중요한 것은 "느꼈는가"입니다.
느껴야 이해할 수 있고,
이해해야 평생 '수학을 할 수 있는 사람'이 됩니다.

"최상위 수학 S는
수학에 대한 느낌과 이해를 통해
중고등까지 상위권이 될 수 있는 힘을 길러줍니다."

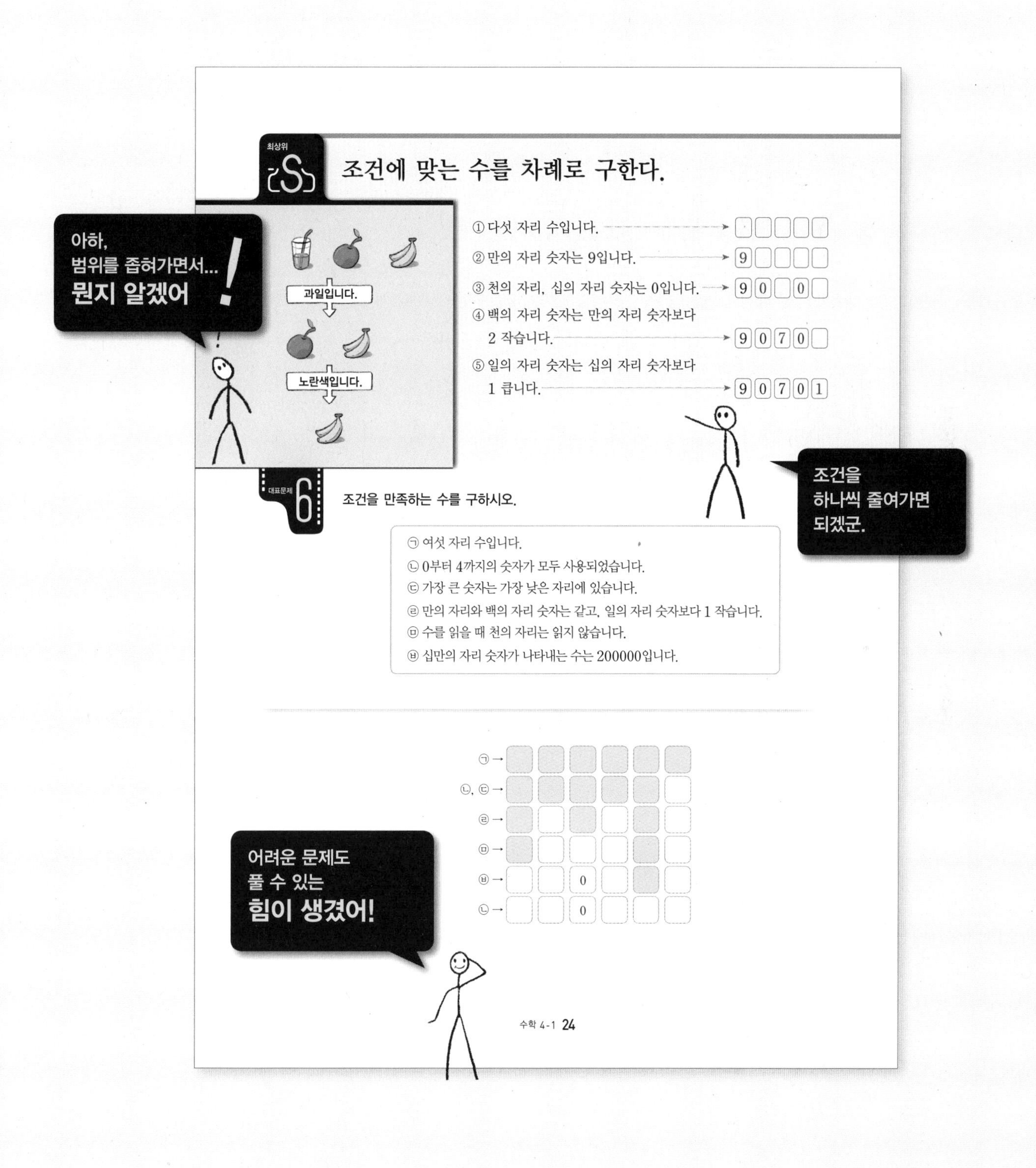

최상위 S

조건에 맞는 수를 차례로 구한다.

과일입니다.
노란색입니다.
아하, 범위를 좁혀가면서... 뭔지 알겠어!

① 다섯 자리 수입니다. → □□□□□

② 만의 자리 숫자는 9입니다. → 9□□□□

③ 천의 자리, 십의 자리 숫자는 0입니다. → 90□0□

④ 백의 자리 숫자는 만의 자리 숫자보다 2 작습니다. → 9070□

⑤ 일의 자리 숫자는 십의 자리 숫자보다 1 큽니다. → 90701

조건을 하나씩 줄여가면 되겠군.

대표문제 6

조건을 만족하는 수를 구하시오.

㉠ 여섯 자리 수입니다.
㉡ 0부터 4까지의 숫자가 모두 사용되었습니다.
㉢ 가장 큰 숫자는 가장 낮은 자리에 있습니다.
㉣ 만의 자리와 백의 자리 숫자는 같고, 일의 자리 숫자보다 1 작습니다.
㉤ 수를 읽을 때 천의 자리는 읽지 않습니다.
㉥ 십만의 자리 숫자가 나타내는 수는 200000입니다.

㉠ →
㉡, ㉢ →
㉣ →
㉤ →
㉥ → 0
㉡ → 0
어려운 문제도 풀 수 있는 힘이 생겼어!

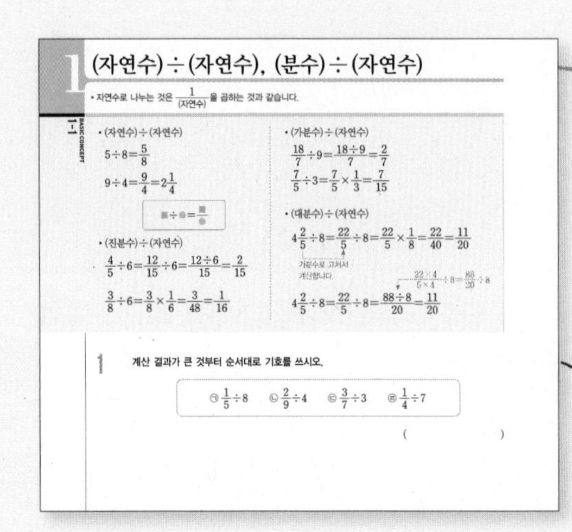

1 (자연수)÷(자연수), (분수)÷(자연수)

• 자연수로 나누는 것은 $\frac{1}{(\text{자연수})}$을 곱하는 것과 같습니다.

1-1 BASIC CONCEPT

• (자연수)÷(자연수)

$5\div8=\frac{5}{8}$

$9\div4=\frac{9}{4}=2\frac{1}{4}$

■÷●=$\frac{■}{●}$

• (진분수)÷(자연수)

$\frac{4}{5}\div6=\frac{12}{15}\div6=\frac{12\div6}{15}=\frac{2}{15}$

$\frac{3}{8}\div6=\frac{3}{8}\times\frac{1}{6}=\frac{3}{48}=\frac{1}{16}$

• (가분수)÷(자연수)

$\frac{18}{7}\div9=\frac{18\div9}{7}=\frac{2}{7}$

$\frac{7}{5}\div3=\frac{7}{5}\times\frac{1}{3}=\frac{7}{15}$

• (대분수)÷(자연수)

$4\frac{2}{5}\div8=\frac{22}{5}\div8=\frac{22}{5}\times\frac{1}{8}=\frac{22}{40}=\frac{11}{20}$

가분수로 고쳐서 계산합니다.

$\frac{22\times4}{5\times4}\div8=\frac{88}{20}\div8$

$4\frac{2}{5}\div8=\frac{22}{5}\div8=\frac{88\div8}{20}=\frac{11}{20}$

1 계산 결과가 큰 것부터 순서대로 기호를 쓰시오.

㉠ $\frac{1}{5}\div8$ ㉡ $\frac{2}{9}\div4$ ㉢ $\frac{3}{7}\div3$ ㉣ $\frac{1}{4}\div7$

(　　　　　　)

교과서 개념부터
심화 · 중등개념까지!

수학을 느껴야
이해할 수 있고

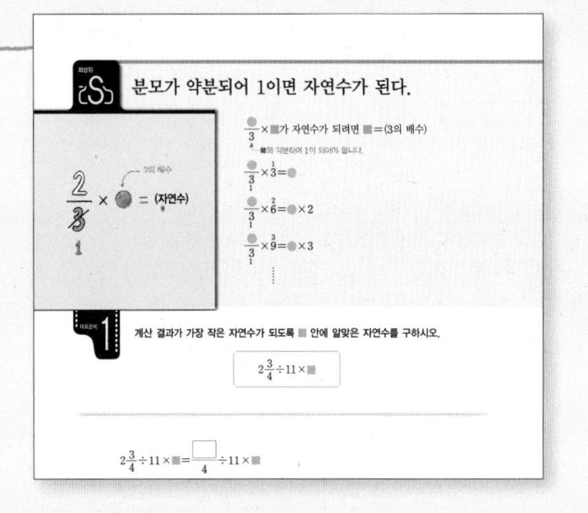

최상위 S

분모가 약분되어 1이면 자연수가 된다.

$\frac{2}{3}\times$ ● = (자연수)

3의 배수

$\frac{●}{3}\times$■가 자연수가 되려면 ■=(3의 배수)

■와 약분하여 1이 되어야 합니다.

$\frac{●}{3}\times3=$●

$\frac{●}{3}\times6=$●$\times2$

$\frac{●}{3}\times9=$●$\times3$

⋮

대표문제 1 계산 결과가 가장 작은 자연수가 되도록 ■ 안에 알맞은 자연수를 구하시오.

$2\frac{3}{4}\div11\times$■

$2\frac{3}{4}\div11\times$■$=\frac{\square}{4}\div11\times$■

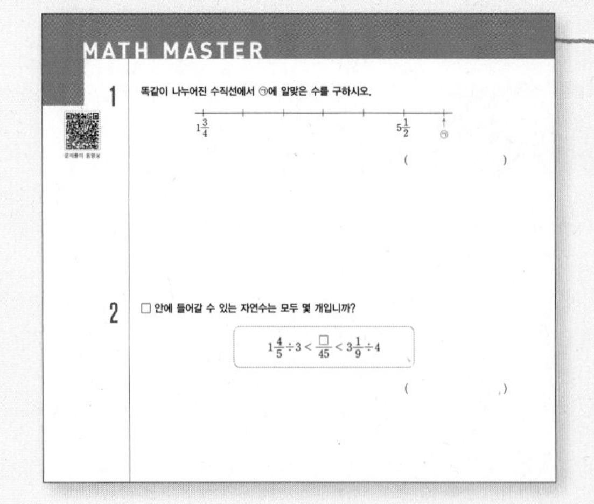

MATH MASTER

1 똑같이 나누어진 수직선에서 ㉠에 알맞은 수를 구하시오.

$1\frac{3}{4}$ $5\frac{1}{2}$ ㉠

(　　　　　　)

2 □ 안에 들어갈 수 있는 자연수는 모두 몇 개입니까?

$1\frac{4}{5}\div3<\frac{\square}{45}<3\frac{1}{9}\div4$

(　　　　　　)

이해해야
어떤 문제라도
풀 수 있습니다.

C O N T E N T S

1
분수의 나눗셈

1 (자연수)÷(자연수), (분수)÷(자연수)

• 자연수로 나누는 것은 $\frac{1}{(\text{자연수})}$을 곱하는 것과 같습니다.

1-1 BASIC CONCEPT

• (자연수)÷(자연수)

$5 \div 8 = \frac{5}{8}$

$9 \div 4 = \frac{9}{4} = 2\frac{1}{4}$

$■ \div ● = \frac{■}{●}$

• (진분수)÷(자연수)

$\frac{4}{5} \div 6 = \frac{12}{15} \div 6 = \frac{12 \div 6}{15} = \frac{2}{15}$

$\frac{3}{8} \div 6 = \frac{3}{8} \times \frac{1}{6} = \frac{3}{48} = \frac{1}{16}$

• (가분수)÷(자연수)

$\frac{18}{7} \div 9 = \frac{18 \div 9}{7} = \frac{2}{7}$

$\frac{7}{5} \div 3 = \frac{7}{5} \times \frac{1}{3} = \frac{7}{15}$

• (대분수)÷(자연수)

$4\frac{2}{5} \div 8 = \frac{22}{5} \div 8 = \frac{22}{5} \times \frac{1}{8} = \frac{22}{40} = \frac{11}{20}$

가분수로 고쳐서 계산합니다.

$\frac{22 \times 4}{5 \times 4} \div 8 = \frac{88}{20} \div 8$

$4\frac{2}{5} \div 8 = \frac{22}{5} \div 8 = \frac{88 \div 8}{20} = \frac{11}{20}$

1 계산 결과가 큰 것부터 순서대로 기호를 쓰시오.

㉠ $\frac{1}{5} \div 8$　　㉡ $\frac{2}{9} \div 4$　　㉢ $\frac{3}{7} \div 3$　　㉣ $\frac{1}{4} \div 7$

(　　　　　　　　)

2 무게가 같은 사과 6개의 무게는 $3\frac{3}{5}$ kg입니다. 사과 한 개의 무게는 몇 kg입니까?

(　　　　　　　　)

1-2 BASIC CONCEPT

1과 나눗셈의 몫의 크기 비교

■÷▲에서

① ■>▲ ➡ 몫이 1보다 큽니다.

예 $7 \div 3 = \frac{7}{3} = 2\frac{1}{3} > 1$

② ■<▲ ➡ 몫이 1보다 작습니다.

예 $2 \div 5 = \frac{2}{5} < 1$

3 나눗셈의 몫이 1보다 큰 것을 찾아 기호를 쓰시오.

㉠ $5 \div 7$ ㉡ $8 \div 15$ ㉢ $12 \div 11$ ㉣ $18 \div 25$

( )

4 나눗셈의 몫이 $\frac{1}{2}$보다 큰 것을 모두 찾아 기호를 쓰시오.

㉠ $3\frac{4}{7} \div 6$ ㉡ $\frac{7}{3} \div 5$ ㉢ $3 \div 8$ ㉣ $6\frac{3}{4} \div 12$

( )

1-3 BASIC CONCEPT

몫이 가장 크거나 작은 (진분수)÷(자연수) 만들기

① 몫이 가장 큰 (진분수)÷(자연수)
가장 작은 수를 나누는 수로 놓고, 나머지 수로 진분수를 만듭니다.

예 2, 3, 5 ➡ $\frac{3}{5} \div 2 = \frac{3}{5} \times \frac{1}{2} = \frac{3}{10}$

② 몫이 가장 작은 (진분수)÷(자연수)
가장 큰 수를 나누는 수로 놓고, 나머지 수로 진분수를 만듭니다.

예 2, 3, 5 ➡ $\frac{2}{3} \div 5 = \frac{2}{3} \times \frac{1}{5} = \frac{2}{15}$

5 4장의 수 카드 2, 4, 5, 7을 한 번씩만 사용하여 (대분수)÷(자연수)를 만들려고 합니다. 몫이 가장 작을 때의 나눗셈식의 몫을 기약분수로 나타내어 보시오.

( )

2 분수와 자연수의 혼합 계산

• 세 수의 계산은 두 수를 연달아 계산하는 것과 같습니다.
• 곱셈과 나눗셈이 섞인 식은 순서를 바꾸어 계산할 수 없습니다.

BASIC CONCEPT 2-1

진분수와 자연수의 혼합 계산

방법1 앞에서부터 두 수씩 계산하기

$$\frac{5}{\cancel{12}_{4}}\times\cancel{15}^{5}\div10=\frac{25}{4}\div10=\frac{50}{8}\div10$$
$$=\frac{50\div10}{8}=\frac{5}{8}$$

방법2 세 수를 한꺼번에 계산하기

$$\frac{5}{12}\times15\div10=\frac{\cancel{5}^{1}}{\cancel{12}_{4}}\times\cancel{15}^{5}\times\frac{1}{\cancel{10}_{2}}$$
$$=\frac{5}{8}$$

대분수와 자연수의 혼합 계산

방법1 앞에서부터 두 수씩 계산하기

$$1\frac{3}{11}\div7\times22=\frac{14\div7}{11}\times22$$
$$=\frac{2}{\cancel{11}_{1}}\times\cancel{22}^{2}=4$$

방법2 세 수를 한꺼번에 계산하기

$$1\frac{3}{11}\div7\times22=\frac{\cancel{14}^{2}}{\cancel{11}_{1}}\times\frac{1}{\cancel{7}_{1}}\times\cancel{22}^{2}$$
$$=4$$

대분수를 가분수로 고치고 분수의 나눗셈을 분수의 곱셈으로 나타내어 계산합니다.

1 두 계산 결과 사이에 있는 자연수를 구하시오.

$3\frac{3}{4}\times8\div9$ $\quad$ $2\frac{5}{8}\div6\times10$

( )

2 한 통에 $1\frac{1}{5}$ L씩 들어 있는 주스 3통을 4명이 똑같이 나누어 마셨습니다. 한 사람이 마신 주스는 몇 L입니까?

( )

3 오른쪽 마름모의 넓이는 몇 cm^2입니까?

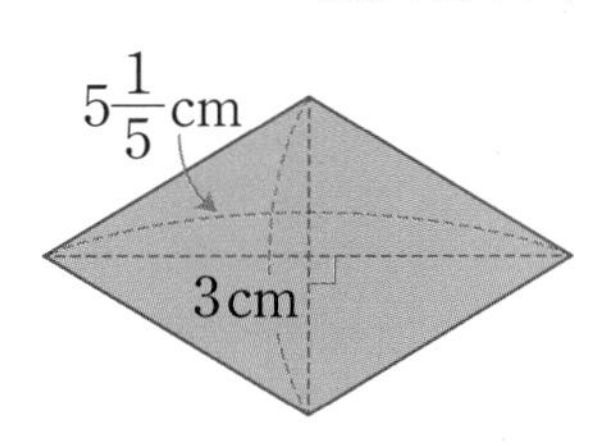

(　　　　　　　　　)

4 오른쪽 그림은 직사각형을 6등분 한 것입니다. 색칠한 부분의 넓이는 몇 cm^2입니까?

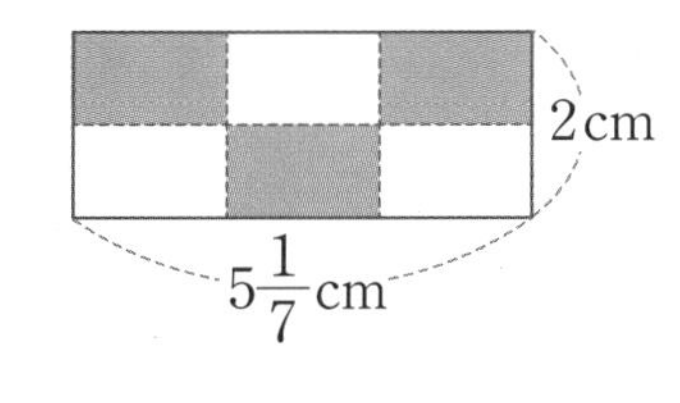

(　　　　　　　　　)

BASIC CONCEPT 2-2

등식의 성질

중등연계

등식의 양변에 같은 수를 더하거나, 빼거나, 곱하거나, 0이 아닌 수로 나누어도 등식은 성립합니다.

└→ 등식: 등호(=)를 사용하여 나타낸 식

$$\square\times3=\frac{3}{8} \Rightarrow \square\times\underbrace{3\div3}_{=1}=\frac{3}{8}\div3 \Rightarrow \square=\frac{3}{8}\div3=\frac{3\div3}{8}=\frac{1}{8}$$

$a=b$이면 $a\div c=b\div c$ (단, $c\neq0$)

5 □ 안에 알맞은 수를 기약분수로 나타내어 보시오.

$$\square\times8=\frac{6}{11}$$

(　　　　　　　　　)

6 어떤 수를 3으로 나누고 7을 곱했더니 $1\frac{5}{9}$가 되었습니다. 어떤 수를 기약분수로 나타내어 보시오.

(　　　　　　　　　)

분모가 약분되어 1이면 자연수가 된다.

$\frac{2}{3} \times ● = $ (자연수)   ← 3의 배수

$\frac{●}{3} \times ■$가 자연수가 되려면 ■=(3의 배수)

■와 약분하여 1이 되어야 합니다.

$\frac{●}{3} \times 3 = ●$

$\frac{●}{3} \times 6 = ● \times 2$

$\frac{●}{3} \times 9 = ● \times 3$

⋮

대표문제 1

계산 결과가 가장 작은 자연수가 되도록 ■ 안에 알맞은 자연수를 구하시오.

$2\frac{3}{4} \div 11 \times ■$

$2\frac{3}{4} \div 11 \times ■ = \frac{\square}{4} \div 11 \times ■$

$= \frac{\square \div \square}{4} \times ■$

$= \frac{■}{4}$

$\frac{■}{4}$가 자연수가 되려면 ■는 □의 배수이어야 합니다.

분모가 1로 약분되어야 합니다.

➡ ■ 안에 알맞은 수 중 가장 작은 자연수: □

1-1

계산 결과가 가장 작은 자연수가 되도록 □ 안에 알맞은 자연수를 구하시오.

$$\square \div 4 \times 6$$

(　　　　　　　　)

1-2

계산 결과가 가장 작은 자연수가 되도록 □ 안에 알맞은 자연수를 구하시오.

$$3\frac{1}{5} \times \square \div 16$$

(　　　　　　　　)

1-3

계산 결과가 가장 큰 자연수가 되도록 ㉠에 알맞은 자연수를 구하시오.

$$1\frac{3}{7} \div ㉠ \times 1\frac{2}{5}$$

(　　　　　　　　)

1-4

계산 결과가 자연수일 때 ■ 안에 알맞은 자연수는 모두 몇 개입니까?

$$1\frac{■}{9} \div 5 \times 27$$

(　　　　　　　　)

최상위 S

$\div$(자연수)는 $\times \frac{1}{(\text{자연수})}$과 같다.

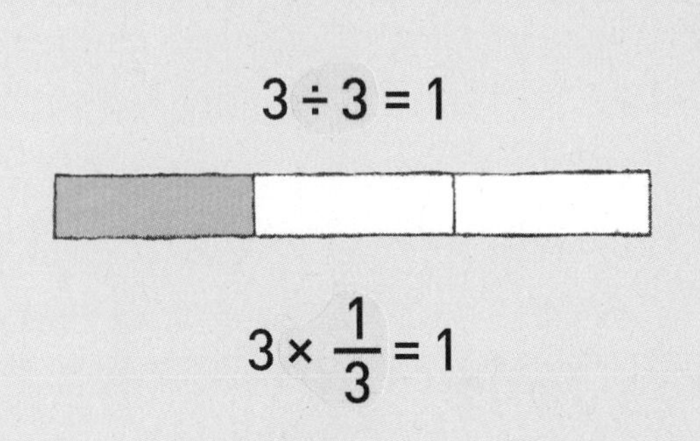

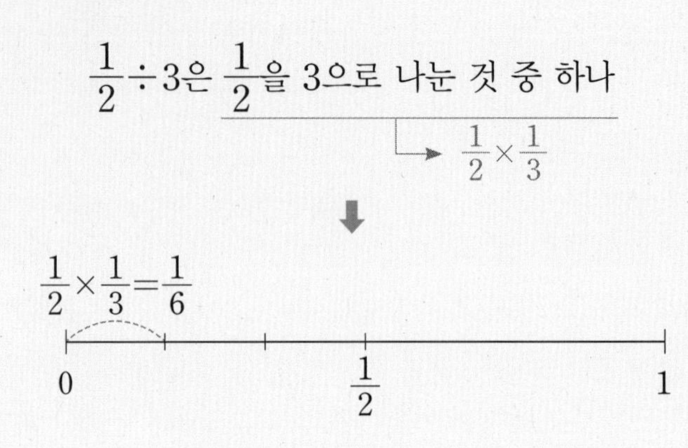

대표문제 2

한 병에 $1\frac{3}{5}$ L가 들어 있는 음료수 3병을 사서 8명이 똑같이 나누어 마시려고 합니다. 한 명이 마시게 되는 음료수의 양을 구하시오.

(전체 음료수의 양)=(한 병에 들어 있는 음료수의 양)×□

$= 1\frac{3}{5} \times \square$

$= \frac{\square}{5} \times \square = \frac{\square}{\square}$(L)

(한 명이 마시게 되는 음료수의 양)=(전체 음료수의 양)÷8

$= \frac{\square}{\square} \div 8 = \frac{\square \div 8}{\square}$

$= \frac{\square}{\square}$(L)

2-1 쌀 $5\frac{1}{4}$ kg을 일주일 동안 매일 똑같은 양만큼 먹으려고 합니다. 하루에 먹게 되는 쌀의 양은 몇 kg입니까?

( )

서술형 **2-2** 길이가 $1\frac{7}{9}$ m인 철사를 4조각으로 똑같이 나눈 후 그중 3조각을 이용하여 별 모양을 만들었습니다. 별 모양을 만드는 데 사용한 철사의 길이는 몇 m인지 풀이 과정을 쓰고 답을 구하시오.

풀이

답

2-3 무게가 같은 색연필 5타의 무게는 $\frac{5}{6}$ kg입니다. 이 색연필 15자루의 무게는 몇 kg입니까?

( )

2-4 무게가 같은 골프공이 3개씩 들어 있는 통 4개의 무게가 $\frac{3}{5}$ kg입니다. 빈 통 1개의 무게가 $\frac{3}{250}$ kg이라면 골프공 1개의 무게는 몇 kg입니까?

( )

전체가 단위 모양 몇 개인지 알아본다.

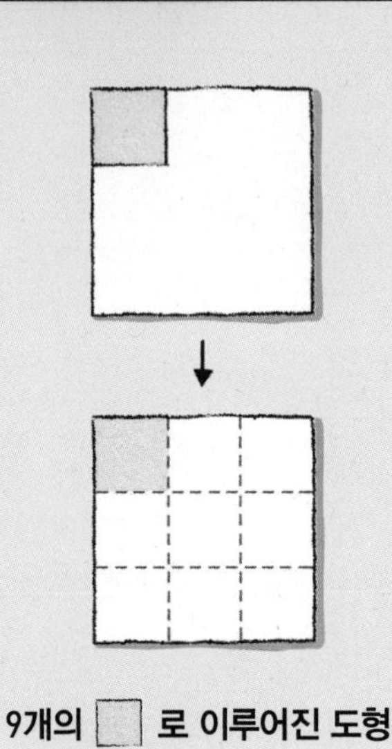

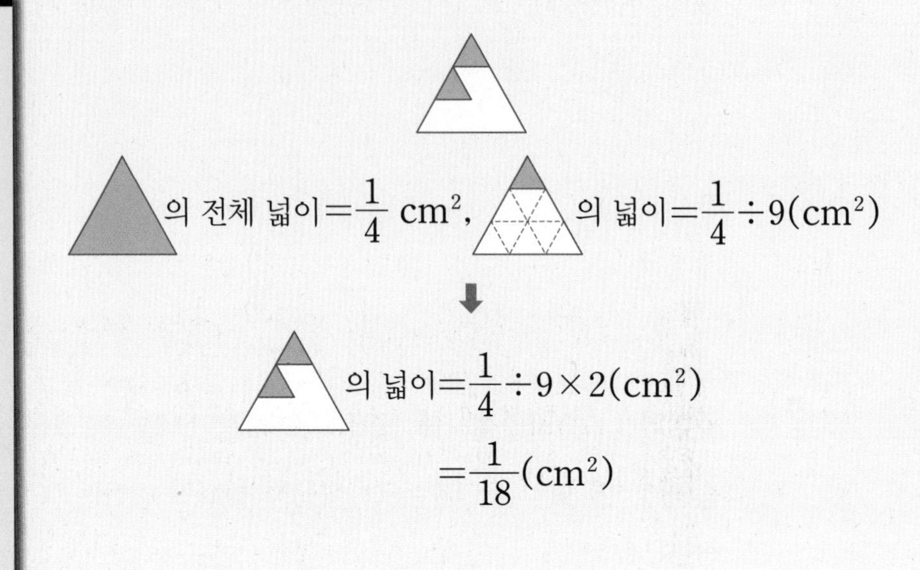

의 전체 넓이=$\frac{1}{4}$ cm^2,
의 넓이=$\frac{1}{4}\div 9$(cm^2)
의 넓이=$\frac{1}{4}\div 9\times 2$(cm^2)
=$\frac{1}{18}$(cm^2)

대표문제 3

오른쪽 그림은 겹친 부분이 정육각형이 되도록 정삼각형 두 개를 겹쳐서 만든 모양입니다. 만든 모양의 전체 넓이가 $7\frac{1}{5}$ cm^{2}일 때, 색칠한 부분의 넓이를 구하시오.

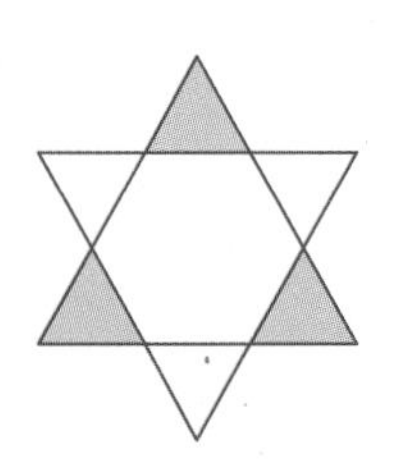

오른쪽과 같이 점선을 그으면 모양과 크기가 같은 작은 삼각형 12개로 나누어집니다.

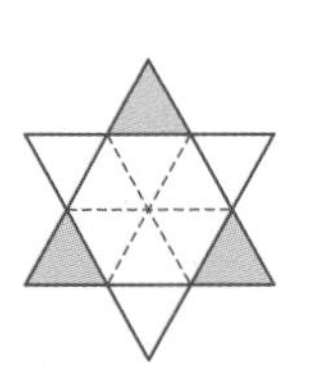

➡ (색칠한 삼각형 한 개의 넓이)=(전체 넓이)÷□

$=7\frac{1}{5}\div\square$

$=\frac{\square\div\square}{5}$

$=\frac{\square}{5}$(cm^2)

(색칠한 부분의 넓이)=(색칠한 삼각형 한 개의 넓이)×□

$=\frac{\square}{5}\times\square=\frac{\square}{5}=\square\frac{\square}{5}$(cm^2)

3-1 오른쪽 그림은 꼭짓점과 각 변의 한가운데 점을 이어서 만든 모양입니다. 직사각형 ㄱㄴㄷㄹ의 넓이가 $5\frac{1}{3}$ cm^{2}일 때, 색칠한 부분의 넓이는 몇 cm^{2}입니까?

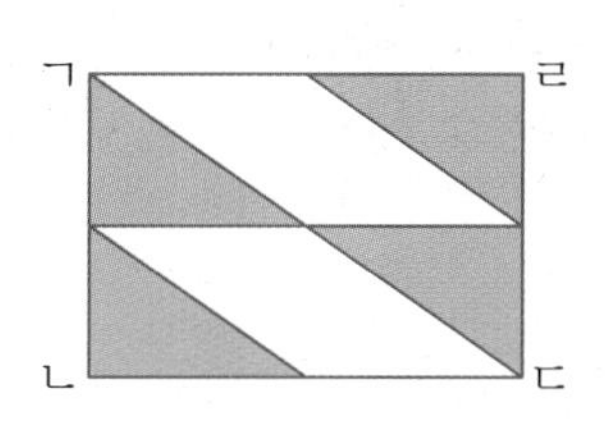

(　　　　　　)

3-2 오른쪽 정사각형 ㄱㄴㄷㄹ의 넓이는 $2\frac{2}{7}$ cm^{2}입니다. 각 변의 한가운데 점을 이어 가면서 사각형을 만들었을 때, 색칠한 부분의 넓이는 몇 cm^{2}입니까?

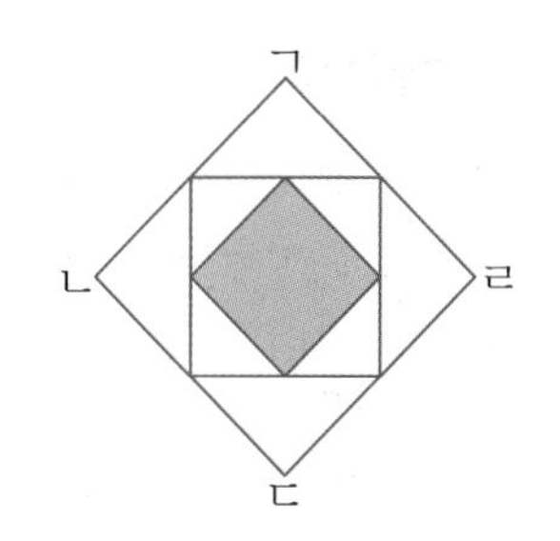

(　　　　　　)

3-3 오른쪽 그림은 정사각형 ㄱㄴㄷㄹ을 합동인 정사각형 9개로 나눈 것입니다. 정사각형 ㄱㄴㄷㄹ의 넓이가 $3\frac{3}{8}$ cm^{2}일 때, 색칠한 부분의 넓이는 몇 cm^{2}입니까?

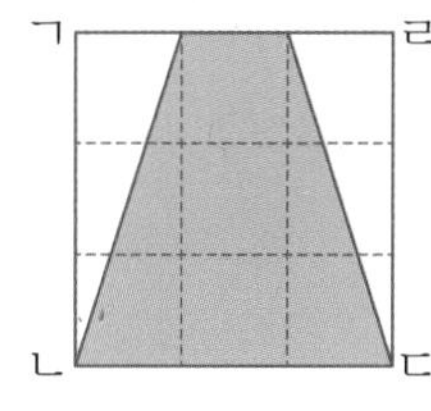

(　　　　　　)

3-4 오른쪽 그림은 정사각형 ㄱㄴㄷㄹ의 각 변을 4등분 하여 점을 찍은 것입니다. 색칠한 부분의 넓이가 $2\frac{2}{3}$ cm^{2}일 때, 정사각형 ㄱㄴㄷㄹ의 넓이는 몇 cm^{2}입니까?

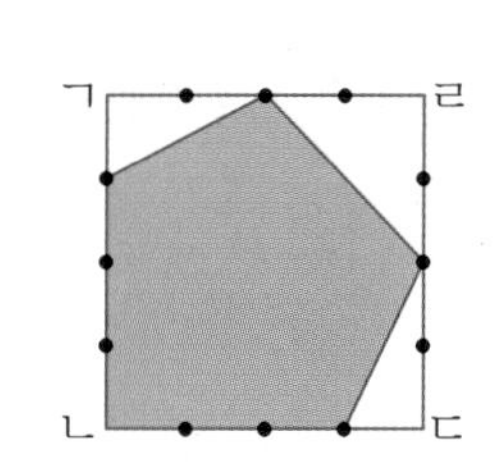

(　　　　　　)

최상위 S

A=B일 때 $A\times C=B\times C$, $A\div C=B\div C_{(c\neq 0)}$이다.

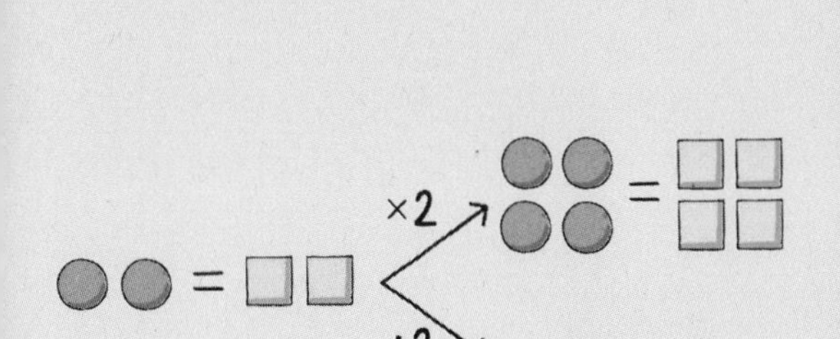

모르는 수만 남도록 등식의 양쪽에 같은 수를 곱하거나 나눕니다.

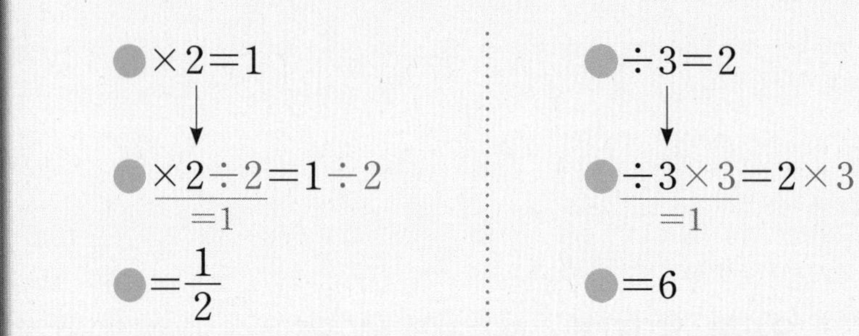

두 식의 계산 결과가 같을 때 ㉠÷㉡을 구하시오. (단, ㉠, ㉡은 모두 0이 아닌 수입니다.)

㉠÷2×6 ㉡÷3÷3

두 식의 계산 결과가 같으므로 계산 결과를 모두 1이라 생각하여 ㉠, ㉡을 구해 봅니다.

㉠÷2×6=1, $\frac{㉠}{\square}\times 6=1$, ㉠×□=1, ㉠×□÷3=1÷3, ㉠=$\frac{1}{\square}$

등식의 양변에 0이 아닌 같은 수로 나누어도 등식은 성립합니다.

㉡÷3÷3=1, $\frac{㉡}{\square}\times\frac{1}{3}=1$, $\frac{㉡}{\square}=1$, $\frac{㉡}{\square}\times 9=1\times 9$, ㉡=□

등식의 양변에 같은 수를 곱해도 등식은 성립합니다.

➡ ㉠÷㉡=$\frac{1}{\square}\div\square$

$=\frac{1}{\square}\times\frac{1}{\square}=\frac{1}{\square}$

4-1 두 식의 계산 결과가 같을 때 ㉠은 ㉡의 몇 배입니까? (단, ㉠, ㉡은 모두 0이 아닌 수입니다.)

㉠$\times 4 \div 24$　　㉡$\div 3$

(　　　　　　)

4-2 두 식의 계산 결과가 같을 때 ㉠÷㉡을 구하시오. (단, ㉠, ㉡은 모두 0이 아닌 수입니다.)

㉠$\times 4 \div 6$　　㉡$\div 3 \div 8$

(　　　　　　)

4-3 세 식의 계산 결과가 모두 같을 때 ㉠, ㉡, ㉢의 값이 작은 순서대로 기호를 쓰시오. (단, ㉠, ㉡, ㉢은 모두 0이 아닌 수입니다.)

㉠$\div 2 \div 3$　　㉡$\div 4 \times 1\frac{1}{3}$　　㉢$\times \frac{8}{9} \div 2$

(　　　　　　)

4-4 세 식의 계산 결과가 모두 같을 때 ㉠, ㉡, ㉢ 중 가장 작은 수를 가장 큰 수로 나눈 값을 구하시오. (단, ㉠, ㉡, ㉢은 모두 0이 아닌 수입니다.)

㉠$\times 8 \div 4$　　㉡$\div 5 \times 3$　　㉢$\div 2 \div 2$

(　　　　　　)

정확한 시계와 하루에 몇 분 차이인지 알아본다.

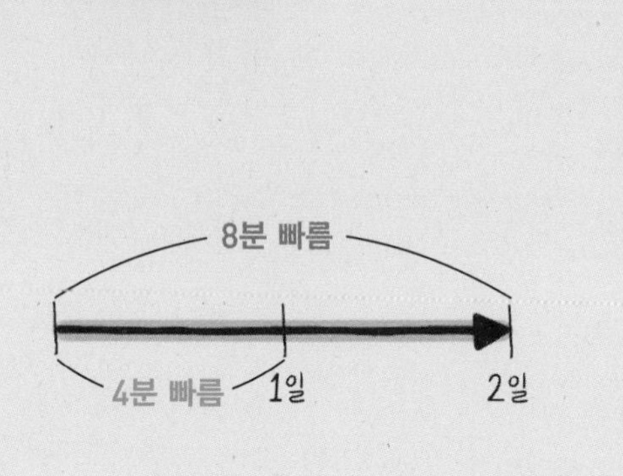

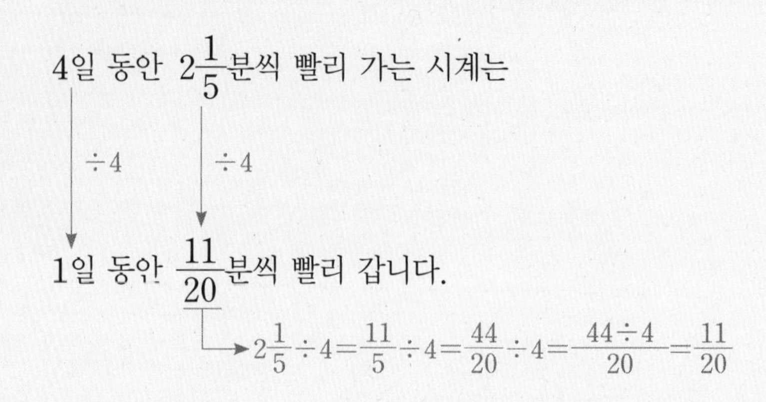

4일 동안 $2\frac{1}{5}$분씩 빨리 가는 시계는
÷4
÷4
1일 동안 $\frac{11}{20}$분씩 빨리 갑니다.
$2\frac{1}{5} \div 4 = \frac{11}{5} \div 4 = \frac{44}{20} \div 4 = \frac{44 \div 4}{20} = \frac{11}{20}$

3일 동안 $5\frac{1}{4}$분씩 빨리 가는 시계를 어느 날 오후 2시에 정확히 맞추어 놓았습니다. 다음 날 오후 2시에 이 시계는 오후 몇 시 몇 분 몇 초를 가리키는지 구하시오.

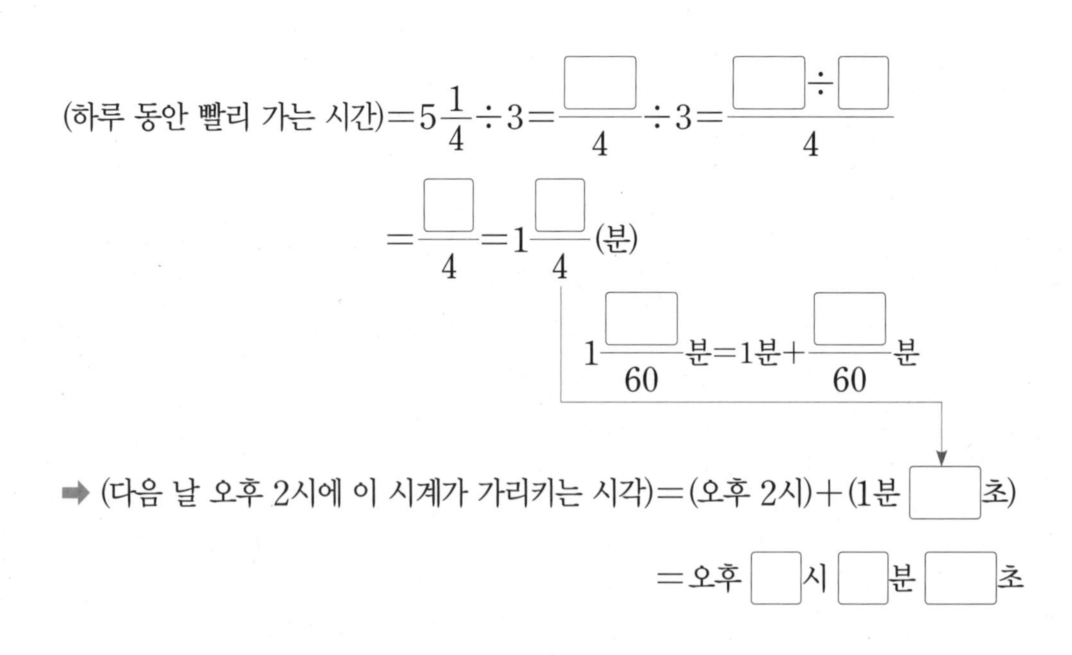

(하루 동안 빨리 가는 시간) $= 5\frac{1}{4} \div 3 = \frac{\square}{4} \div 3 = \frac{\square \div \square}{4}$
$= \frac{\square}{4} = 1\frac{\square}{4}$ (분)
$1\frac{\square}{60}$분 $=$ 1분 $+ \frac{\square}{60}$분
➡ (다음 날 오후 2시에 이 시계가 가리키는 시각) $=$ (오후 2시) $+$ (1분 □초)
$=$ 오후 □시 □분 □초

5-1 6일 동안 8분씩 빨리 가는 시계를 어느 날 오전 10시에 정확히 맞추어 놓았습니다. 다음 날 오전 10시에 이 시계는 오전 몇 시 몇 분 몇 초를 가리키겠습니까?

(　　　　　　　　　　)

서술형 **5-2** 일주일 동안 $5\frac{3}{5}$분씩 늦게 가는 시계를 어느 날 오후 5시에 정확히 맞추어 놓았습니다. 다음 날 오후 5시에 이 시계는 오후 몇 시 몇 분 몇 초를 가리키는지 풀이 과정을 쓰고 답을 구하시오.

풀이

답

5-3 4일 동안 $6\frac{2}{3}$분씩 빨리 가는 시계를 10월 7일 오전 9시에 정확히 맞추어 놓았습니다. 10월 8일 오후 9시에 이 시계는 오후 몇 시 몇 분 몇 초를 가리키겠습니까?

(　　　　　　　　　　)

5-4 5일 동안 $5\frac{5}{6}$분씩 늦게 가는 시계를 월요일 오후 6시에 정확히 맞추어 놓았습니다. 이 시계는 그 주의 목요일 오전 6시에 오전 몇 시 몇 분 몇 초를 가리키겠습니까?

(　　　　　　　　　　)

단위 거리는 전체 거리를 걸린 시간으로 나눈 값이다.

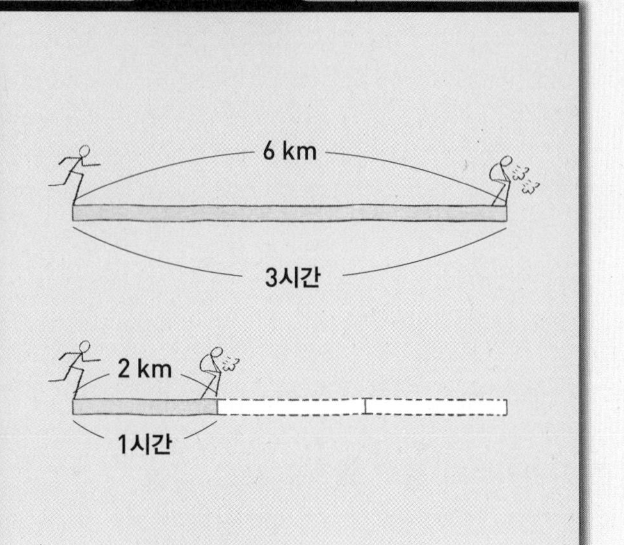

1시간 동안 60 km를 가는 자동차가 2시간 동안 간 거리를

3시간 동안 일정하게 가려면 $60 \times 2 = 120$(km)

$\div 3$ $\div 3$

1시간에 40 km씩 가면 됩니다.

한 시간에 $80\frac{2}{5}$ km를 가는 택시가 있습니다. 이 택시가 2시간 40분 동안 간 거리를 트럭이 일정한 빠르기로 3시간 만에 가려고 합니다. 트럭은 한 시간에 몇 km를 가야 하는지 구하시오.

2시간 40분$=$2시간$+\frac{\square}{60}$시간$=\square\frac{\square}{3}$시간

(택시가 2시간 40분 동안 간 거리)$=80\frac{2}{5}\times\square\frac{\square}{3}$

$=\frac{\square}{5}\times\frac{\square}{3}=\frac{\square}{5}$(km)

➡ (트럭이 한 시간에 가야 하는 거리)$=\frac{\square}{5}\div 3=\frac{\square}{5}\times\frac{1}{3}$

$=\frac{\square}{15}=\square\frac{\square}{15}$(km)

6-1 기차가 일정한 빠르기로 2시간 동안 $200\frac{4}{9}$ km를 갔습니다. 기차는 한 시간에 몇 km씩 갔습니까?

(　　　　　　　　)

6-2 한 시간에 $75\frac{3}{7}$ km를 가는 버스가 있습니다. 이 버스가 4시간 30분 동안 간 거리를 승용차가 일정한 빠르기로 4시간 만에 가려고 합니다. 승용차는 한 시간에 몇 km씩 가야 합니까?

(　　　　　　　　)

6-3 상원이와 은혜는 같은 장소에서 출발하여 서로 같은 방향으로 걷고 있습니다. 상원이는 4분 동안 $\frac{4}{5}$ km를 가는 빠르기로 걸어가고, 은혜는 6분 동안 $\frac{8}{9}$ km를 가는 빠르기로 걸어간다면 출발한지 5분 후에 두 사람 사이의 거리는 몇 km입니까?

(　　　　　　　　)

6-4 같은 장소에서 윤아는 오후 1시에 출발하여 한 시간에 $3\frac{1}{3}$ km를 가는 빠르기로 걸어가고, 지효는 36분 후에 자전거를 타고 한 시간에 $9\frac{1}{3}$ km를 가는 빠르기로 윤아를 따라 갔습니다. 두 사람이 만난 시각은 오후 몇 시 몇 분입니까?

(　　　　　　　　)

전체 일의 양을 1로 하여

하루에 하는 일의 양을 분수로 나타낸다.

2일 동안 하면

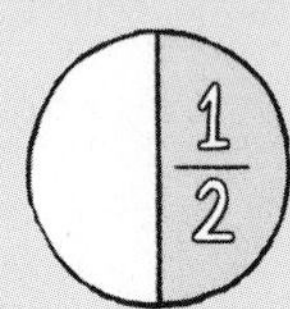

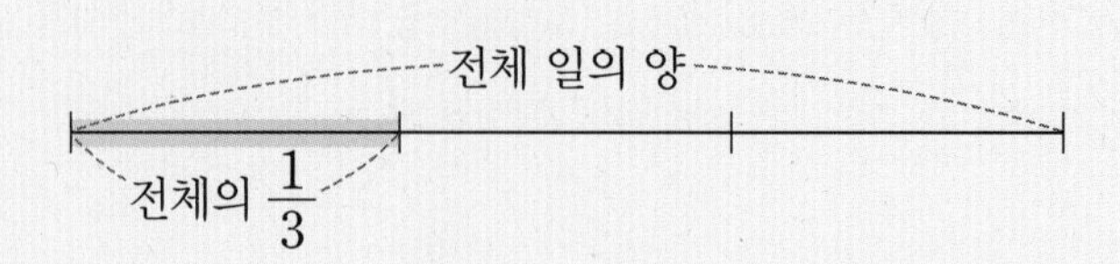

전체의 $\frac{1}{3}$을 하는 데 2일이 걸린다면

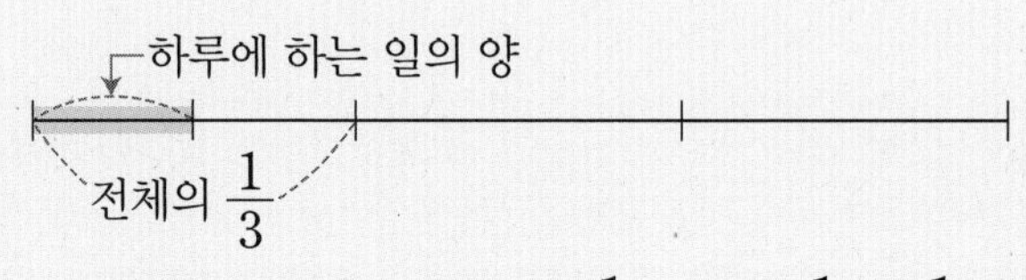

(하루에 하는 일의 양)$=\frac{1}{3}\div 2=\frac{1}{3}\times\frac{1}{2}=\frac{1}{6}$

대표문제 7

같은 일을 재우가 혼자 하면 전체의 $\frac{1}{4}$을 하는 데 5일이 걸리고, 서희가 혼자 하면 전체의 $\frac{2}{5}$를 하는 데 2일이 걸립니다. 이 일을 두 사람이 함께 하여 끝내려면 며칠이 걸리는지 구하시오. (단, 한 사람이 하루에 하는 일의 양은 일정합니다.)

전체 일의 양을 1이라 하면

(재우가 하루 동안 하는 일의 양)$=\frac{1}{4}\div\square=\frac{1}{4}\times\frac{1}{\square}=\frac{1}{\square}$

(서희가 하루 동안 하는 일의 양)$=\frac{2}{5}\div\square=\frac{2}{5}\times\frac{1}{\square}=\frac{2}{\square}=\frac{1}{\square}$

➡ (두 사람이 함께 하루 동안 하는 일의 양)$=\frac{1}{20}+\frac{1}{\square}=\frac{\square}{20}=\frac{1}{\square}$

$\frac{1}{\square}\times\square=1$이므로 두 사람이 함께 하여 일을 끝내려면 $\square$일이 걸립니다.

7-1 어떤 일을 세아가 혼자 하면 전체의 $\frac{5}{9}$를 하는 데 10일이 걸립니다. 세아가 혼자 이 일을 끝내려면 며칠이 걸리겠습니까? (단, 세아가 하루에 하는 일의 양은 일정합니다.)

(   )

서술형 **7-2** 같은 일을 지호가 혼자 하면 전체의 $\frac{2}{3}$를 하는 데 8일이 걸리고, 선아가 혼자 하면 전체의 $\frac{1}{2}$을 하는 데 2일이 걸립니다. 이 일을 두 사람이 함께 하여 끝내려면 며칠이 걸리는지 풀이 과정을 쓰고 답을 구하시오. (단, 한 사람이 하루에 하는 일의 양은 일정합니다.)

풀이

답

7-3 같은 일을 준우와 동생이 함께 하면 7일이 걸리고, 동생이 혼자 하면 전체의 $\frac{1}{14}$을 하는 데 4일이 걸립니다. 준우가 혼자 이 일을 끝내려면 며칠이 걸리겠습니까? (단, 한 사람이 하루에 하는 일의 양은 일정합니다.)

(   )

7-4 같은 일을 은호와 지수가 함께 하면 전체의 $\frac{2}{3}$를 하는 데 4일이 걸리고, 지수가 혼자 하면 전체의 $\frac{2}{5}$를 하는 데 6일이 걸립니다. 이 일을 은호가 혼자 전체의 $\frac{1}{5}$을 하려면 며칠이 걸리겠습니까? (단, 한 사람이 하루에 하는 일의 양은 일정합니다.)

(   )

겹쳐진 부분의 몇 배로 도형의 넓이를 구한다.

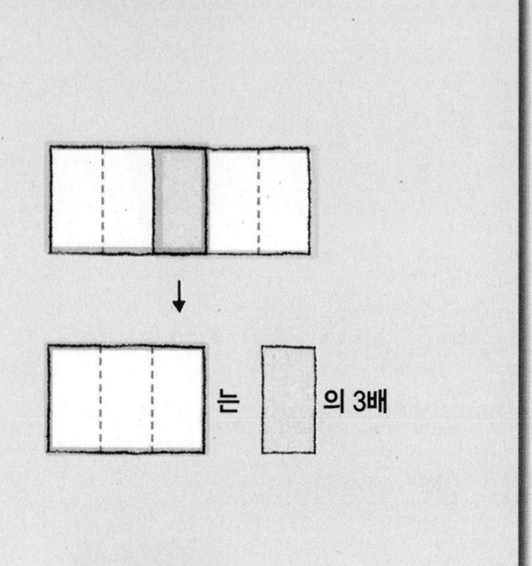

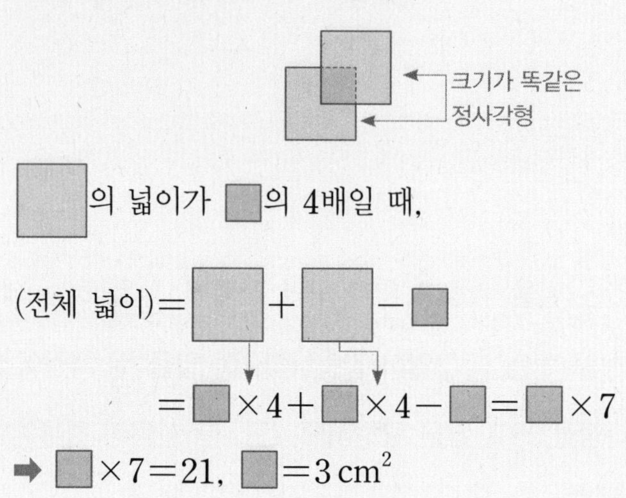

대표문제 8

똑같은 정사각형 2개를 겹쳐 놓은 오른쪽 도형의 전체 넓이는 $6\frac{3}{5}$ cm²입니다. 정사각형 한 개의 넓이가 겹쳐진 부분의 5배일 때, 겹쳐진 부분의 넓이는 몇 cm²인지 구하시오.

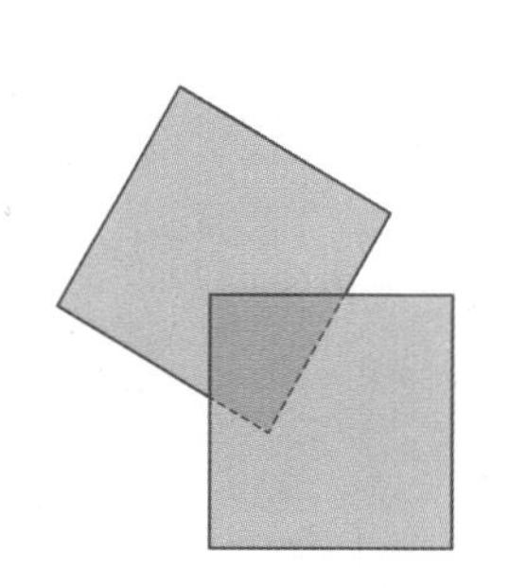

겹쳐진 부분의 넓이를 ■ cm²라 하면

(겹쳐진 도형의 전체 넓이)

=(정사각형 한 개의 넓이)+(정사각형 한 개의 넓이)−(겹쳐진 부분의 넓이)

=■×5+■×□−■=■×□

➡ ■×□$=6\frac{3}{5}$, ■$=6\frac{3}{5}$÷□$=\frac{□}{5}$÷□$=\frac{□÷□}{15}=\frac{□}{15}$이므로

겹쳐진 부분의 넓이는 □ cm²입니다.

8-1 똑같은 정삼각형 2개를 겹쳐 놓은 오른쪽 도형의 전체 넓이는 $4\frac{3}{8}\text{ cm}^2$입니다. 정삼각형 한 개의 넓이가 겹쳐진 부분의 4배일 때, 겹쳐진 부분의 넓이는 몇 cm^2입니까?

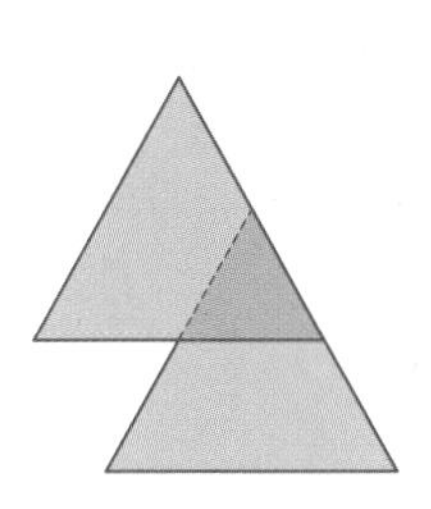

( )

8-2 똑같은 평행사변형 2개를 겹쳐 놓은 오른쪽 도형의 전체 넓이는 $6\frac{2}{7}\text{ cm}^2$입니다. 평행사변형 한 개의 넓이가 겹쳐진 부분의 6배일 때, 겹쳐진 부분의 넓이는 몇 cm^2입니까?

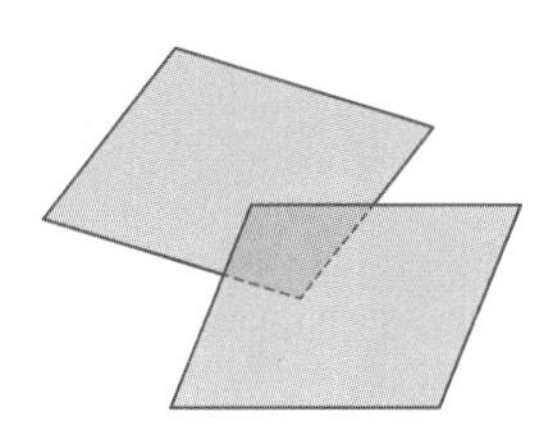

( )

8-3 사각형과 육각형이 겹쳐진 오른쪽 도형의 전체 넓이는 $6\frac{3}{4}\text{ cm}^2$입니다. 사각형의 넓이는 겹쳐진 부분의 4배이고 육각형의 넓이는 겹쳐진 부분의 6배일 때, 겹쳐진 부분의 넓이는 몇 cm^2입니까?

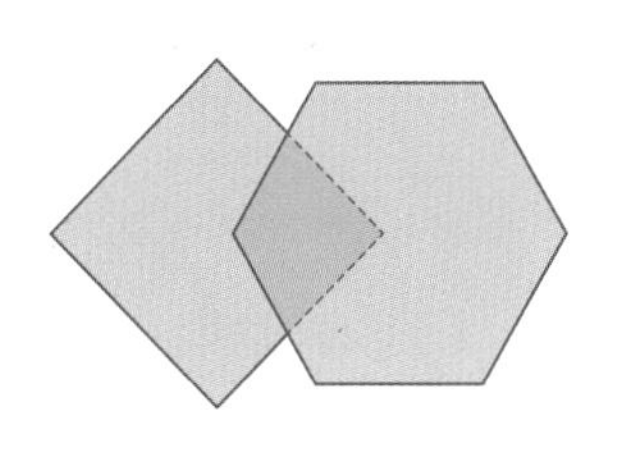

( )

8-4 사각형과 삼각형이 겹쳐진 오른쪽 도형의 전체 넓이는 $8\frac{1}{6}\text{ cm}^2$입니다. 사각형의 넓이는 겹쳐진 부분의 6배이고 삼각형의 넓이는 겹쳐진 부분의 2배일 때, 삼각형의 넓이는 몇 cm^2입니까?

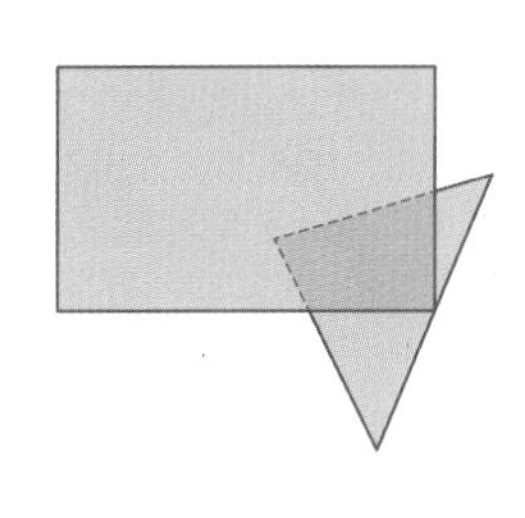

( )

1 똑같이 나누어진 수직선에서 ㉠에 알맞은 수를 구하시오.

$1\frac{3}{4}$ $5\frac{1}{2}$ ㉠

( )

2 □ 안에 들어갈 수 있는 자연수는 모두 몇 개입니까?

$$1\frac{4}{5} \div 3 < \frac{\square}{45} < 3\frac{1}{9} \div 4$$

( )

서술형 **3** 어느 건물은 지하 2층부터 지상 7층까지 있습니다. 이 건물의 엘리베이터를 타고 지하 2층에서 지상 3층까지 올라가는 데 $3\frac{1}{5}$초가 걸렸습니다. 한 층을 올라가는 데 걸린 시간은 몇 초인지 풀이 과정을 쓰고 답을 구하시오. (단, 엘리베이터는 일정한 빠르기로 움직입니다.)

풀이

답

4 다음 식에서 ■는 같은 수를 나타낼 때, 계산 결과가 가장 작은 것을 찾아 기호를 쓰시오.

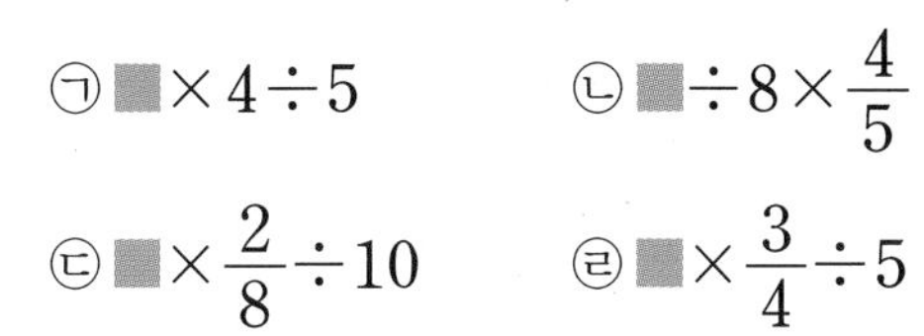
㉠ $■\times 4\div 5$ ㉡ $■\div 8\times\frac{4}{5}$

㉢ $■\times\frac{2}{8}\div 10$ ㉣ $■\times\frac{3}{4}\div 5$

( )

5 오른쪽 그림은 평행사변형을 4등분 한 것의 한 부분을 4등분 한 것입니다. 색칠한 부분의 넓이는 몇 cm^2입니까?

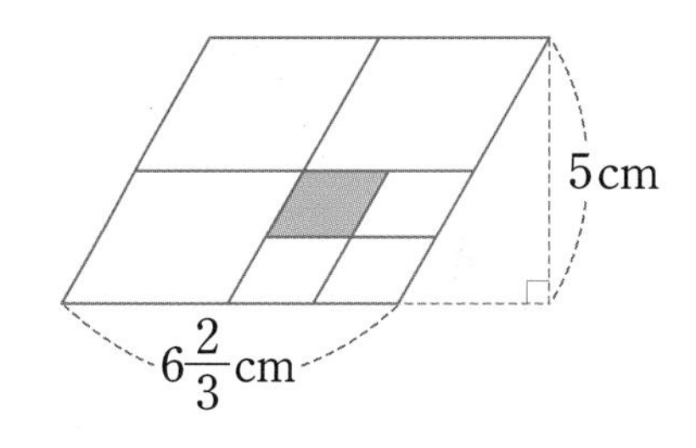

( )

6 무게가 같은 책 13권이 들어 있는 상자의 무게를 재어 보니 $9\frac{1}{5}$ kg이었습니다. 빈 상자의 무게가 $\frac{1}{10}$ kg일 때, 같은 책 20권의 무게는 몇 kg입니까?

( )

서술형 **7** 민주와 진호는 같은 장소에서 출발하여 서로 반대 방향으로 가고 있습니다. 민주는 6분에 $\frac{3}{4}$ km를 가는 빠르기로 걸어가고, 진호는 4분에 $1\frac{1}{3}$ km를 가는 빠르기로 자전거를 타고 간다면 출발한 지 48분 후 두 사람 사이의 거리는 몇 km인지 풀이 과정을 쓰고 답을 구하시오.

풀이

답

8 오른쪽 직사각형 ㄱㄴㄷㄹ에서 사다리꼴 ㄱㄴㅁㄹ의 넓이는 삼각형 ㄹㅁㄷ의 넓이의 4배입니다. 선분 ㅁㄷ의 길이는 몇 cm입니까?

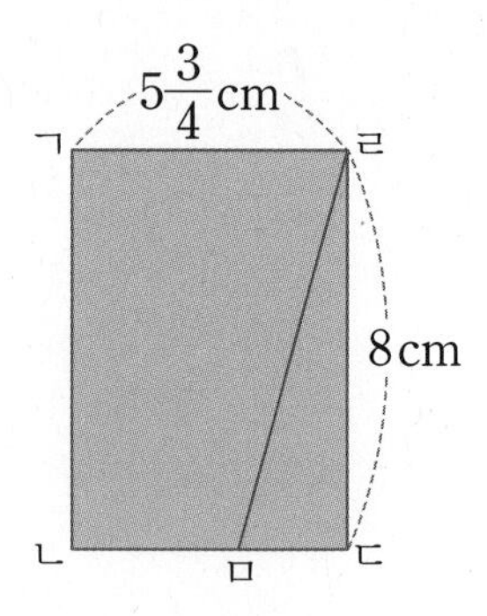

(　　　　　　　)

9 $\frac{128}{9}$을 어떤 자연수로 나누었더니 계산 결과가 가분수이면서 분모가 9보다 큰 기약분수가 되었습니다. 어떤 자연수가 될 수 있는 수 중 가장 작은 수는 얼마입니까?

(　　　　　　　)

10 빈 욕조에 물이 1분에 2 L씩 나오는 ㉮ 수도와 1분에 $3\frac{1}{5}$ L씩 나오는 ㉯ 수도를 동시에 틀면 물을 가득 채우는 데 15분이 걸립니다. 이 욕조에 두 수도를 동시에 틀어 물을 채우다가 중간에 ㉮ 수도가 고장나서 ㉯ 수도로만 물을 채웠더니 물을 가득 채우는 데 22분이 걸렸습니다. ㉮ 수도를 튼지 몇 분 몇 초 만에 고장이 난 것입니까?

(　　　　　　　)

2
각기둥과 각뿔

1 각기둥

- 선이 모여 면이 됩니다.
- 면이 모여 입체도형이 됩니다.
- 윗면과 아랫면이 서로 평행하고 합동인 입체도형을 기둥 모양이라고 합니다.

1-1 BASIC CONCEPT

각기둥 알아보기

- 각기둥: 서로 평행한 두 면이 있고 합동인 다각형으로 이루어진 입체도형

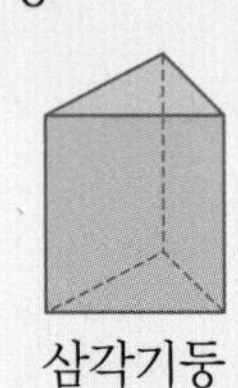
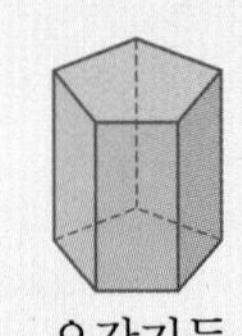
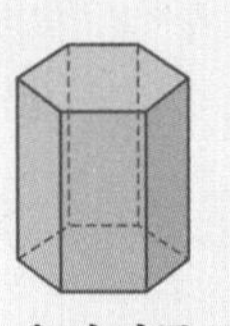

삼각기둥 사각기둥 오각기둥 육각기둥

밑면의 모양에 따라 이름을 붙입니다.

6-2 연계

- 서로 평행한 두 면이 합동인 원으로 이루어진 입체도형을 원기둥이라고 해요.

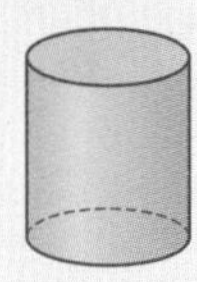

각기둥의 구성 요소

- 밑면: 서로 평행하고 합동인 두 면
- 옆면: 두 밑면과 만나는 면
- 모서리: 면과 면이 만나는 선분
- 꼭짓점: 모서리와 모서리가 만나는 점
- 높이: 두 밑면 사이의 거리

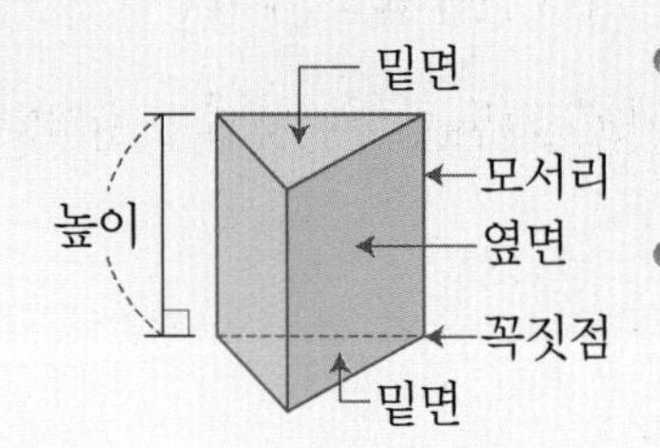

- 각기둥의 두 밑면은 나머지 면들과 모두 수직으로 만납니다.
- 각기둥의 옆면은 모두 직사각형입니다.

1 각기둥에 대한 설명으로 옳지 않은 것을 찾아 기호를 쓰시오.

㉠ 입체도형입니다.	㉡ 두 밑면은 서로 평행합니다.
㉢ 옆면은 모두 합동입니다.	㉣ 옆면은 직사각형입니다.

( )

2 삼각기둥과 육각기둥의 한 밑면의 변의 차는 몇 개인지 구하시오.

( )

3 다음 입체도형이 각기둥이 아닌 이유를 설명하시오.

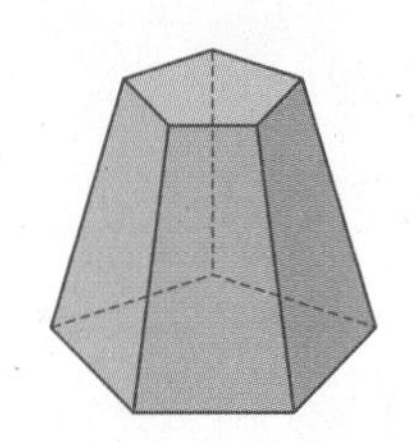

이유 ....

1-2 BASIC CONCEPT

각기둥의 구성 요소 사이의 관계

(한 밑면의 변의 수)=□ ➡

면의 수(개)	모서리의 수(개)	꼭짓점의 수(개)
□+2	□×3	□×2

4 한 밑면의 모양이 다음과 같은 각기둥의 면, 모서리, 꼭짓점은 모두 몇 개인지 각각 구하시오.

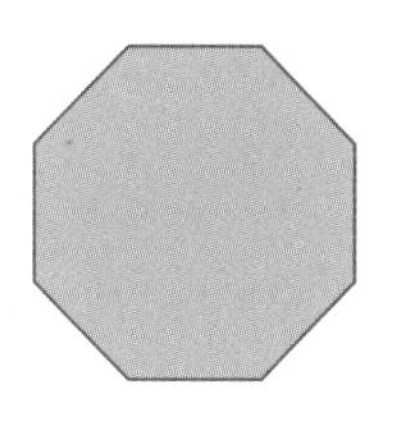

면 (　　　　　　)

모서리 (　　　　　　)

꼭짓점 (　　　　　　)

5 면의 수가 9인 각기둥의 이름을 쓰시오.

(　　　　　　)

1-3 BASIC CONCEPT

다면체

중등연계

다면체: 다각형인 면으로 둘러싸인 입체도형

면이 4개, 5개, 6개……인 다면체를 각각 사면체, 오면체, 육면체……라고 합니다.

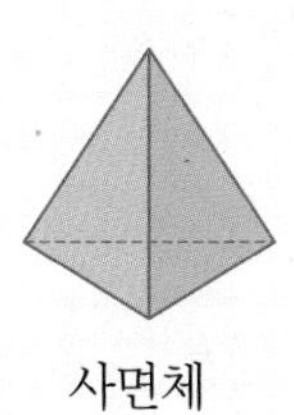

사면체

오면체

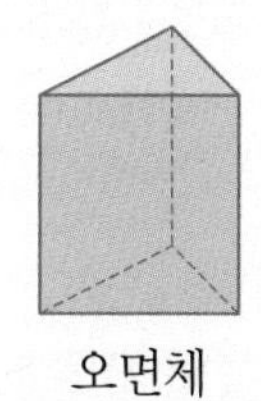

오면체

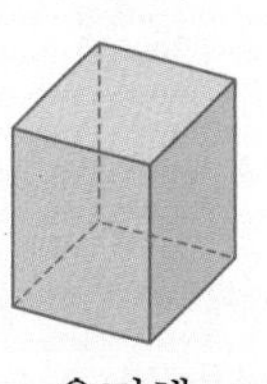

육면체 ─ 면의 수에 따라 이름을 붙입니다.

6 밑면이 삼각형이고 각기둥인 다면체의 이름을 쓰시오.

(　　　　　　)

2 각뿔

- 선이 모여 면이 됩니다.
- 면이 모여 입체도형이 됩니다.
- 아랫면만 있고 위쪽이 뾰족한 입체도형을 뿔 모양이라고 합니다.

2-1 BASIC CONCEPT

각뿔 알아보기

- 각뿔: 밑면이 다각형이고 옆면은 모두 삼각형인 입체도형

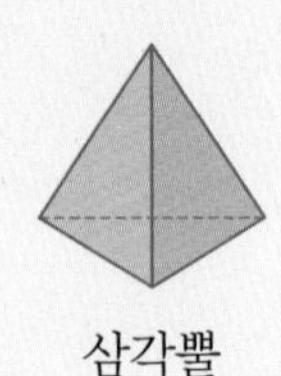
삼각뿔

사각뿔

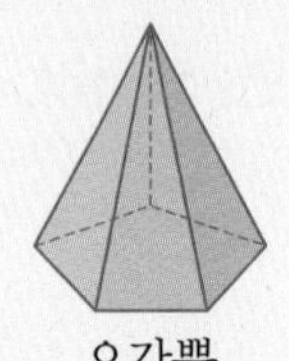
오각뿔

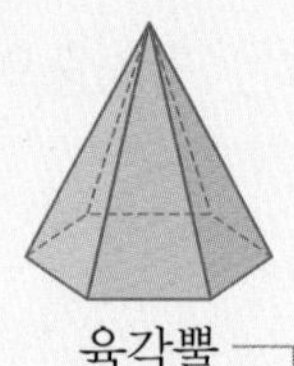
육각뿔

밑면의 모양에 따라 이름을 붙입니다.

6-2 연계

밑면이 원이고 옆면이 곡면인 뿔 모양의 입체도형을 원뿔이라고 해요.

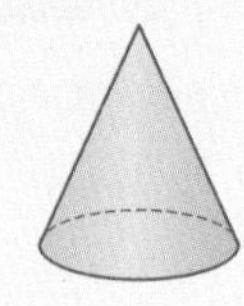

각뿔의 구성 요소

- 밑면: 밑에 놓인 면
- 옆면: 밑면과 만나는 면
- 모서리: 면과 면이 만나는 선분
- 꼭짓점: 모서리와 모서리가 만나는 점
- 각뿔의 꼭짓점: 꼭짓점 중에서도 옆면이 모두 만나는 점
- 높이: 각뿔의 꼭짓점에서 밑면에 수직인 선분의 길이

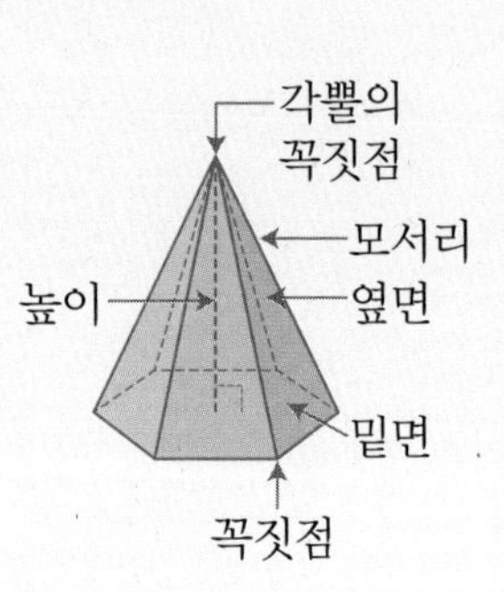

각뿔의 옆면은 항상 삼각형입니다.

1 각뿔을 바르게 설명한 것을 모두 찾아 기호를 쓰시오.

> ㉠ 밑면은 1개입니다.
> ㉡ 옆면은 모두 합동입니다.
> ㉢ 옆면의 수는 밑면의 변의 수와 같습니다.
> ㉣ 모든 옆면은 밑면과 수직으로 만납니다.

( )

2 다음에서 설명하는 입체도형의 이름을 쓰시오.

> • 밑면은 다각형이고 1개입니다.
> • 옆면은 삼각형이고 5개입니다.

( )

2-2 BASIC CONCEPT

각뿔의 구성 요소 사이의 관계

(밑면의 변의 수)=○ ➡

면의 수(개)	모서리의 수(개)	꼭짓점의 수(개)
○+1	○×2	○+1

3 꼭짓점의 수가 10인 각뿔의 이름을 쓰시오.

( )

4 옆면이 오른쪽과 같은 이등변삼각형 6개로 이루어진 각뿔이 있습니다. 이 각뿔의 모든 모서리의 길이의 합은 몇 cm입니까?

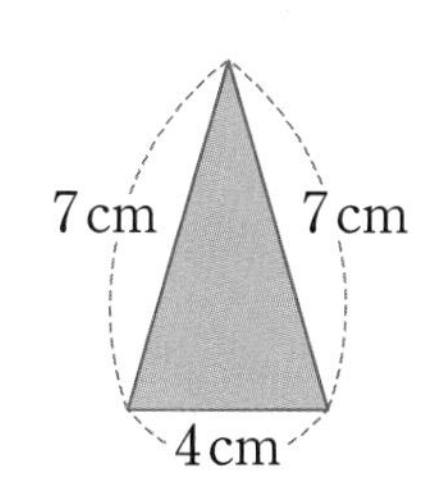

( )

2-3 BASIC CONCEPT

중등 연계

오일러 정리

스위스의 수학자

어떤 다면체이든 (꼭짓점의 수)+(면의 수)−(모서리의 수)=2가 됩니다.

$$v+f-e=2$$

예

	꼭짓점의 수(v)	면의 수(f)	모서리의 수(e)
육각뿔	7개	7개	12개

➡ $v+f-e=2$

5 입체도형을 보고 표에 알맞은 수를 써넣으시오.

입체도형	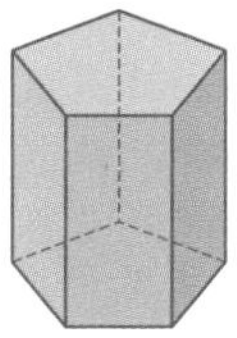 (오각기둥 그림)	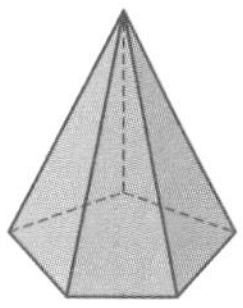 (오각뿔 그림)
꼭짓점의 수(v)	개	개
면의 수(f)	개	개
모서리의 수(e)	개	개
$v+f-e$의 값		

3 각기둥과 각뿔의 전개도

• 입체도형을 펼치면 면이 되고, 면을 접으면 입체도형이 됩니다.

3-1 BASIC CONCEPT

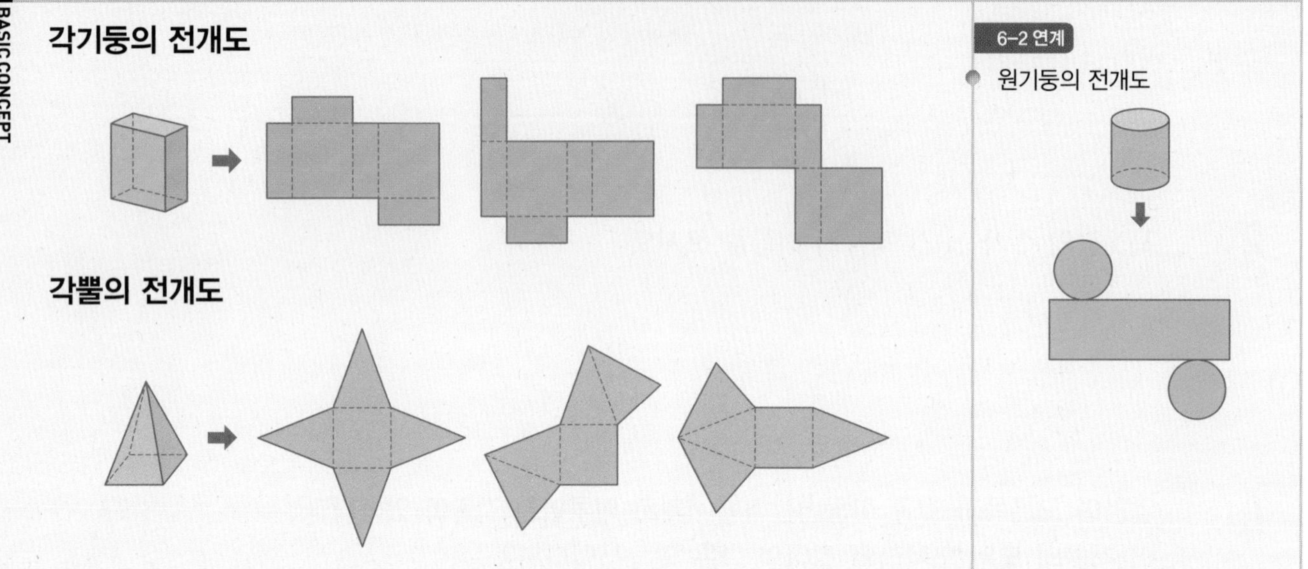

1 사각기둥의 전개도에서 면 ㅁㅂㅅㅊ이 한 밑면일 때 다른 밑면을 찾아 쓰시오.

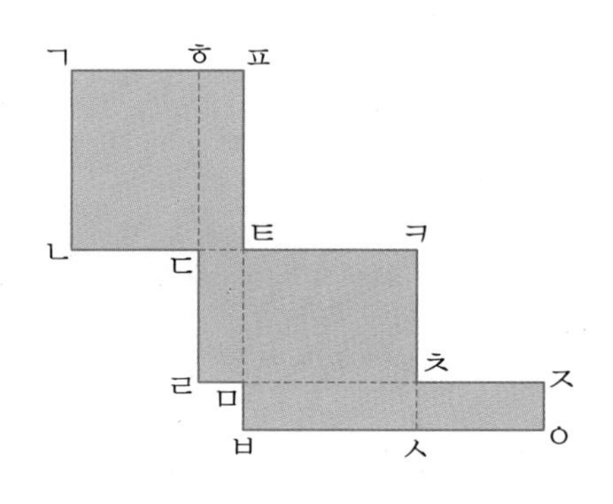

(　　　　　　　　)

2 전개도를 접었을 때 만들어지는 입체도형의 꼭짓점과 모서리의 차는 몇 개인지 구하시오.

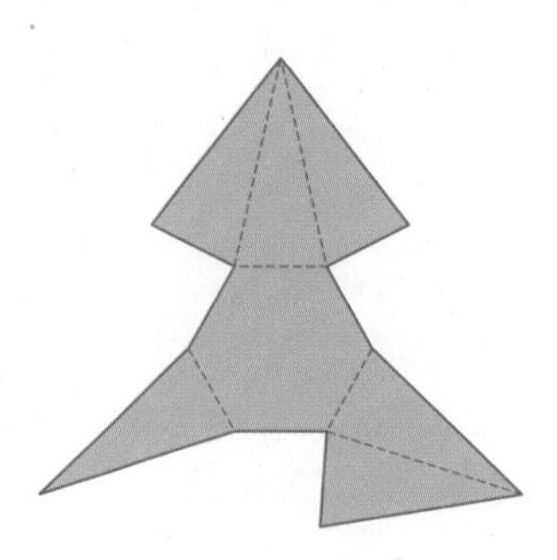

(　　　　　　　　)

정답과 풀이 25쪽

3 오른쪽 전개도를 접었을 때 선분 ㄴㄷ과 만나는 선분을 찾아 쓰시오.

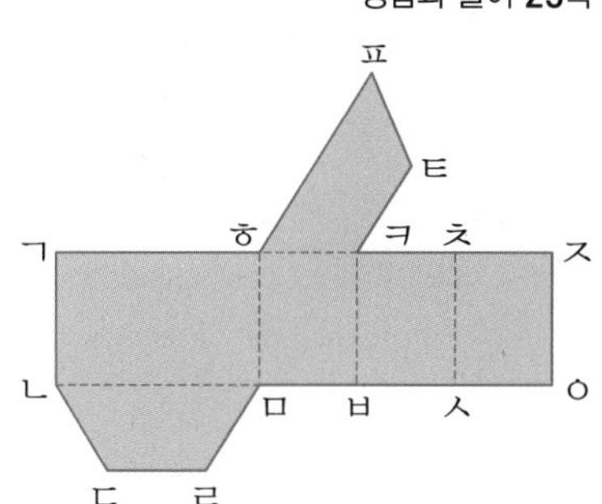

(　　　　　　　　)

4 오른쪽 사각기둥의 전개도에서 면 ㄱㄴㄷㄹ의 넓이는 $42\,\text{cm}^2$입니다. 빗금 친 면이 한 밑면일 때 옆면의 넓이의 합은 몇 cm^2입니까?

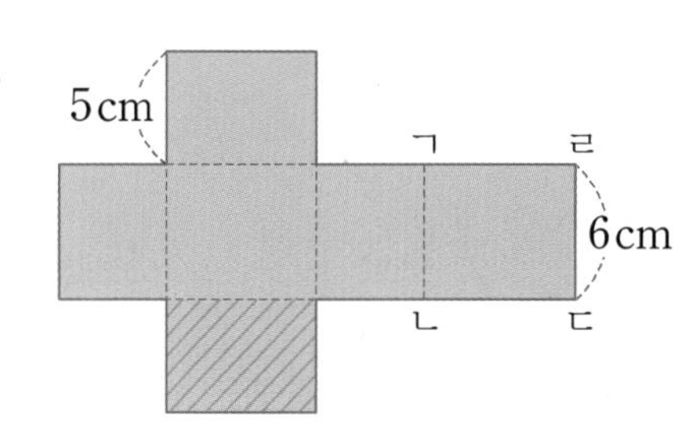

(　　　　　　　　)

BASIC CONCEPT 3-2

입체도형에서 최단 거리 찾기

오른쪽 입체도형에서 점 ㄱ과 점 ㄴ을 잇는 최단 거리는 전개도에서 점 ㄱ과 점 ㄴ을 선분으로 이은 길이와 같습니다.

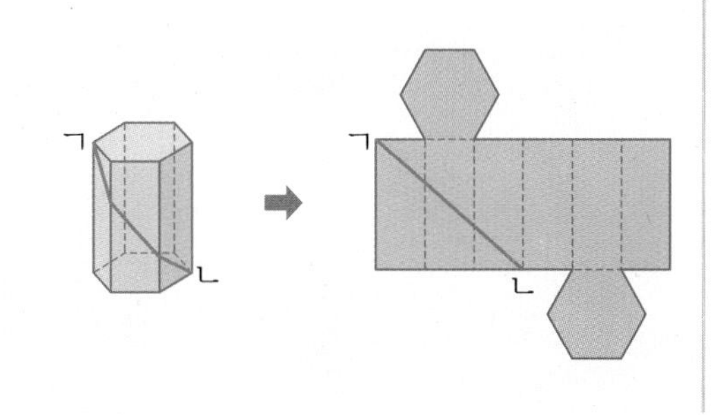

5 각기둥의 면을 지나면서 점 ㄱ과 점 ㄴ을 잇는 최단 거리를 전개도에 그려 보시오.

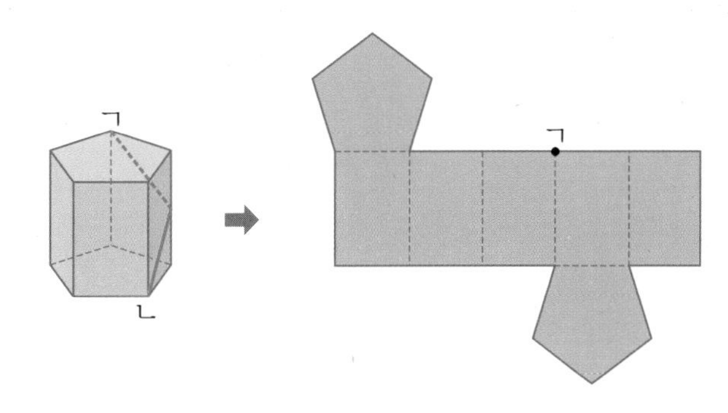

면, 모서리, 꼭짓점의 수로 어떤 각기둥인지 알 수 있다.

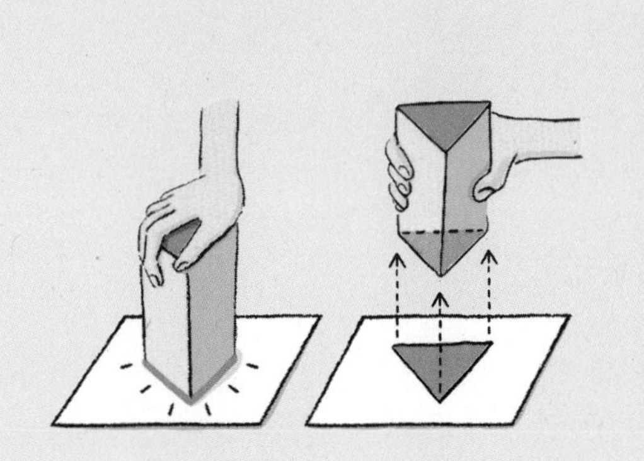

(면의 수)+(꼭짓점의 수)=62인
각기둥의 모서리의 수

각기둥의 한 밑면의 변의 수를 ■라 하면

(면의 수) =■+2
+) (꼭짓점의 수)=■×2

62=■+2+■×2

■×3+2=62, ■×3=60, ■=20

한 밑면의 변의 수가 20인 각기둥은 이십각기둥입니다.

(이십기둥의 모서리의 수)=(한 밑면의 변의 수)×3
=20×3=60

면의 수가 10인 각기둥의 모서리의 수와 꼭짓점의 수의 합을 구하시오.

각기둥에서 (면의 수)=(한 밑면의 변의 수)+2입니다.

한 밑면의 변의 수를 ●라 하면 10=●+2, ●=☐입니다.

한 밑면의 변의 수가 ☐인 각기둥은 ☐입니다.

➡ (모서리의 수)=☐×3=☐
　(꼭짓점의 수)=☐×2=☐

따라서 팔각기둥의 모서리의 수와 꼭짓점의 수의 합은

☐+☐=☐입니다.

1-1 면의 수가 8인 각기둥의 모서리와 꼭짓점은 각각 모두 몇 개인지 구하시오.

모서리 (   )
꼭짓점 (   )

서술형 **1-2** 꼭짓점의 수가 24인 각기둥의 면은 모두 몇 개인지 풀이 과정을 쓰고 답을 구하시오.

풀이

답

1-3 다음과 같은 각기둥의 면은 모두 몇 개인지 구하시오.

(모서리의 수)$+$(꼭짓점의 수)$=45$

(   )

1-4 면, 모서리, 꼭짓점의 수의 합이 92인 각기둥이 있습니다. 이 각기둥의 한 밑면의 변은 모두 몇 개인지 구하시오.

(   )

면의 수가 늘어나면 꼭짓점과 모서리의 수도 늘어난다.

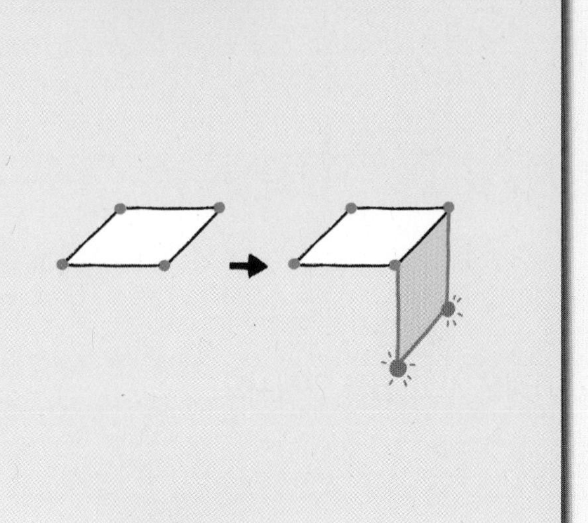

삼각기둥의 한 꼭짓점을 삼각뿔 모양만큼 잘라 내면

면은 1개 늘어납니다.

모서리는 3개 늘어납니다.

꼭짓점은 2개 늘어납니다.
└ 1개가 줄고 3개가 늘어나므로 2개가 늘어납니다.

다음은 사각기둥의 두 꼭짓점을 삼각뿔 모양만큼 잘라 낸 입체도형입니다. 이 입체도형의 모서리는 모두 몇 개인지 구하시오.

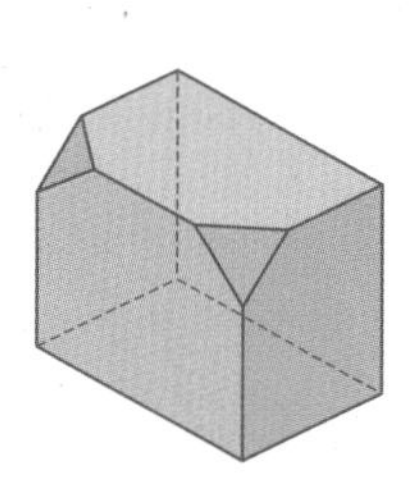

자르기 전 사각기둥의 모서리는 $\square \times 3 = \square$(개)입니다.
　　　　　　　　　　　　　　한 밑면의 변의 수

삼각뿔 모양만큼 한 번 자를 때마다 모서리는 $\square$개씩 늘어나므로

(잘라 낸 입체도형의 모서리의 수)=(사각기둥의 모서리의 수)+$\square \times 2$ ← 두 꼭짓점 부분을 잘랐습니다.

$= \square + \square = \square$(개)입니다.

2-1

다음은 오각기둥의 한 꼭짓점을 삼각뿔 모양만큼 잘라 낸 입체도형입니다. 표에 알맞은 수를 써넣으시오.

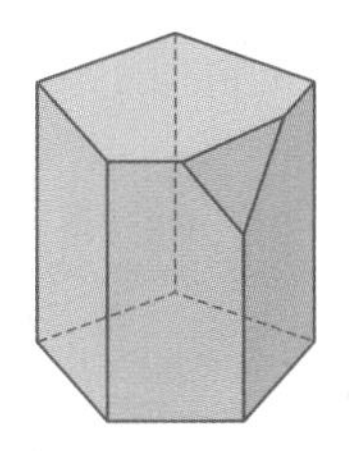

면의 수(개)	
모서리의 수(개)	
꼭짓점의 수(개)	

2-2

오른쪽은 사각기둥의 세 꼭짓점 부분을 삼각뿔 모양만큼 잘라 낸 입체도형입니다. 이 입체도형의 꼭짓점은 모두 몇 개인지 구하시오.

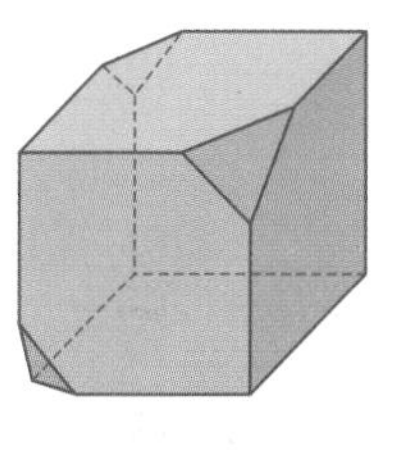

(　　　　　　)

2-3

다음과 같이 사각기둥의 일부분을 삼각뿔 모양만큼 잘라 낸 입체도형의 면과 모서리는 각각 모두 몇 개인지 구하시오.

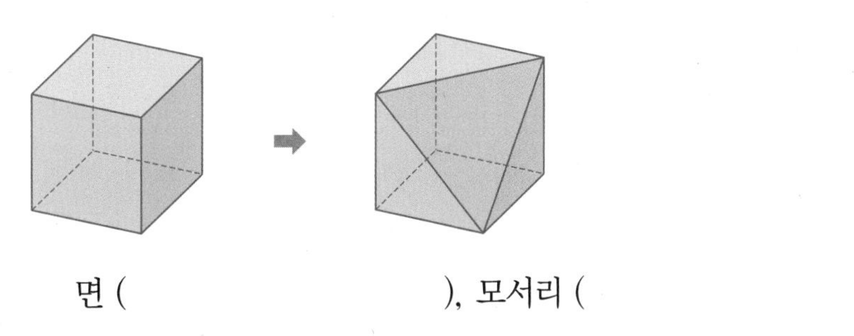

면 (　　　　　　), 모서리 (　　　　　　)

2-4

삼각기둥의 모든 꼭짓점을 오른쪽과 같이 겹치지 않게 삼각뿔 모양만큼 잘라 내려고 합니다. 이때, 만들어지는 입체도형의 모서리는 잘라 내기 전보다 몇 개 더 많습니까?

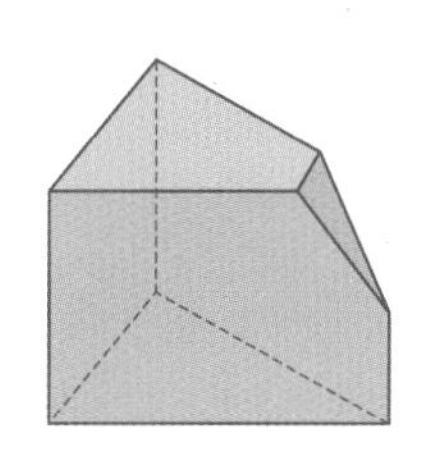

(　　　　　　)

면, 모서리, 꼭짓점의 수로 어떤 각뿔인지 알 수 있다.

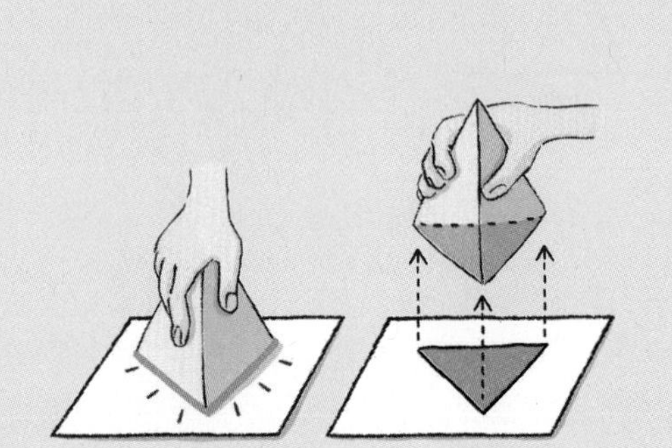

(면의 수)+(모서리의 수)+(꼭짓점의 수)=66인 각뿔의 모서리의 수

각뿔의 밑면의 변의 수를 ■라 하면

(면의 수) =■+1

(모서리의 수)=■×2

+) (꼭짓점의 수)=■+1

66=■+1+■×2+■+1

■×4+2=66, ■×4=64, ■=16

밑면의 변의 수가 16인 각뿔은 십육각뿔입니다.

(십육각뿔의 모서리의 수)=(밑면의 변의 수)×2

=16×2=32

다음과 같은 각뿔의 꼭짓점은 모두 몇 개인지 구하시오.

(면의 수)+(모서리의 수)=28

각뿔의 밑면의 변의 수를 ●라 하면

(면의 수)=●+1, (모서리의 수)=●×2입니다.

(면의 수)+(모서리의 수)=28이므로 ●+1+●×2=28에서

●×□+1=28, ●×□=27, ●=□입니다.

밑면의 변의 수가 □인 각뿔은 □입니다.

(구각뿔의 꼭짓점)=●+1=□+1=□(개)

3-1 면의 수가 11인 각뿔의 모서리와 꼭짓점의 수의 합은 몇 개인지 구하시오.

(　　　　　　　　)

서술형 **3-2** 다음과 같은 각뿔이 있습니다. 이 각뿔과 밑면의 모양이 같은 각기둥의 꼭짓점은 모두 몇 개인지 풀이 과정을 쓰고 답을 구하시오.

(면의 수)+(모서리의 수)=22

풀이

답

3-3 다음과 같은 각뿔의 면은 모두 몇 개인지 구하시오.

(면의 수)+(모서리의 수)+(꼭짓점의 수)=34

(　　　　　　　　)

3-4 옆면이 오른쪽과 같은 이등변삼각형으로 이루어진 각뿔의 모든 모서리의 길이의 합이 126 cm입니다. 이 각뿔의 이름을 쓰시오.

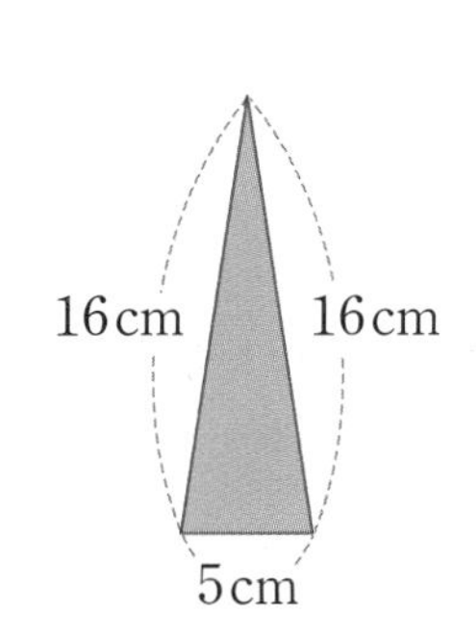

(　　　　　　　　)

모서리를 잘라 옆면을 직사각형 한 개로 만든다.

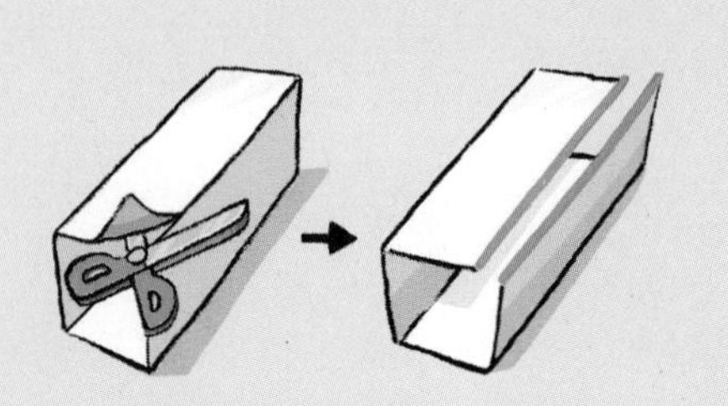

옆면의 넓이의 합이 198 cm^2인 각기둥의 전개도

전개도를 접었을 때 서로 맞닿는 부분의 길이는 같습니다.

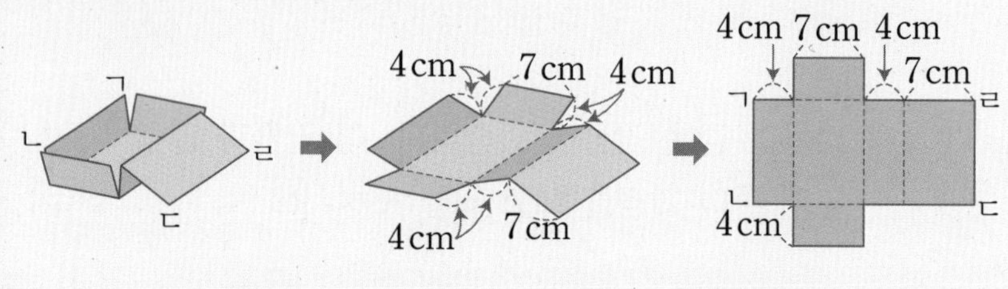

(선분 ㄱㄹ)$=4+7+4+7=22$(cm)

➡ (선분 ㄱㄴ)$=198\div22=9$(cm)

다음 사각기둥의 전개도에서 직사각형 ㄱㄴㄷㄹ의 넓이는 104 cm^2입니다. 선분 ㄱㄴ의 길이는 몇 cm입니까?

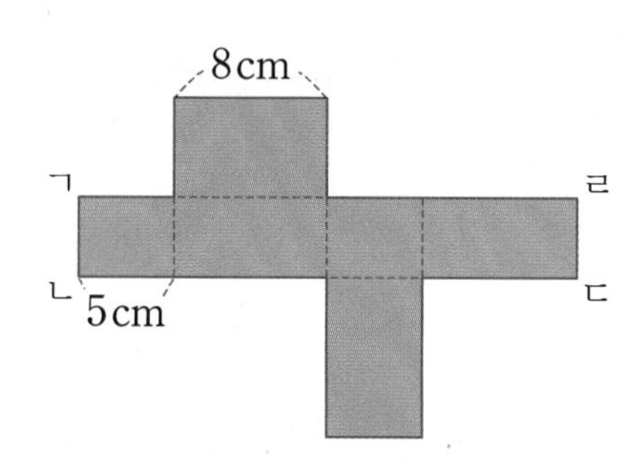

전개도를 접었을 때 서로 맞닿는 부분의 길이는 같습니다.

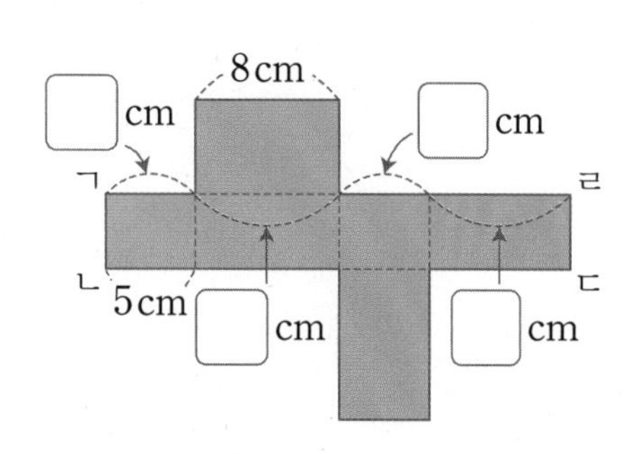

(선분 ㄱㄹ)$=$☐$+$☐$+$☐$+$☐$=$☐(cm)

(선분 ㄱㄹ)$\times$(선분 ㄱㄴ)$=104$

☐$\times$(선분 ㄱㄴ)$=104$

(선분 ㄱㄴ)$=$☐ cm

4-1 오른쪽 사각기둥의 전개도에서 직사각형 ㄱㄴㄷㄹ의 넓이는 $90\,\text{cm}^2$입니다. □ 안에 알맞은 수를 써넣고 선분 ㄱㄴ의 길이를 구하시오.

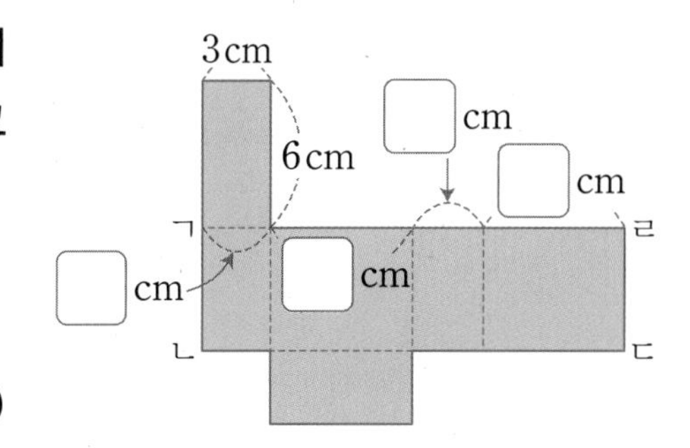

(　　　　　　　)

4-2 오른쪽 육각기둥의 전개도에서 직사각형 ㄱㄴㄷㄹ의 둘레는 142cm입니다. 밑면의 모양이 정육각형일 때 선분 ㄱㄴ의 길이는 몇 cm입니까?

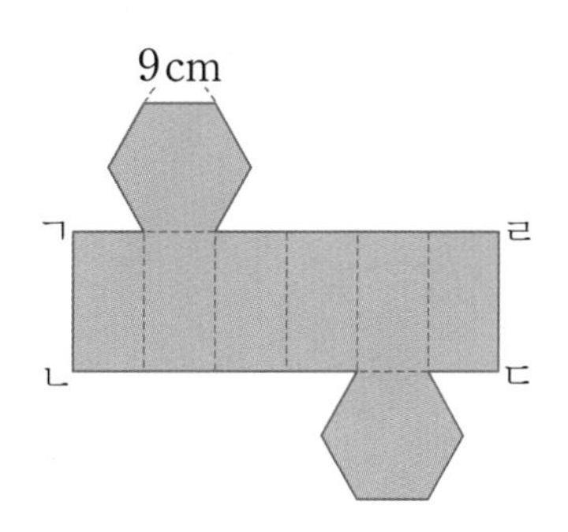

(　　　　　　　)

4-3 밑면의 모양이 오른쪽과 같은 삼각기둥의 전개도에서 옆면을 모아 직사각형 모양 한 개로 그렸을 때 옆면의 넓이의 합이 $528\,\text{cm}^2$였습니다. 이 삼각기둥의 높이는 몇 cm입니까?

삼각기둥의 전개도를 그려 봐.

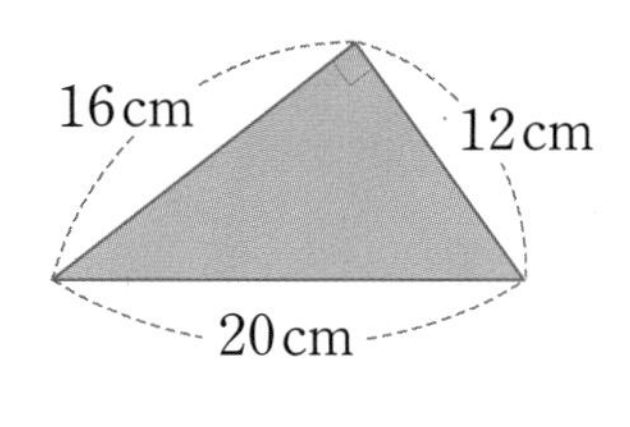

(　　　　　　　)

4-4 오른쪽 사각기둥의 전개도에서 직사각형 ㄱㄴㄷㄹ의 둘레는 32cm입니다. 이 사각기둥의 옆면의 넓이의 합은 몇 cm^2입니까?

전개도를 접었을 때 선분 ㄱㄹ과 만나는 선분을 찾아봐.

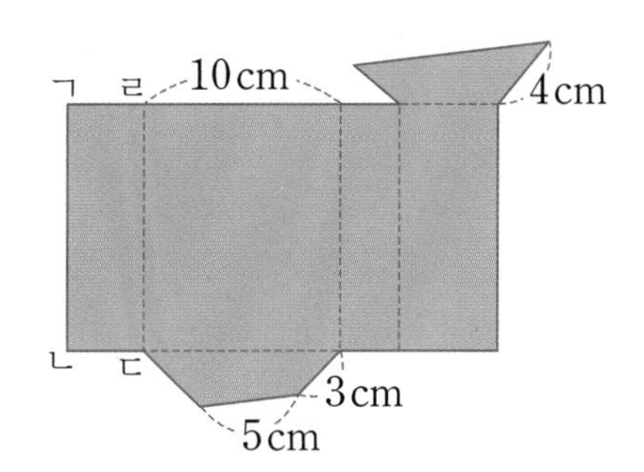

(　　　　　　　)

각기둥의 전개도에서 합동인 두 면이 밑면이다.

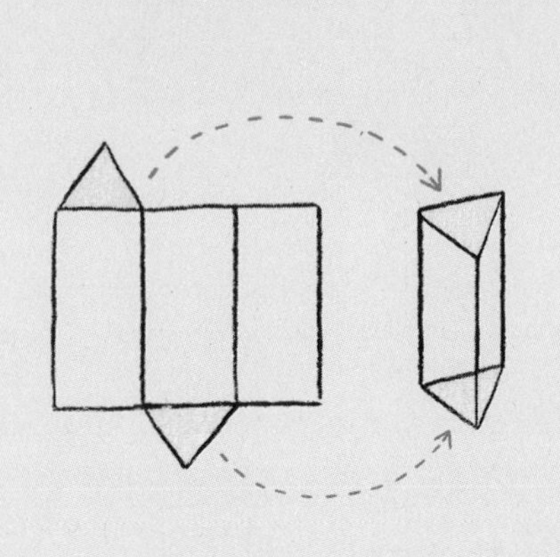

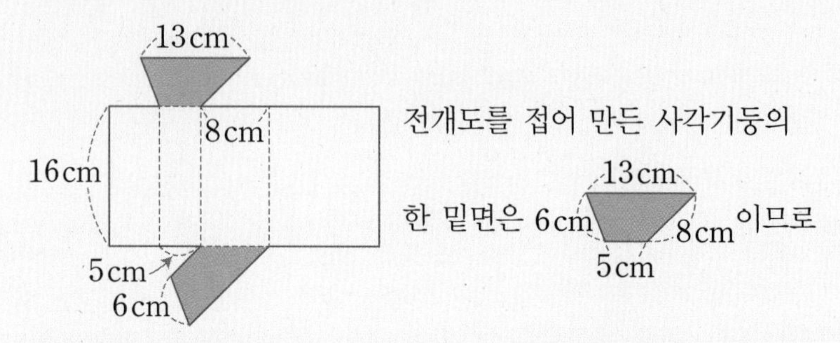

(한 밑면의 둘레)$=6+5+8+13=32$(cm)

➡ (모든 모서리의 길이의 합)$=\underline{32\times2}+\underline{16\times4}=128$(cm)

두 밑면의 모서리 옆면의 모서리

오른쪽 전개도를 접어 필통을 만들었습니다. 만든 필통의 모든 모서리의 길이의 합은 몇 cm입니까?

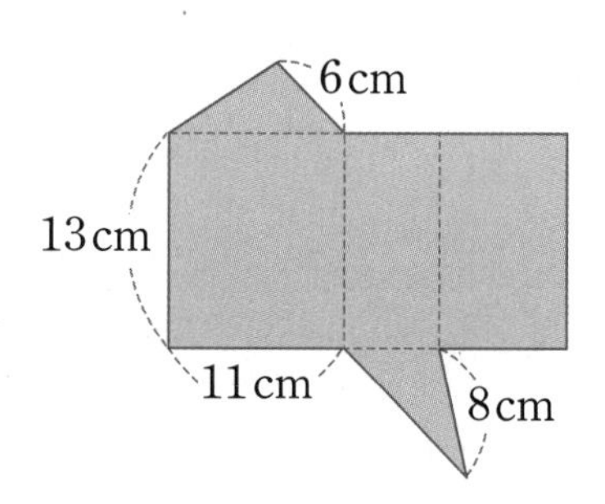

전개도를 접어 만든 입체도형은 삼각기둥입니다.

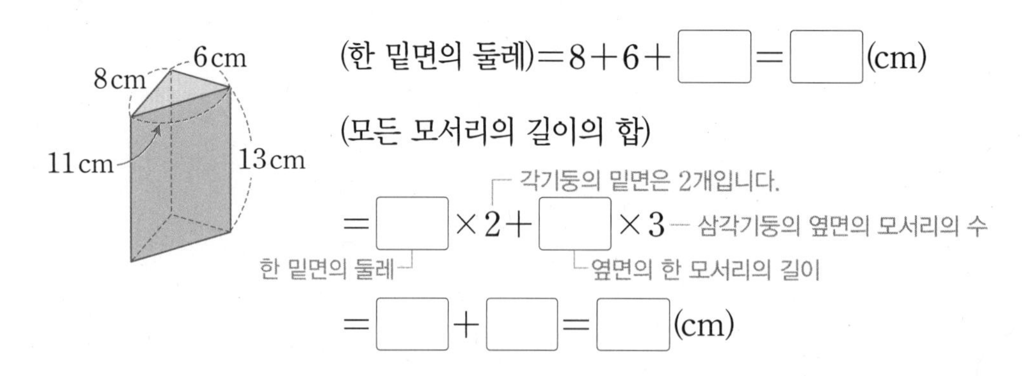

(한 밑면의 둘레)$=8+6+\square=\square$(cm)

(모든 모서리의 길이의 합)

각기둥의 밑면은 2개입니다.

$=\square\times2+\square\times3$ — 삼각기둥의 옆면의 모서리의 수

한 밑면의 둘레, 옆면의 한 모서리의 길이

$=\square+\square=\square$(cm)

5-1 오른쪽 전개도를 접어 각기둥 모양의 상자를 만들었습니다. 만든 상자의 모든 모서리의 길이의 합은 몇 cm입니까?

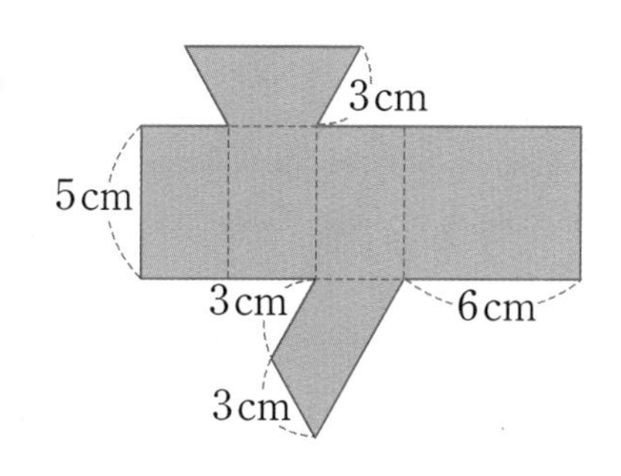

(　　　　　　　　)

5-2 오른쪽 그림은 밑면이 정육각형이고 옆면이 합동인 이등변삼각형으로 이루어진 각뿔의 전개도입니다. 이 전개도를 접었을 때 만들어지는 각뿔의 모든 모서리의 길이의 합은 몇 cm입니까?

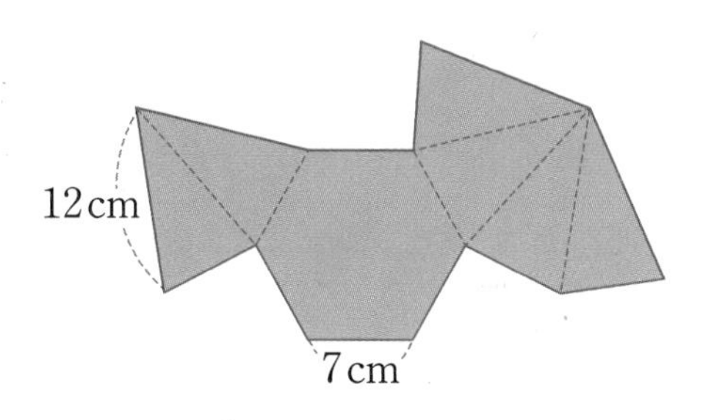

(　　　　　　　　)

5-3 네모 모양의 장기판에 규칙에 따라 장기알을 놓아 승패를 겨루는 놀이를 '장기'라고 합니다. 은우가 오른쪽과 같이 밑면이 정팔각형인 팔각기둥의 전개도를 접어 종이 장기알을 만들었을 때 모든 모서리의 길이의 합은 몇 cm입니까?

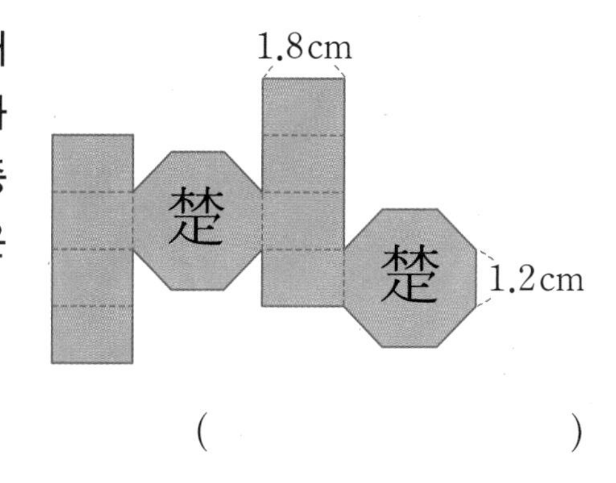

(　　　　　　　　)

5-4 오른쪽 전개도의 둘레는 88cm입니다. 이 전개도를 접었을 때 만들어지는 사각기둥의 모든 모서리의 길이의 합은 몇 cm입니까?

모르는 길이의 선분을 ㉠이라고 해 봐.

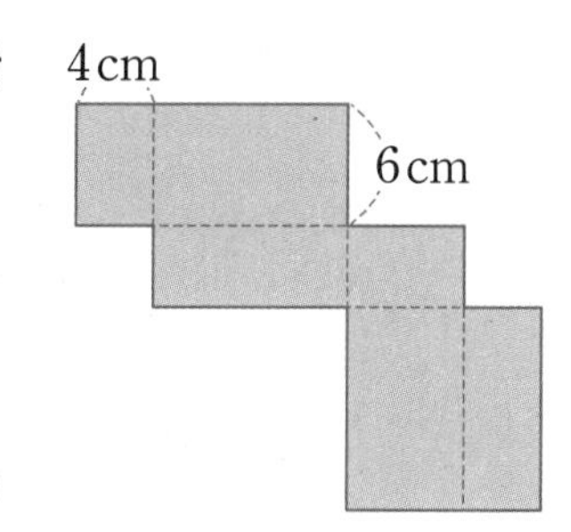

(　　　　　　　　)

전개도의 선분은 입체도형의 모서리이다.

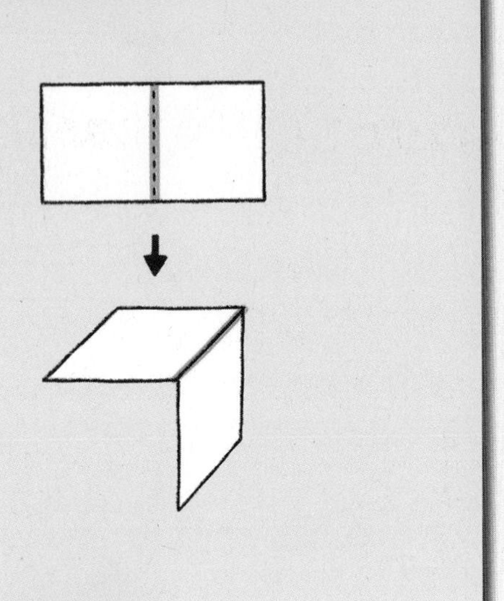

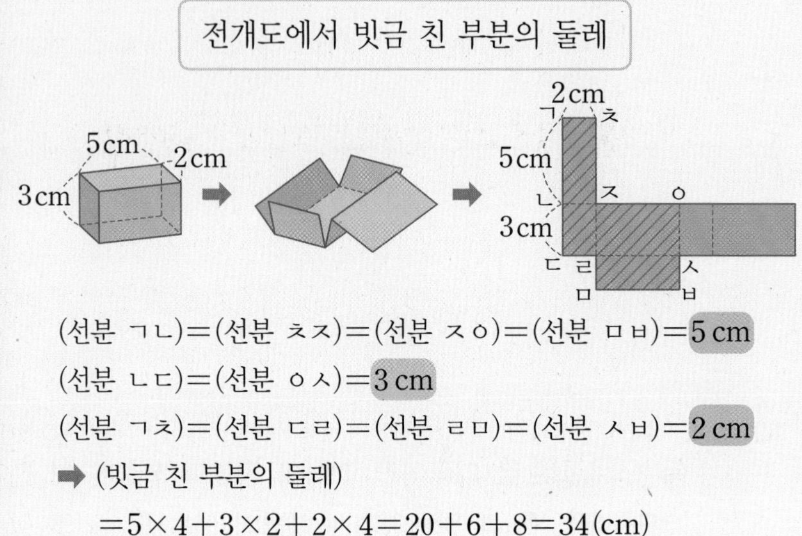

(선분 ㄱㄴ)=(선분 ㅊㅈ)=(선분 ㅈㅇ)=(선분 ㅁㅂ)=5 cm

(선분 ㄴㄷ)=(선분 ㅇㅅ)=3 cm

(선분 ㄱㅊ)=(선분 ㄷㄹ)=(선분 ㄹㅁ)=(선분 ㅅㅂ)=2 cm

➡ (빗금 친 부분의 둘레)

$=5\times4+3\times2+2\times4=20+6+8=34$(cm)

삼각기둥의 전개도에서 빗금 친 부분의 둘레는 몇 cm입니까?

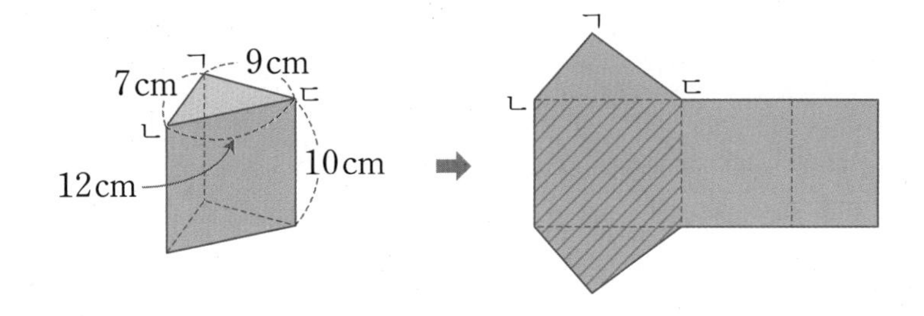

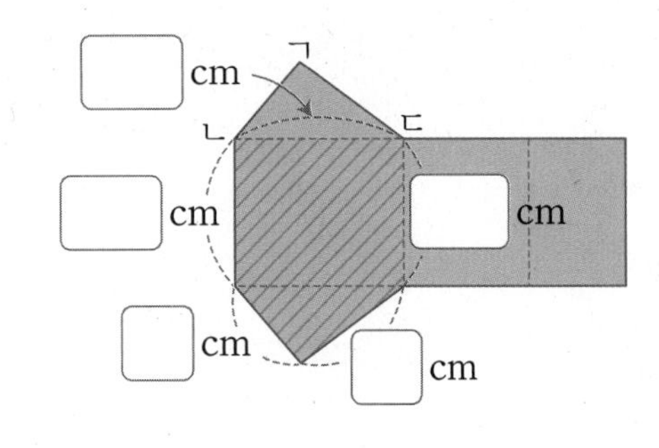

전개도에서 필요한 선분의 길이를 알아봅니다.

빗금 친 부분의 둘레를 이루는 선분은

☐ cm인 선분 2개와 ☐ cm, ☐ cm, ☐ cm

인 선분이 각각 1개입니다.

(빗금 친 부분의 둘레)=☐×2+☐+☐+☐

=☐(cm)

6-1

삼각기둥의 전개도에서 빗금 친 부분의 둘레는 몇 cm입니까?

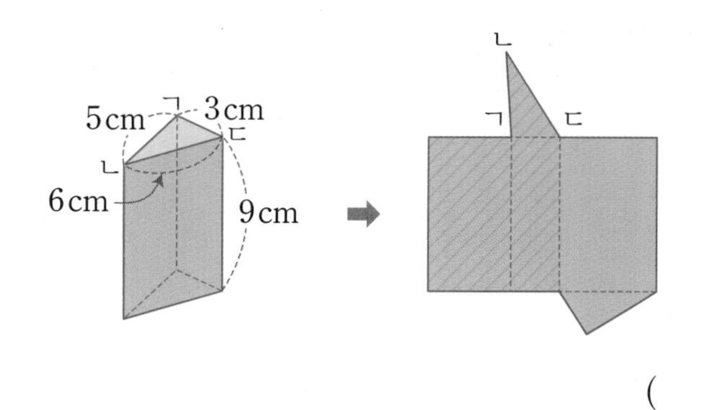

(　　　　　　　　)

6-2

밑면의 한 변의 길이를 ㉠이라고 해 봐.

밑면이 정오각형이고, 옆면이 합동인 5개의 이등변삼각형으로 이루어진 각뿔의 전개도입니다. 빗금 친 부분의 둘레가 38cm일 때 밑면의 둘레는 몇 cm입니까?

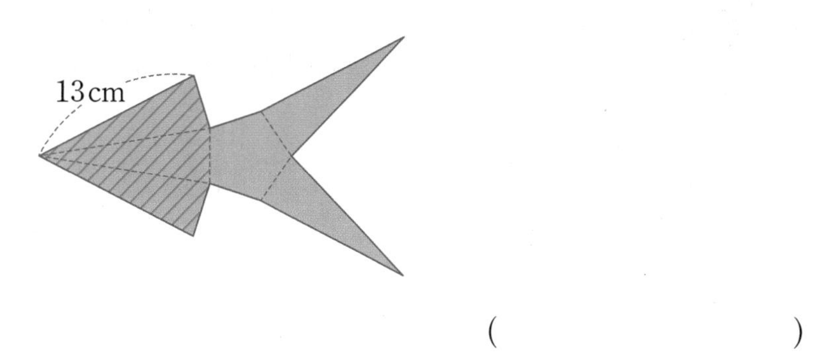

(　　　　　　　　)

6-3

육각기둥의 높이를 먼저 구해 봐.

밑면이 정육각형인 육각기둥의 전개도에서 빗금 친 부분의 둘레가 120cm일 때 이 육각기둥의 옆면의 넓이의 합은 몇 cm^2입니까?

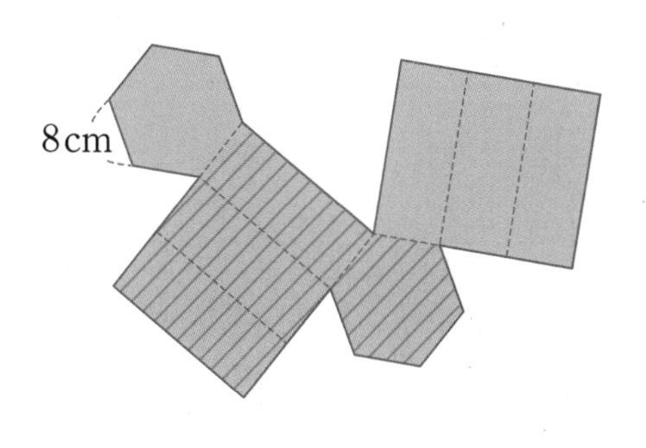

(　　　　　　　　)

모서리와 평행한 끈의 길이는 모서리의 길이이다.

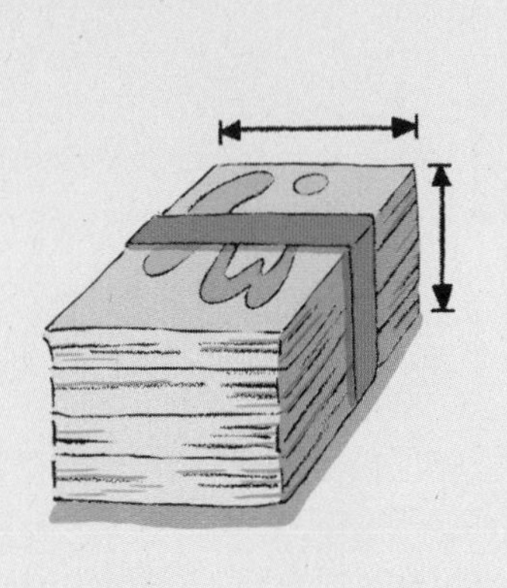

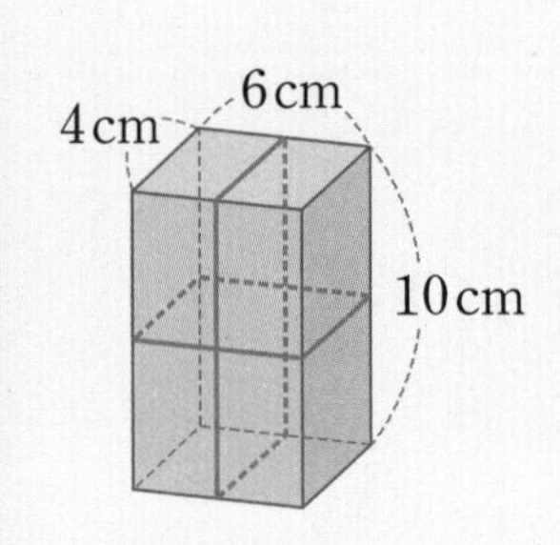

각 모서리의 길이와 같은 끈을 찾아봅니다.

4 cm인 모서리와 길이가 같은 끈: 4개

6 cm인 모서리와 길이가 같은 끈: 2개

10 cm인 모서리와 길이가 같은 끈: 2개

➡ (사각기둥을 묶은 끈의 길이)

$=4\times4+6\times2+10\times2$

$=16+12+20$

$=48$(cm)

사각기둥 모양의 상자에 오른쪽과 같이 테이프를 붙일 때, 필요한 테이프의 길이는 몇 cm입니까? (단, 길이가 같은 테이프끼리는 겹쳐지지 않습니다.)

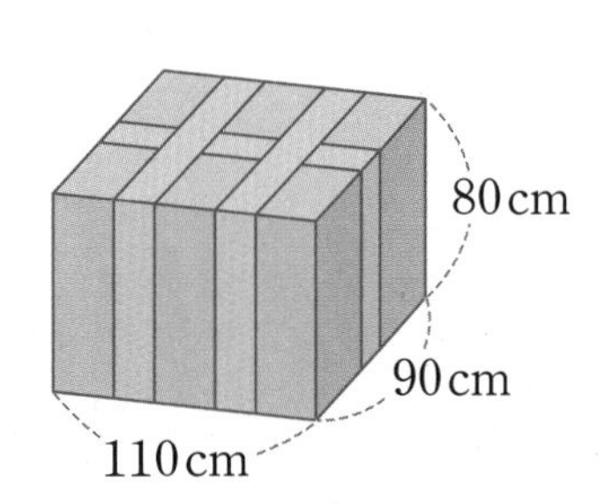

각 모서리의 길이와 같은 테이프를 찾아봅니다. — 아랫면, 옆면, 뒷면의 보이지 않는 부분도 생각합니다.

110 cm인 모서리와 길이가 같은 테이프: ☐개

90 cm인 모서리와 길이가 같은 테이프: ☐개

80 cm인 모서리와 길이가 같은 테이프: ☐개

(필요한 테이프의 길이)

$=110\times$ ☐ $+90\times$ ☐ $+80\times$ ☐

$=$ ☐ $+$ ☐ $+$ ☐ $=$ ☐ (cm)

7-1 사각기둥 모양의 상자를 오른쪽과 같이 끈으로 묶으려고 합니다. 필요한 끈의 길이는 몇 cm입니까? (단, 매듭의 길이는 생각하지 않습니다.)

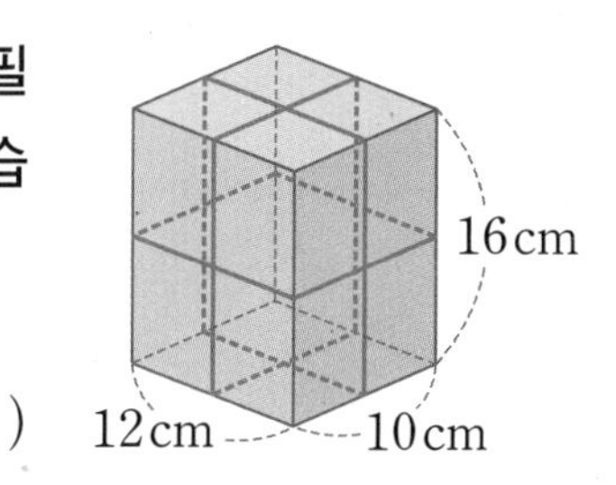

(　　　　　　　)

7-2 가로가 20 cm, 세로가 25 cm, 높이가 4 cm인 사각기둥 모양의 벽돌 3개를 오른쪽과 같이 끈으로 묶어 판매하려고 합니다. 필요한 끈의 길이는 몇 cm입니까? (단, 매듭에 사용되는 끈은 28 cm입니다.)

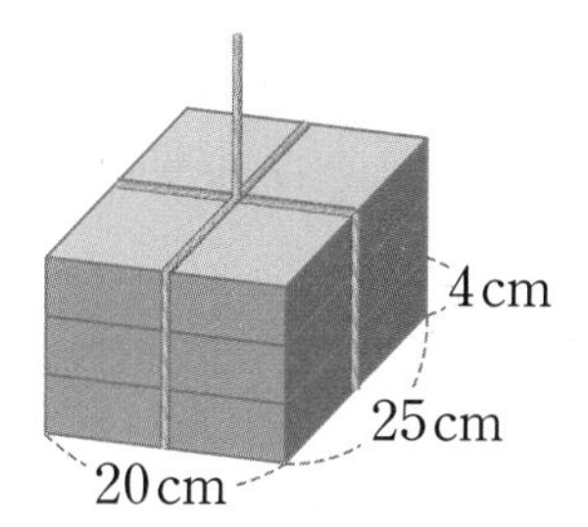

(　　　　　　　)

7-3 모든 모서리의 길이의 합이 496 cm인 사각뿔 모양의 텐트가 있습니다. 이 텐트 옆면의 모서리를 오른쪽과 같이 끈으로 장식하려고 할 때, 필요한 끈의 길이는 몇 cm입니까? (단, 텐트의 모든 모서리의 길이는 같습니다.)

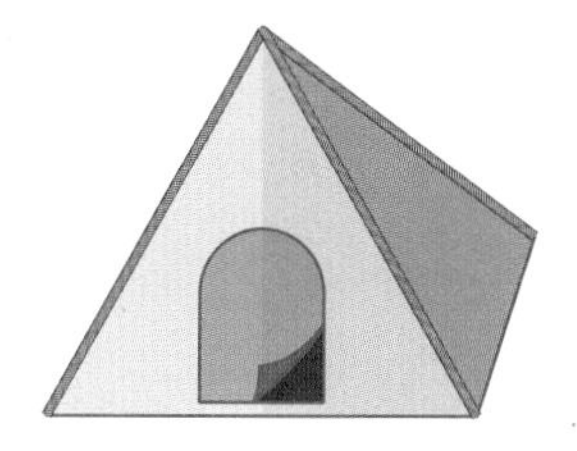

(　　　　　　　)

7-4 오른쪽과 같이 육각기둥 모양의 나무 조각 옆면을 테이프로 겹치지 않게 세 번 둘러싸려고 합니다. 필요한 테이프의 길이가 72 cm일 때, 이 나무 조각의 모든 모서리의 길이의 합은 몇 cm입니까?

한 밑면의 둘레를 먼저 구해 봐.

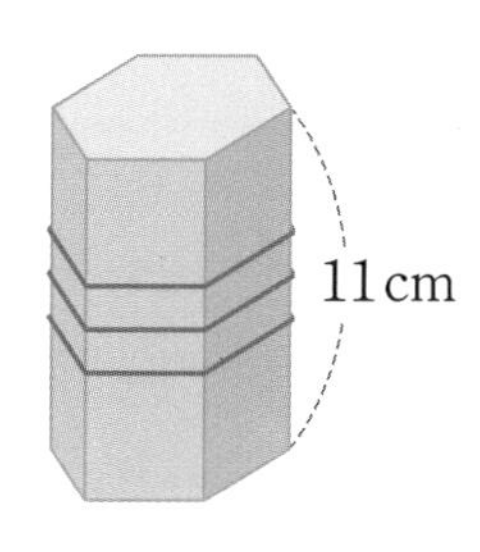

(　　　　　　　)

선이 지나는 점을 모두 찾는다.

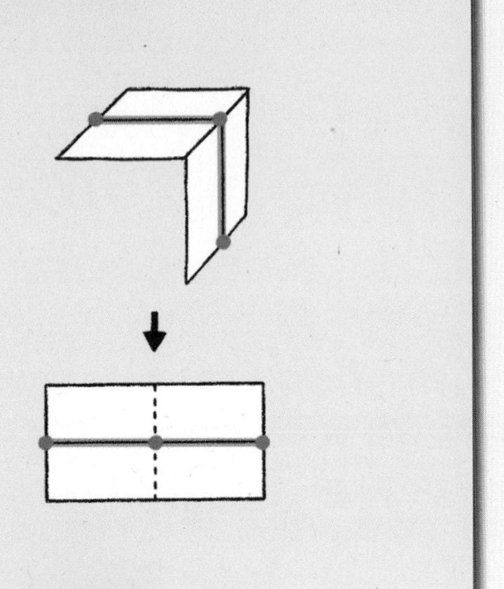

각기둥에 그은 선을 전개도에 나타내려면

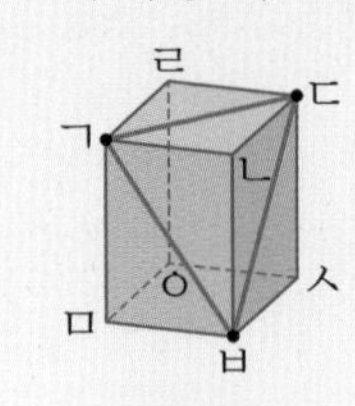

각기둥의 각 꼭짓점을 기호로 표시합니다.

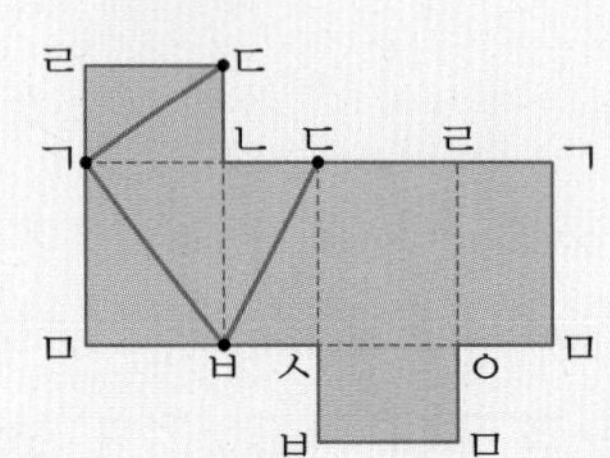

전개도에 각기둥의 꼭짓점을 표시한 후 점끼리 선으로 잇습니다.

왼쪽 삼각기둥에 그은 선을 오른쪽 삼각기둥의 전개도에 나타내어 보시오.

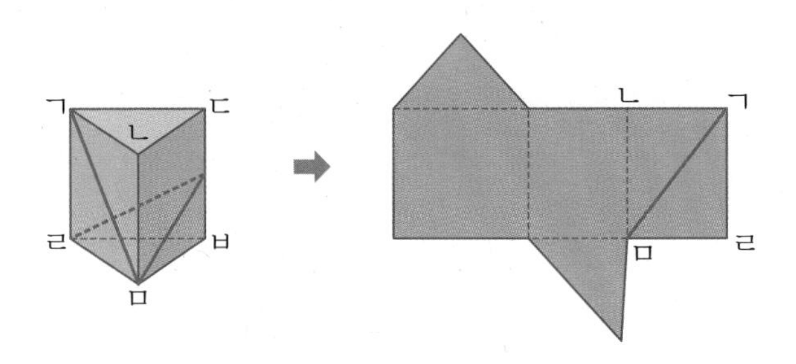

먼저 전개도에 꼭짓점을 모두 표시한 후 나머지 선을 이어 완성합니다.

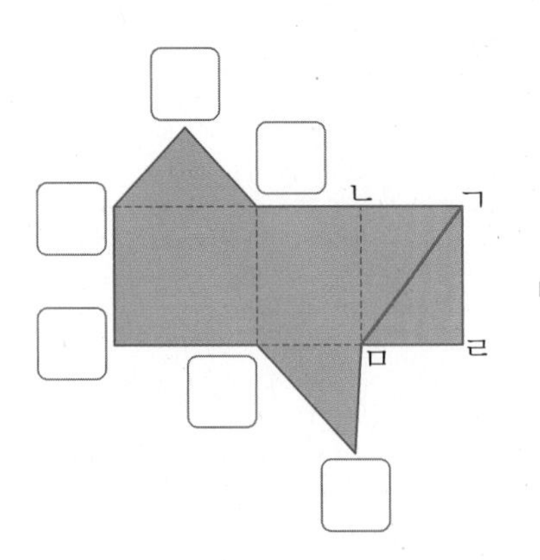

① 점 ㄱ과 점 ㅁ을 잇습니다.

② 점 ☐과 선분 ㄷㅂ의 가운데 점을 잇습니다.

③ 선분 ㄷㅂ의 가운데 점과 점 ☐을 잇습니다.

8-1 왼쪽 사각기둥에 그은 선을 오른쪽 사각기둥의 전개도에 나타내어 보시오.

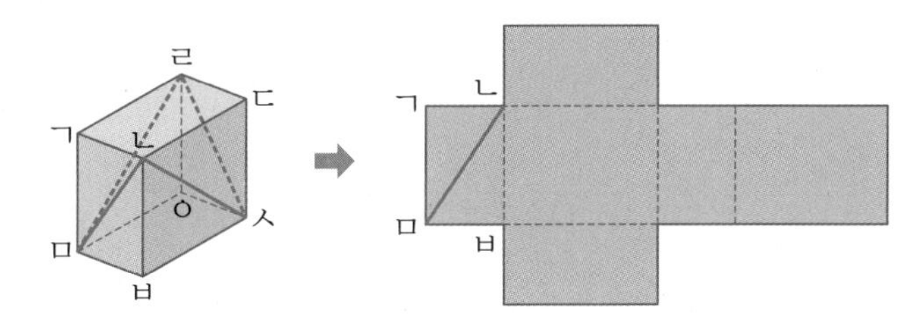

8-2 왼쪽 삼각기둥에 그은 선을 오른쪽 삼각기둥의 전개도에 나타내어 보시오.

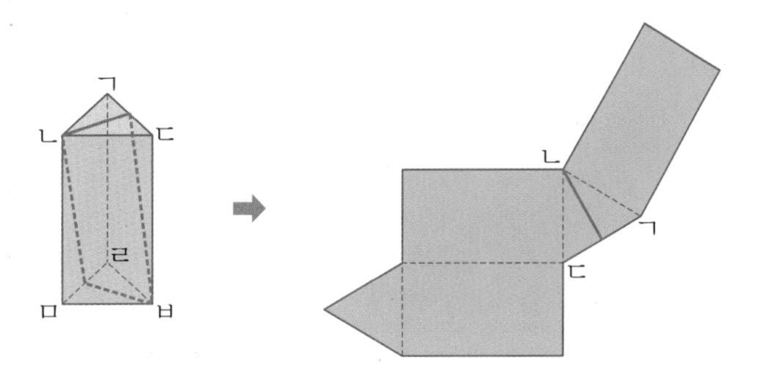

8-3 삼각기둥의 꼭짓점 ㅁ에 실을 고정하고 모서리 ㅁㅂ과 45°를 이루도록 옆면을 따라 실을 팽팽하게 당겨 감았더니 꼭짓점 ㄴ과 만났습니다. 이 삼각기둥의 높이는 몇 cm입니까?

전개도에 실이 지나간 자리를 표시해 봐.

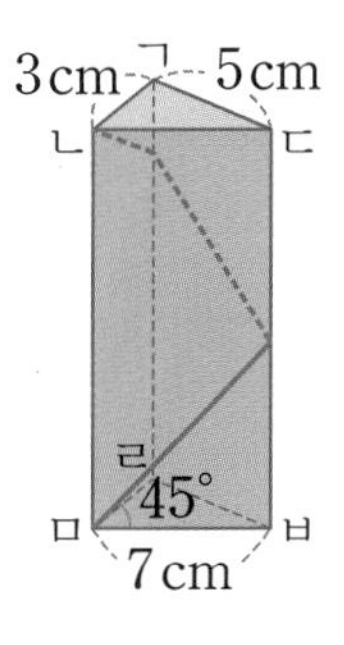

(　　　　　　　　　　)

문제풀이 동영상

1 세 각기둥 ㉮, ㉯, ㉰의 꼭짓점의 합이 46개일 때, 세 각기둥의 모서리의 합은 모두 몇 개인지 구하시오.

( )

2 밑면의 모양이 같은 각기둥과 각뿔이 있습니다. 각기둥의 면, 모서리, 꼭짓점의 합과 각뿔의 면, 모서리, 꼭짓점의 합의 차가 14개일 때, 한 밑면의 변은 모두 몇 개인지 구하시오.

( )

3 사각기둥 ㈎의 모든 꼭짓점을 삼각뿔 모양만큼 잘라 내어 입체도형 ㈏를 만들었습니다. ㈎와 ㈏의 면의 수에는 어떤 관계가 있는지 식으로 나타내어 보시오.

중등 연계
$a=5$, $b=7$
→ $b=a+2$

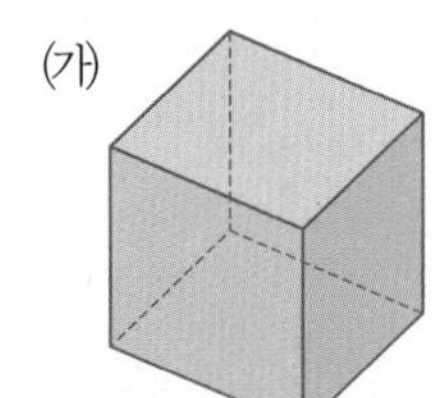

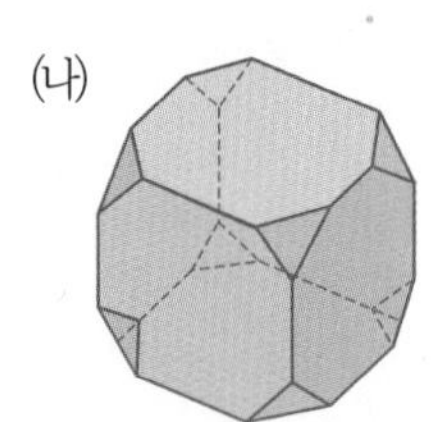

4 높이가 13 cm인 구각기둥의 옆면에 모두 페인트를 칠한 후 종이 위에 놓고 한 방향으로 2바퀴 굴렸더니 종이에 색칠된 부분의 넓이가 936 cm^2였습니다. 이 구각기둥의 모든 모서리의 길이의 합은 몇 cm입니까?

( )

5 사각기둥의 전개도에서 면 ㉮의 넓이가 96 cm^2, 면 ㉯의 넓이가 72 cm^2일 때, 선분 ㄹㅈ의 길이는 몇 cm입니까?

먼저 생각해 봐요!
선분 ㅋㅊ의 길이는?

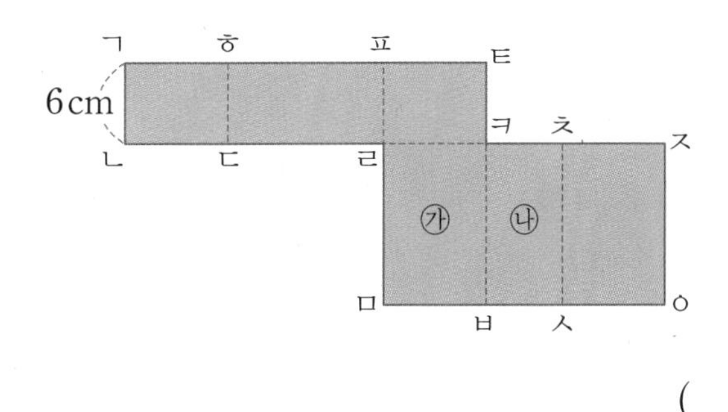

( )

서술형 **6** 옆면이 오른쪽과 같은 이등변삼각형으로 이루어진 각뿔의 모든 모서리의 길이의 합이 230 cm입니다. 이 각뿔의 밑면의 둘레는 몇 cm인지 풀이 과정을 쓰고 답을 구하시오.

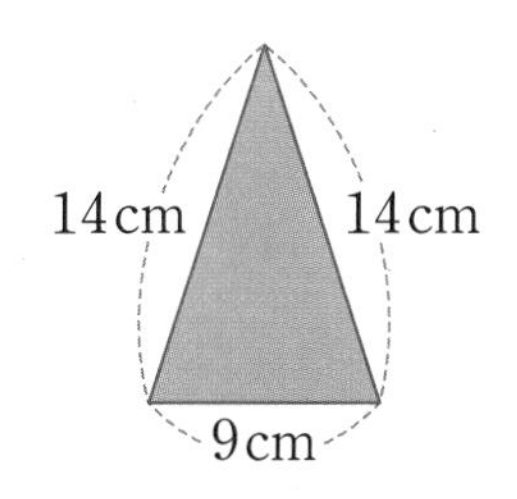

풀이

답

7 다음은 밑면이 직사각형인 사각기둥 모양 상자의 전개도입니다. 이 상자 안에 한 모서리의 길이가 2cm인 정육면체 모양의 초콜릿을 넣으려고 합니다. 이 전개도의 넓이가 928cm^2일 때, 초콜릿은 몇 개까지 넣을 수 있는지 구하시오. (단, 상자의 두께는 생각하지 않습니다.)

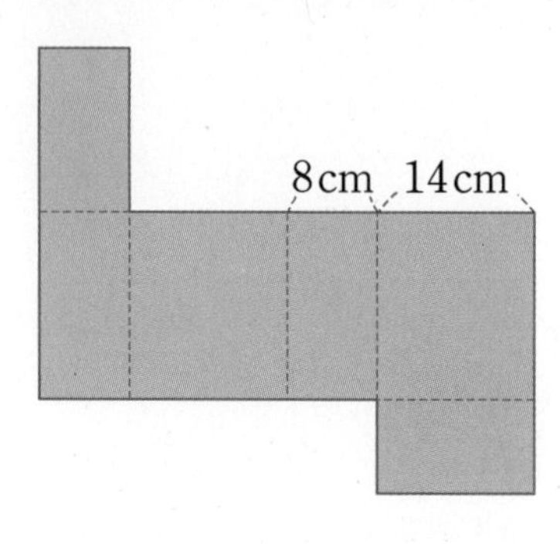

( )

8 오른쪽과 같이 모양과 크기가 같은 삼각기둥을 한 바퀴 이어 붙여 만들어지는 입체도형의 이름을 쓰시오.

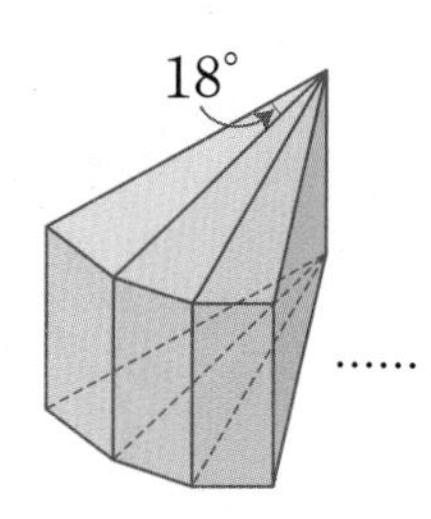

( )

먼저 생각해 봐요!
정삼각형을 한 바퀴 이어 붙여 만든 도형은?

9 왼쪽 사각기둥에 그은 선을 오른쪽 사각기둥의 전개도에 나타내어 보시오.

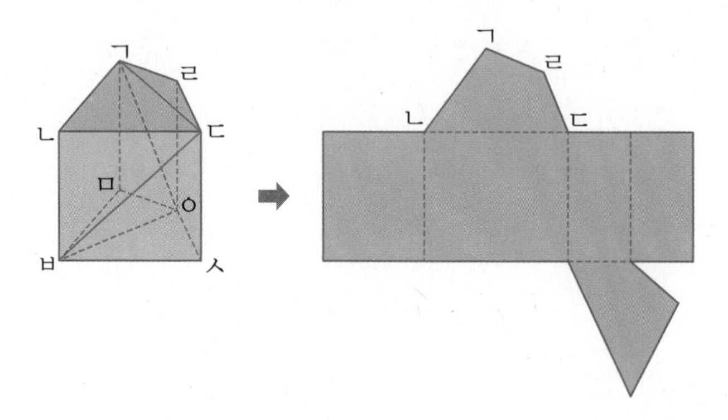

3

소수의 나눗셈

1 (소수)÷(자연수) (1)

• 소수의 계산은 분수의 계산으로 바꾸어 나타낼 수 있습니다.
• 나누어지는 수가 작아지는만큼 몫도 작아집니다.

1-1 BASIC CONCEPT

몫이 1보다 큰 (소수)÷(자연수)

방법1 분수의 나눗셈으로 바꾸어 계산하기

$$8.1 \div 3 = \frac{81}{10} \div 3 = \frac{81 \div 3}{10} = \frac{27}{10} = 2.7$$

방법2 세로로 계산하기

$$\begin{array}{r} 2. \\ 3\overline{)8.1} \\ 6 \\ \hline 2\,1 \end{array} \Rightarrow \begin{array}{r} 2.7 \\ 3\overline{)8.1} \\ 6 \\ \hline 2\,1 \\ 2\,1 \\ \hline 0 \end{array}$$

몫의 소수점은 나누어지는 수의 소수점을 올려 찍습니다.

몫이 1보다 작은 (소수)÷(자연수)

방법1 자연수의 나눗셈을 이용하여 계산하기

$212 \div 4 = 53$

$\frac{1}{100}$배 ↓ $\frac{1}{100}$배 ↓

$2.12 \div 4 = 0.53$

방법2 세로로 계산하기

$$\begin{array}{r} 0. \\ 4\overline{)2.1\,2} \end{array} \Rightarrow \begin{array}{r} 0.5 \\ 4\overline{)2.1\,2} \\ 2\,0 \\ \hline 1\,2 \end{array} \Rightarrow \begin{array}{r} 0.5\,3 \\ 4\overline{)2.1\,2} \\ 2\,0 \\ \hline 1\,2 \\ 1\,2 \\ \hline 0 \end{array}$$

2를 4로 나눌 수 없으므로 몫의 일의 자리에 0을 쓰고 소수점을 올려 찍습니다.

1 계산이 잘못된 곳을 찾아 바르게 계산하시오.

$$6.5 \div 5 = \frac{65}{10} \div 5 = \frac{65 \times 5}{10} = \frac{325}{10} = 32.5$$

$6.5 \div 5 =$ ______________________

2 강아지의 무게는 9 kg이고 시후의 몸무게는 38.7 kg입니다. 시후의 몸무게는 강아지 무게의 몇 배입니까?

(　　　　　　　　)

3 길이가 2.56 m인 철사를 겹치지 않게 모두 사용하여 합동인 정사각형을 2개 만들었습니다. 만든 정사각형의 한 변의 길이는 몇 m입니까?

( )

BASIC CONCEPT 1-2

1과 나눗셈의 몫의 크기 비교

몫이 1보다 큰 경우	몫이 1보다 작은 경우
(나누어지는 수)>(나누는 수)	(나누어지는 수)<(나누는 수)
$15.4 > 7$ ➡ $15.4 \div 7 = 2.2 > 1$	$4.8 < 6$ ➡ $4.8 \div 6 = 0.8 < 1$

4 몫이 1보다 작은 나눗셈식을 찾아 기호를 쓰시오.

㉠ $18.6 \div 3$ ㉡ $3.36 \div 4$ ㉢ $13.5 \div 9$ ㉣ $21.7 \div 7$

( )

5 □ 안에는 0부터 9까지의 수가 들어갈 수 있습니다. 몫이 가장 큰 것은 어느 것입니까?

( )

① 4.□5÷18 ② 3□.8÷41 ③ 5.□8÷26
④ 0.9□÷4 ⑤ 8□.1÷27

2 (소수)÷(자연수) (2)

- 소수 끝자리에 0을 여러 개 붙여도 크기는 달라지지 않습니다.
- 나누어지는 수가 나누는 수보다 작은 경우에는 몫의 자리에 0을 씁니다.

2-1 BASIC CONCEPT

소수점 아래 0을 내려 계산해야 하는 (소수)÷(자연수)

방법1 분수로 고쳐서 계산하기

$$22.8 \div 8 = \frac{2280}{100} \div 8 = \frac{2280 \div 8}{100}$$

$\frac{228}{10} \div 8$에서 $228 \div 8$은 나누어떨어지지 않습니다.

$$= \frac{285}{100} = 2.85$$

방법2 세로로 계산하기

소수점 아래에서 나누어떨어지지 않는 경우 0을 내려 계산합니다.

```
    2.            2.8            2.85
8)22.8   ➡   8)22.8   ➡   8)22.80
  16             16             16
   68             68             68
                  64             64
                   4              40
                                  40
                                   0
```

몫의 소수 첫째 자리에 0이 있는 (소수)÷(자연수)

방법1 자연수의 나눗셈을 이용하여 계산하기

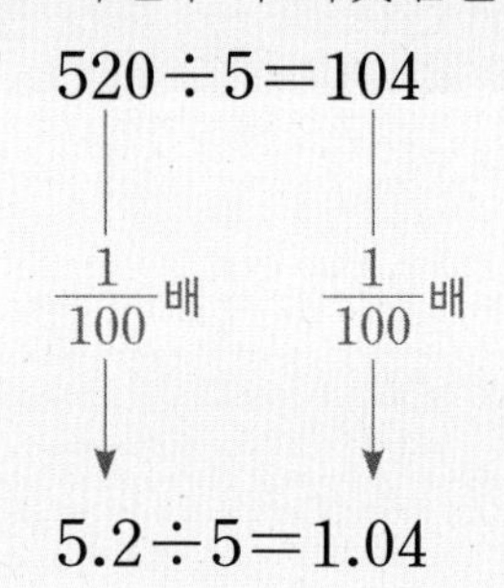

$520 \div 5 = 104$

$\frac{1}{100}$배 $\frac{1}{100}$배

$5.2 \div 5 = 1.04$

방법2 세로로 계산하기

```
   1.          1.0           1.04
5)5.2   ➡   5)5.2   ➡   5)5.20
  5            5             5
   2            2             20
                              20
                               0
```

2를 5로 나눌 수 없으므로 몫의 소수 첫째 자리에 0을 씁니다.

1 다음 중 16으로 나누었을 때, 몫이 소수 두 자리 수가 되는 수를 모두 찾아 쓰시오.

0.8	3.2	22.4	31.2

( )

2 ㉠은 ㉡의 몇 배입니까?

㉠ $2.7 \div 18$ ㉡ $0.27 \div 18$

( )

3 높이가 $6\,\mathrm{cm}$인 오른쪽 평행사변형의 넓이가 $26.1\,\mathrm{cm}^2$일 때, 밑변의 길이는 몇 cm입니까?

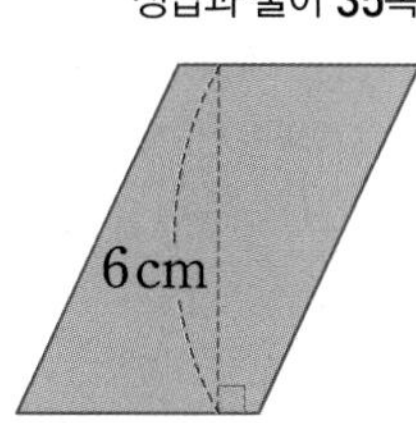

( )

4 똑같은 통조림 18개가 들어 있는 상자의 무게는 $19.4\,\mathrm{kg}$입니다. 빈 상자 한 개의 무게가 $0.5\,\mathrm{kg}$이라면 통조림 한 개의 무게는 몇 kg입니까?

( )

BASIC CONCEPT 2-2

곱셈과 나눗셈의 관계를 이용하여 모르는 수 구하기

$\square \times 12 = 12.6$

$\square = 12.6 \div 12 = 1.05$

5 □ 안에 알맞은 수를 써넣으시오.

(1) $42 \times \square = 33.6$

(2) $\square \times 15 = 30.9$

6 가로가 $12.6\,\mathrm{cm}$, 세로가 $9\,\mathrm{cm}$인 직사각형이 있습니다. 이 직사각형의 세로를 $3\,\mathrm{cm}$ 줄였을 때 가로를 몇 cm 늘여야 처음 넓이와 같아집니까?

( )

3 (자연수)÷(자연수)

• ■는 ■.0, ■.00, ■.000……과 같은 수입니다.
• 나눗셈의 몫을 어림하여 소수점의 위치를 알 수 있습니다.

3-1 BASIC CONCEPT

(자연수)÷(자연수)

방법1 분수로 고쳐서 계산하기

$$6\div5=\frac{6}{5}=\frac{12}{10}=1.2$$

방법2 세로로 계산하기

$$\begin{array}{r} 1. \\ 5\overline{)6.} \\ 5 \\ \hline 1 \end{array} \Rightarrow \begin{array}{r} 1.2 \\ 5\overline{)6.0} \\ 5 \\ \hline 1\,0 \\ 1\,0 \\ \hline 0 \end{array}$$

어림을 하여 소수점의 위치 찾기

• 24.6÷5를 25로 어림하면 몫은 5이므로 몫의 소수점의 위치는 4⊡9□2입니다.
→ 24.6을 소수 첫째 자리에서 어림하여 나온 몫이 5이고 24.6은 25보다 작은 수이므로 몫은 5보다 작은 수입니다. 따라서 4 뒤에 소수점을 찍습니다.

• 41.7÷3을 42÷3으로 어림하면 몫은 14이므로 몫의 소수점의 위치는 1□3⊡9입니다.

1 몫의 소수 둘째 자리 숫자가 다른 하나를 찾아 기호를 쓰시오.

㉠ 23÷4 ㉡ 13÷8 ㉢ 39÷12

( )

2 나눗셈의 몫을 나누어떨어질 때까지 구하려면 나누어지는 수의 오른쪽 끝자리에 0을 몇 번 내려 계산해야 합니까?

13÷4

( )

3 혜인이네 집에서는 2주일 동안 21 kg의 쌀을 먹었습니다. 쌀을 매일 같은 양씩 먹었다면 하루에 먹은 쌀은 몇 kg입니까?

( )

4 다음 정사각형 ㉮와 정삼각형 ㉯의 둘레가 같을 때 정삼각형의 한 변의 길이는 몇 cm인지 어림하여 몫의 소수점의 위치를 찾아 소수점을 찍으시오.

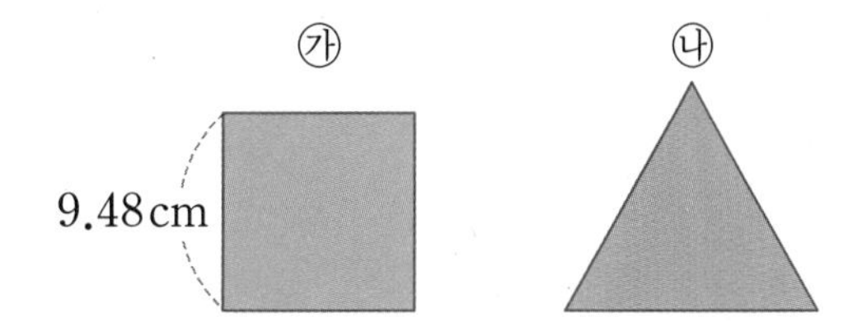

➡ 정삼각형의 한 변의 길이는 1□2□6□4 cm입니다.

5 □ 안에 들어갈 수 있는 가장 큰 자연수를 어림하여 구하시오.

$58.2 \div 6 > \square$

( )

BASIC CONCEPT 3-2 중등연계

순환소수: 0.258258258……과 같이 소수점 아래의 어떤 자리부터 일정한 숫자가 끝없이 반복되는 소수
(循環, 되풀이되는)
순환마디: 순환소수에서 일정하게 반복되는 부분

6 몫을 소수로 나타낼 때 소수 12째 자리 숫자를 구하시오.

$3 \div 11$

( )

부등호의 양쪽에 같은 수를 곱해도 부등호의 방향은 같다.

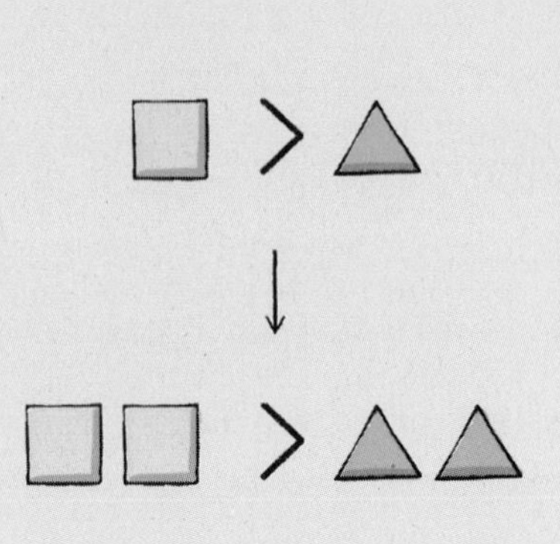

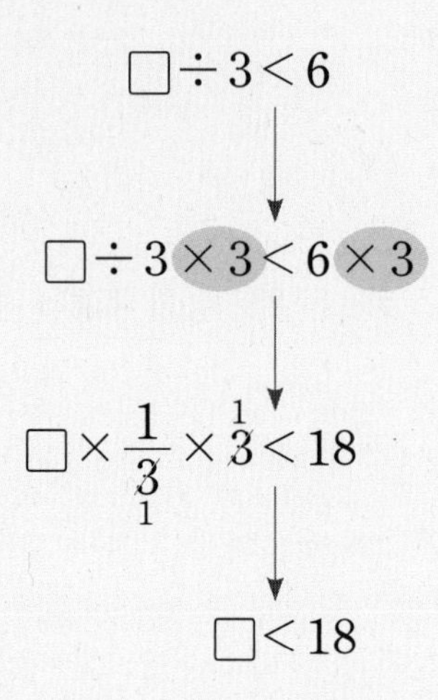

대표문제 1

■ 안에 들어갈 수 있는 자연수를 모두 구하시오.

$26 \div 8 < ■ \div 14 < 42 \div 12$

$26 \div 8 < ■ \div 14 < 42 \div 12$

$\square < ■ \div 14 < \square$

$\square \times 14 < ■ \div 14 \times 14 < \square \times 14$

$\square < ■ < \square$

부등호의 양변에 0이 아닌 같은 수를 곱해도 부등호의 방향은 바뀌지 않습니다.

따라서 ■ 안에 들어갈 수 있는 자연수는 □, □, □입니다.

1-1 1부터 9까지의 자연수 중에서 □ 안에 들어갈 수 있는 자연수는 모두 몇 개입니까?

$9.75 \div 13 < 0.7\square < 3.16 \div 4$

(　　　　　　　　)

1-2 □ 안에 들어갈 수 있는 수 있는 가장 작은 자연수와 가장 큰 자연수의 합을 구하시오.

$60 \div 16 < \square \div 11 < 63 \div 15$

(　　　　　　　　)

1-3 세 분수를 소수 둘째 자리에서 반올림하여 크기를 비교하였더니 다음과 같았습니다. □ 안에 들어갈 수 있는 자연수를 구하시오.

$\frac{21}{8} < \frac{\square}{10} < \frac{11}{4}$

(　　　　　　　　)

1-4 어떤 자연수를 3으로 나누어 그 몫을 소수 첫째 자리에서 반올림하였더니 6이 되었습니다. 어떤 자연수를 모두 구하시오.

(　　　　　　　　)

최상위 S

반복되는 숫자와 개수를 알면

소수점 아래 자리 숫자를 구할 수 있다.

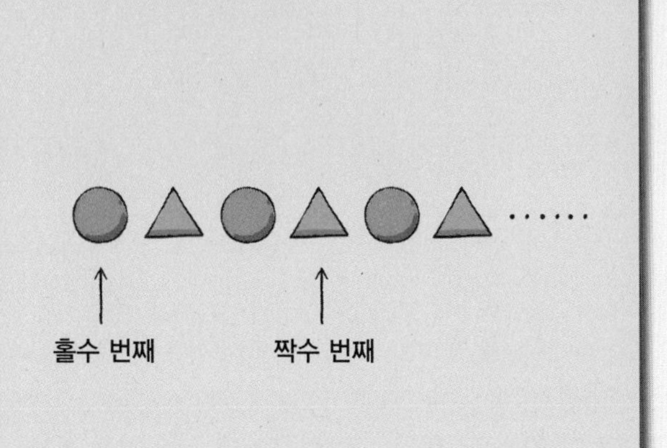

0.169169169……에서
소수점 아래 반복되는 숫자는 1, 6, 9로
3개입니다.
소수 86째 자리 숫자는
➡ $86 \div 3 = 28 \cdots 2$이므로 6입니다.

반복되는 숫자의 개수 / 반복되는 횟수 / 반복되는 숫자 중 두 번째 숫자

대표문제 2

어떤 가분수의 분자를 분모인 27로 나누었더니 몫은 1이고 나머지는 13이었습니다. 이 분수를 소수로 나타낼 때 소수 18째 자리 숫자를 구하시오.

(분자)$\div 27 = 1 \cdots 13$ ➡ (분자)$= 27 \times$ □ $+$ □ $=$ □

(어떤 가분수)$= \frac{□}{27} =$ □ $\div 27 =$ □ 이므로

소수점 아래 반복되는 숫자는 4, 8, □로 □개입니다.

→ 반복되는 숫자의 개수로 나눕니다.

따라서 18$\div$□$=6$은 나머지가 0이므로

→ 나머지가 1이면 반복되는 숫자 중 첫 번째 숫자
나머지가 2이면 반복되는 숫자 중 두 번째 숫자
나머지가 0이면 반복되는 숫자 중 세 번째 숫자

소수 18째 자리 숫자는 반복되는 숫자 중 세 번째 숫자인 □입니다.

2-1 $1\frac{5}{37}$를 소수로 나타낼 때 소수 25째 자리 숫자를 구하시오.

(   )

서술형 **2-2** 어떤 가분수의 분자를 분모인 11로 나누었더니 몫은 2이고 나머지는 7이었습니다. 이 분수를 소수로 나타낼 때 소수 40째 자리 숫자를 구하는 풀이 과정을 쓰고 답을 구하시오.

풀이

답

2-3 어떤 가분수의 분자를 분모인 33으로 나누었더니 몫이 1이고 나머지가 8이었습니다. 이 분수를 소수로 나타낼 때 소수 51째 자리 숫자와 소수 80째 자리 숫자의 차를 구하시오.

(   )

2-4 가●나를 다음과 같이 약속할 때 13●22의 소수 100째 자리 숫자를 구하시오.

가●나$=$(가$+$나)$\div$나

(   )

개념+문제 동영상

최상위

$\times\frac{1}{(\text{자연수})}$은 $\div$(자연수)와 같다.

$3\times\frac{1}{3}=1$

$3\div3=1$

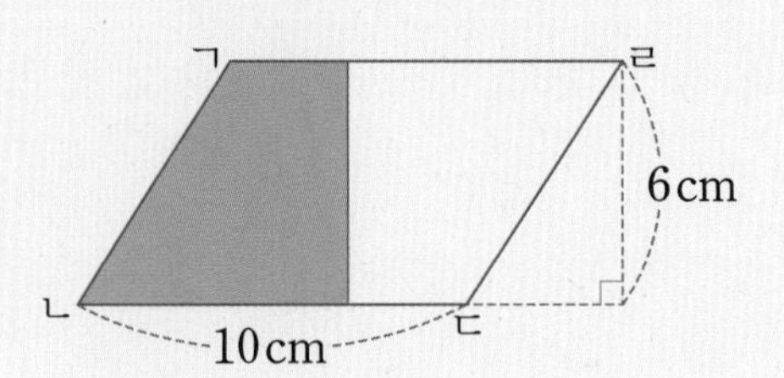

색칠한 부분의 넓이는

평행사변형 ㄱㄴㄷㄹ의 넓이의 $\frac{1}{2}$입니다.

(색칠한 부분의 넓이)$=10\times6\div2=30(\text{cm}^2)$

대표문제 3

오른쪽 그림에서 삼각형 ㄹㅁㄷ의 넓이는 사다리꼴 ㄱㄴㄷㄹ의 넓이의 $\frac{1}{5}$입니다. 선분 ㅁㄷ의 길이를 구하시오.

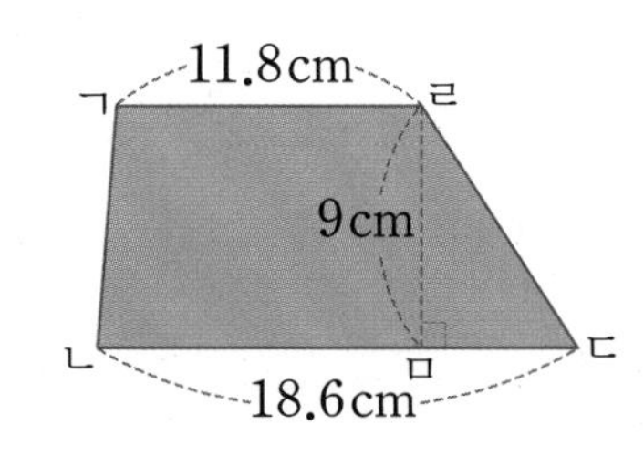

(사다리꼴 ㄱㄴㄷㄹ의 넓이)$=(11.8+18.6)\times9\div2=30.4\times9\div2=\square(\text{cm}^2)$

(삼각형 ㄹㅁㄷ의 넓이)$=$(사다리꼴 ㄱㄴㄷㄹ의 넓이)$\times\frac{1}{5}$

$=$(사다리꼴 ㄱㄴㄷㄹ의 넓이)$\div5$

$=\square\div5=\square(\text{cm}^2)$

(삼각형 ㄹㅁㄷ의 넓이)$=$(선분 ㅁㄷ)$\times9\div2$이므로

$\square=$(선분 ㅁㄷ)$\times9\div2$,

(선분 ㅁㄷ)$=\square\times2\div9=\square\div9=\square$(cm)입니다.

3-1 오른쪽 그림에서 삼각형 ㄱㄴㅁ의 넓이는 직사각형 ㄱㄴㄷㄹ의 넓이의 $\frac{1}{5}$입니다. 선분 ㄴㅁ의 길이를 구하시오.

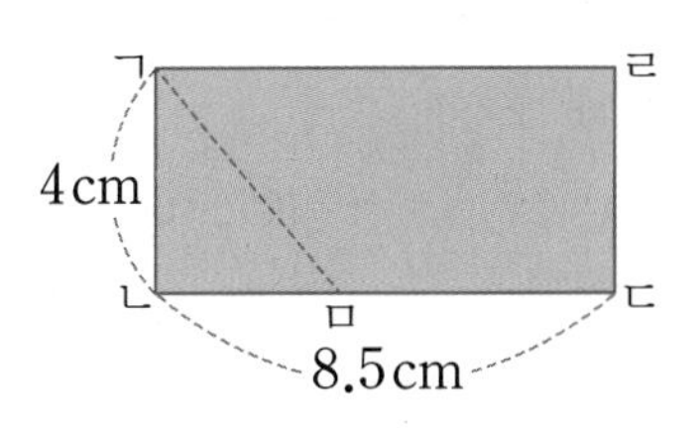

( )

3-2 오른쪽 그림에서 삼각형 ㄱㄴㅁ의 넓이는 사다리꼴 ㄱㄴㄷㄹ의 넓이의 $\frac{1}{3}$입니다. 선분 ㅁㄷ의 길이를 구하시오.

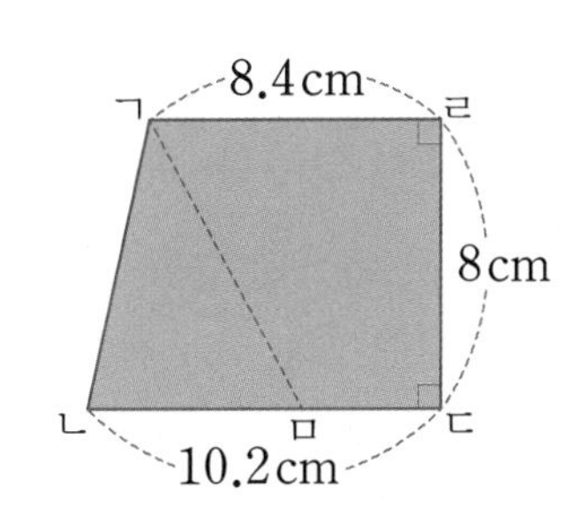

( )

3-3 오른쪽 그림에서 삼각형 ㄱㄴㄹ의 넓이는 삼각형 ㄹㄴㄷ의 넓이의 $\frac{1}{4}$입니다. 삼각형 ㄹㄴㄷ의 넓이가 $102\ \mathrm{cm}^2$일 때 선분 ㄱㄹ의 길이를 구하시오.

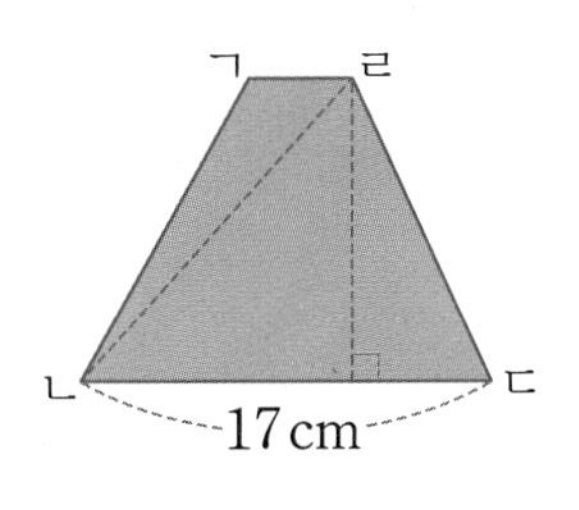

( )

3-4 오른쪽 그림에서 삼각형 ㄹㅁㄷ의 넓이는 사다리꼴 ㄱㄴㄷㄹ의 넓이의 $\frac{1}{4}$입니다. 사다리꼴 ㄱㄴㄷㄹ의 넓이가 $270\ \mathrm{cm}^2$일 때 선분 ㄴㅁ의 길이를 구하시오.

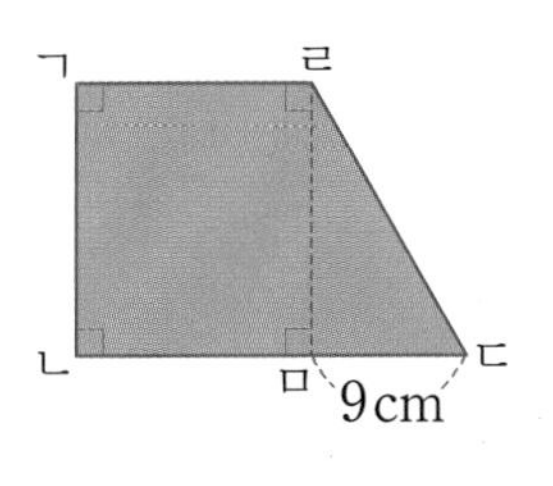

( )

모르는 수가 하나만 있는 식으로 나타낸다.

(빵) + (우유) + (우유) = 700원
− (빵) + (우유) = 400원
(우유) = 300원

■+▲=9, ■÷▲=2 ➡ ■+▲=9, ■=2×▲

⬇

2×▲+▲=9
3×▲=9
▲=3

대표문제 4

합이 65.5이고, 차가 55.5인 두 수 중에서 큰 수를 작은 수로 나눈 몫을 구하시오.

큰 수를 ■, 작은 수를 ▲라 하면

■+▲=65.5이고 ■−▲=□입니다.

(■+▲)+(■−▲)=65.5+□=□, ■×2=□,

■=□÷2=□

■+▲=65.5에서 ■=□이므로

▲=65.5−□=□입니다.

따라서 ■÷▲=□÷□=□입니다.

4-1 다음 조건을 만족하는 두 수를 각각 구하시오.

■+▲=15　　■−▲=2

■ (　　　　　　　　), ▲ (　　　　　　　　)

4-2 합이 31.5이고, 차가 19.5인 두 수 중에서 큰 수를 작은 수로 나눈 몫을 구하시오.

(　　　　　　　　)

4-3 합이 21.69인 두 수가 있습니다. 큰 수를 작은 수로 나누면 몫은 8이고, 나누어떨어집니다. 두 수의 차를 구하시오.

(　　　　　　　　)

4-4 차가 50인 두 수가 있습니다. 큰 수를 작은 수로 나누면 몫은 9이고, 나누어떨어집니다. 두 수 중에서 작은 수를 5로 나눈 몫을 구하시오.

(　　　　　　　　)

나누어지는 수에서 나머지를 빼면 나누어떨어진다.

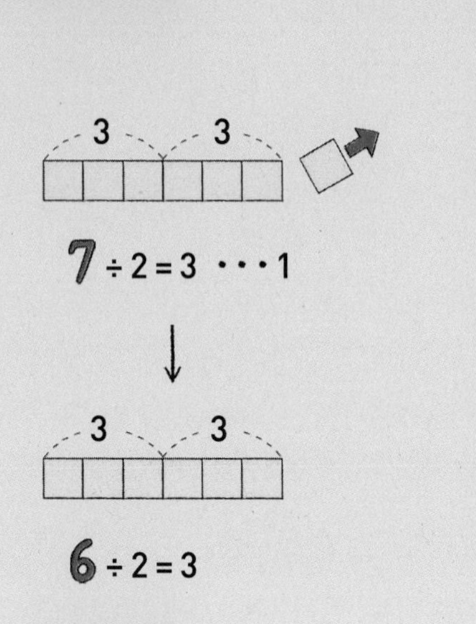

$$\begin{array}{r} 6 \\ 4\overline{)25} \\ 24 \\ \hline 1 \end{array}$$

➡ $(25-1)\div4$

$24\div4=6$

$$\begin{array}{r} 6.2 \\ 4\overline{)25} \\ 24 \\ \hline 10 \\ 8 \\ \hline 2 \end{array}$$

$4\times6.2=24.8$

$25-24.8=0.2$

➡ $(25-0.2)\div4$

$24.8\div4=6.2$

36은 17로 나누면 나누어떨어지지 않습니다. 36에서 0.㉠㉡을 빼어 17로 나누었더니 소수 둘째 자리에서 나누어떨어졌습니다. 가장 작은 수 0.㉠㉡을 구하시오.

$$\begin{array}{r} 2.11 \\ 17\overline{)36} \\ 34 \\ \hline 20 \\ 17 \\ \hline 30 \\ 17 \\ \hline 13 \end{array}$$

36÷17의 몫을 소수 둘째 자리까지 구하면 ☐이고

나머지가 있습니다.

36에서 가장 작은 수를 빼어 소수 둘째 자리에서 나누어떨어지려면

나누어지는 수는 17×☐=☐이 되어야 하므로

36에서 36−☐=☐을 빼면 소수 둘째 자리에서

나누어떨어집니다.

따라서 빼야 할 가장 작은 수는 ☐입니다.

5-1 25는 9로 나누면 나누어떨어지지 않습니다. 25에서 0.㉠을 빼어 9로 나누었더니 소수 첫째 자리에서 나누어떨어졌습니다. 가장 작은 수 0.㉠을 구하시오.

(   )

5-2 61은 14로 나누면 나누어떨어지지 않습니다. 61에서 0.㉠을 빼어 14로 나누었더니 소수 둘째 자리에서 나누어떨어졌습니다. 가장 작은 수 0.㉠을 구하시오.

(   )

5-3 29.8은 13으로 나누면 나누어떨어지지 않습니다. 이 나눗셈을 소수 둘째 자리까지 계산하여 나누어떨어지게 하려면 29.8에서 얼마를 빼야 하는지 가장 작은 소수를 구하시오.

(   )

5-4 27은 11로 나누면 나누어떨어지지 않습니다. 이 나눗셈을 소수 둘째 자리에서 나누어떨어지게 하려면 나누어지는 수에 얼마를 더해야 하는지 가장 작은 소수를 구하시오.

(   )

물건을 2개 놓을 때 생기는

간격 수는 일직선은 1개, 원 모양은 2개이다.

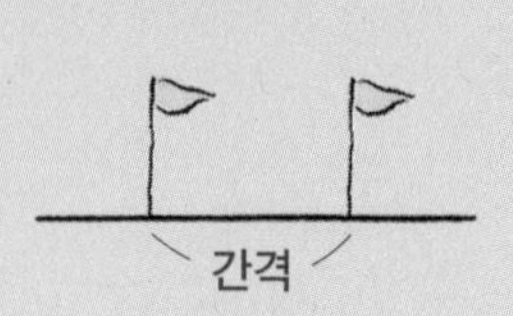

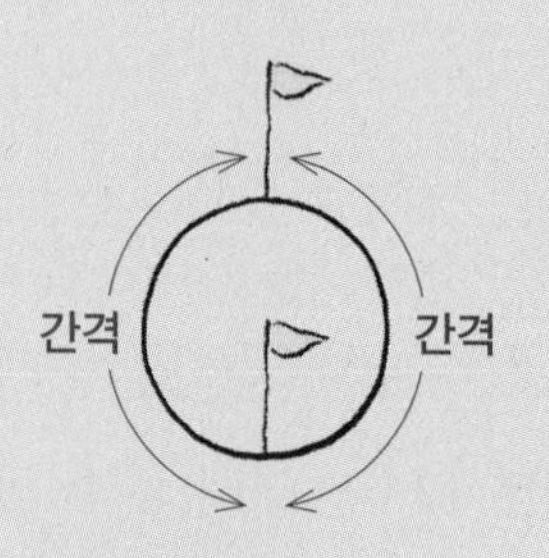

길이가 30.6 m인 길 한쪽에 처음부터 끝까지 나무 21그루를 심었습니다.

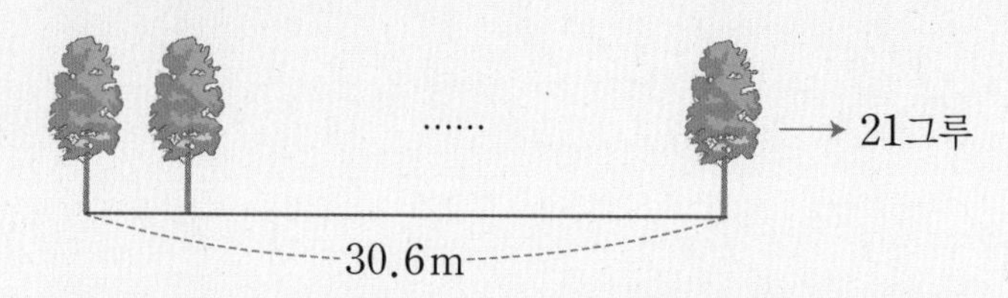

(나무 사이의 간격 수)=(나무의 수)−1

=21−1=20(군데)

(나무 사이의 간격)=30.6÷20=1.53(m)

한쪽의 길이가 42.5 m인 길 양쪽에 일정한 간격으로 조형물 70개를 설치하려고 합니다. 길의 처음과 끝에도 조형물을 한 개씩 설치한다면 조형물 사이의 간격은 몇 m인지 구하시오. (단, 조형물의 두께는 생각하지 않습니다.)

(한쪽 길에 설치하려는 조형물의 수)=(양쪽 길에 설치하려는 조형물의 수)÷2

=□÷2

=□(개)

(조형물 사이의 간격 수)=(한쪽 길에 설치하려는 조형물의 수)−1

=□−1

=□(군데)

➡ (조형물 사이의 간격)=(길 한쪽의 길이)÷(조형물 사이의 간격 수)

=42.5÷□

=□(m)

6-1 길이가 450.5 m인 도로 한쪽에 일정한 간격으로 가로등 26개를 설치하려고 합니다. 도로의 처음과 끝에도 가로등을 한 개씩 설치한다면 가로등 사이의 간격은 몇 m입니까? (단, 가로등의 두께는 생각하지 않습니다.)

( )

서술형 **6-2** 한쪽의 길이가 112 m인 길 양쪽에 일정한 간격으로 나무 102그루를 심으려고 합니다. 길의 처음과 끝에도 나무를 한 그루씩 심는다면 나무 사이의 간격은 몇 m인지 풀이 과정을 쓰고 답을 구하시오. (단, 나무의 두께는 생각하지 않습니다.)

풀이

답

6-3 오른쪽 그림과 같은 직사각형 모양의 땅 둘레에 일정한 간격으로 26개의 말뚝을 세우려고 합니다. 땅의 네 꼭짓점에도 말뚝을 한 개씩 세운다면 말뚝 사이의 간격은 몇 m로 해야 합니까? (단, 말뚝의 두께는 생각하지 않습니다.)

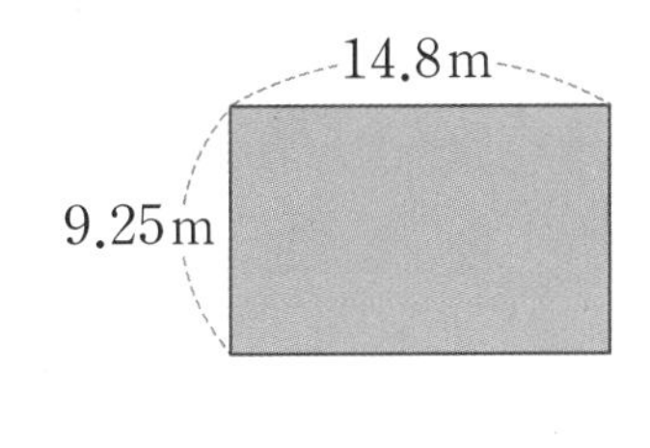

( )

6-4 둘레가 126 cm인 직사각형 모양의 창문이 있습니다. 이 창문의 둘레에 일정한 간격으로 장식품 36개를 붙이려고 합니다. 창문의 네 꼭짓점에도 장식품을 한 개씩 붙인다면 이 창문의 넓이가 가장 클 때의 넓이는 몇 cm^2입니까? (단, 창문의 세로가 가로보다 더 길고, 장식품의 두께는 생각하지 않습니다.)

( )

규칙을 찾아 식으로 나타낸다.

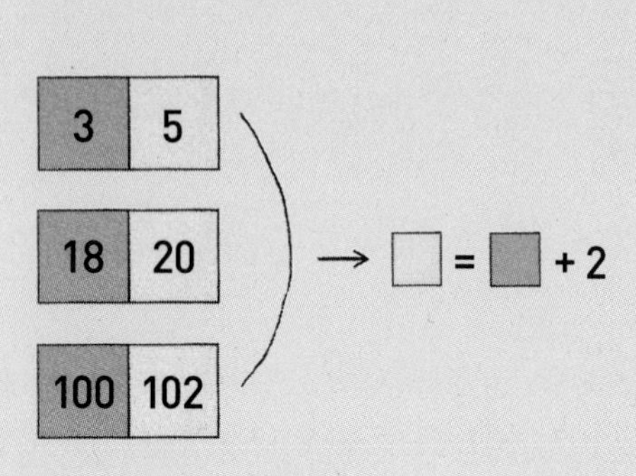

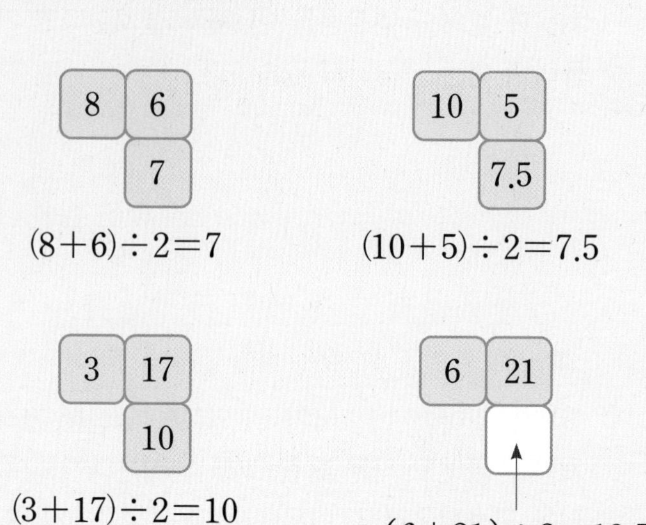

규칙을 찾아 빈 곳에 알맞은 수를 구하시오.

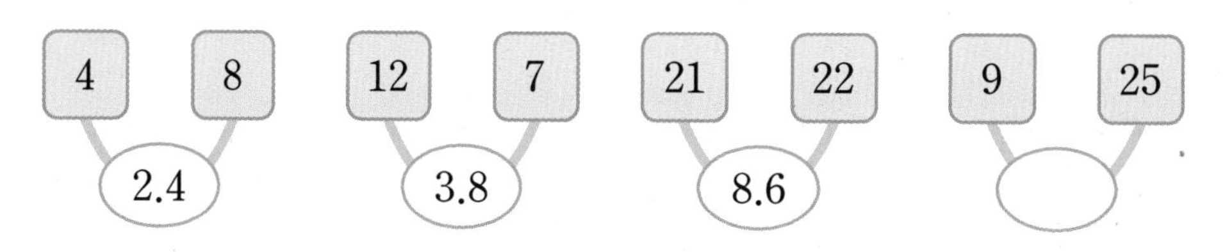

세 수 사이에 어떤 계산 규칙이 있는지 알아봅니다.

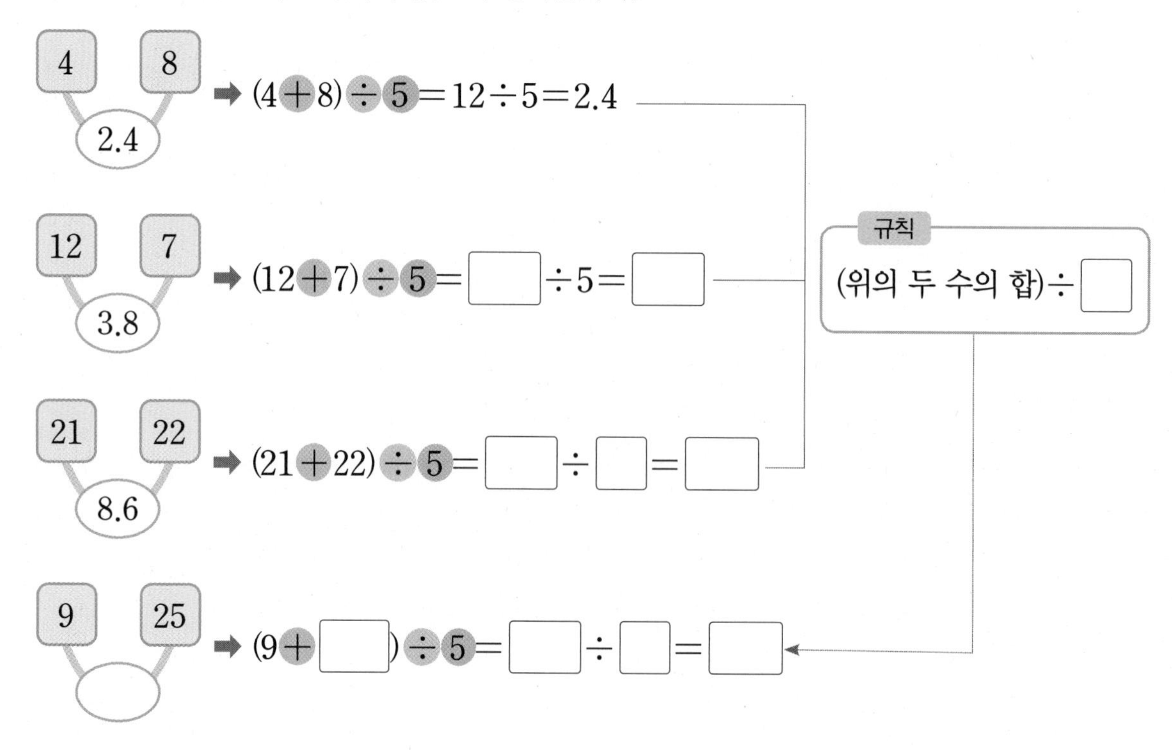

7-1 규칙을 찾아 빈 곳에 알맞은 소수를 구하시오.

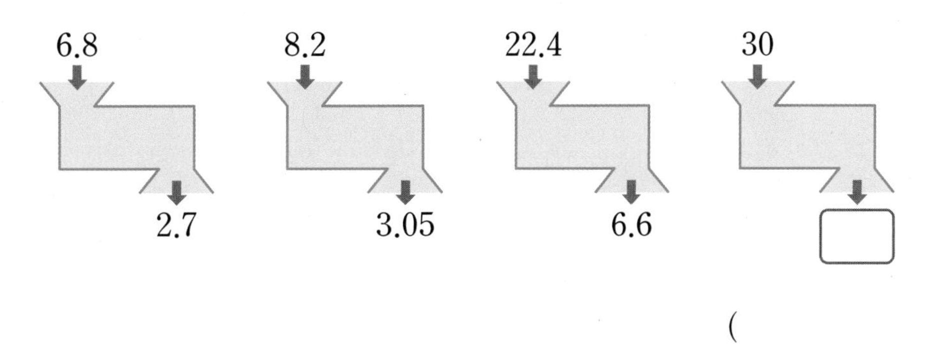

(　　　　　　　　)

7-2 규칙을 찾아 빈 곳에 알맞은 소수를 구하시오.

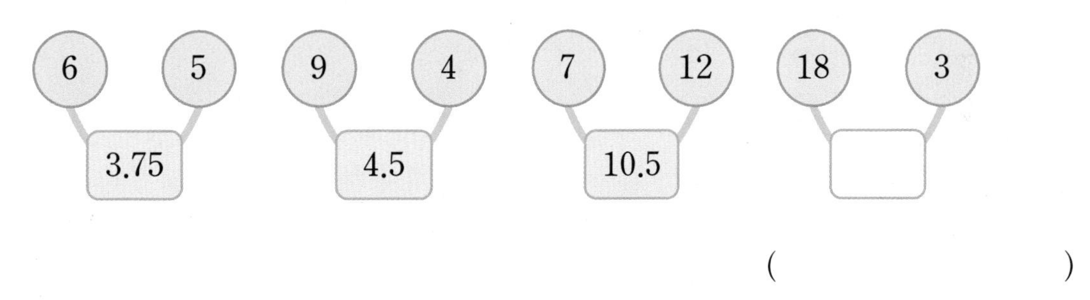

(　　　　　　　　)

7-3 규칙을 찾아 ㉠에 알맞은 소수를 구하시오.

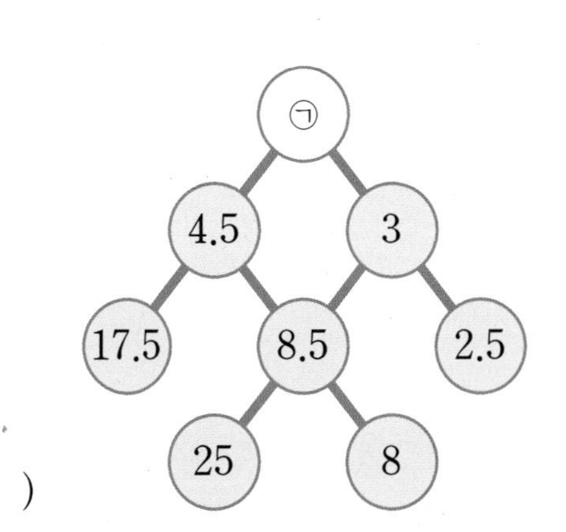

(　　　　　　　　)

7-4 규칙을 찾아 ㉠에 알맞은 수를 구하시오.

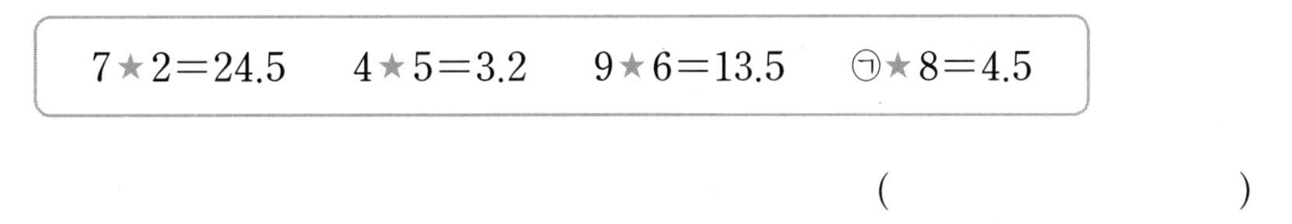

(　　　　　　　　)

반올림하기 전의 가장 작은 값과 가장 큰 값을 찾는다.

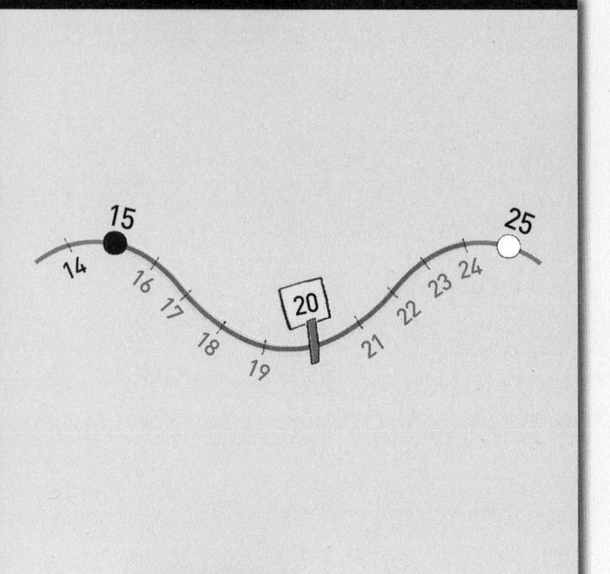

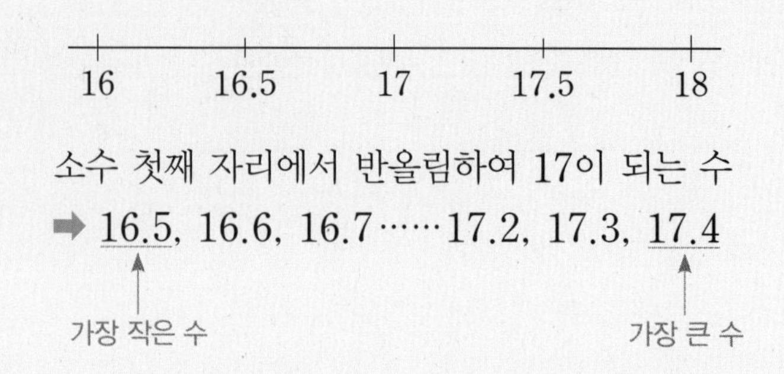

어떤 수를 7로 나눈 몫을 소수 첫째 자리에서 반올림하였더니 13이 되었습니다. 어떤 수가 될 수 있는 자연수는 모두 몇 개인지 구하시오.

소수 첫째 자리에서 반올림하여 13이 되는 수

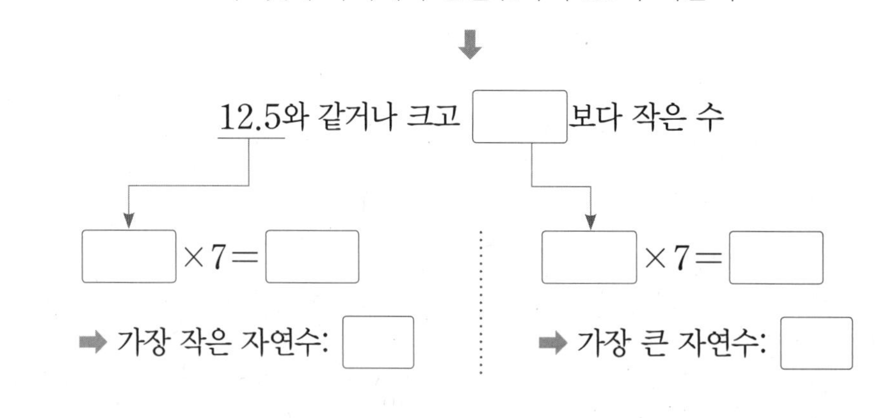

따라서 어떤 수가 될 수 있는 자연수는 .... 이므로

모두 ☐ 개입니다.

8-1 어떤 소수를 3으로 나눈 몫을 소수 첫째 자리에서 반올림하였더니 6이 되었습니다. 어떤 수가 될 수 있는 수 중 가장 작은 수를 구하시오.

(　　　　　　　)

서술형 **8-2** 어떤 수를 9로 나눈 몫을 소수 첫째 자리에서 반올림하였더니 5가 되었습니다. 어떤 수가 될 수 있는 자연수는 모두 몇 개인지 풀이 과정을 쓰고 답을 구하시오.

풀이

답

8-3 어떤 소수 두 자리 수를 8로 나눈 몫을 소수 둘째 자리에서 반올림하였더니 5.3이 되었습니다. 어떤 수가 될 수 있는 가장 큰 소수 두 자리 수와 가장 작은 소수 두 자리 수를 차례로 쓰시오. (단, 5.30과 같이 소수점 아래 끝자리 수가 0인 경우는 소수 한 자리 수인 5.3으로 생각합니다.)

(　　　　　　,　　　　　　)

8-4 어떤 소수를 10배 하여 소수 첫째 자리에서 반올림하면 39이고, 9배 하여 소수 첫째 자리에서 반올림하면 36입니다. 어떤 소수의 소수 둘째 자리 숫자를 구하시오.

(　　　　　　　)

MATH MASTER

1 모든 모서리의 길이의 합이 $81.6\,\mathrm{cm}$인 정육면체가 있습니다. 이 정육면체의 각 모서리를 $\frac{1}{4}$로 줄인 정육면체의 한 모서리의 길이와 처음 정육면체의 한 모서리의 길이의 합은 몇 cm입니까?

문제풀이 동영상

( )

2 가 ● 나를 다음과 같이 약속할 때, 8 ● 13을 계산하시오.

가 ● 나 = (가 + 나) ÷ (나 − 가)

( )

서술형 **3** 같은 양의 식용유가 들어 있는 병이 여러 개 있습니다. 식당에서 이 식용유를 매일 한 병과 $0.6\,\mathrm{L}$만큼 더 사용하였더니 일주일 동안 사용한 식용유의 양이 $39.2\,\mathrm{L}$가 되었습니다. 한 병에 들어 있는 식용유의 양은 몇 L인지 풀이 과정을 쓰고 답을 구하시오.

풀이

답

4 어떤 직사각형의 가로를 2.25배, 세로를 4배 하여 새로운 직사각형을 만들었더니 그 넓이가 처음 직사각형의 넓이보다 $29.6\,\mathrm{cm}^2$만큼 늘었습니다. 처음 직사각형의 넓이는 몇 cm^2입니까?

( )

5 어떤 나눗셈식의 몫을 쓰는데 잘못하여 소수점을 오른쪽으로 두 칸 옮겨 적었더니 바르게 계산한 몫과의 차가 74.25가 되었습니다. 바르게 계산한 몫을 구하시오.

( )

서술형 **6** 휘발유 $5\,\mathrm{L}$로 $70\,\mathrm{km}$를 갈 수 있는 자동차가 있습니다. 휘발유 $1\,\mathrm{L}$의 값이 1600원일 때, 이 자동차가 $172.9\,\mathrm{km}$를 가는 데 필요한 휘발유의 값은 얼마인지 풀이 과정을 쓰고 답을 구하시오.

풀이

답

7 오른쪽 그림은 정사각형 ㄱㄴㄷㄹ을 합동인 작은 정사각형으로 나눈 것입니다. 사다리꼴 ㅁㄴㄷㅂ의 넓이가 $20.28\,\mathrm{cm}^2$일 때, 빨간색 선의 길이는 몇 cm입니까?

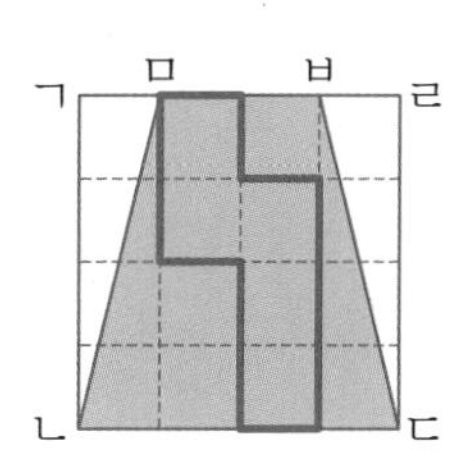

( )

8 다음 조건을 만족하는 자연수 ㉠, ㉡이 있습니다. ㉡÷㉠의 몫을 반올림하여 소수 둘째 자리까지 구하려고 합니다. 몫이 가장 클 때와 가장 작을 때의 몫을 차례로 쓰시오.

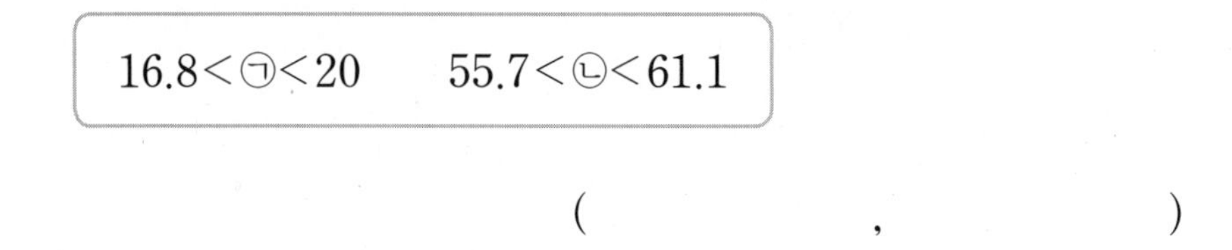

(,)

9 그림과 같은 이등변삼각형과 직사각형이 있습니다. 이등변삼각형이 화살표 방향으로 9초에 4.86 cm씩 일직선으로 일정하게 움직인다면 25초 뒤 도형이 서로 겹치는 부분의 넓이는 몇 cm^2입니까?

먼저 생각해 봐요!
2초에 4 cm만큼 움직인다면 1초에 움직이는 거리는?

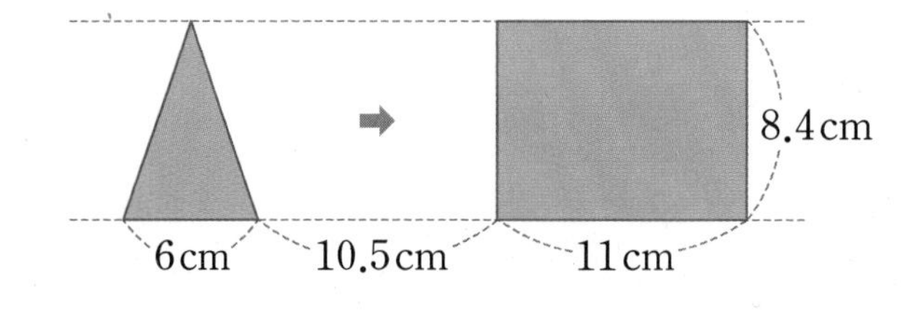

( )

10 그림에서 사다리꼴 ㄱㄴㄷㄹ의 변 ㄱㄴ 위를 점 ㅁ이 1초에 1 cm씩 점 ㄱ부터 점 ㄴ까지 일정하게 움직입니다. 삼각형 ㅁㄹㄷ의 넓이가 172 cm^2가 되는 때는 점 ㅁ이 점 ㄱ을 출발한지 몇 초 후입니까?

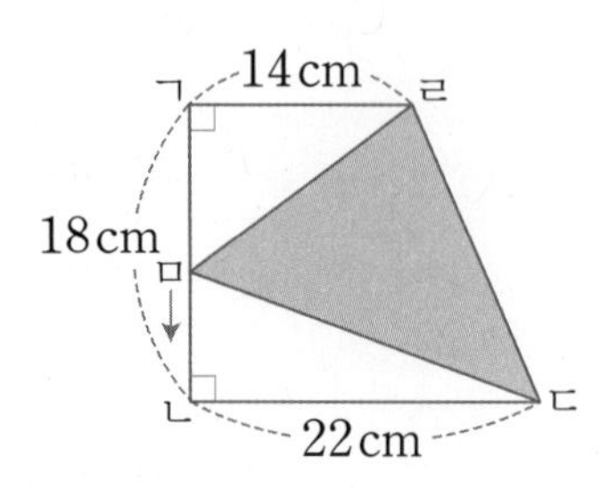

( )

4

비와 비율

1 비, 비율

• 어떤 양을 비교할 때, 기준이 되는 양을 정할 수 있습니다.

1-1 BASIC CONCEPT

비: 두 수를 나눗셈으로 비교하기 위해 기호 :을 사용하여 나타낸 것

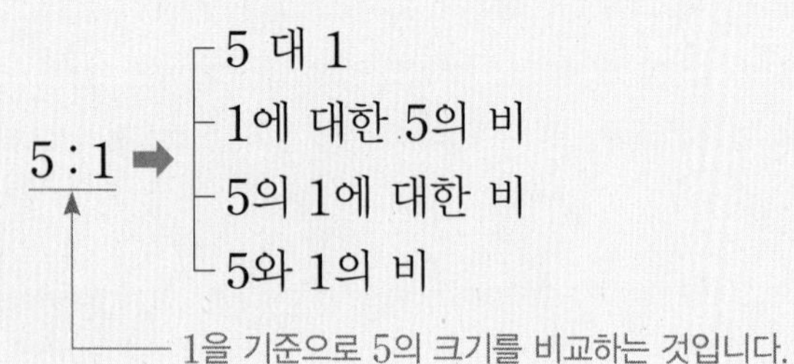

비율

• 비교하는 양: 기호 :의 왼쪽에 있는 수

• 기준량: 기호 :의 오른쪽에 있는 수

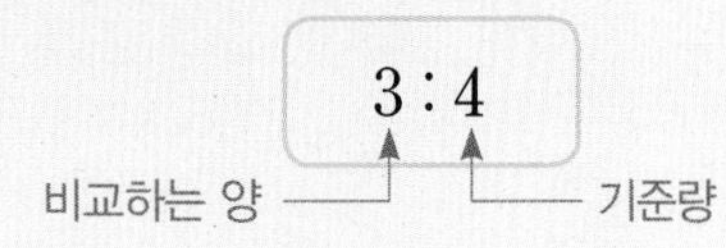

• 비율: 비교하는 양을 기준량으로 나눈 값 — 기준량이 1일 때의 비교하는 양

$$(\text{비율})=(\text{비교하는 양})\div(\text{기준량})=\frac{(\text{비교하는 양})}{(\text{기준량})}$$

$3:4$의 비율 ➡ $3\div4=\frac{3}{4}$ 또는 0.75

6-2 연계

비례식

비율이 같은 두 비를 등식으로 나타낸 식

$2:5$의 비율은 $\frac{2}{5}$이고,

$4:10$의 비율은 $\frac{4}{10}=\frac{2}{5}$

이므로 $2:5$와 $4:10$의 비율은 같습니다.

$2:5=4:10$

1 □ 안에 알맞은 수를 써넣으시오.

7의 9에 대한 비 ➡ □ : □

21에 대한 8의 비 ➡ □ : □

10과 3의 비 ➡ □ : □

2 우주네 반은 여학생이 13명, 남학생이 11명입니다. 전체 학생 수에 대한 여학생 수의 비를 구하시오.

(　　　　　　　　)

3 다음 비와 비율 중 기준량이 비교하는 양보다 큰 것은 어느 것입니까? (　　　)

① 1.72　② 11 : 6　③ $\frac{13}{9}$

④ $\frac{2}{15}$　⑤ 9 : 8

4 직사각형 모양인 교실의 가로는 13m, 세로는 10m입니다. 가로와 세로의 비와 비율을 차례로 각각 구하시오.

(　　　　　　), (　　　　　　)

5 과일 가게에 있는 사과 수에 대한 포도 수의 비율은 1.25입니다. 사과 수와 포도 수의 비율을 분수로 나타내어 보시오.

(　　　　　　)

BASIC CONCEPT 1-2

1 : 4와 4 : 1 비교하기

1 : 4 ➡ 4를 기준으로 1의 크기를 비교한 것으로 비율은 $\frac{1}{4}$ 또는 0.25입니다.

4 : 1 ➡ 1을 기준으로 4의 크기를 비교한 것으로 비율은 4입니다.

6 ㉮와 ㉯ 중 어느 것의 비율이 더 큰지 기호를 쓰시오.

㉮ 8에 대한 3의 비
㉯ 8의 3에 대한 비

(　　　　　　)

2 비율이 사용되는 경우

• 각 지역의 넓이에 대한 인구의 비율을 비교합니다.
• 야구 선수의 타율, 지도의 축척, 용액의 진하기 등을 해결합니다.

BASIC CONCEPT 2-1

• (걸린 시간에 대한 간 거리의 비율)$=\frac{(\text{간 거리})}{(\text{걸린 시간})}$

→ 속력이라고도 합니다.

예 3시간 동안 180km를 간 자동차

(걸린 시간에 대한 간 거리의 비율)$=\frac{(\text{간 거리})}{(\text{걸린 시간})}=\frac{180}{3}=60$

1시간 동안 평균 60km를 가는 속력을 60km/시라 쓰고 시속 60km라고 읽습니다.
또, 1분 동안 평균 50m를 가는 속력을 50m/분이라 쓰고 분속 50m라고 읽습니다.

• (넓이에 대한 인구의 비율)$=\frac{(\text{인구})}{(\text{넓이})}$

→ 인구 밀도라고도 합니다.

예 인구가 45560명, 넓이가 5km^{2}인 지역

(넓이에 대한 인구의 비율)$=\frac{(\text{인구})}{(\text{넓이})}=\frac{45560}{5}=9112$

1km^{2}에 평균 300명이 살 경우 인구 밀도를 300명/km^{2}라 쓰고 km^{2}당 300명이라고 읽습니다.

• (소금물에 대한 소금의 양의 비율)$=\frac{(\text{소금의 양})}{(\text{소금물의 양})}$

→ 진하기(농도)라고도 합니다.

예 소금물 250mL에 소금 30mL를 넣었을 때

(소금물에 대한 소금 양의 비율)$=\frac{(\text{소금의 양})}{(\text{소금물의 양})}=\frac{30}{250}=\frac{6}{50}$

소금물의 농도는 소금물 속에 소금이 얼마만큼 녹아 있는지 비율로 알아봅니다.

1 은수가 자전거를 타고 30km를 가는 데 2시간이 걸렸습니다. 은수가 자전거를 타고 가는 데 걸린 시간에 대한 간 거리의 비율을 구하시오.

(　　　　　　　　)

2 직사각형 모양의 두 마을이 있습니다. 가 마을에는 297명이 살고, 나 마을에는 420명이 살고 있을 때, 두 마을 중 인구가 더 밀집한 마을은 어느 마을입니까?

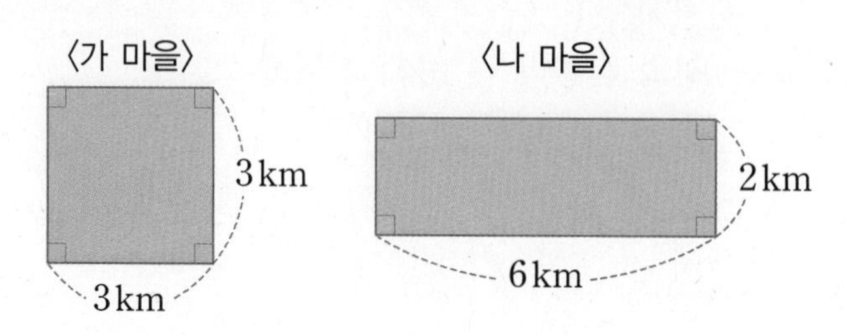

(　　　　　　　　)

정답과 풀이 48쪽

3 물과 설탕을 섞었을 때 두 설탕물 중 더 진한 설탕물은 어느 것인지 기호를 쓰시오.

	㉠	㉡
물의 양(g)	340	420
설탕의 양(g)	60	80

( )

4 물 372g에 설탕 28g을 섞어 만든 설탕물의 진하기는 몇 %입니까?

( )

BASIC CONCEPT 2-2

이자율: 예금한 돈(원금)에 대한 이자의 비율 → 은행의 이자율은 1년 동안 예금한 금액에 대한 이자의 비율입니다.

$$(\text{이자율})=\frac{(\text{이자})}{(\text{예금한 돈})} \Rightarrow (\text{이자})=(\text{예금한 돈})\times(\text{이자율})$$

어느 은행에 100만 원을 1년 동안 예금하고 생긴 이자가 2만 원일 때의 이자율

$\Rightarrow \frac{20000}{1000000}=\frac{2}{100}=0.02 \Rightarrow 2\%$

5 이자율이 3.5 %인 은행이 있습니다. 이 은행에 150만 원을 예금한다면 1년 후에 찾을 수 있는 금액은 모두 얼마입니까?

( )

3 백분율

• 백분율은 비율을 나타내는 방법 중 하나입니다.

3-1 BASIC CONCEPT

백분율: 기준량을 100으로 할 때의 비율로 기호 %를 사용하여 나타냅니다.

비율 $\frac{45}{100}$ — 쓰기 45 % / 읽기 45 퍼센트

타율과 할인율

$$(\text{타율})=\frac{(\text{안타 수})}{(\text{전체 타수})}$$

8타수 중에서 안타를 3번 쳤을 때의 타율 ➡ $\frac{3}{8}$ 또는 0.375

(8타수: 타자가 공을 친 횟수)

$$(\text{할인율})=\frac{(\text{할인 금액})}{(\text{정가})}\times 100$$

1000원에 판매하던 물건을 200원 할인하여 판매할 때의 할인율

➡ $\frac{200}{1000}\times 100=20(\%)$

• 백분율을 구하려면 비율 $\frac{45}{100}$에 100을 곱해서 나온 값에 % 기호를 붙입니다.

• 두 백분율의 차를 구할 때에는 기호 %p를 사용하여 나타내고 %p는 퍼센트포인트라고 읽습니다.
➡ 50 %와 30 %의 차는 20 %p입니다.

1 비율을 기약분수, 소수, 백분율로 나타내어 빈칸에 알맞은 수를 써넣으시오.

기약분수	소수	백분율(%)
	0.45	
$\frac{3}{8}$		

2 주어진 비율만큼 두 그림에 각각 색칠하시오.

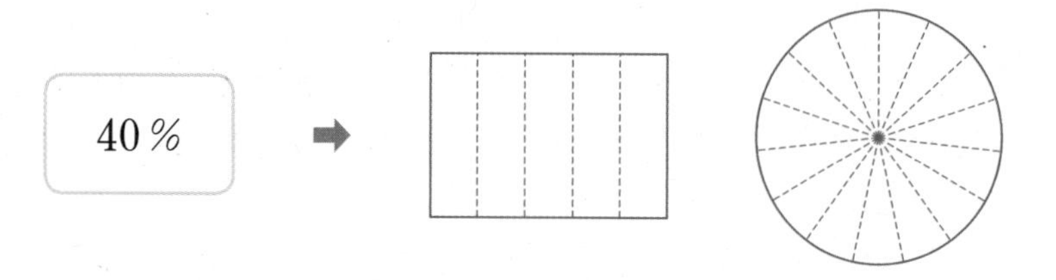

3 주아의 지난달 용돈은 3만 원이었습니다. 그중에서 5000원은 친구의 생일 선물을 사고 남은 돈의 0.6을 저금하였다면 지난달 주아가 저금한 돈은 전체 용돈의 몇 %인지 구하시오.

( )

4 어느 야구 선수는 200타수 중에서 안타를 56개 쳤습니다. 이 야구 선수의 타율을 소수로 나타내고 같은 타율로 150타수를 친다면 안타는 몇 번 칠 수 있는지 차례로 각각 구하시오.

( ), ( )

5 어느 가게에서 한 봉지에 900원인 과자는 630원에, 한 개에 1500원인 음료수는 1200원에 할인하여 판매할 때 과자와 음료수 중 어느 것의 할인율이 더 높은지 구하시오.

( )

BASIC CONCEPT 3-2

중등연계

확률

모든 경우의 수에 대한 어떤 사건이 일어날 경우의 수의 비율

예) 동전 한 개를 던질 때 그림면이 나올 확률

➡ 동전 한 개를 던지면 그림 면 또는 숫자 면이 나오므로 모든 경우의 수는 2이고 이 중 그림 면이 나올 경우의 수는 1입니다.

$$(\text{확률})=\frac{(\text{그림 면이 나올 경우의 수})}{(\text{모든 경우의 수})}=\frac{1}{2}$$

6 상자 안에 당근 20개, 호박 12개, 가지가 8개 들어 있습니다. 상자에서 채소 한 개를 꺼냈을 때 꺼낸 채소가 호박이 아닐 확률을 기약분수로 나타내어 보시오.

( )

개념+문제 동영상

최상위

비의 관계를 수로 나타낸 것이 비율이다.

	■■■■	■■■■■■
비	2 : 2	2 : 4
비율	$\frac{2}{2}=1$	$\frac{2}{4}=\frac{1}{2}$

① (비율)=0.7

② 기준량이 비교하는 양보다 6 더 큽니다.

① $0.7=\frac{7}{10}=\frac{14}{20}=\frac{21}{30}$ ……

↓ ↓ ↓

7 : 10 ② 14 : 20 21 : 30

대표문제 1

조건을 모두 만족하는 비를 구하시오.

- 비율이 0.6입니다.
- 기준량과 비교하는 양의 차가 10입니다.

0.6을 기약분수로 나타내면 $\frac{6}{10}=\square$입니다.

$(\text{비율})=\frac{(\text{비교하는 양})}{(\text{기준량})}$이고 $\frac{3}{5}$은 분모와 분자의 차가 $5-3=2$이므로

$\frac{3}{5}$과 크기가 같은 분수 중 분모와 분자의 차가 10인 분수는

$10\div2=\square$에서 $\frac{3\times\square}{5\times\square}=\square$입니다.

따라서 조건을 모두 만족하는 비는 $\square:\square$입니다.

1-1 조건을 모두 만족하는 비를 구하시오.

• (비율)$=\frac{3}{4}$
• (기준량)$-$(비교하는 양)$=2$

(   )

1-2 비율이 0.4인 비 중에서 기준량과 비교하는 양의 차가 9인 비를 구하시오.

(   )

서술형 **1-3** 조건을 모두 만족하는 비는 얼마인지 풀이 과정을 쓰고 답을 구하시오.

• 비율이 1.25입니다.
• 기준량과 비교하는 양의 합이 36입니다.

풀이

답

1-4 기준량과 비교하는 양의 차가 25인 비의 비율이 $37.5\,\%$입니다. 이 비의 기준량과 비교하는 양의 합을 구하시오.

백분율을 분수로 나타내 봐.

(   )

비율로 부분의 넓이를 구할 수 있다.

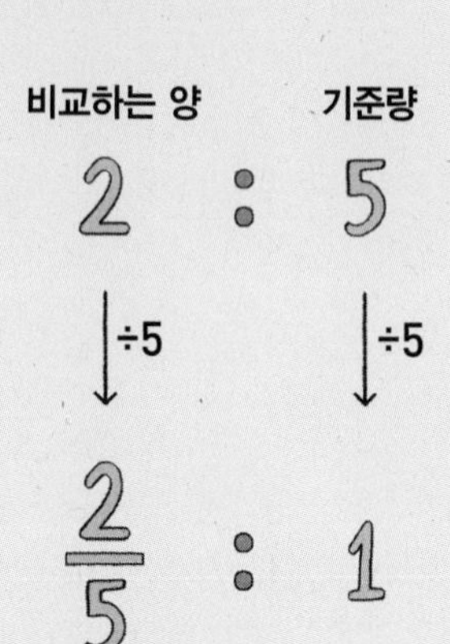

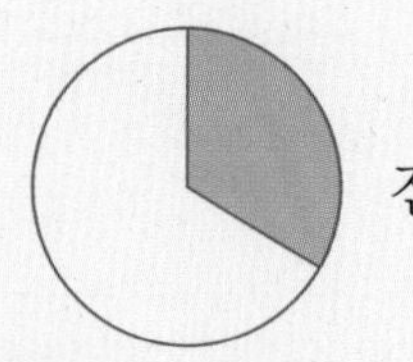

(색칠한 부분의 넓이) : (전체 넓이)

$=1:3 \Rightarrow \frac{1}{3}:1$

(색칠한 부분의 넓이)=(전체 넓이)$\times\frac{1}{3}$

$=15\times\frac{1}{3}$

$=5(\text{cm}^2)$

오른쪽 직사각형 ㄱㄴㄷㄹ에서 전체 넓이에 대한 색칠한 부분의 넓이의 비율이 $\frac{31}{63}$일 때 색칠한 부분의 넓이를 구하시오.

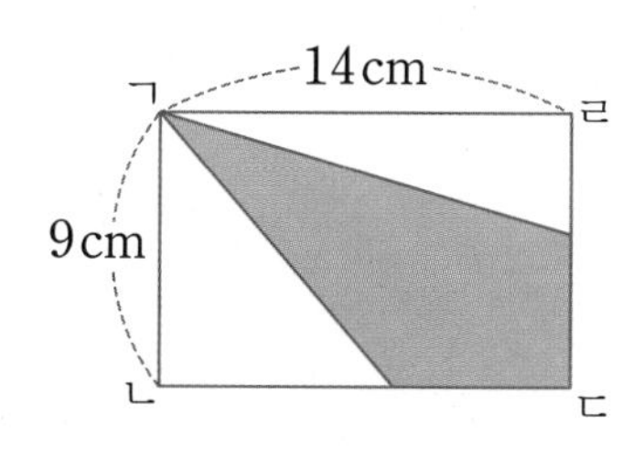

(전체 넓이)=(직사각형 ㄱㄴㄷㄹ의 넓이)=$\square\times9=\square(\text{cm}^2)$

(색칠한 부분의 넓이) : (전체 넓이)$=31:63 \Rightarrow \frac{\square}{\square}:1$

(색칠한 부분의 넓이)=(전체 넓이)$\times\frac{\square}{\square}$

$=126\times\frac{\square}{\square}$

$=\square(\text{cm}^2)$

2-1 사각형 ㄱㄴㄷㄹ이 평행사변형일 때 전체 넓이에 대한 색칠한 부분의 넓이의 비율이 $\frac{1}{4}$일 때 색칠한 부분의 넓이를 구하시오.

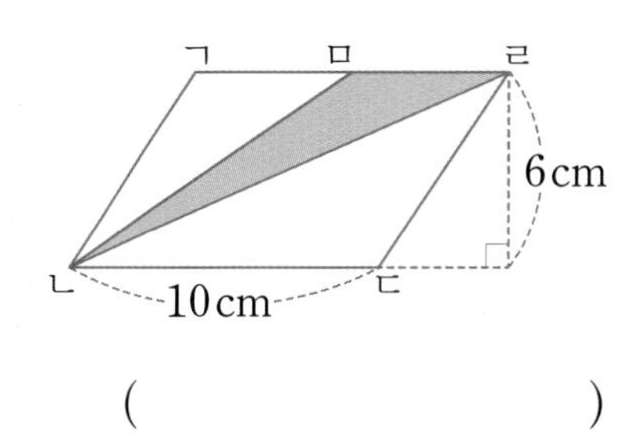

(　　　　　　　　)

2-2 넓이가 112cm^2인 직사각형 ㄱㄴㄷㄹ을 오른쪽과 같이 두 도형으로 나누면 ㉮와 ㉯의 넓이의 비가 $3:13$이 됩니다. ㉮의 넓이는 몇 cm^2입니까?

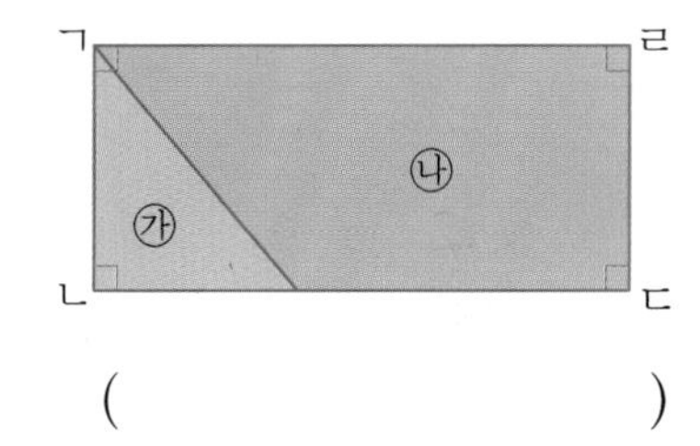

(　　　　　　　　)

2-3 사각형 ㄱㄴㄷㄹ이 사다리꼴일 때 색칠한 부분의 넓이와 전체 넓이의 비율이 $\frac{4}{9}$일 때 색칠한 부분의 넓이를 구하시오.

(　　　　　　　　)

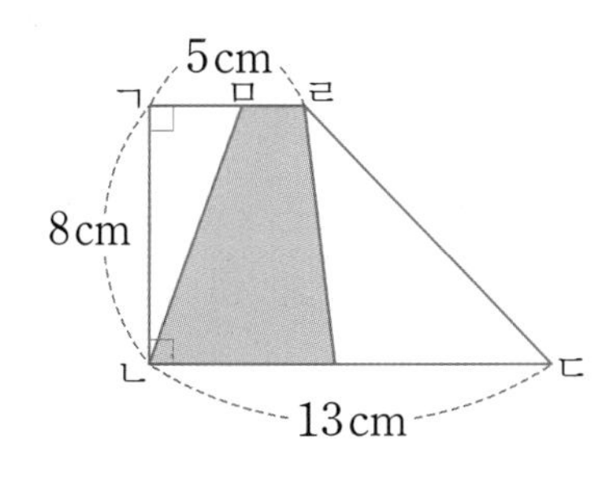

2-4 색칠한 삼각형의 넓이가 9cm^2일 때 삼각형의 ㄱㄹㄷ의 넓이는 몇 cm^2인지 구하시오.

(　　　　　　　　)

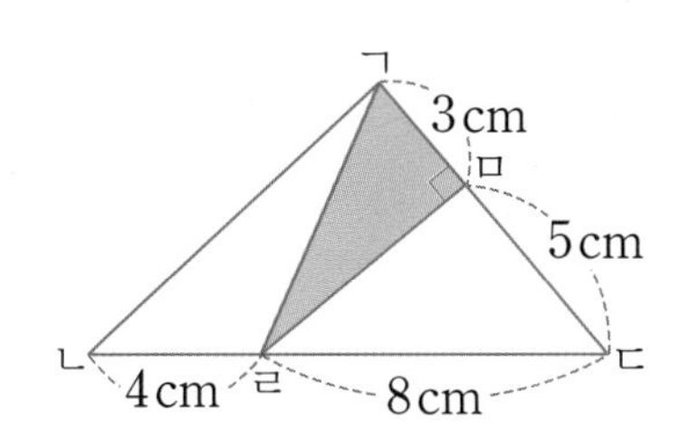

기준량이 1이면 비율, 100이면 백분율이다.

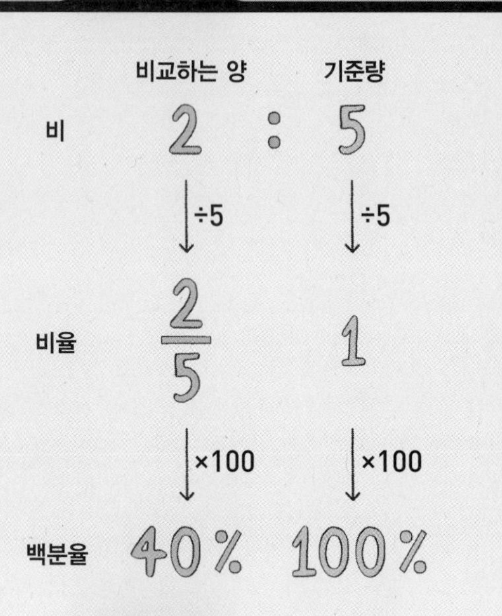

귤 15개, 자두 25개, 배 10개 중에서 꺼낸 한 개가

(전체 과일의 수)$=15+25+10=50$(개)

	비율	백분율
귤일 때	$\frac{15}{50}=\frac{3}{10}$	$\frac{3}{10}\times100=30(\%)$
자두일 때	$\frac{25}{50}=\frac{1}{2}$	$\frac{1}{2}\times100=50(\%)$
배일 때	$\frac{10}{50}=\frac{1}{5}$	$\frac{1}{5}\times100=20(\%)$

체육 대회에 참가한 학교별 학생 수는 다음과 같습니다. 전체 학생 중 대표를 한 명 뽑았을 때 뽑힌 대표가 나 학교 학생일 비율은 몇 %입니까?

학교	가	나	다	라
학생 수(명)	78	45	69	108

(전체 학생 수)$=78+\square+\square+108=\square$(명)

뽑힌 대표가 나 학교 학생일 비율은 $\frac{45}{\square}$이므로

백분율로 나타내면 $\frac{45}{\square}\times100=\square$(%)입니다.

3-1 상자 안에 사과 8개, 배 5개, 귤 7개가 들어 있습니다. 상자에서 과일을 하나 꺼냈을 때 꺼낸 과일이 사과일 비율을 소수로 나타내어 보시오.

( )

3-2 지호가 만든 쿠키 40개 중 네모 모양 쿠키는 11개, 세모 모양 쿠키는 17개, 나머지는 하트 모양 쿠키입니다. 지호가 만든 쿠키 중 한 개를 먹었을 때 먹은 쿠키가 하트 모양일 비율은 몇 %입니까?

( )

3-3 학급 문고에 있는 과학책은 위인전보다 3권 적고 나머지는 동화책입니다. 다음 표를 보고 학급 문고에서 책을 한 권 꺼냈을 때 꺼낸 책이 동화책일 비율을 분수로 나타내어 보시오.

책의 종류	위인전	과학책	시집	동화책	합계
권 수(권)	15		6		50

( )

3-4 경품을 추첨하는 기계에 공이 100개 들어 있습니다. 그중에서 1등 공은 1개, 2등 공은 5개, 3등 공은 10개입니다. 기계에서 공을 1개 뽑았을 때 당첨될 비율은 당첨되지 않을 비율의 몇 배인지 분수로 나타내어 보시오.

( )

할인율은 처음 가격에 대한 할인 금액의 비율이다.

할인율 $= \dfrac{5000-4000}{5000}$

	정가	할인가
신발	10000원	8000원
가방	25000원	21000원

(신발의 할인율)$=\dfrac{10000-8000}{10000}=\dfrac{2000}{10000}=\dfrac{1}{5}$

(가방의 할인율)$=\dfrac{25000-21000}{25000}=\dfrac{4000}{25000}=\dfrac{4}{25}$

$\dfrac{1}{5}>\dfrac{4}{25}$이므로 신발의 할인율이 더 높습니다.

어느 문구점에서 판매하는 물건의 정가와 판매 가격을 나타낸 표입니다. 할인율이 가장 높은 물건은 어느 것인지 구하시오.

물건	색연필	필통	메모지
정가(원)	1500	4000	1200
판매 가격(원)	1050	3000	960

① 색연필: (할인 금액)$=1500-\square=\square$(원), (할인율)$=\dfrac{\square}{1500}\times100=\square$(%)

② 필통: (할인 금액)$=4000-\square=\square$(원), (할인율)$=\dfrac{\square}{4000}\times100=\square$(%)

③ 메모지: (할인 금액)$=1200-\square=\square$(원), (할인율)$=\dfrac{\square}{1200}\times100=\square$(%)

따라서 할인율이 가장 높은 물건은 $\square$입니다.

4-1 옷 가게에서 정가가 16000원인 티셔츠를 할인하여 13600원에 팔고 있습니다. 이 티셔츠의 할인율은 몇 %입니까?

( )

4-2 다음은 어느 가게에서 판매하는 간식의 정가와 판매 가격을 나타낸 표입니다. 할인율이 가장 낮은 간식은 어느 것인지 구하시오.

간식	사탕	음료수	과자
정가(원)	2500	1800	3600
판매 가격(원)	2000	1530	2700

( )

서술형 **4-3** 정가가 48000원인 신발을 ㉮ 가게에서는 5000원을 할인해 주고, ㉯ 가게에서는 정가의 11 %를 할인해 줍니다. ㉮, ㉯ 두 가게 중 어느 가게에서 신발을 사는 것이 얼마나 더 싸게 사는 것인지 풀이 과정을 쓰고 답을 구하시오.

풀이

답 ,

4-4 슈퍼마켓에서 오늘 하루만 4봉지에 6000원 하는 과자를 사면 한 봉지를 더 주는 행사를 한다고 합니다. 오늘 과자 한 봉지의 할인율은 몇 %입니까?

과자 한 봉지의 가격을 비교해 봐.

( )

1년 동안의

이자율은 원금에 대한 이자의 비율이다.

날짜	찾은 금액	맡긴 금액	이자	남은 금액
170101		10000		
180101			100	10100

이자율 = $\frac{100}{10000}$

은행에 50만 원을 예금하고 1년 후에 55만 원을 찾았다면

➡ (이자)=55만−50만=5만 (원)

(이자율)=$\frac{5만}{50만}=\frac{1}{10}=0.1$

이 은행에 100만 원을 예금하면 1년 후에
100만+100만×0.1=110만 (원)을 찾을 수 있습니다.

어느 은행에 45만 원을 1년 동안 예금하면 그 이자로 10350원을 받는다고 합니다. 수아가 이 은행에 60만 원을 예금한다면 1년 후에 찾을 수 있는 금액은 모두 얼마인지 구하시오.

(1년 동안 예금할 때의 이자율)=$\frac{\square}{450000}$=$\square$

(60만 원을 1년 동안 예금할 때의 이자)=600000×$\square$=$\square$(원)

➡ (1년 후에 찾을 수 있는 금액)=600000+$\square$=$\square$(원)

원금 이자

5-1 어느 은행에 40000원을 예금하여 1년 뒤에 41200원을 찾았습니다. 이 은행에 1년 동안 예금할 때의 이자율을 소수로 나타내어 보시오.

( )

5-2 어느 은행에 65만 원을 1년 동안 예금하였더니 그 이자로 20800원을 받았습니다. 이 은행에 100만 원을 예금한다면 1년 후에 찾을 수 있는 금액은 모두 얼마인지 구하시오.

( )

5-3 어느 은행에 30만 원을 1년 동안 예금하면 이자로 7500원을 받는다고 합니다. 지호가 이 은행에 20만 원을 예금한다면 2년 후에 찾을 수 있는 금액은 모두 얼마인지 구하시오.

(단, 이자는 원금에만 붙습니다.)

( )

5-4 은행에서는 다음과 같은 두 가지 방법으로 이자를 계산합니다. 1년 동안의 이자율이 2 %인 은행에 50만 원을 2년 동안 예금한다면 2년 후에 찾을 수 있는 금액은 모두 얼마인지 복리법으로 구하시오.

• 단리법: (원금)+(원금에 대한 이자)
• 복리법: {(원금)+(원금에 대한 이자)}+●에 대한 이자
({(원금)+(원금에 대한 이자)} = ●)

( )

넓이에 대한 인구의 비율이 인구 밀도이다.

넓이가 $20\,m^2$인 교실에 있는 학생 수

	학생 수	넓이에 대한 인구의 비율
1반	40명	$\frac{40}{20}=2$
2반	25명	$\frac{25}{20}=1.25$

넓이가 같을 때 학생 수가 많을수록 인구가 밀집되어 있습니다.

은우네 마을의 넓이는 현태네 마을의 넓이보다 $1\,km^2$가 더 넓고, 은우네 마을 사람은 195명, 현태네 마을 사람은 160명입니다. 현태네 마을의 넓이에 대한 인구의 비율이 80일 때, 은우네 마을의 넓이에 대한 인구의 비율을 구하시오.

(넓이에 대한 인구의 비율)$=\frac{(\text{인구})}{(\text{넓이})}$이므로

(넓이)$=\frac{(\text{인구})}{(\text{넓이에 대한 인구의 비율})}$입니다.

➡ (현태네 마을의 넓이)$=\frac{\square}{80}=\square(km^2)$

따라서 (은우네 마을의 넓이)$=\square+1=\square(km^2)$이므로

(은우네 마을의 넓이에 대한 인구의 비율)$=\frac{(\text{인구})}{(\text{넓이})}$

$=\frac{195}{\square}=\square$입니다.

6-1 표를 보고 어느 마을의 넓이에 대한 인구의 비율이 더 높은지 구하시오.

마을	가	나
인구(명)	480	450
넓이(km^2)	4	3

( )

6-2 우리나라 여러 도시의 넓이와 인구를 조사한 표입니다. 넓이에 대한 인구의 비율이 가장 높은 도시와 가장 낮은 도시의 차를 자연수로 구하시오.

도시	서울	강원도	제주도
인구(명)	약 10200000	약 1545600	약 648000
넓이(km^2)	약 600	약 16800	약 1800

( )

6-3 ㉮ 지역의 넓이는 ㉯ 지역의 넓이의 2배이고, ㉮ 지역의 인구는 192명, ㉯ 지역의 인구는 252명입니다. ㉮ 지역의 넓이에 대한 인구의 비율이 32일 때, ㉯ 지역의 넓이에 대한 인구의 비율을 자연수로 구하시오.

( )

6-4 소율이네 마을의 넓이는 은수네 마을의 넓이보다 2 km^2가 더 좁지만 인구는 은수네 마을 인구보다 32명이 더 많습니다. 은수네 마을의 인구가 432명, 넓이에 대한 인구의 비율이 72일 때, 소율이네 마을의 넓이에 대한 인구의 비율을 자연수로 구하시오.

( )

걸린 시간에 대한 간 거리의 비율이 속력이다.

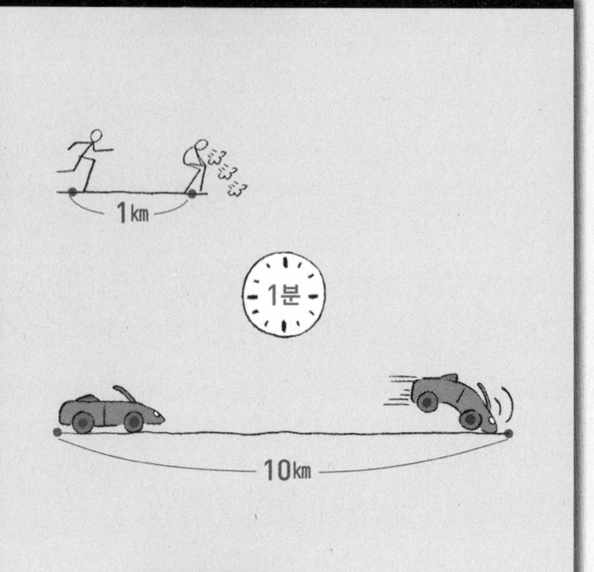

4시간 동안 300km를 가는 자동차의
걸린 시간에 대한 간 거리의 비율은

$\frac{(\text{간 거리})}{(\text{걸린 시간})}=\frac{300}{4}=75$입니다.

걸린 시간에 대한 간 거리의 비율이 75인 자동차가
540km를 가는 데 걸린 시간은

$75=\frac{540}{(\text{걸린 시간})}$, $(\text{걸린 시간})=\frac{540}{75}=7.2(\text{시간})$

➡ 7시간 12분입니다.

대표문제 7

제주에서 울산까지의 거리는 324km입니다. 제주에서부터 울산을 향해 가는 태풍의 걸린 시간(시)에 대한 간 거리(km)의 비율(시속)이 144일 때 이 태풍이 제주에서 울산까지 가는 데 걸린 시간은 몇 시간 몇 분인지 구하시오.

$(\text{속력})=\frac{(\text{간 거리})}{(\text{걸린 시간})}$이므로 $(\text{걸린 시간})=\frac{(\text{간 거리})}{(\text{속력})}$입니다.

걸린 시간에 대한 간 거리의 비율

따라서 태풍이 제주에서 울산까지 가는 데

$(\text{걸린 시간})=\frac{\square}{\square}=\square(\text{시간})$입니다.

➡ □시간＝2시간＋□시간＝2시간＋(□×60)분

＝2시간 □분

7-1 집에서 학교까지의 거리는 1.3 km입니다. 민우가 자전거를 타고 집에서 학교까지 걸린 시간(분)에 대한 간 거리(m)의 비율(분속)이 260일 때 걸린 시간은 몇 분인지 구하시오.

(　　　　　　　　　)

서술형 **7-2** 서울에서 대구까지의 거리는 288 km입니다. KTX가 1시간에 180 km씩 갈 때, 서울에서 대구까지 가는 데 걸린 시간은 몇 시간 몇 분인지 풀이 과정을 쓰고 답을 구하시오.

풀이 ....

답 ....

7-3 지호네 집에서 유나네 집 사이의 거리는 1050 m입니다. 지호와 유나는 각자의 집에서 상대방의 집을 향하여 동시에 출발하였습니다. 지호는 1분에 40 m씩 걷고 유나는 1분에 30 m씩 걸었다면 지호와 유나가 만난 곳은 지호네 집에서 몇 m 떨어진 곳인지 구하시오.

(　　　　　　　　　)

7-4 예나와 지우가 동시에 출발하여 같은 길로 공원까지 가려고 합니다. 다음과 같은 방법으로 갔을 때 예나가 지우보다 17분 빨리 도착한다고 합니다. 예나가 출발한지 몇 분 후에 공원에 도착하게 되는지 구하시오.

	방법	속력(분속)
예나	자전거	250
지우	도보	80

(　　　　　　　　　)

소금물의 양에 대한 소금 양의 비율이 진하기이다.

→ 진하기 : 0%

물100 g

→ 진하기 : $\frac{20}{120} \times 100(\%)$

물100 g

물 200 g에 소금 50 g을 넣은 소금물

$(\text{진하기}) = \frac{50}{200+50} = \frac{50}{250} = \frac{1}{5}$

➡ $\frac{1}{5} \times 100 = 20(\%)$

이 소금물에 소금 375 g을 더 넣어 만든 새 소금물

$(\text{진하기}) = \frac{50+375}{250+375} = \frac{425}{625} = \frac{17}{25}$

➡ $\frac{17}{25} \times 100 = 68(\%)$

대표문제 8

진하기가 20 %인 소금물 180 g에 소금 20 g을 넣었습니다. 새로 만든 소금물의 진하기는 몇 %입니까?

---

20 % ➡ $\frac{\square}{100} = \square$

$(\text{진하기}) = \frac{(\text{소금의 양})}{(\text{소금물의 양})}$이므로 (소금의 양)=(진하기)×(소금물의 양)입니다.

진하기가 20 %인 소금물 180 g에 녹아 있는 소금의 양을 ■ g이라고 하면

■ $= \frac{\square}{100} \times 180 = \square$입니다.

(새로 만든 소금물에 넣은 소금 양)= $\square + 20 = \square$(g)

(새로 만든 소금물의 양)= $180 + \square = \square$(g) (더 넣은 소금)

따라서 (새로 만든 소금물의 진하기)= $\frac{\square}{200}$ ➡ $\square$ %입니다. ($\frac{56}{200} \times 100$)

8-1 물 140g에 설탕 30g을 넣어 설탕물을 만들었습니다. 이 설탕물에 설탕 30g을 더 넣었다면 새로 만든 설탕물의 진하기는 몇 $\%$입니까?

(　　　　　　)

8-2 진하기가 16%인 소금물 200g에 소금 40g을 더 넣었습니다. 새로 만든 소금물의 진하기는 몇 $\%$입니까?

(　　　　　　)

8-3 진하기가 15%인 설탕물 400g과 진하기가 18%인 설탕물 200g을 섞으면 설탕물의 진하기는 몇 $\%$가 됩니까?

(　　　　　　)

8-4 진하기가 10%인 설탕물 200g에 설탕 몇 g을 더 넣었더니 설탕물이 240g이 되었습니다. 새로 만든 설탕물의 진하기는 몇 $\%$인지 구하시오.

(　　　　　　)

문제풀이 동영상

1 어느 정사각형의 각 변의 길이를 20 %씩 늘였을 때, 처음 정사각형의 넓이에 대한 새로 만든 정사각형 넓이의 비율을 소수로 나타내어 보시오.

( )

2 어느 회사의 1차 면접 경쟁률이 15 : 1이고, 1차 면접 통과자 중 80 %가 최종 합격했다고 합니다. 이 회사에 지원한 사람이 225명이었을 때, 최종 합격자 수는 몇 명인지 구하시오.

( )

먼저 생각해 봐요!
경쟁률이 5 : 1이면
5명 중에 1명이 합격한
거겠지?

3 다음은 어느 가게에서 지난달과 이번 달에 판 물건의 개수와 가격입니다. 지난달에 비해 이번 달의 공책 1권의 값은 지우개 1개의 값보다 몇 %p 더 올랐습니까? (단, 두 백분율 사이의 차이를 나타낼 때에는 기호 %p를 사용합니다.)

물건	지난달	이번 달
지우개	7개, 4200원	6개, 4320원
공책	6권, 7200원	5권, 7500원

( )

4 진하기가 8%인 소금물 300g과 진하기가 13%인 소금물 200g을 섞은 후 물 125g을 더 넣어 소금물 ㉮를 만들었습니다. ㉮ 소금물의 진하기는 몇 $\%$입니까?

(　　　　　　　　)

서술형 **5** 어느 공장에서 지난달에 제품 1000개를 만들었을 때 25개의 불량품이 나왔다고 합니다. 이번 달에 생산하는 제품 2600개의 불량률을 지난달보다 낮추려고 할 때, 불량품은 몇 개 이하가 되어야 하는지 풀이 과정을 쓰고 답을 구하시오.

풀이

답

6 그림과 같은 직사각형 ㄱㄴㄷㄹ이 있습니다. 점 ㅁ이 꼭짓점 ㄱ에서 화살표 방향으로 출발하여 1초에 2cm씩 직사각형의 변을 따라 움직이다가 변 ㄷㄹ 위에서 멈추었습니다. 색칠한 부분의 넓이가 480cm^2일 때, 점 ㅁ이 움직인 시간은 몇 초인지 구하시오.

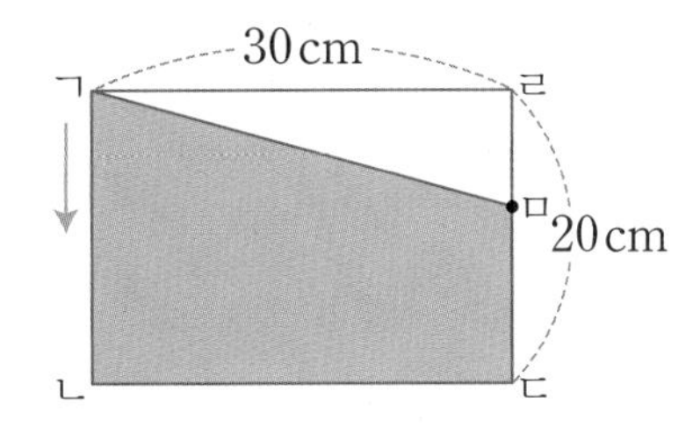

(　　　　　　　　)

7 ㉯에 대한 ㉮의 비율은 2.6이고, ㉯의 ㉰에 대한 비율은 $\frac{5}{8}$입니다. ㉮와 ㉰의 비율을 대분수로 나타내어 보시오.

( )

8 지우네 초등학교의 작년 5학년 학생 수는 400명이었고 여학생과 남학생 수의 비는 $11:9$였습니다. 올해 여학생은 10% 줄고, 남학생은 15% 늘었다면 전체 학생 수는 모두 몇 명이 되었는지 구하시오.

( )

중등 연계

(여학생 수) : (남학생 수)$=11:9$

➡ (여학생 수)$=11\times x$
(남학생 수)$=9\times x$

9 어느 가게에서 원가가 40000원인 가방에 35%의 이익을 붙여 정가를 정했습니다. 그런데 팔리지 않자 정가의 20%를 할인하여 판매하였습니다. 이 가방 1개를 판매하여 얻은 이익은 얼마입니까?

( )

5
여러 가지 그래프

1 그림그래프, 띠그래프

• 자료를 목적에 맞게 정리하면 많은 정보를 빠르게 알 수 있습니다.
• 전체에 대한 부분의 비율을 길이로 나타내면 자료의 전체적인 경향을 한눈에 알 수 있습니다.

1-1 BASIC CONCEPT

그림그래프: 조사한 수량을 그림이나 기호를 사용하여 나타낸 그래프

지역별 배 생산량

지역	생산량(kg)
가	1620
나	2080
다	708
라	3210

➡

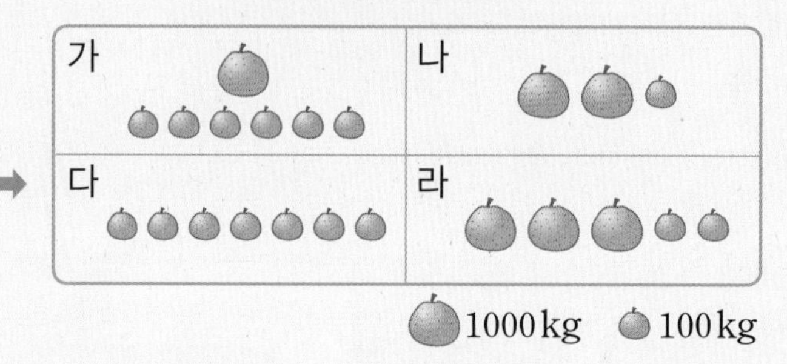

• 배 생산량의 수를 백의 자리까지 나타내기 위해 십의 자리에서 반올림을 하였습니다.
• 나 지역의 배 생산량은 다 지역의 배 생산량의 3배입니다.

[1~2] 오른쪽은 어느 해 도시별 학생 수를 조사하여 나타낸 그림그래프입니다. 물음에 답하시오.

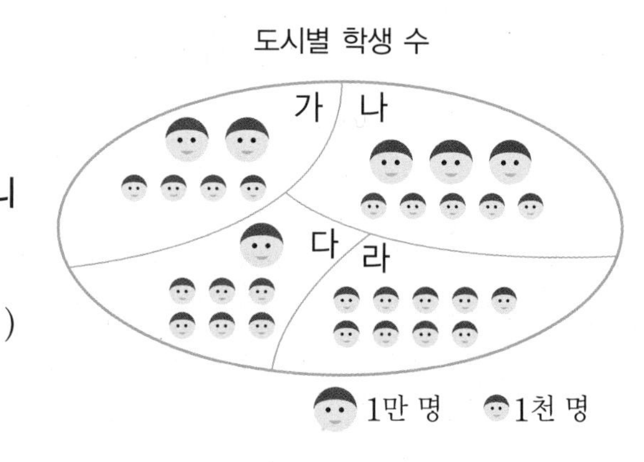

1 학생 수가 가장 많은 도시의 학생은 몇 명입니까?

(　　　　　　　)

2 네 도시의 학생 수의 평균은 몇 명입니까?

(　　　　　　　)

3 다음 중 그림그래프로 나타내기에 알맞은 것을 모두 찾아 기호를 쓰시오.

㉠ 아파트별 자동차 보유 수
㉡ 어느 회사의 월별 수출액
㉢ 학생별 수학 시험 점수
㉣ 도별 쌀 생산량
㉤ 마을별 은행 수

(　　　　　　　)

띠그래프: 전체에 대한 각 부분의 비율을 띠 모양에 나타낸 그래프

좋아하는 계절별 학생 수

0 10 20 30 40 50 60 70 80 90 100(%)

봄 (30 %)	여름 (35 %)	가을 (20 %)	겨울 (15 %)

- 작은 눈금 한 칸의 크기: 5 %
- 가장 많은 학생이 좋아하는 계절: 여름(35 %) ― 띠의 길이가 길수록 비율이 높습니다.
- 봄(30 %)을 좋아하는 학생 수는 겨울(15 %)을 좋아하는 학생 수의 2배입니다.

띠그래프 그리기

① 자료를 보고 각 항목의 백분율을 구합니다.
② 각 항목의 백분율의 합계가 100 %가 되는지 확인합니다.
③ 각 항목이 차지하는 백분율의 크기만큼 선을 그어 띠를 나눕니다.
④ 나눈 부분에 각 항목의 내용과 백분율을 씁니다.
⑤ 띠그래프의 제목을 씁니다.

4

알뜰 장터에서 판매하는 물품을 조사하여 나타낸 띠그래프입니다. 전체 물품이 200개라면 학용품은 몇 개입니까?

판매하는 물품별 수

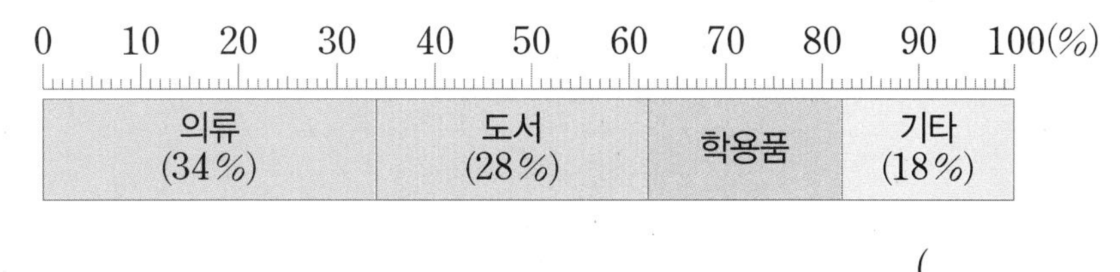

( )

5

준호네 반 학생들이 기르고 싶은 반려동물을 조사하여 나타낸 표입니다. 표의 빈칸에 알맞은 수를 써넣고 띠그래프로 나타내어 보시오.

기르고 싶은 반려동물별 학생 수

반려동물	개	고양이	햄스터	기타	합계
학생 수(명)	16	12	8	4	40
백분율(%)					

기르고 싶은 반려동물별 학생 수

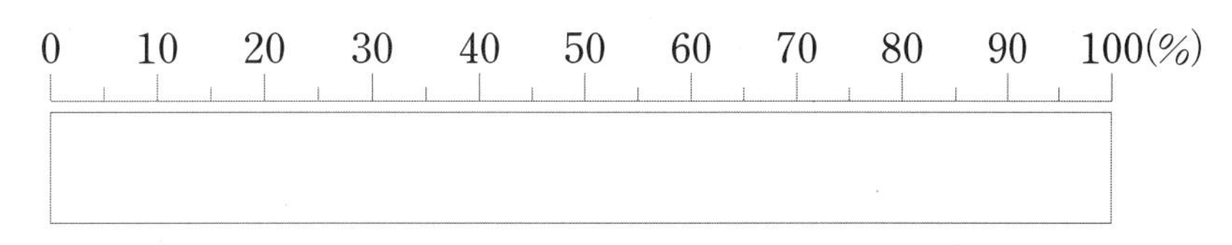

2 원그래프

- 전체에 대한 부분의 비율을 넓이로 나타내면 자료의 전체적인 경향을 한눈에 알 수 있습니다.
- 비율 그래프로 각 자료의 정확한 수량값을 알기 어렵습니다.

BASIC CONCEPT 2-1

원그래프: 전체에 대한 각 부분의 비율을 원 모양에 나타낸 그래프

주말에 한 일별 학생 수

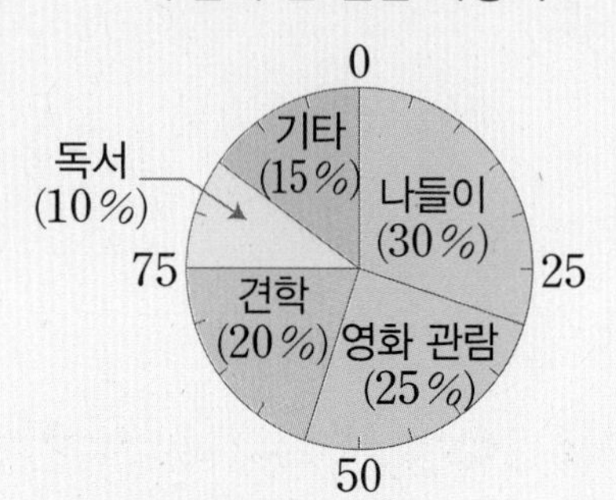

- 작은 눈금 한 칸의 크기: 5 %
- 가장 많은 학생이 한 일: 나들이(30 %)
  차지하는 부분이 넓을수록 비율이 높습니다.
- 견학(20 %)을 간 학생 수는 독서(10 %)를 한 학생 수의 2배입니다.

원그래프 그리기

① 자료를 보고 각 항목의 백분율을 구합니다.
② 각 항목의 백분율의 합계가 100 %가 되는지 확인합니다.
③ 각 항목이 차지하는 백분율의 크기만큼 선을 그어 원을 나눕니다.
④ 나눈 부분에 각 항목의 내용과 백분율을 씁니다.
⑤ 원그래프의 제목을 씁니다.

1 지아네 학교 학생 120명이 배우고 싶은 외국어를 조사하여 나타낸 표입니다. 표의 빈칸에 알맞은 수를 써넣고 원그래프로 나타내어 보시오.

외국어별 학생 수

외국어	영어	중국어	독일어	기타	합계
학생 수(명)	54	30	24	12	120
백분율(%)					

외국어별 학생 수

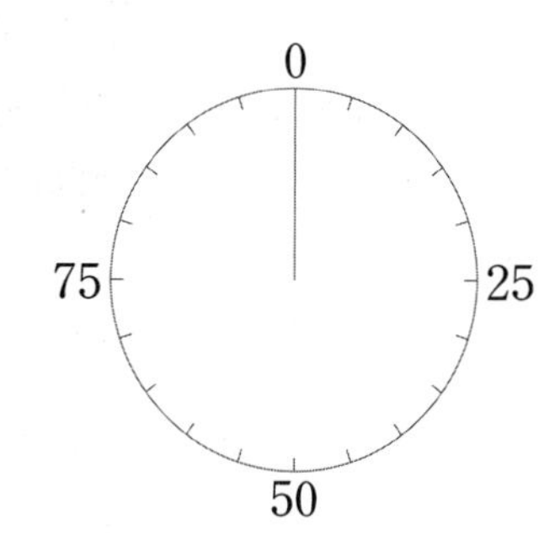

2 오른쪽은 현우네 학교 학생 160명이 좋아하는 운동을 조사하여 나타낸 원그래프입니다. 야구를 좋아하는 학생은 축구를 좋아하는 학생보다 몇 명 더 많습니까?

( )

좋아하는 운동별 학생 수

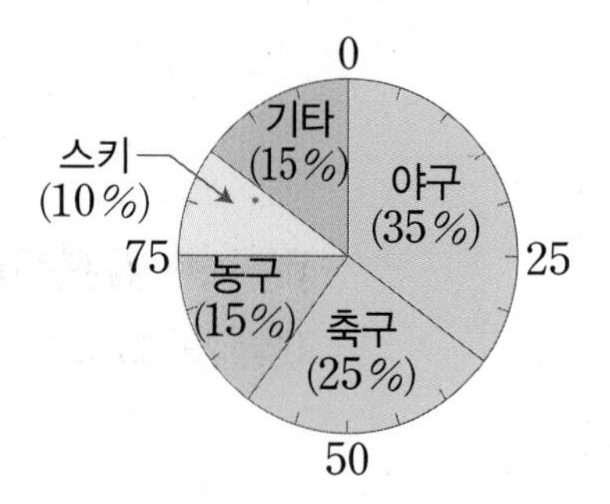

BASIC CONCEPT 2-2

중심각의 크기로 원그래프 그리기

└ 원에서 두 반지름이 만나서 생기는 각 (중심각)

① $(\text{항목의 백분율})=\dfrac{(\text{중심각의 크기})}{360^\circ}\times 100$

② $(\text{항목의 양})=(\text{전체 자료의 양})\times\dfrac{(\text{중심각의 크기})}{360^\circ}$

3 오른쪽은 희수네 반 학생들의 장래 희망을 조사하여 나타낸 원그래프입니다. 장래 희망이 연예인인 학생은 전체의 몇 %입니까?

장래 희망별 학생 수

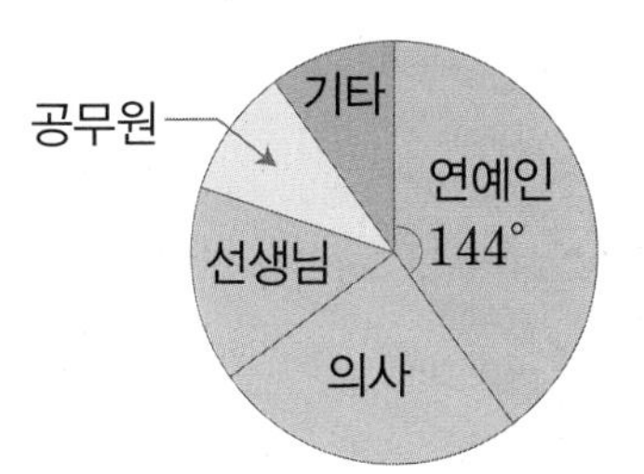

( )

BASIC CONCEPT 2-3

중등 연계

도수분포표

└ 자료의 양을 적당한 범위로 분류하고, 각 범위에 해당하는 수량을 조사하여 나타낸 표

학생들의 몸무게

몸무게(kg)	학생 수(명)
35이상~40미만	2
40이상~45미만	8
45이상~50미만	13
50이상~55미만	11
55이상~60미만	6
합계	40

히스토그램

└ 도수분포표의 각 구간을 가로로 하고, 자료의 수를 세로로 하는 직사각형으로 나타낸 그래프

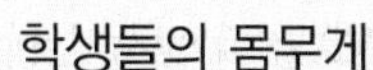

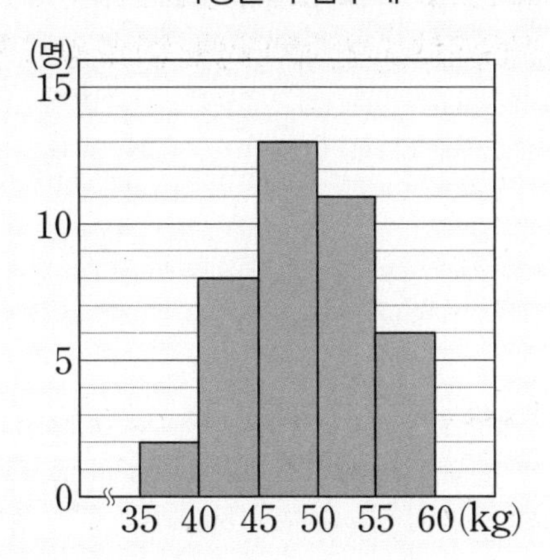

4 오른쪽 히스토그램에서 수학 성적이 90점 이상인 학생은 모두 몇 명입니까?

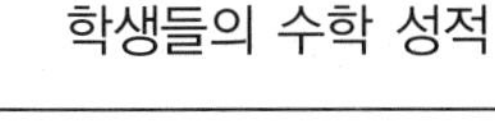

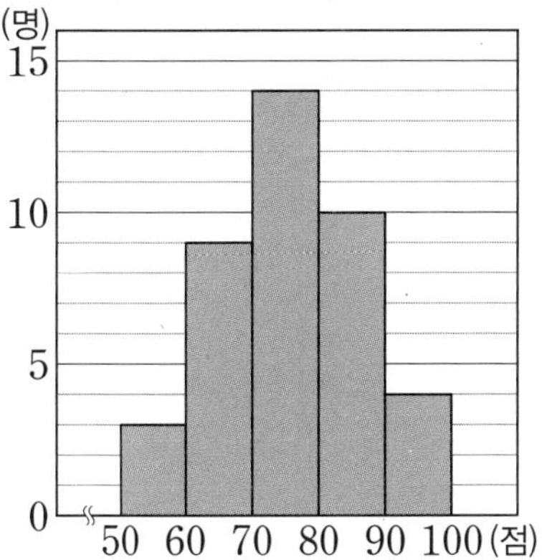

( )

판매할 수 있는 수량을 알아본다.

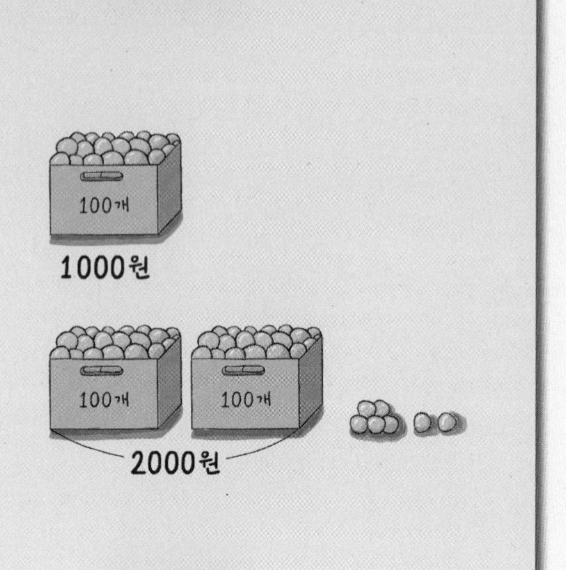

고구마 80 kg을 한 상자에 6 kg씩 담아 10000원에

$80 \div 6 = 13$(상자) ⋯ 2(kg)

판매한다면 팔 수 있는 고구마는 13상자이고 2 kg이 남습니다.

➡ (판매 금액)$= 10000 \times 13 = 130000$(원)

과수원별 포도 생산량을 조사하여 나타낸 그림그래프입니다. 각 과수원에서 포도를 한 상자에 8 kg씩 담아서 50000원에 판매했습니다. 과수원에서 포도를 판매한 금액은 모두 얼마인지 구하시오.

과수원별 포도 생산량

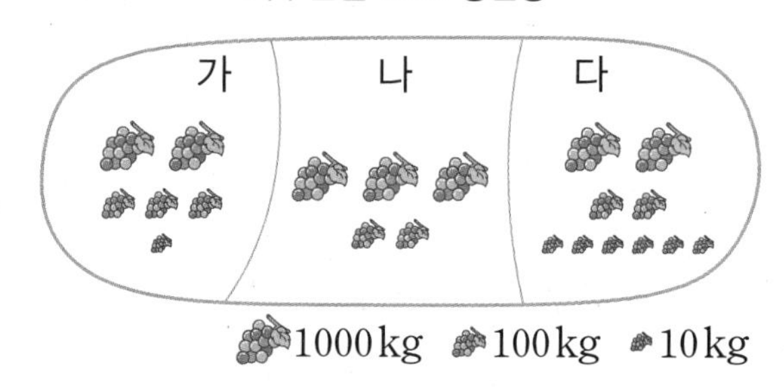

각 과수원에서 판매한 상자 수를 구합니다.

(가 과수원)$= 2310 \div 8 = 288 \cdots 6$ ➡ ☐상자 → 포도의 양이 8 kg이 되지 않으면 한 상자에 담을 수 없습니다.

(나 과수원)$= 3200 \div 8 =$ ☐ ➡ ☐상자

(다 과수원)$=$ ☐ $\div 8 =$ ☐ ⋯ ☐ ➡ ☐상자

따라서 각 과수원에서 판매한 상자 수의 합은

$288 +$ ☐ $+$ ☐ $=$ ☐(상자)이므로

각 과수원에서 포도를 판매한 전체 금액은 $50000 \times$ ☐ $=$ ☐(원)입니다.

1-1

어느 공장에서 한 시간에 평균 50개의 모자를 만든다고 합니다. 이 공장에서 7시간 동안 만든 모자를 한 상자에 45개씩 담아 60000원씩 받고 판매했다면 모자를 판매한 금액은 모두 얼마입니까?

( )

1-2

공장별 연필 생산량을 조사하여 나타낸 그림그래프입니다. 각 공장에서 연필을 한 타에 2000원에 판매했다면 연필을 판매한 금액은 모두 얼마입니까? (단, 한 타는 연필 12자루입니다.)

공장별 연필 생산량

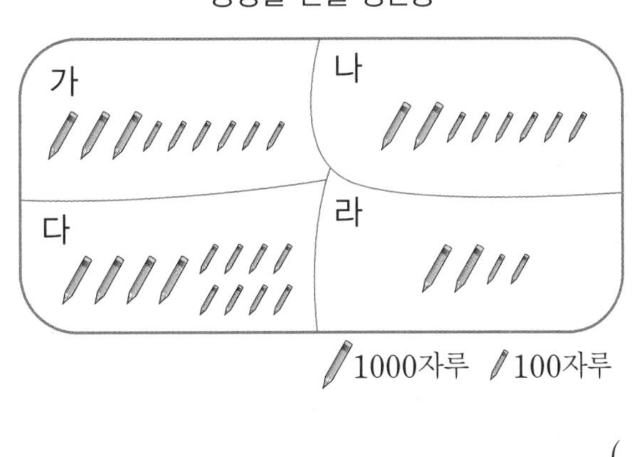

( )

1-3

양계장별 달걀 생산량을 조사하여 나타낸 그림그래프입니다. 네 양계장에서 생산한 달걀을 모아 한 판에 30개씩 담았더니 180판이 되고 20개가 남았습니다. 다 양계장의 생산량은 나 양계장 생산량의 2배보다 80개 적었다고 할 때 달걀 한 판을 4000원에 팔면 나 양계장에서 받을 수 있는 돈은 얼마입니까?

양계장별 달걀 생산량

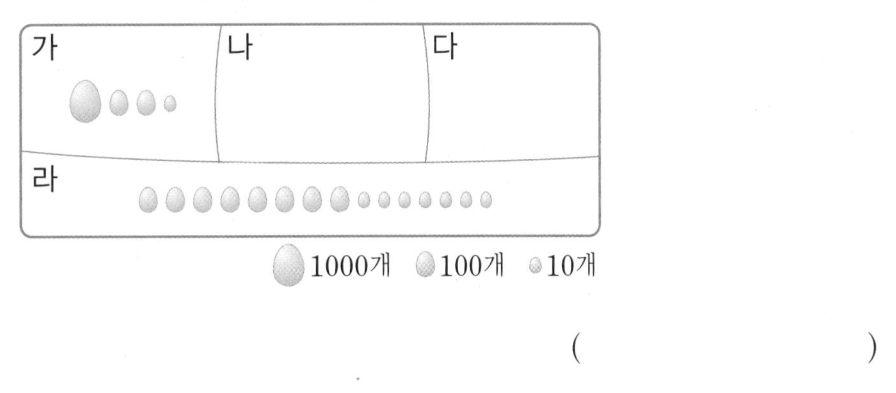

( )

자료의 전체 수가 바뀌면 비율도 바뀐다.

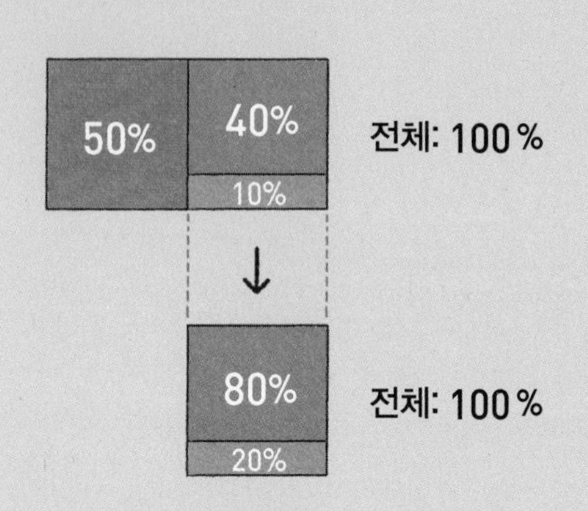

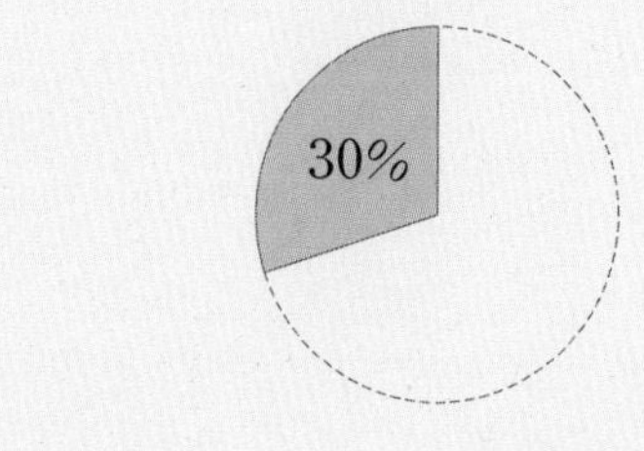

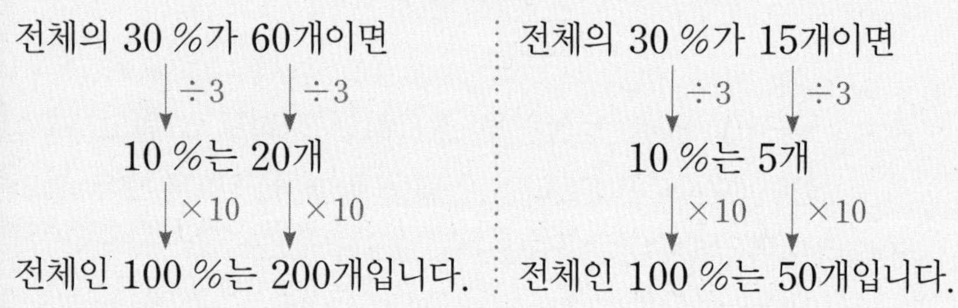

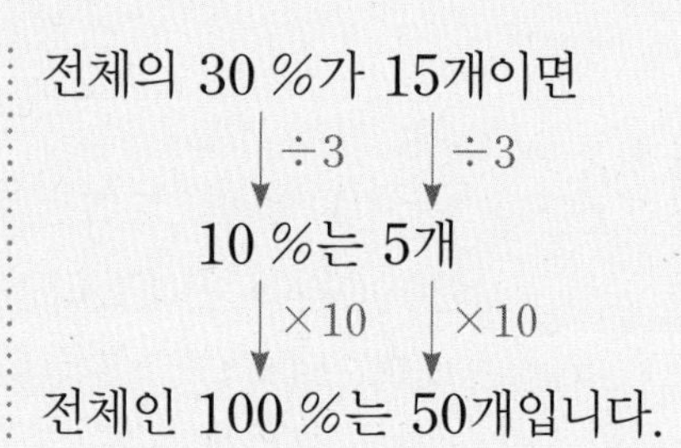

오른쪽은 준서가 가지고 있는 구슬을 색깔별로 분류하여 나타낸 원그래프입니다. 노란색 구슬은 10개이고 준서가 친구에게 노란색 구슬을 모두 주었다면, 준서에게 남은 구슬 수에 대한 빨간색 구슬 수는 몇 %가 됩니까?

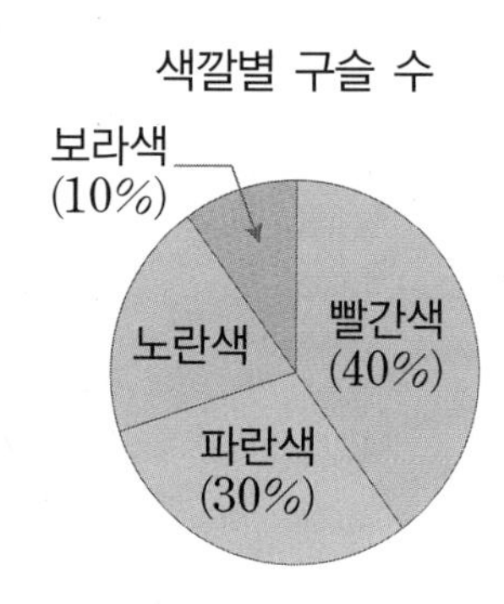

(노란색 구슬이 차지하는 백분율)$=100-(40+30+10)=$ □ (%)

노란색 구슬 □ %가 10개이므로 10 %는 □개입니다.

전체 구슬은 □개이고 빨간색 구슬 수의 백분율은 40 %이므로 □개입니다.

(전체 구슬: 10 %의 10배, 빨간색 구슬 수: 10 %의 4배)

(남은 구슬의 수)$=$ □ $-10=$ □ (개)

(10: 친구에게 준 노란색 구슬의 수)

➡ (남은 구슬 수에 대한 빨간색 구슬 수의 백분율)$=\frac{\square}{40}\times 100=$ □ (%)

2-1

오른쪽은 주아가 가진 사탕 20개를 종류별로 분류하여 나타낸 원그래프입니다. 사과 맛 사탕만 모두 먹었다면 남은 사탕 수에 대한 딸기 맛 사탕 수는 몇 %가 됩니까?

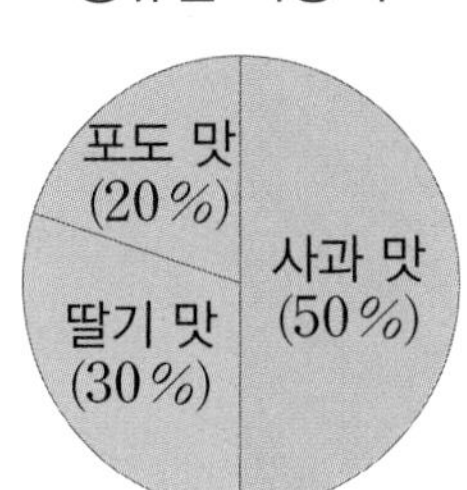

(　　　　　　　　)

2-2

오른쪽은 어느 편의점에서 판매하는 음료수를 조사하여 나타낸 원그래프입니다. 우유는 10개이고 우유만 모두 팔렸다면, 남은 음료수의 수에 대한 주스 수는 몇 %가 됩니까?

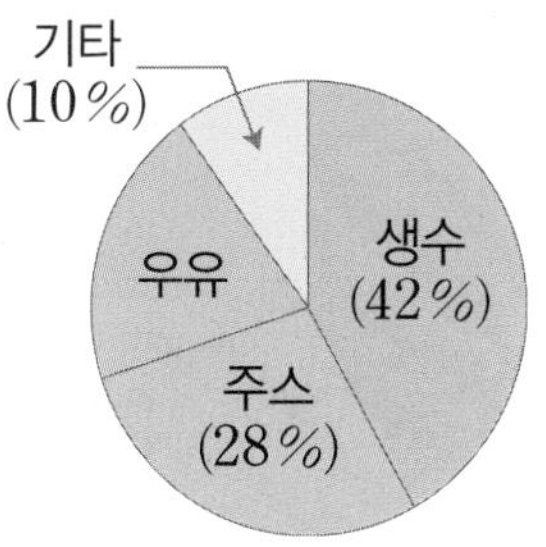

(　　　　　　　　)

2-3

오른쪽은 어느 신발 가게에서 판매하는 신발을 조사하여 나타낸 원그래프입니다. 슬리퍼는 24켤레이고 슬리퍼만 모두 팔렸다면, 남은 신발 수에 대한 구두 수는 몇 %가 되는지 소수로 나타내어 보시오.

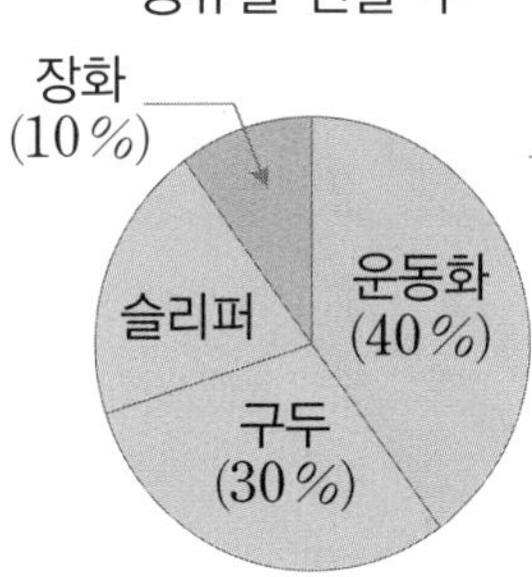

(　　　　　　　　)

2-4

오른쪽은 지아네 반 학급 문고에 있는 책을 조사하여 나타낸 원그래프입니다. 과학책은 11권이었는데 반 친구들이 과학책 10권을 더 구입했다면, 학급 문고 중 과학책이 차지하는 비율은 전체의 몇 %가 되겠습니까?

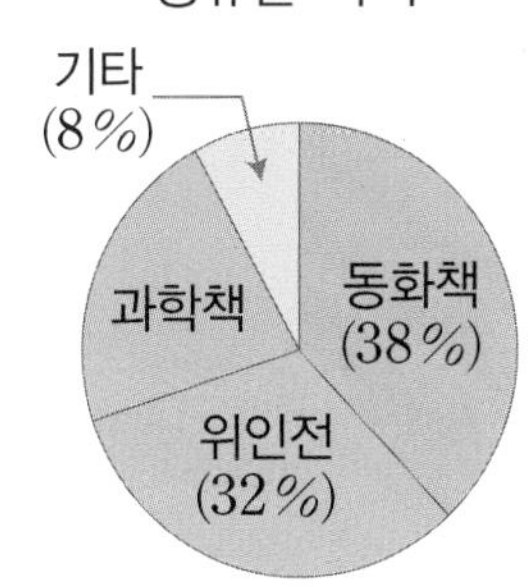

(　　　　　　　　)

360°에 대한 각 항목의 중심각의 비율로 백분율을 구한다.

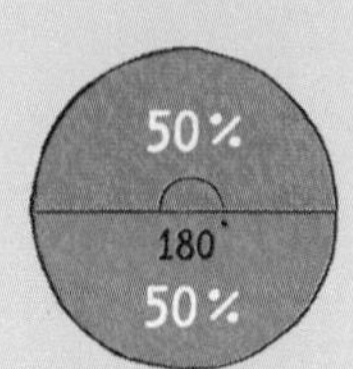

$$\frac{180^\circ}{360^\circ}=\frac{1}{2}=50\%$$

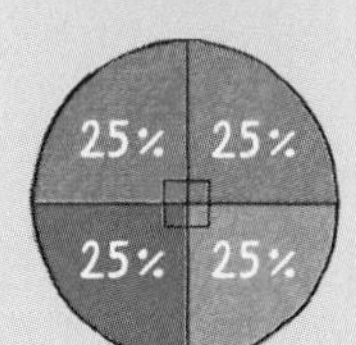

$$\frac{90^\circ}{360^\circ}=\frac{1}{4}=25\%$$

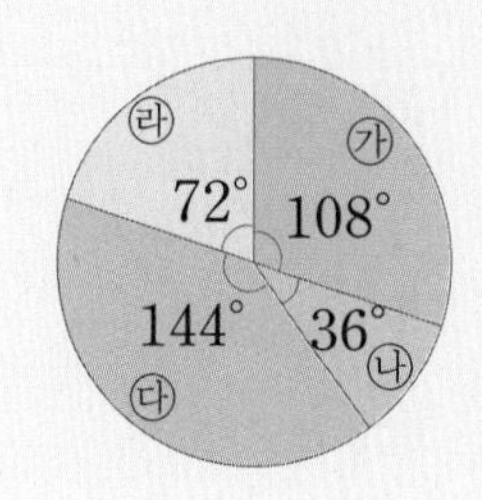

㉮	$\frac{108^\circ}{360^\circ}\times100=30(\%)$
㉯	$\frac{36^\circ}{360^\circ}\times100=10(\%)$
㉰	$\frac{144^\circ}{360^\circ}\times100=40(\%)$
㉱	$\frac{72^\circ}{360^\circ}\times100=20(\%)$

오른쪽은 지아네 반 학생 40명이 좋아하는 간식을 조사하여 나타낸 원그래프입니다. 피자를 좋아하는 학생은 몇 명입니까?

좋아하는 간식별 학생 수

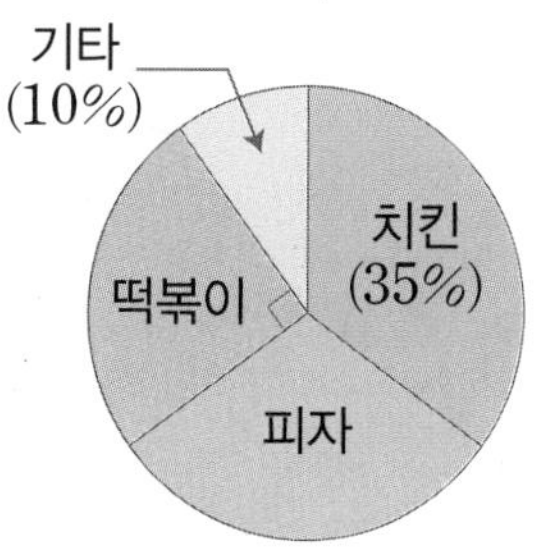

(떡볶이가 차지하는 백분율)$=\frac{\square^\circ}{360^\circ}\times100=\square(\%)$

(피자가 차지하는 백분율)$=100-(35+\square+10)=\square(\%)$

➡ (피자를 좋아하는 학생 수)$=40\times\frac{\square}{100}=\square$(명)

3-1 어느 지역의 농작물 생산량을 조사하여 나타낸 원그래프에서 고구마가 차지하는 부분의 중심각이 $54°$라고 합니다. 고구마가 차지하는 비율은 전체의 몇 $\%$입니까?

( )

3-2 오른쪽은 주호네 반 학생 40명의 등교 방법을 조사하여 나타낸 원그래프입니다. 자전거를 타고 등교하는 학생은 몇 명입니까?

등교 방법별 학생 수

기타(5%)
자가용 (10%)
도보
198°
버스 (10%)
자전거

( )

서술형 **3-3** 오른쪽은 현아네 학교 학생 80명이 좋아하는 과목을 조사하여 나타낸 원그래프입니다. 수학을 좋아하는 학생은 몇 명인지 풀이 과정을 쓰고 답을 구하시오.

좋아하는 과목별 학생 수

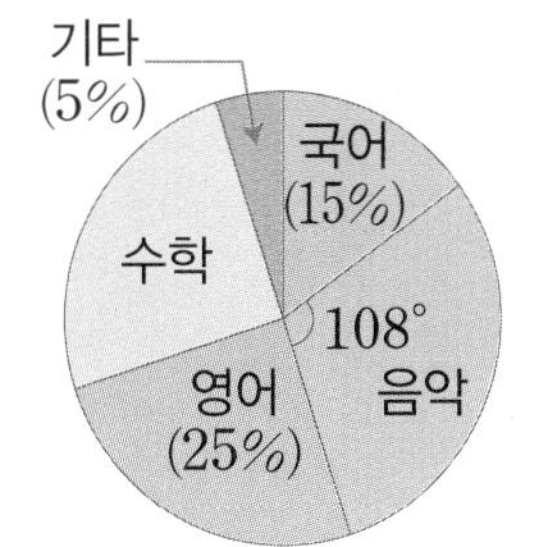

풀이

답

3-4 오른쪽은 은우네 학교 학생들이 태어난 계절을 조사하여 나타낸 원그래프입니다. 봄에 태어난 학생이 6명이라면 여름에 태어난 학생은 몇 명입니까?

태어난 계절별 학생 수

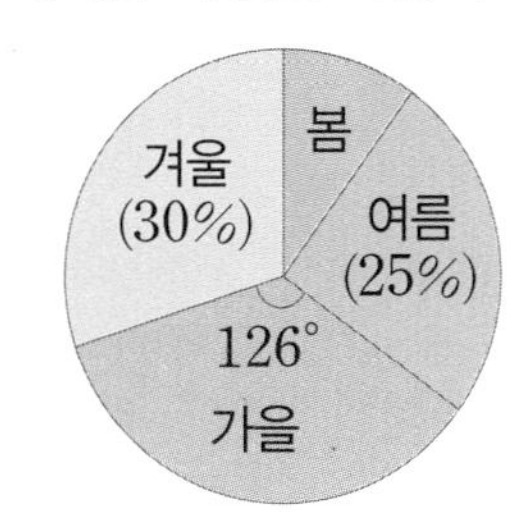

( )

모르는 수가 하나만 있는 식으로 만든다.

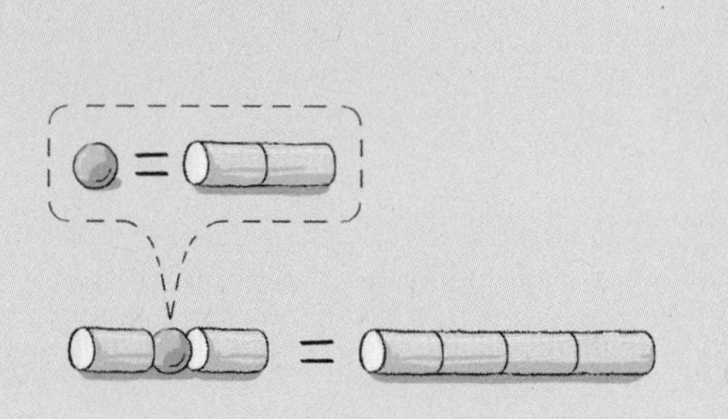

㉠	㉡	㉢
	40	

㉢은 ㉠의 2배이고 ㉠+㉡+㉢=100이면

㉠+40+㉠×2=100

㉠×3=60 ➡ ㉠=20

㉢=㉠×2 ➡ ㉢=40

오른쪽은 어느 대리점의 월별 휴대 전화 판매 수를 조사하여 나타낸 그림그래프입니다. 4개월 동안 휴대 전화 평균 판매 수가 395대이고, 2월 판매 수는 4월 판매 수보다 80대 적을 때 그림그래프를 완성하시오.

월별 휴대 전화 판매 수

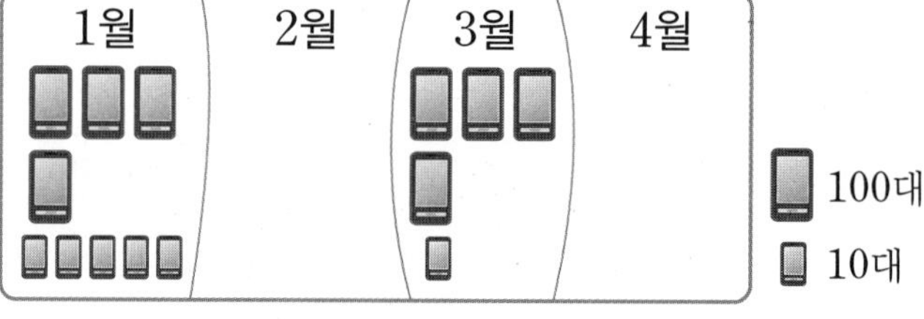

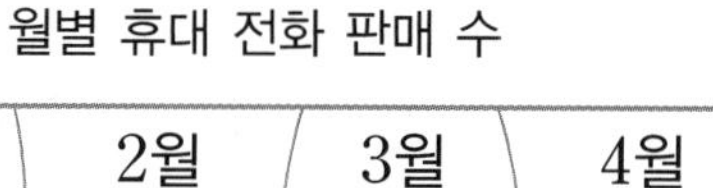

(전체 휴대 전화 판매 수)=395×4=☐(대)

(4개월 동안의 휴대 전화 평균 판매 수의 합)−(1월과 3월의 휴대 전화 판매 수의 합)

(2월과 4월의 휴대 전화 판매 수의 합)

=☐−(450+☐)=☐(대)

4월의 휴대 전화 판매 수를 ■대라 하면 2월의 휴대 전화 판매 수는 (■−80)대입니다.

(■−80)+■=☐에서 ■=☐이므로

(2월의 휴대 전화 판매 수)=☐−80=☐(대)입니다.

2월의 휴대 전화 판매 수 ☐대는 큰 그림(▯) ☐개, 작은 그림(▯) ☐개로 그립니다.

4월의 휴대 전화 판매 수 ☐대는 큰 그림(▯) ☐개로 그립니다.

4-1

오른쪽은 마을별 은행나무 수를 조사하여 나타낸 그림그래프입니다. 네 마을의 평균 은행나무 수가 27000그루일 때 그림그래프를 완성하시오.

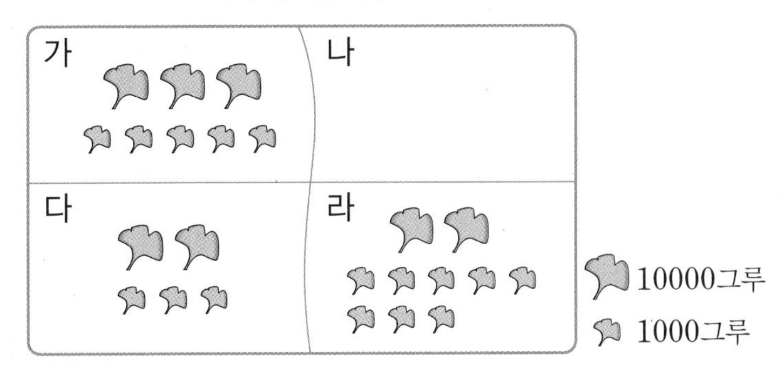

4-2

오른쪽은 농장별 황소 수를 조사하여 나타낸 그림그래프입니다. 네 농장의 평균 황소 수가 6500마리이고 가 농장의 황소 수는 라 농장의 황소 수보다 1200마리 더 많을 때 그림그래프를 완성하시오.

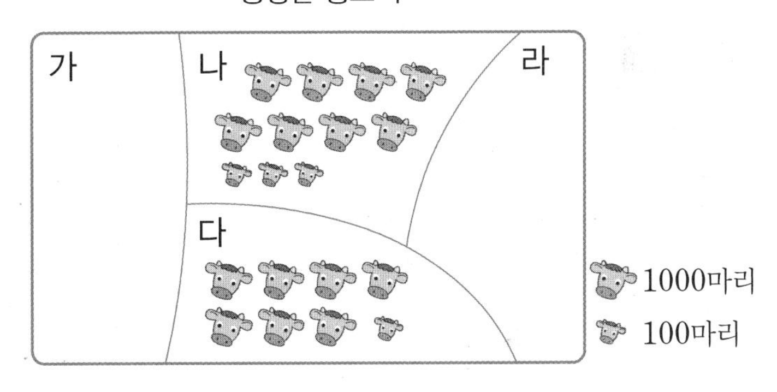

4-3

어느 마을의 가구별 쌀 수확량을 조사하여 나타낸 그림그래프입니다. 나 가구의 쌀 수확량은 다 가구의 쌀 수확량의 3배이고 네 가구의 평균 쌀 수확량이 465000 kg일 때 그림그래프를 완성하시오.

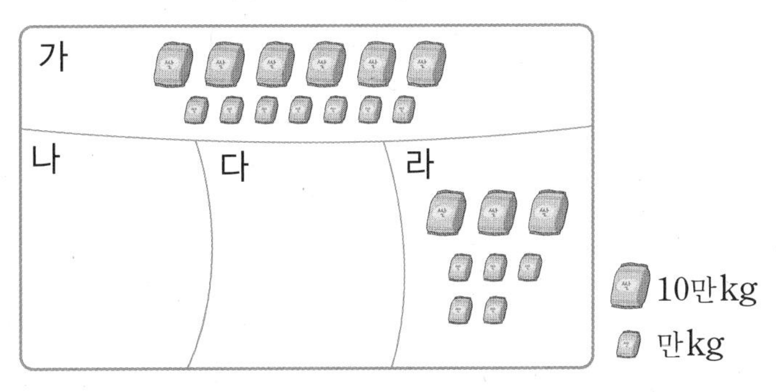

백분율로 부분의 무게를 구한다.

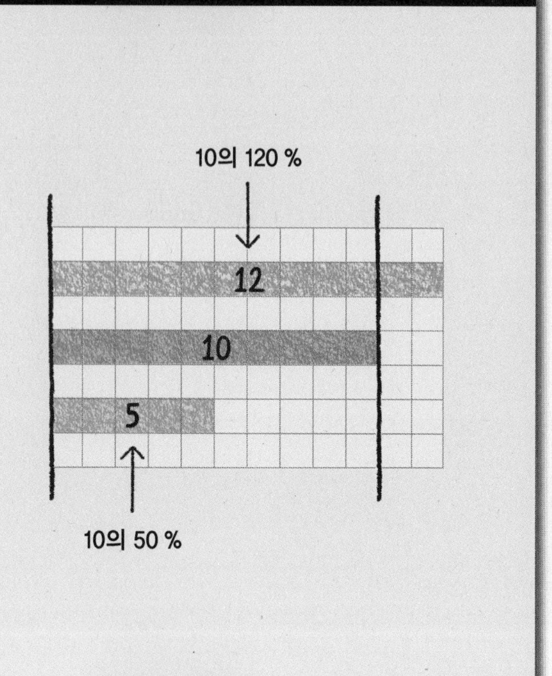

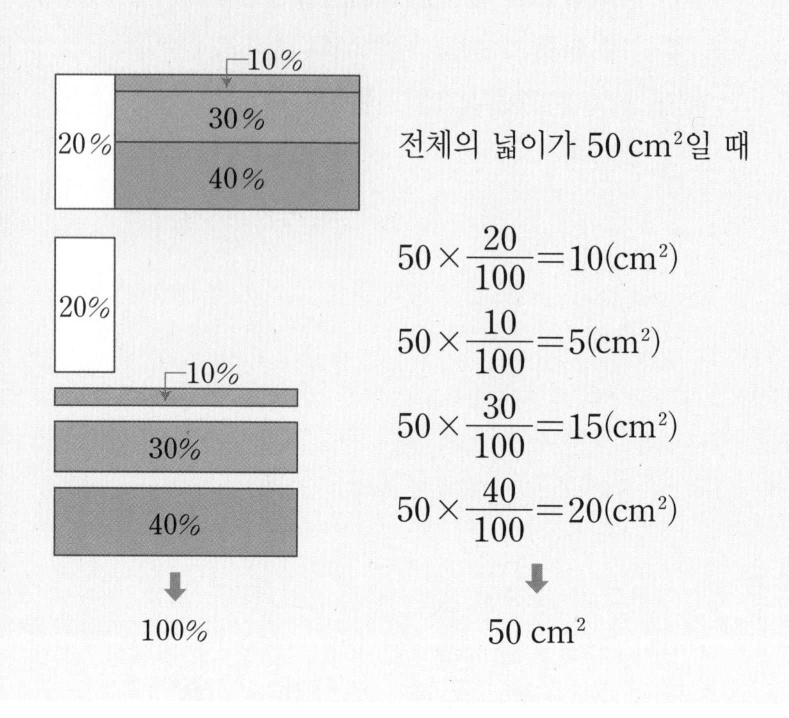

전체의 넓이가 50 cm^2일 때

$$50 \times \frac{20}{100} = 10(cm^2)$$

$$50 \times \frac{10}{100} = 5(cm^2)$$

$$50 \times \frac{30}{100} = 15(cm^2)$$

$$50 \times \frac{40}{100} = 20(cm^2)$$

50 cm^2

어떤 생선 한 마리의 무게가 160 g이고 이 중에서 45 %는 먹을 수 없는 부분입니다. 먹을 수 있는 부분의 영양 성분이 오른쪽 원그래프와 같을 때 생선 한 마리로 섭취할 수 있는 단백질은 몇 g입니까?

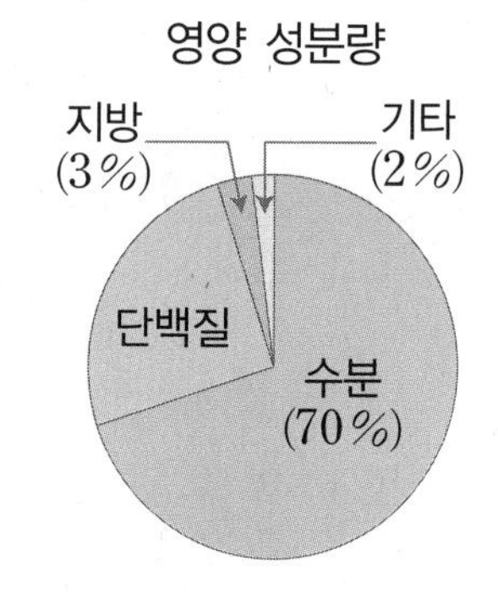

(먹을 수 있는 부분의 백분율)$=100-45=$ □(%)

(먹을 수 있는 부분의 양)$=160\times\frac{□}{100}=$ □(g)

(단백질의 백분율)$=100-(70+3+2)=$ □(%)

➡ (섭취할 수 있는 단백질의 양)$=$ □ $\times\frac{□}{100}=$ □(g)

5-1 귤 무게의 20 %는 껍질이고 껍질을 벗긴 귤의 영양 성분은 오른쪽 원그래프와 같습니다. 무게가 100 g인 귤 1개로 섭취할 수 있는 탄수화물은 몇 g입니까?

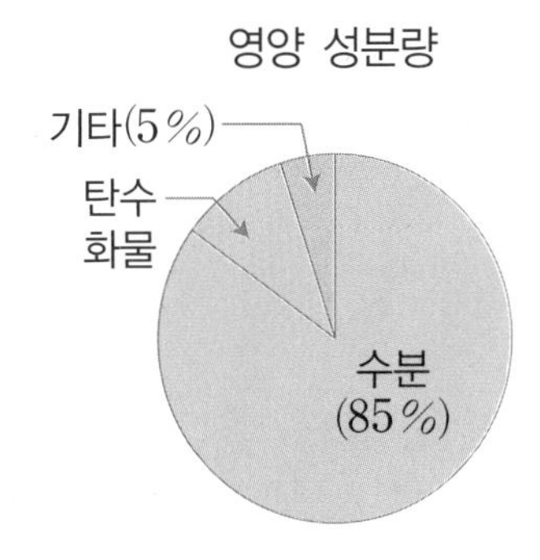

(   )

5-2 토마토 무게의 90 %는 수분이고, 수분을 제외한 나머지 영양 성분은 다음 띠그래프와 같습니다. 무게가 350 g인 토마토 1개를 먹었을 때 섭취할 수 있는 단백질은 몇 g입니까?

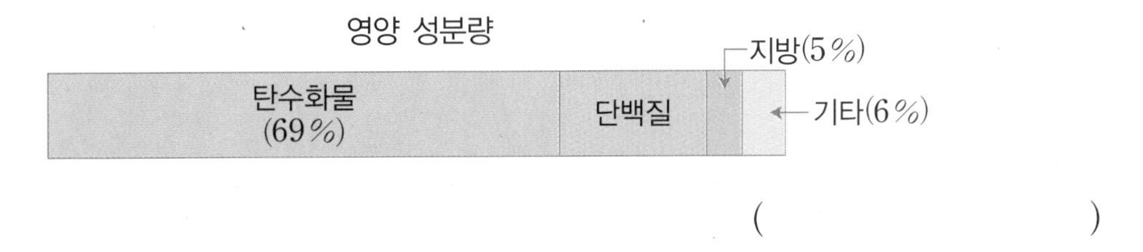

(   )

5-3 콩 무게의 40 %는 수분이고, 수분을 제외한 나머지 영양 성분은 오른쪽 원그래프와 같습니다. 콩 120 g을 먹었을 때 섭취할 수 있는 단백질은 몇 g인지 소수로 나타내어 보시오.

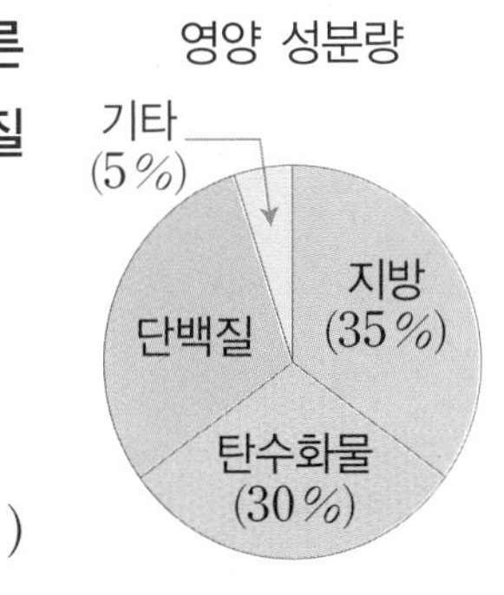

(   )

5-4 키위 1개의 무게는 100 g이고, 영양 성분은 다음 띠그래프와 같습니다. 기타의 20 %가 칼륨일 때 키위만으로 칼륨의 1일 권장섭취량인 4.7 g을 섭취하려면 키위를 적어도 몇 개 먹어야 합니까?

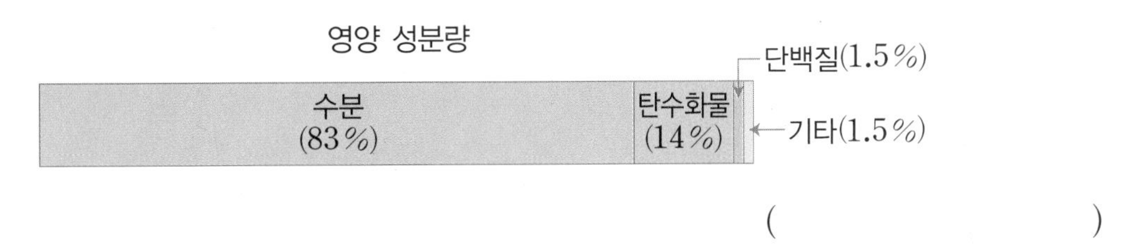

(   )

백분율과 항목 수의 차이로 전체 수를 구할 수 있다.

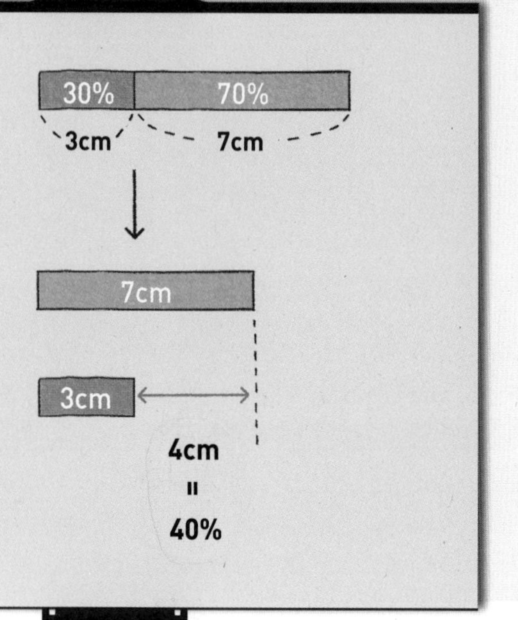

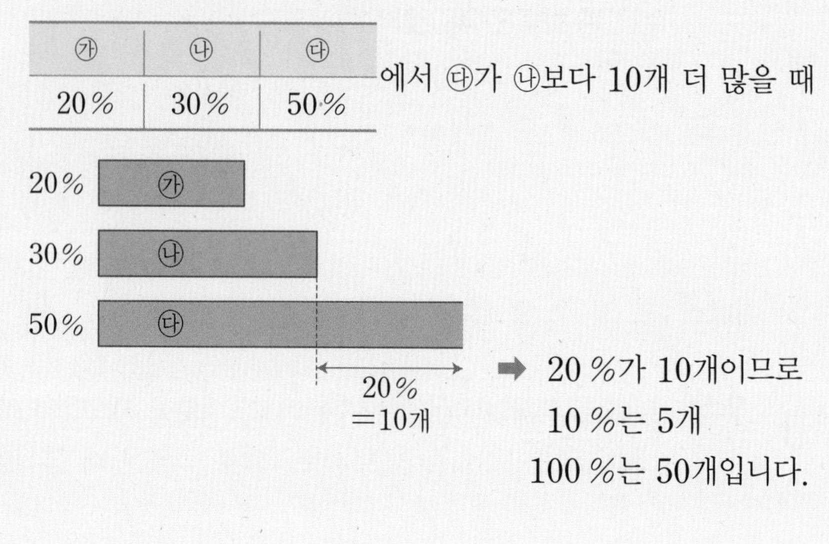

오른쪽은 연아네 학교 학생들이 배우고 싶은 외국어를 조사하여 나타낸 원그래프입니다. 중국어를 배우고 싶은 학생이 일본어를 배우고 싶은 학생보다 8명 더 많다면 독일어를 배우고 싶은 학생은 몇 명입니까?

외국어별 학생 수

기타(5 %)
독일어 (5 %)
일본어 (20 %)
영어 (40 %)
중국어 (30 %)

중국어를 배우고 싶은 학생 수는

일본어를 배우고 싶은 학생 수보다 ☐ % 더 많습니다.

더 많은 ☐ %가 8명이므로 조사한 전체 학생은 ☐ 명입니다.
(10 %의 10배 / 8명의 10배)

따라서 독일어를 배우고 싶은 학생 수의 백분율이 ☐ %이므로

$\square \times \frac{\square}{100} = \square$(명)입니다.

6-1 오른쪽은 주아네 학교 학생들의 취미를 조사하여 나타낸 원그래프입니다. 취미가 운동인 학생이 영화 감상인 학생보다 14명 더 많다면 조사에 참여한 학생은 모두 몇 명입니까?

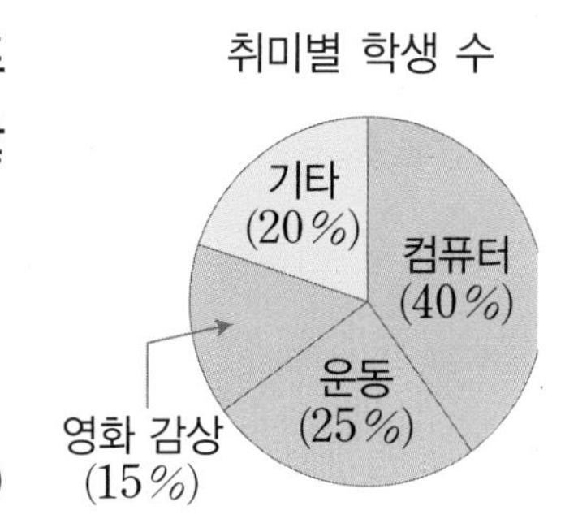

( )

서술형 **6-2** 어느 마을의 가구별 주거 형태를 조사하여 나타낸 띠그래프입니다. 빌라에 사는 가구가 주택에 사는 가구보다 80가구 더 많다면 아파트에 사는 가구는 몇 가구인지 풀이 과정을 쓰고 답을 구하시오.

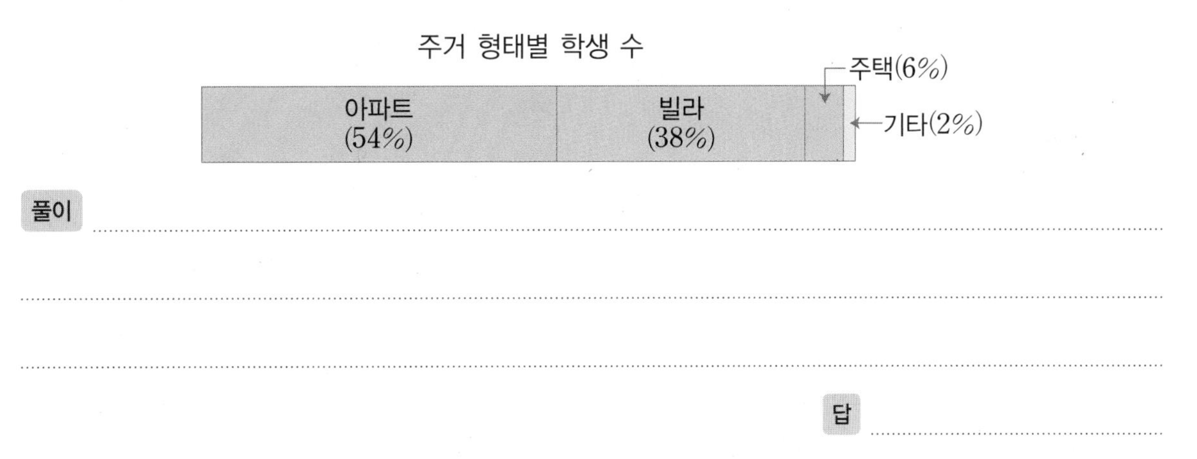

풀이

답

6-3 오른쪽은 유나네 학교 학생들이 가지고 싶은 전자 제품을 조사하여 나타낸 원그래프입니다. 게임기를 가지고 싶은 학생이 컴퓨터를 가지고 싶은 학생보다 9명 더 많다면 휴대 전화를 가지고 싶은 학생은 몇 명입니까?

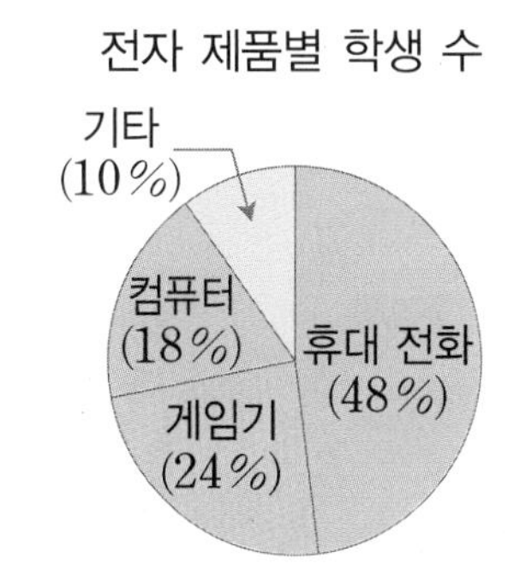

( )

6-4 지호네 학교 학생들이 가고 싶은 나라를 조사하여 나타낸 띠그래프입니다. 베트남 또는 일본에 가고 싶은 학생이 68명이라면 미국 또는 이탈리아에 가고 싶은 학생은 몇 명입니까?

가고 싶은 나라별 학생 수

미국	이탈리아	베트남 (20%)	일본 (14%)	기타 (10%)

( )

비를 이용하여 항목의 백분율을 구한다.

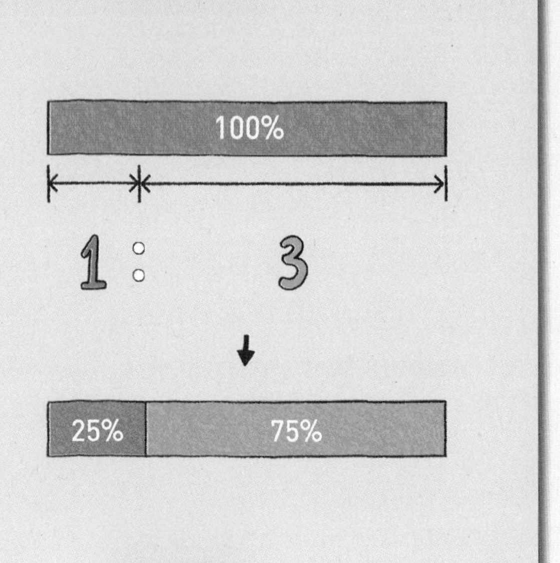

㉯ : ㉰=2 : 3이라고 할 때

㉮	㉯	㉰
50 %		

㉯+㉰=50 %이므로 ㉯=□×2, ㉰=□×3에서
□×2+□×3=50, □=10입니다.
따라서 ㉯=20 %, ㉰=30 %입니다.

어느 도시의 의료 시설의 수를 조사하여 나타낸 띠그래프입니다. 이 도시의 가정 의원 수와 한의원 수의 비가 5 : 3일 때 이 도시에서 가정 의원 수의 비율은 한의원 수의 비율보다 몇 %p 더 높습니까? (%p는 퍼센트 간의 차이를 말합니다.)

종류별 의료 시설의 수

약국 (42 %)	가정 의원	한의원	치과 의원 (13 %)	기타(5 %)

(가정 의원 수와 한의원 수의 백분율의 합)=100−(42+13+5)=□(%)

(가정 의원 수의 백분율)=□×5, (한의원 수의 백분율)=□×3이라고 하면

□×5+□×3=□, □×8=□, □=□ 입니다.

(가정 의원 수의 백분율)=□×5=□(%), (한의원 수의 백분율)=□×3=□(%)

➡ 가정 의원 수의 비율은 한의원 수의 비율보다 □−□=□(%p) 더 높습니다.

7-1

연아네 반 학생들이 즐겨 보는 TV 프로그램을 조사하여 나타낸 띠그래프입니다. 교육과 오락을 즐겨 보는 학생 수의 비가 3 : 2일 때 교육과 오락의 비율은 각각 전체의 몇 %입니까?

즐겨 보는 TV 프로그램별 학생 수

만화 (40 %)	교육	오락	기타 (10 %)

교육 (　　　　　　), 오락 (　　　　　　)

7-2

오른쪽은 어느 공원의 화단에 심은 꽃의 종류를 조사하여 나타낸 원그래프입니다. 장미와 민들레의 비가 7 : 5일 때 화단에 심은 꽃 중 장미의 비율은 민들레의 비율보다 몇 %p 더 높습니까?

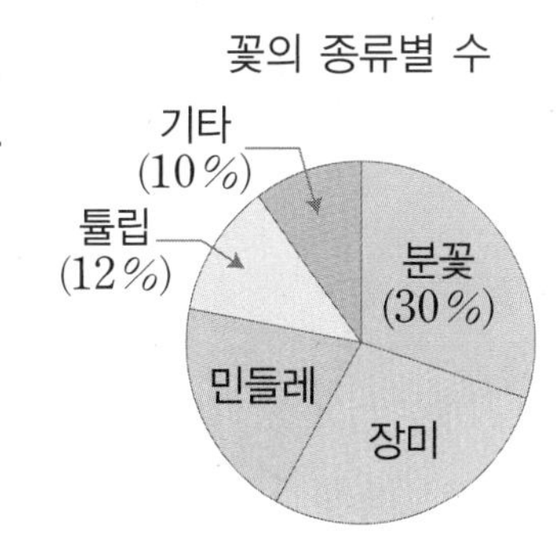

(　　　　　　)

7-3

민우네 집의 재활용 쓰레기의 종류를 조사하여 나타낸 띠그래프입니다. 플라스틱이 캔의 3배일 때 플라스틱의 비율은 캔의 비율보다 몇 %p 더 높습니까?

종류별 재활용 양

종이 (32 %)	플라스틱	비닐 (14 %)	캔	기타 (10 %)

(　　　　　　)

7-4

오른쪽은 혜진이네 집의 한 달 생활비 지출 금액을 조사하여 나타낸 원그래프입니다. 한 달 생활비는 280만 원이고 식비가 여가 생활비보다 70만 원 더 많다고 합니다. 식비는 여가 생활비의 몇 배입니까?

지출별 금액

공과금 (10 %)
기타 (15 %)
저축 (30 %)
식비
여가 생활비

(　　　　　　)

한 항목의 개수와 비율로 전체 개수를 구할 수 있다.

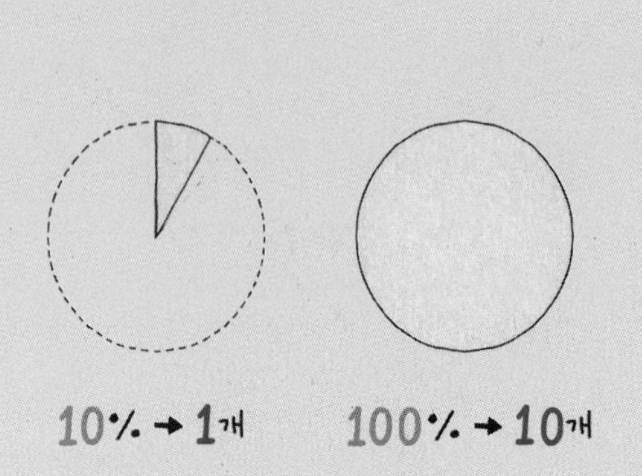

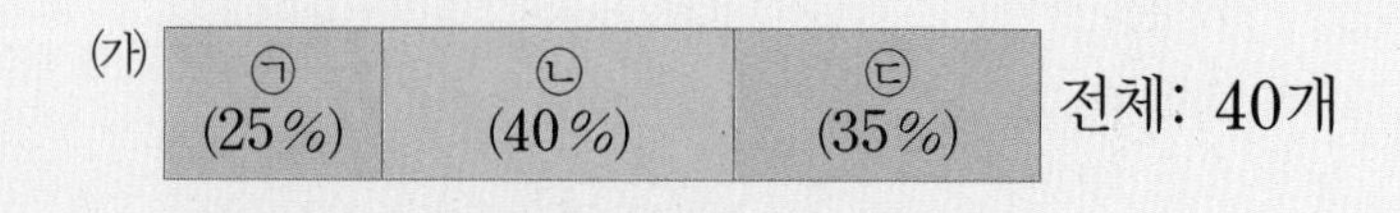

㉡$=40\times\frac{40}{100}=16$(개)

㉤$=16-10=6$(개)

㉤에서 30 %가 6개이므로 10 %는 2개입니다.

➡ (나)의 전체는 10 %의 10배인 20개입니다.

오른쪽은 지우네 학교 6학년 남학생과 여학생의 취미를 조사하여 나타낸 원그래프입니다. 전체 남학생은 150명이고 취미가 독서인 학생 수는 여학생이 남학생보다 6명 더 많다고 합니다. 전체 여학생은 몇 명입니까?

취미별 남학생 수

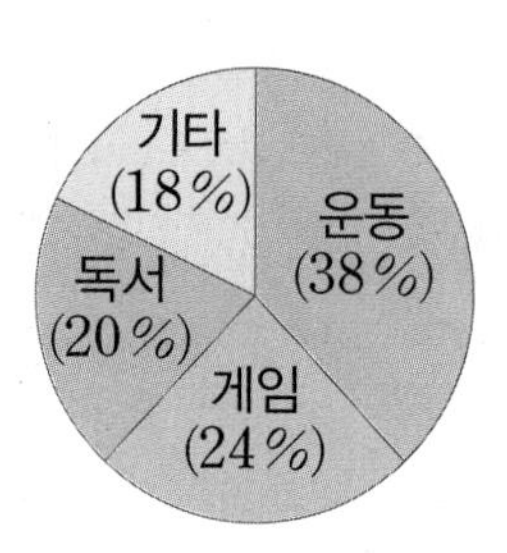

취미별 여학생 수

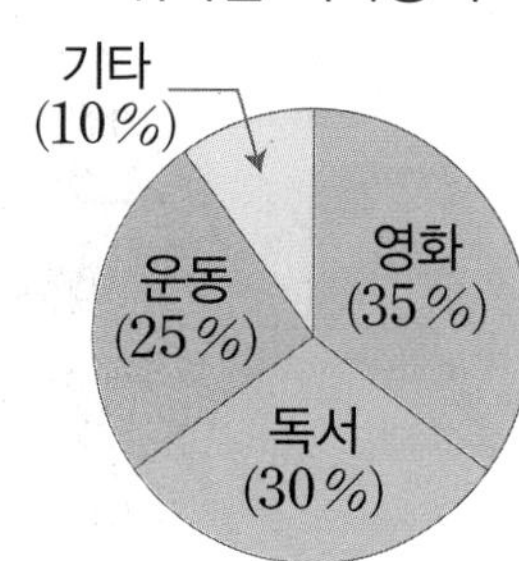

(취미가 독서인 남학생 수)$=150\times\frac{20}{100}=$ ☐ (명)

(취미가 독서인 여학생 수)= ☐ $+6=$ ☐ (명)

전체 여학생의 30 %가 ☐ 명이므로 10 %는 ☐ 명입니다.

따라서 전체 여학생은 ☐ 명입니다.

↑ 10 %의 10배

8-1 현아네 학교 6학년 남학생 160명과 여학생 140명이 좋아하는 과목을 조사하여 나타낸 띠그래프입니다. 수학을 좋아하는 남학생은 여학생보다 몇 명 더 많습니까?

좋아하는 과목별 남학생 수

과학 (40%)	국어 (20%)	수학 (20%)	영어 (10%)	기타 (10%)

좋아하는 과목별 여학생 수

국어 (30%)	영어 (25%)	과학 (20%)	수학 (15%)	기타 (10%)

( )

8-2 ㉮, ㉯ 두 과일 가게에서 지난달 팔린 과일의 종류를 조사하여 나타낸 원그래프입니다. ㉮ 가게에서 팔린 과일은 모두 200 kg이고 팔린 사과의 무게는 ㉮ 과일 가게보다 ㉯ 과일 가게가 26 kg 더 많다고 합니다. ㉯ 과일 가게에서 팔린 과일은 모두 몇 kg입니까?

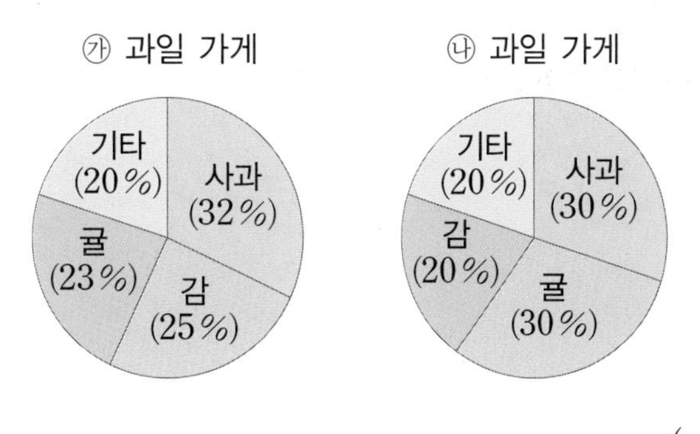

( )

8-3 ㉮, ㉯ 두 마을에서 기르는 가축의 종류를 각각 조사하여 나타낸 원그래프입니다. ㉮ 마을에서 기르는 염소는 54마리이고 돼지는 ㉮ 마을이 ㉯ 마을보다 38마리 적다고 합니다. ㉯ 마을에서 기르는 염소는 몇 마리입니까?

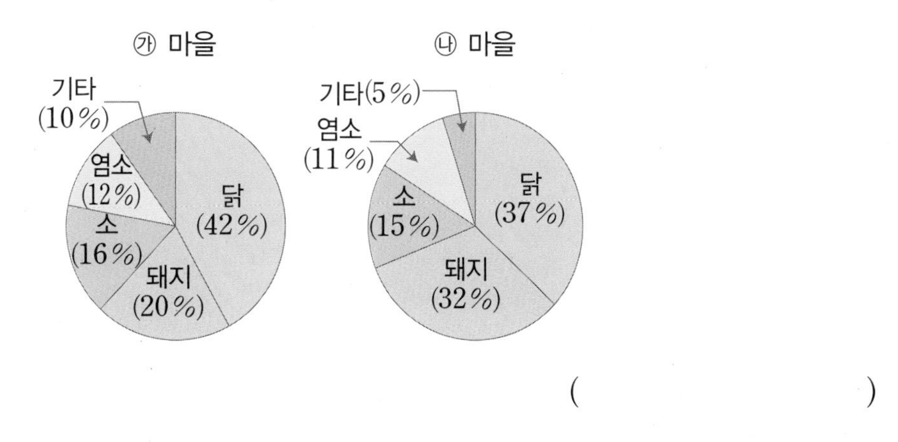

( )

한 항목이 전체가 되는 그래프를 그릴 수 있다.

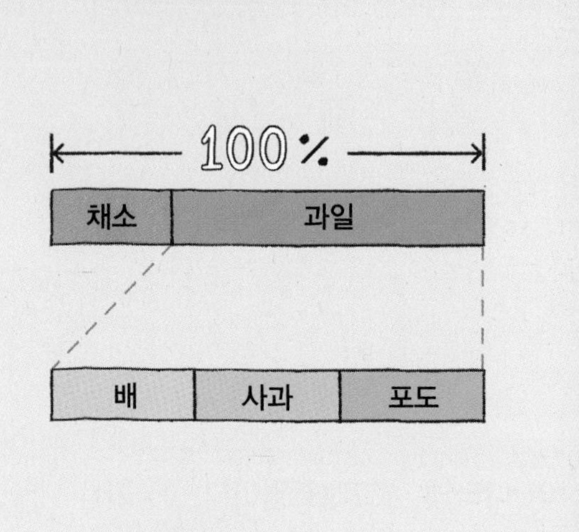

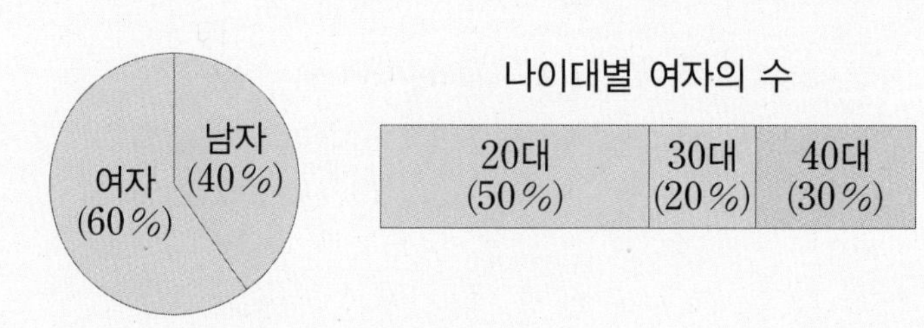

전체가 150명일 때

(여자의 수)$=150\times\frac{60}{100}=90$(명)

(30대 여자의 수)$=90\times\frac{20}{100}=18$(명)

선거 투표율과 후보자별 득표율을 조사하여 나타낸 그래프입니다. 총 선거인이 600만 명일 때 갑 후보자는 몇 표를 얻었습니까?

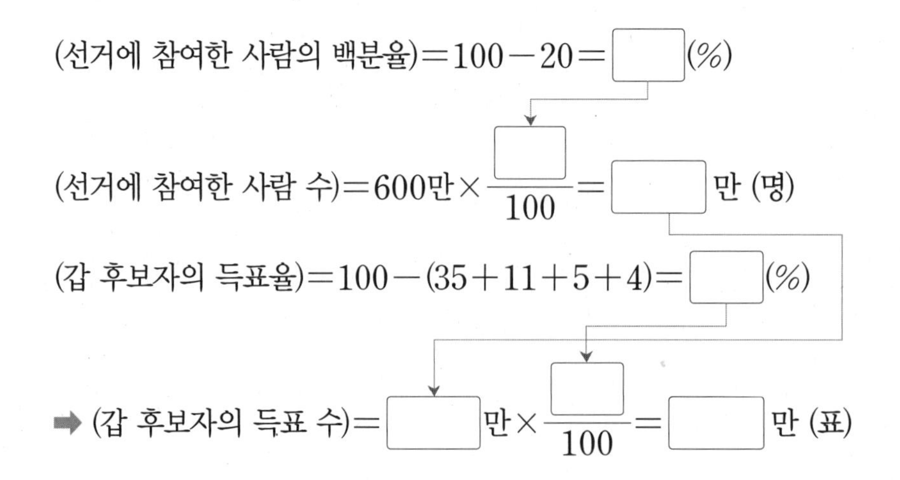

(선거에 참여한 사람의 백분율)$=100-20=\square$(%)

(선거에 참여한 사람 수)$=600$만$\times\frac{\square}{100}=\square$만 (명)

(갑 후보자의 득표율)$=100-(35+11+5+4)=\square$(%)

➡ (갑 후보자의 득표 수)$=\square$만$\times\frac{\square}{100}=\square$만 (표)

9-1

은우네 학교 학생들이 좋아하는 계절과 여름을 좋아하는 학생 중 남학생과 여학생 수를 조사하여 나타낸 그래프입니다. 조사한 전체 학생이 300명일 때 여름을 좋아하는 남학생은 몇 명입니까?

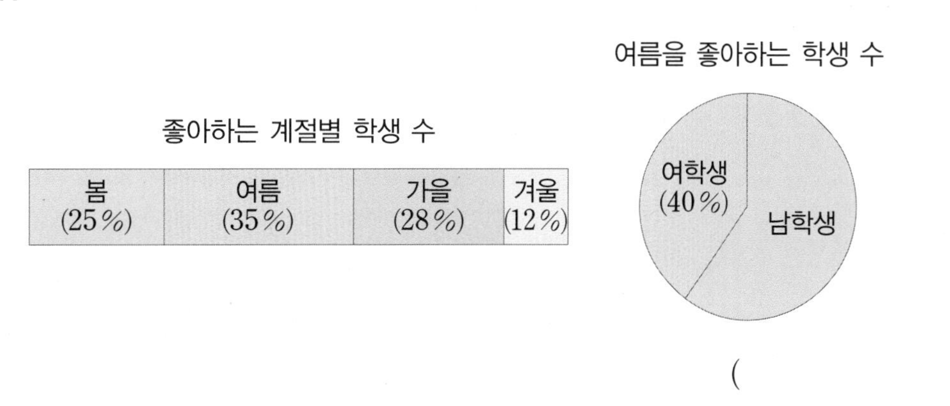

( )

9-2

현우네 학교 학생들이 수련회를 다녀오고 나서 한 설문 조사 결과를 나타낸 그래프입니다. 조사한 전체 학생이 240명일 때, 숙소가 불만족스러웠던 학생은 몇 명입니까?

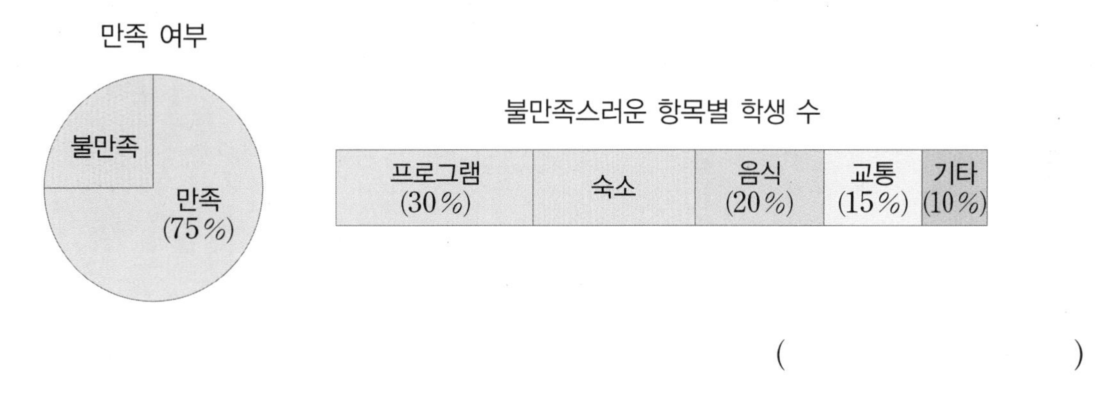

( )

9-3

어느 마을의 신문 구독 여부와 구독하는 신문을 조사하여 나타낸 그래프입니다. 전체 가구가 400가구일 때, ㉮ 신문을 구독하는 가구는 몇 가구입니까?

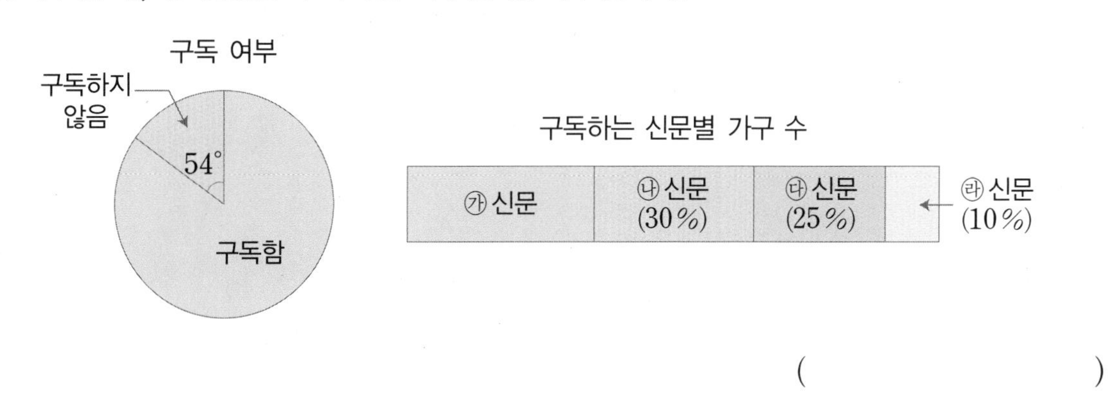

( )

1

은수네 학교 5학년과 6학년 학생들의 장래 희망을 조사하여 나타낸 띠그래프입니다. 5학년 학생은 225명, 6학년 학생은 280명일 때 연예인이 되고 싶은 학생은 어느 학년이 몇 명 더 많습니까?

장래 희망별 학생 수

5학년	연예인 (40 %)	운동선수 (24 %)	교사 (16 %)	의사 (12 %)	기타 (8 %)

6학년	연예인 (35 %)	운동선수 (30 %)	의사 (15 %)	교사 (10 %)	기타 (10 %)

(,)

2

준수네 학교 학생 250명이 가고 싶은 나라를 조사하여 나타낸 띠그래프입니다. 프랑스에 가고 싶은 학생이 30명일 때 이 띠그래프를 원그래프로 나타내어 보시오.

가고 싶은 나라별 학생 수

미국 (36 %)	이탈리아 (28 %)	캐나다	프랑스	기타 (8 %)

가고 싶은 나라별 학생 수

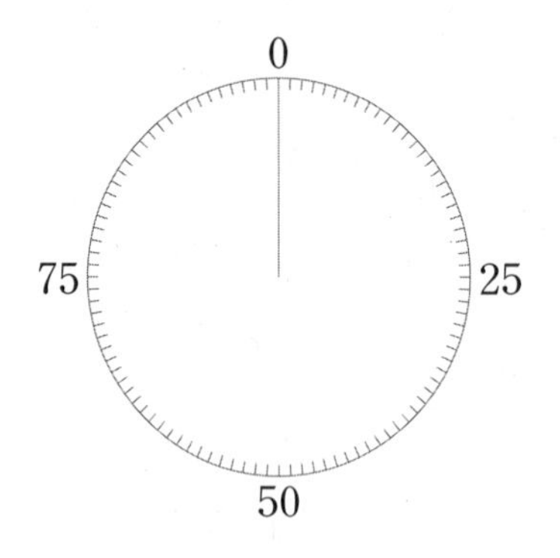

3 오른쪽은 지아의 한 달에 쓴 용돈의 쓰임새를 조사하여 나타낸 원그래프입니다. 학용품을 사는 데 쓴 돈이 8100원일 때 선물을 사는 데 쓴 돈은 얼마입니까?

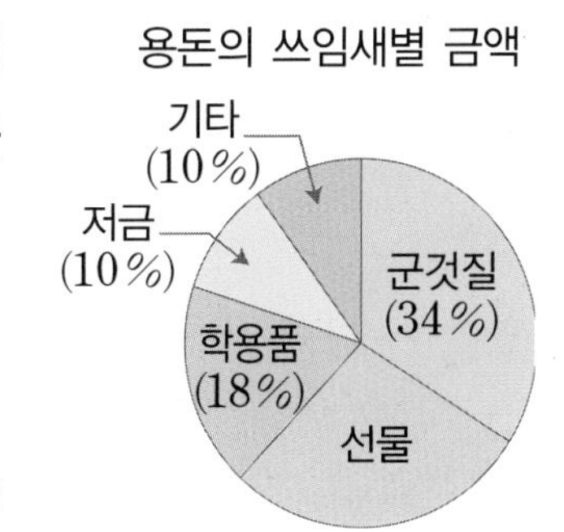

(　　　　　　　　)

서술형 **4** 현우네 마을의 곡물 생산량 220 t을 길이가 40 cm인 띠그래프로 나타내었습니다. 쌀이 차지하는 길이가 16 cm이고 보리가 차지하는 길이가 10 cm일 때 콩의 생산량은 몇 t인지 풀이 과정을 쓰고 답을 구하시오.

곡물 생산량

쌀	보리	콩	기타 (12%)

풀이 ....

....

....

답 ....

5 띠그래프에서 ㉠의 ㉡에 대한 비가 $8:7$일 때, ㉡ 항목의 수가 35개라고 합니다. 전체 항목의 수는 몇 개입니까?

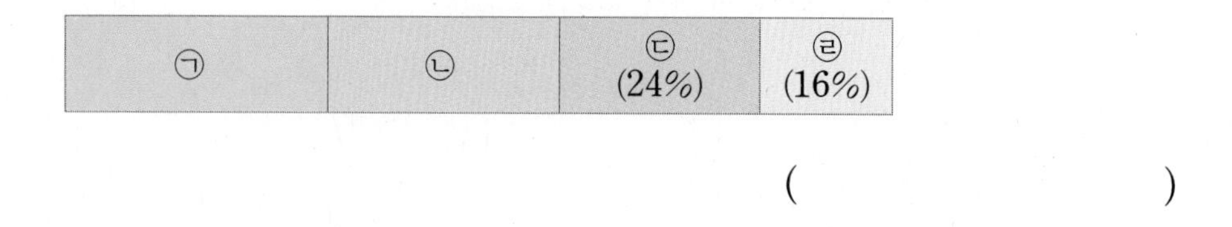

(   )

6 은우네 학교 학생 80명이 좋아하는 영화의 장르를 조사하여 나타낸 표입니다. 액션을 좋아하는 학생 수와 만화를 좋아하는 학생 수의 비가 $3:2$입니다. 길이가 20 cm인 띠그래프에서 액션을 좋아하는 학생 수가 차지하는 길이는 몇 cm입니까?

좋아하는 영화별 학생 수

장르	드라마	액션	만화	기타
학생 수(명)	32			8

(   )

7 각 농장에서 수확한 밤의 무게를 그림그래프로 나타내려고 합니다. 가 농장과 나 농장에서 수확한 밤의 평균 무게는 17 t, 나 농장과 다 농장에서 수확한 밤의 평균 무게는 19.5 t, 가 농장과 다 농장에서 수확한 밤의 평균 무게는 18.5 t일 때, 그림그래프를 완성하시오.

농장별 수확한 밤의 무게

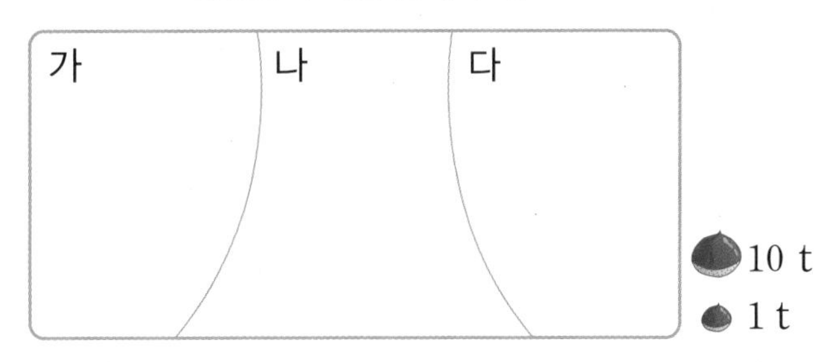

8 무게가 400 g인 감을 말리면 300 g의 수분이 빠져나가 곶감이 됩니다. 감과 곶감의 영양 성분이 다음 원그래프와 같을 때 곶감의 탄수화물과 수분은 각각 몇 %가 됩니까?

(단, 수분을 제외한 다른 성분은 변하지 않습니다.)

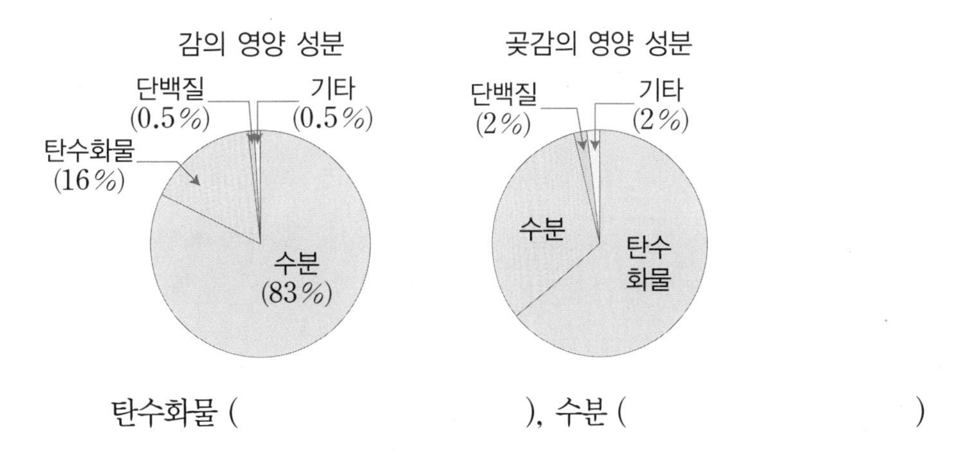

탄수화물 (　　　　　　　), 수분 (　　　　　　　)

9 어느 전시회에 지난달과 이번 달에 입장한 소인과 대인의 수를 조사하여 나타낸 띠그래프입니다. 지난달과 이번 달의 전체 입장객 수의 비는 $2:3$입니다. 두 띠그래프를 하나의 띠그래프에 나타낼 때, 지난달과 이번 달에 입장한 소인의 수는 전체의 몇 %입니까?

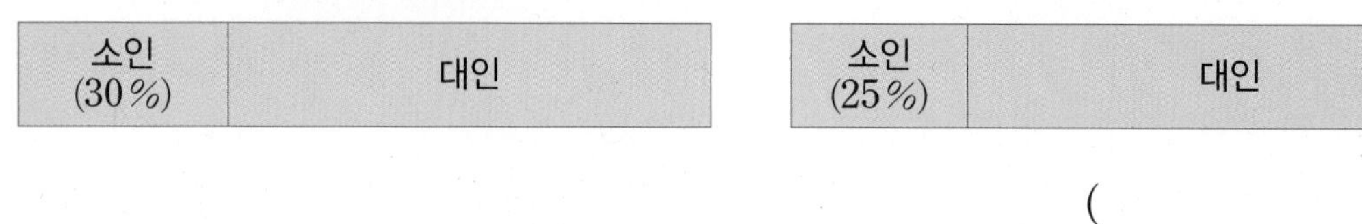

(　　　　　　　)

10 윤호네 학교 학생 225명을 대상으로 축구와 야구를 좋아하는 학생 수를 조사하여 나타낸 원그래프입니다. 축구도 좋아하지 않고 야구도 좋아하지 않는 학생은 몇 명입니까?

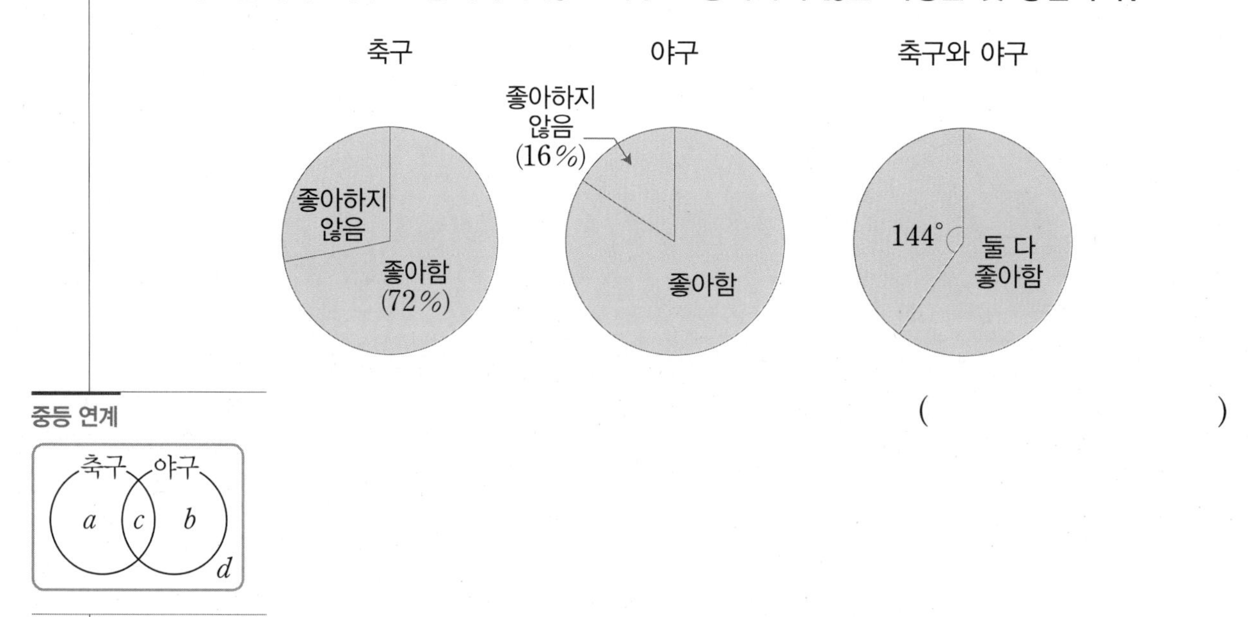

(　　　　　　　)

6

직육면체의 부피와 겉넓이

1 직육면체의 부피

• 면이 쌓여서 입체가 됩니다.
• 입체는 넓이와 높이가 있으므로 공간에서 크기를 차지합니다.

1-1 BASIC CONCEPT

부피의 단위

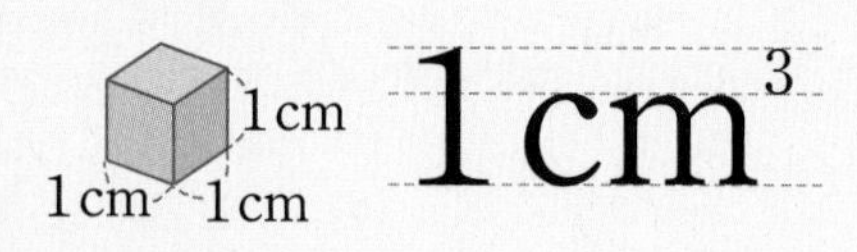

한 모서리의 길이가 1cm인 정육면체의 부피

➡ 1cm³
1 세제곱센티미터

예 부피가 $1\,cm^3$인 쌓기나무를 가로로 3개, 세로로 2개, 높이를 2층으로 쌓으면 부피는 $3\times2\times2=12(cm^3)$입니다.

1cm³

부피가 $1\,cm^3$인 쌓기나무가 12개이므로 부피는 $12\,cm^3$입니다.

직육면체의 부피

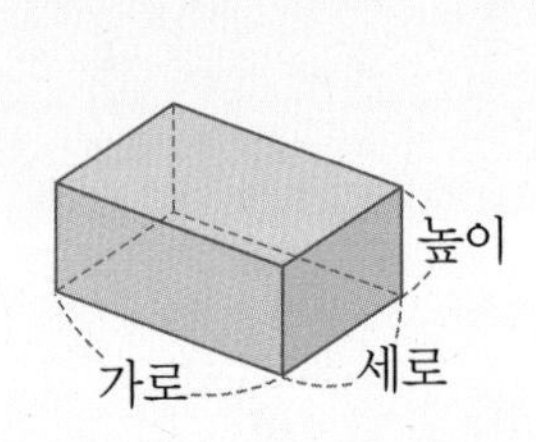

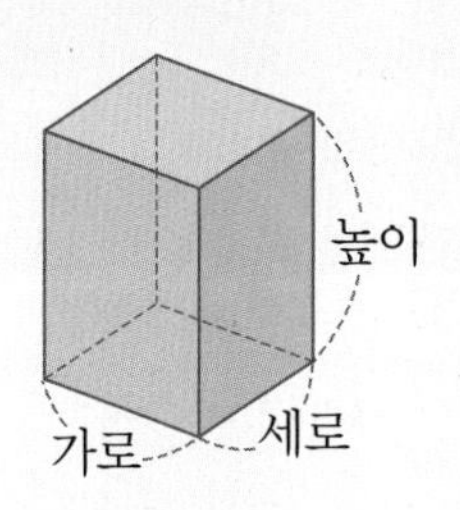

(직육면체의 부피)=(가로)×(세로)×(높이)

정육면체의 부피

정육면체는 모든 모서리의 길이가 같습니다.

(정육면체의 부피)
=(한 모서리의 길이)×(한 모서리의 길이)×(한 모서리의 길이)

6-2 연계

● **원기둥의 부피**

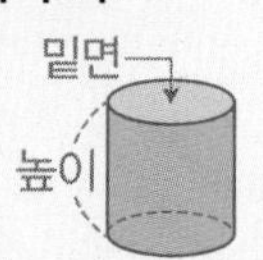

(원기둥의 부피)
=(한 밑면의 넓이)×(높이)
원의 넓이

● (직육면체의 부피)
=(가로)×(세로)×(높이)
=(한 밑면의 넓이)×(높이)

1 □ 안에 알맞은 수를 써넣으시오.

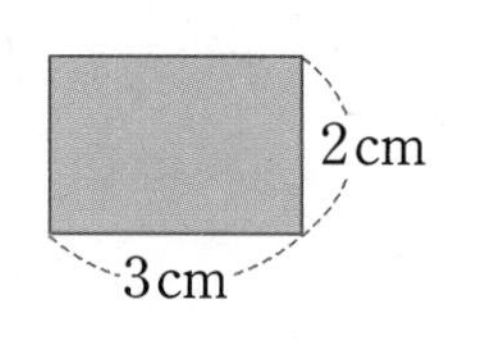

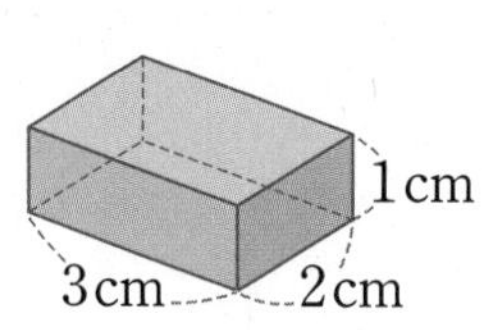

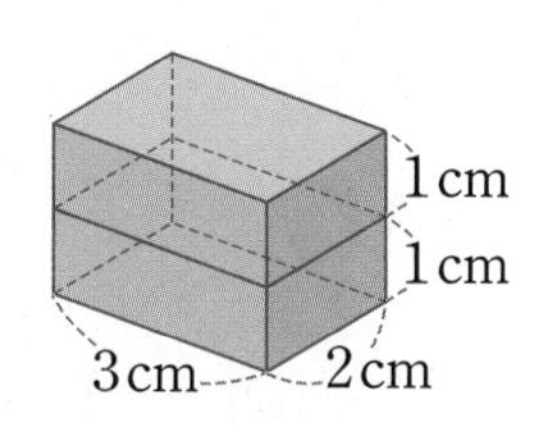

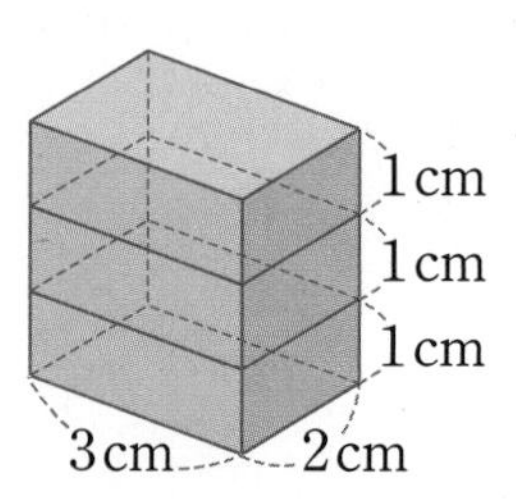

□ cm^2 □ cm^3 □ cm^3 □ cm^3

단위가 다릅니다.

2 한 면의 둘레가 $28\,cm$인 정육면체의 부피를 구하시오.

(　　　　　　　　)

3 오른쪽 직육면체의 부피가 $224\,cm^3$일 때 높이를 구하시오.

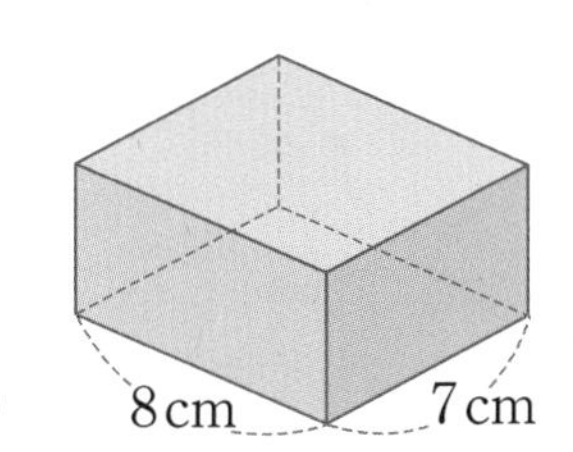

(　　　　　　　　)

4 오른쪽 직육면체의 가로, 세로, 높이가 각각 3배가 되면 직육면체의 부피는 처음 부피의 몇 배가 됩니까?

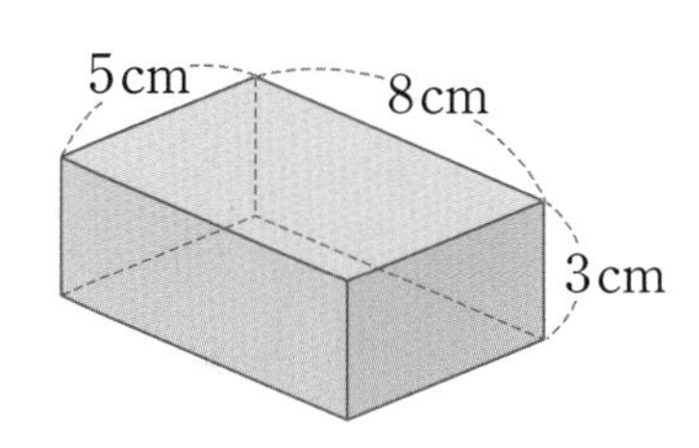

(　　　　　　　　)

BASIC CONCEPT 1-2

각기둥의 부피

중등 연계

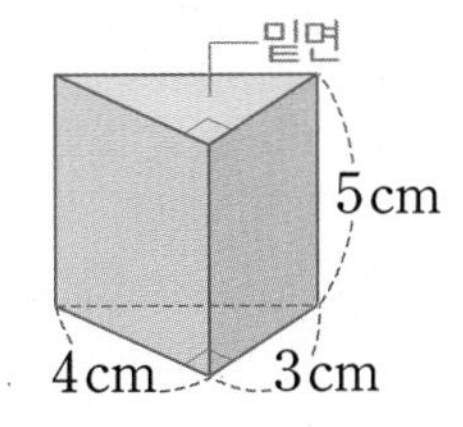

(한 밑면의 넓이)=(삼각형의 넓이)$=4\times3\div2=6\,(cm^2)$

(높이)$=5\,cm$

➡ (삼각기둥의 부피)=(한 밑면의 넓이)×(높이)

$=6\times5=30\,(cm^3)$

5 오른쪽 삼각기둥의 부피를 구하시오.

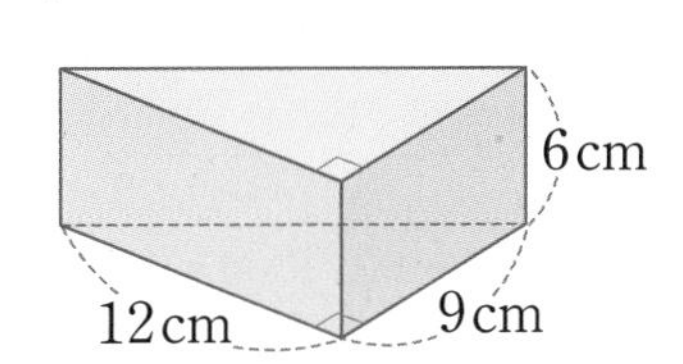

(　　　　　　　　)

2 부피의 단위

- 단위를 사용하면 공간에서 입체가 차지하는 크기를 수로 나타낼 수 있습니다.
- 부피의 크기에 따라 작거나 큰 단위를 사용하여 간단한 자연수로 나타냅니다.

BASIC CONCEPT 2-1

부피의 큰 단위

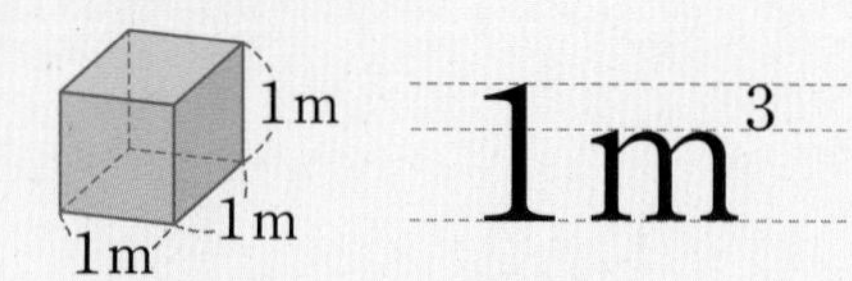

한 모서리의 길이가 1m인 정육면체의 부피 ➡ $1\,m^3$, 1 세제곱미터

$1\,m^3$와 $1\,cm^3$의 관계

부피가 $1\,cm^3$인 쌓기나무를 사용하여 한 모서리의 길이가 1m인 정육면체의 부피 구하기

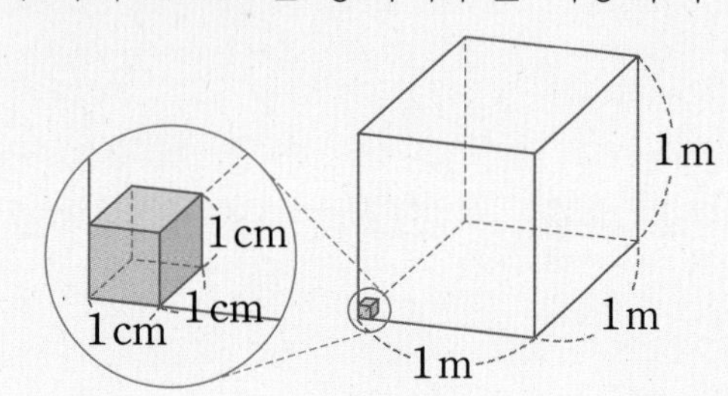

정육면체의 가로에 놓이는 쌓기나무의 개수	100개
정육면체의 세로에 놓이는 쌓기나무의 개수	100개
정육면체의 높이에 놓이는 쌓기나무의 개수	100개

➡ 한 모서리의 길이가 1m인 정육면체를 쌓는 데 필요한 쌓기나무는 $100 \times 100 \times 100 = 1000000$(개)입니다.

$$1\,m^3 = 1000000\,cm^3$$

$1\,m^3 = 1\,m \times 1\,m \times 1\,m = 100\,cm \times 100\,cm \times 100\,cm = 1000000\,cm^3$

1 한 모서리의 길이가 600cm인 정육면체의 부피는 몇 m^3입니까?

( )

2 다음 중 잘못된 것을 모두 찾아 기호를 쓰시오.

㉠ $1.08\,m^3 = 1080000\,cm^3$
㉡ $2500000\,cm^3 = 25\,m^3$
㉢ $3000000\,m^3 = 3\,cm^3$
㉣ $2.9\,m^3 = 2900000\,cm^3$

( )

여러 가지 입체도형의 부피

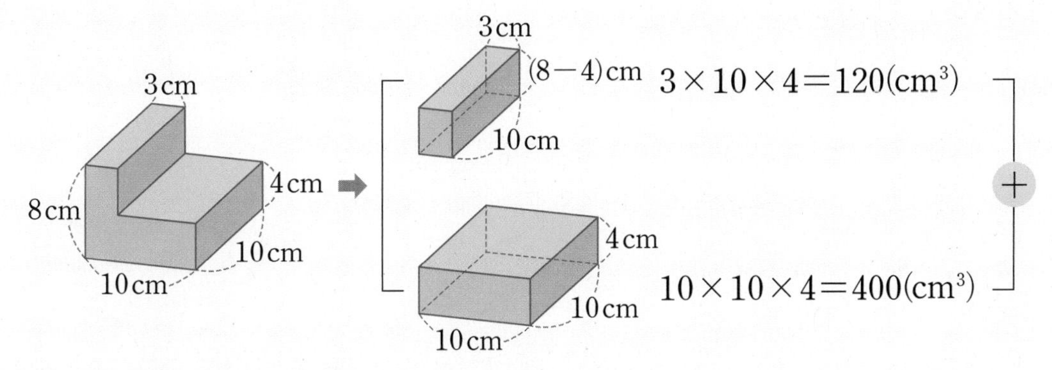

➡ (입체도형의 부피)$=120+400=520$ (cm^3)

물 속에 들어 있는 돌의 부피

돌의 부피는 늘어난 물의 부피와 같습니다.

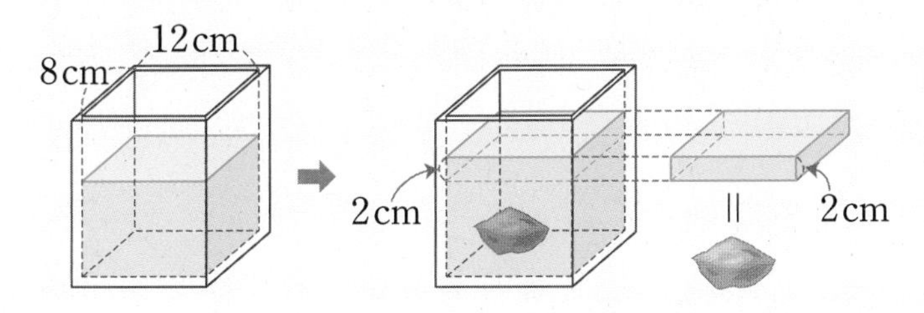

(돌의 부피)=(늘어난 물의 부피)
$=12\times8\times2=192(cm^3)$

3 오른쪽 입체도형의 부피를 구하시오.

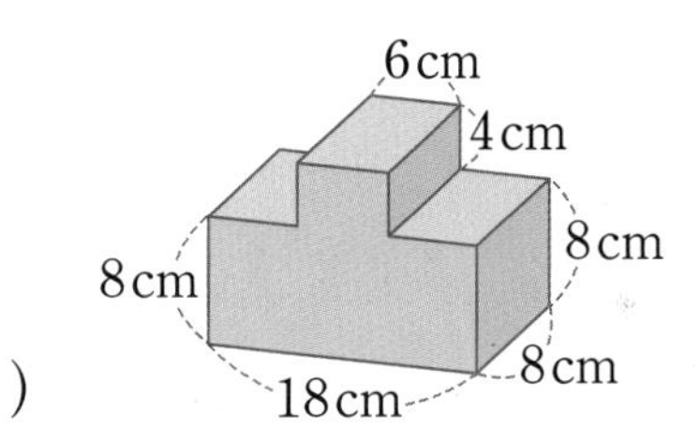

(　　　　　　　　)

4 수조에 왼쪽 돌을 완전히 잠기도록 넣었더니 물의 높이가 25 cm가 되었습니다. 돌의 부피는 몇 cm^3입니까? (단, 수조의 두께는 생각하지 않습니다.)

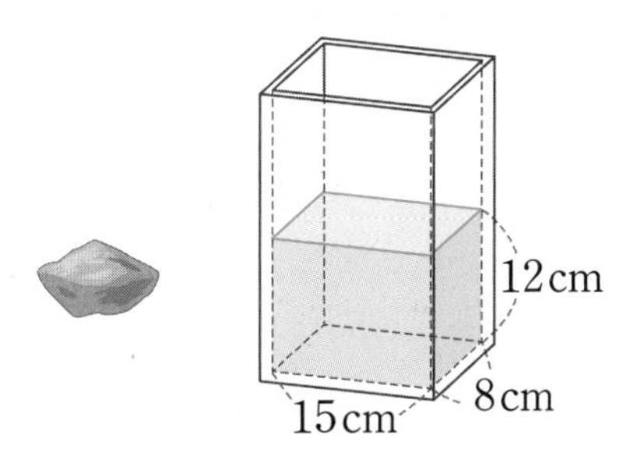

(　　　　　　　　)

3 직육면체의 겉넓이

• 입체를 잘라 펼치면 면이 됩니다.
• 면은 둘레와 넓이가 있습니다.

3-1 BASIC CONCEPT

직육면체의 겉넓이: 직육면체에서 여섯 면의 넓이의 합
겉면의 넓이

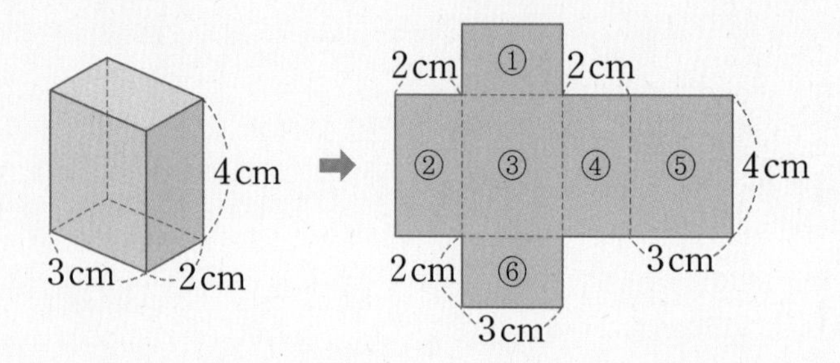

방법1 (여섯 면의 넓이의 합)$=$①$+$②$+$③$+$④$+$⑤$+$⑥
$=3\times2+2\times4+3\times4+2\times4+3\times4+3\times2$
$=52(\text{cm}^2)$

방법2 (합동인 세 면의 넓이의 합)$\times2=$(①$+$②$+$③)$\times2$
$=(3\times2+2\times4+3\times4)\times2=52(\text{cm}^2)$

방법3 (한 밑면의 넓이)$\times2+$(옆면의 넓이)
$=$①$\times2+$(②, ③, ④, ⑤의 넓이)
$=3\times2\times2+(2+3+2+3)\times4$
$=12+40=52(\text{cm}^2)$

정육면체의 겉넓이: 정육면체에서 여섯 면의 넓이의 합
(한 모서리의 길이가 5cm인 정육면체의 겉넓이)
$=5\times5\times6=150(\text{cm}^2)$
└ 정육면체는 여섯 면의 넓이가 같으므로 한 면의 넓이를 6배 합니다.

(정육면체의 겉넓이)$=$(한 모서리의 길이)$\times$(한 모서리의 길이)$\times6$

6-2 연계

원기둥의 겉넓이

밑면
옆면
①
②
①

(원기둥의 겉넓이)
$=$(한 밑면의 넓이)$\times2+$(옆면의 넓이)
① ②
$=$(반지름)$\times$(반지름)$\times$(원주율)$\times2$
$+$(밑면의 원주)$\times$(원기둥의 높이)
└ (지름)$\times$(원주율)

합동인 세 면의 넓이를 각각 2배 한 뒤 더합니다.
①$\times2+$②$\times2+$③$\times2$
$=6\times2+8\times2+12\times2$
$=52(\text{cm}^2)$

1 **한 모서리의 길이가 8cm인 정육면체의 겉넓이를 구하시오.**

(　　　　　　　　)

2 **오른쪽 직육면체에서 빗금친 면의 넓이가 15cm^2일 때 이 직육면체의 겉넓이를 구하시오.**

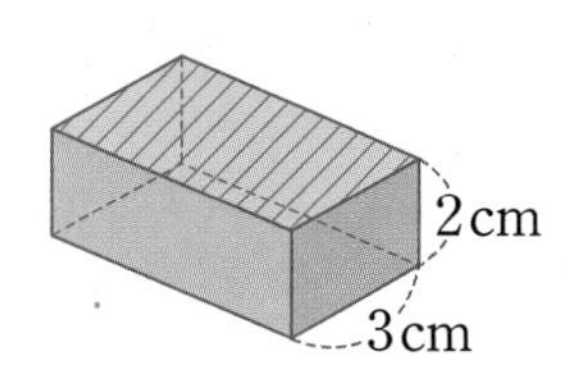

(　　　　　　　　)

여러 가지 입체도형의 겉넓이

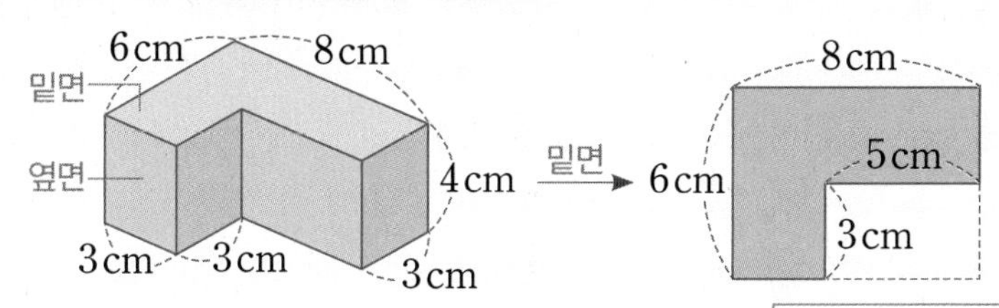

(밑면의 넓이)$=8\times6-5\times3=33(\text{cm}^2)$

(밑면의 둘레)$=(8+6)\times2=28(\text{cm})$

두 밑면은 서로 합동입니다.

(입체도형의 겉넓이)$=$(한 밑면의 넓이)$\times2+$(옆면의 넓이)

$=$(한 밑면의 넓이)$\times2+$(밑면의 둘레)$\times$(높이)

$=33\times2+28\times4=178(\text{cm}^2)$

3 오른쪽 입체도형의 겉넓이를 구하시오.

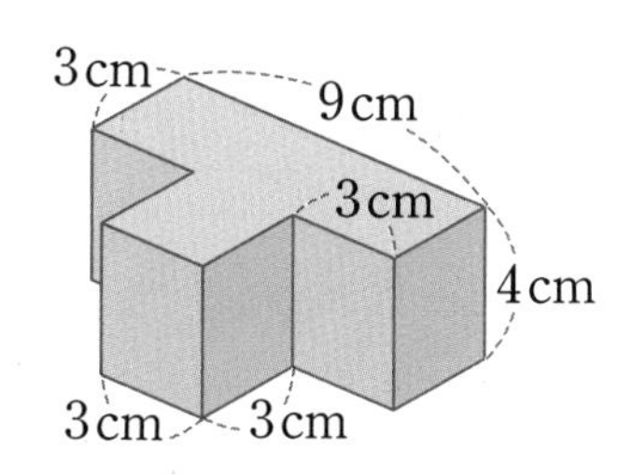

(　　　　　　　　　　)

4 오른쪽 삼각기둥의 겉넓이를 구하시오.

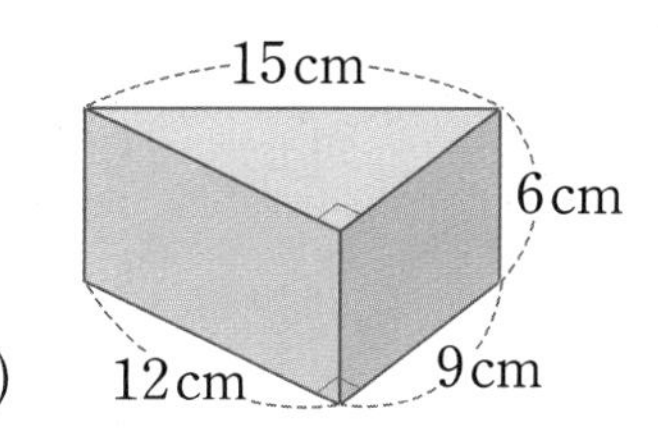

(　　　　　　　　　　)

5 오른쪽 사각기둥의 겉넓이를 구하시오.

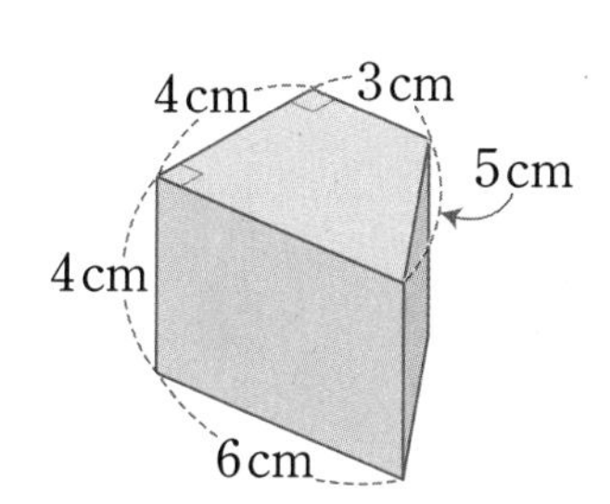

(　　　　　　　　　　)

최상위

길이의 단위가 같아야 부피를 구할 수 있다.

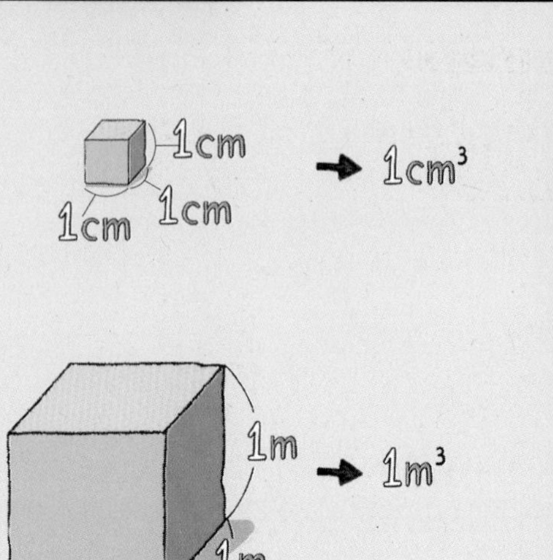

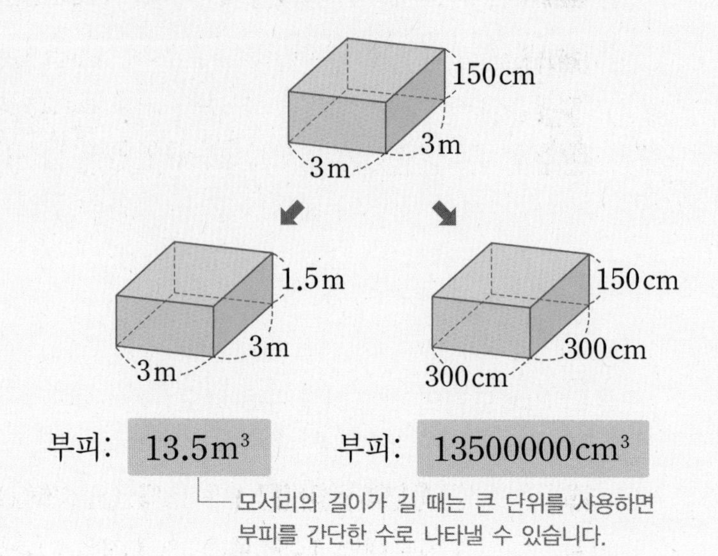

모서리의 길이가 길 때는 큰 단위를 사용하면 부피를 간단한 수로 나타낼 수 있습니다.

대표문제 1

오른쪽 직육면체의 부피는 $7500000\,cm^3$입니다. ㉠에 알맞은 수를 구하시오.

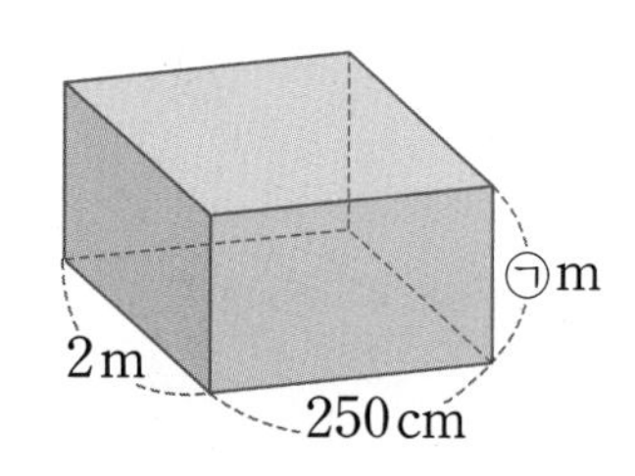

1m=100cm이므로 250cm=☐ m입니다.

$1m^3=1000000cm^3$이므로 $7500000cm^3$=☐ m^3입니다.

(직육면체의 부피)=(가로)×(세로)×(높이)이므로

☐=☐×2×㉠, ☐=☐×㉠, ㉠=☐입니다.

1-1 오른쪽 직육면체의 부피는 $3\,m^3$입니다. ㉠에 알맞은 수를 구하시오.

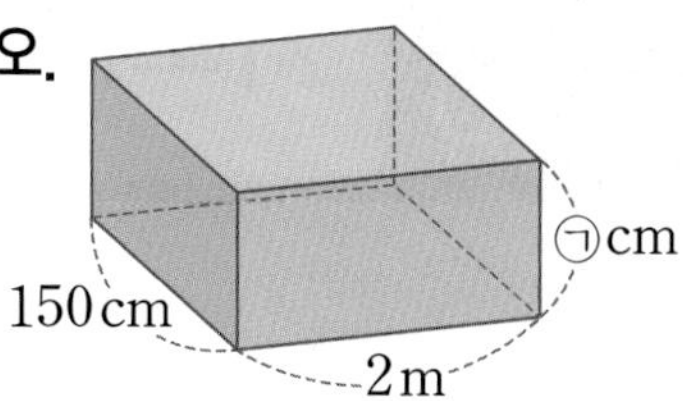

(　　　　　　　　)

1-2 오른쪽 직육면체의 부피는 $0.32\,m^3$이고 밑면의 모양은 정사각형입니다. 밑면의 한 모서리의 길이는 몇 m입니까?

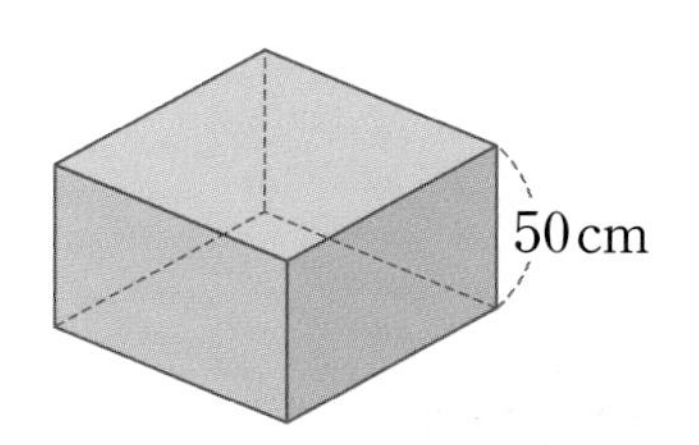

(　　　　　　　　)

1-3 가로가 240 cm이고, 높이가 5 m인 직육면체의 부피가 $36000000\,cm^3$입니다. 이 직육면체의 세로는 몇 m입니까?

(　　　　　　　　)

1-4 정육면체 ㉮와 직육면체 ㉯가 있습니다. 두 입체도형의 부피가 같을 때 □에 알맞은 수를 구하시오.

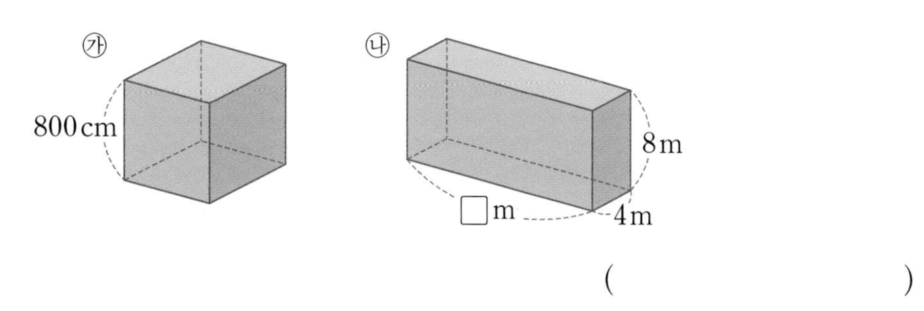

(　　　　　　　　)

가로, 세로, 높이로 쌓은 개수를 구한다.

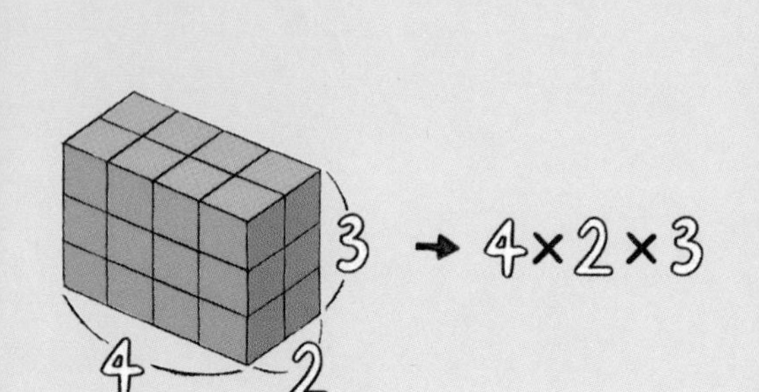

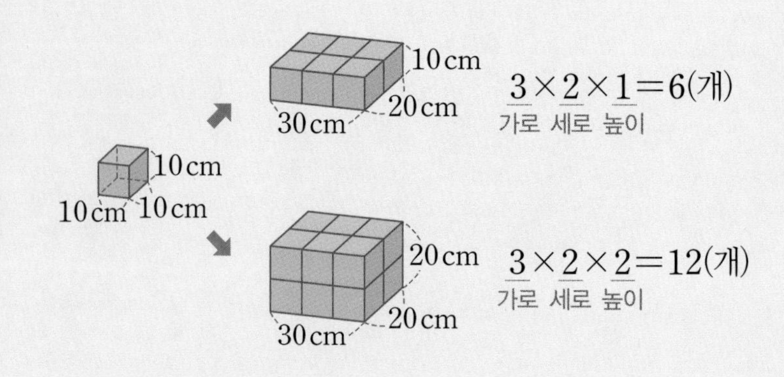

오른쪽과 같은 직육면체 모양의 상자에 한 모서리의 길이가 6 cm인 정육면체 모양의 쌓기나무를 빈틈없이 가득 채우려고 합니다. 필요한 쌓기나무는 모두 몇 개인지 구하시오. (단, 상자의 두께는 생각하지 않습니다.)

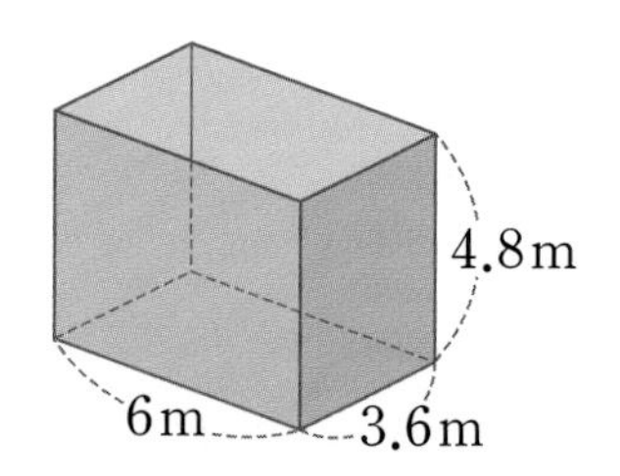

6 m=600 cm, 3.6 m=☐ cm, 4.8 m=☐ cm이므로

가로, 세로, 높이에 쌓기나무를 각각 몇 개씩 넣을 수 있는지 알아봅니다.

(가로에 넣을 수 있는 쌓기나무의 수)=600÷6=☐(개) …… ■개

(세로에 넣을 수 있는 쌓기나무의 수)=☐÷6=☐(개) …… ▲개

(높이에 넣을 수 있는 쌓기나무의 수)=☐÷6=☐(개) …… ●개

따라서 (필요한 쌓기나무의 수)=☐(가로)×☐(세로)×☐(높이)=☐(개)입니다.

쌓기나무를 ■개씩 ▲줄로 ●층만큼 넣은 것입니다.

2-1

오른쪽과 같은 직육면체 모양의 상자에 한 모서리의 길이가 3cm인 정육면체 모양의 쌓기나무를 빈틈없이 가득 채우려고 합니다. 필요한 쌓기나무는 모두 몇 개인지 구하시오. (단, 상자의 두께는 생각하지 않습니다.)

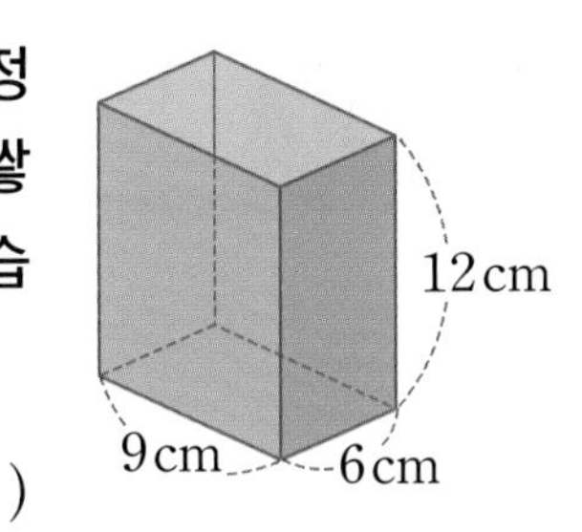

(   )

2-2

가로가 0.8m, 세로가 0.64m, 높이가 0.32m인 직육면체 모양의 상자에 한 모서리의 길이가 16cm인 정육면체 모양의 장식품을 가득 넣어 포장하려고 합니다. 장식품을 몇 개까지 넣을 수 있는지 구하시오. (단, 상자의 두께는 생각하지 않습니다.)

(   )

2-3

그림과 같은 직육면체 모양의 ㉮ 상자에 직육면체 모양의 ㉯ 상자를 빈틈없이 가득 넣으려고 합니다. ㉮ 상자 안에 ㉯ 상자를 몇 개까지 넣을 수 있는지 구하시오. (단, 상자의 두께는 생각하지 않습니다.)

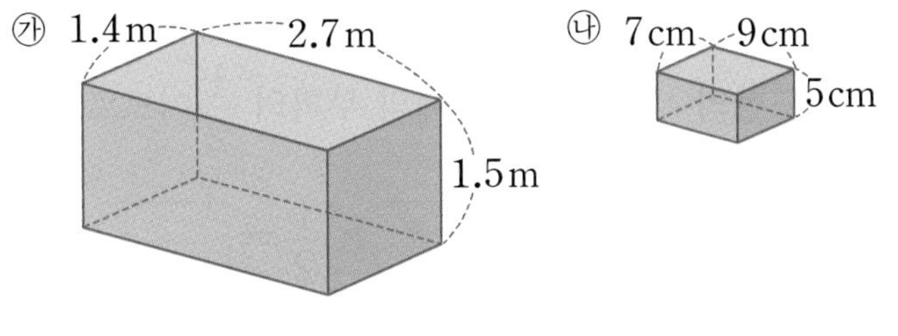

(   )

2-4

오른쪽과 같은 직육면체 모양의 상자를 쌓아 가장 작은 정육면체 모양을 만들려고 합니다. 필요한 상자는 모두 몇 개인지 구하시오.

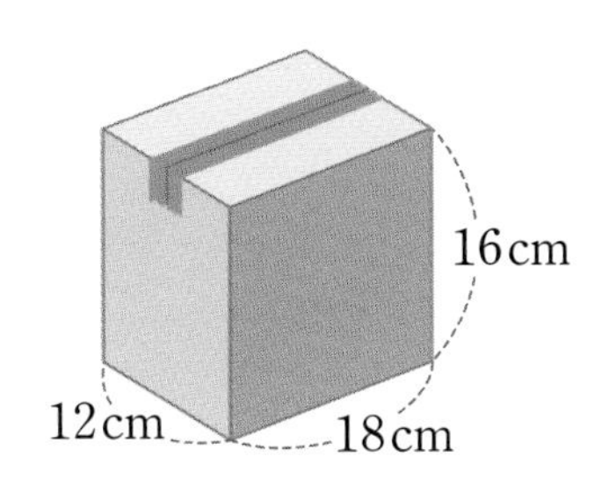

(   )

잘라 낸 만큼 공간을 차지하는 크기가 줄어든다.

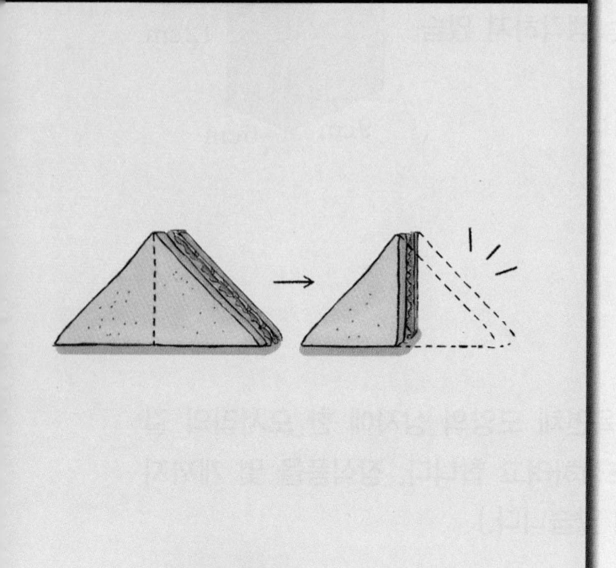

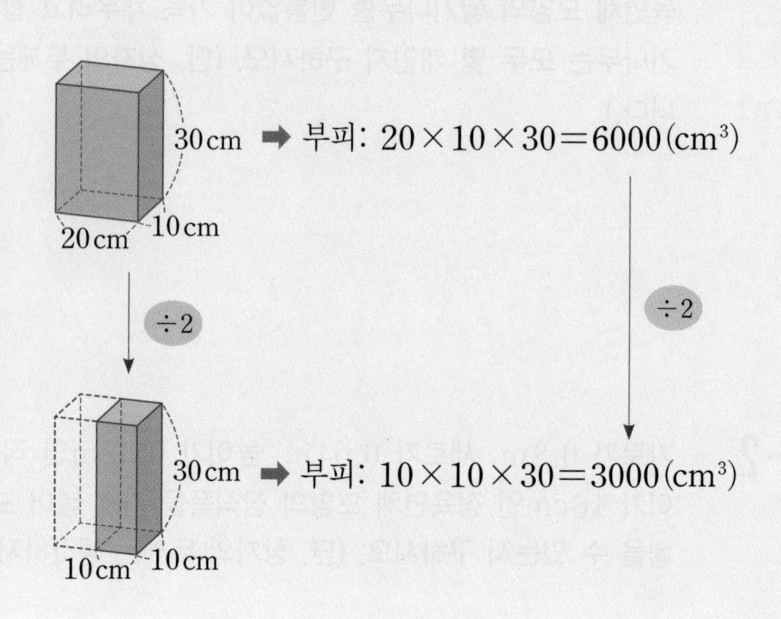

직육면체를 오른쪽과 같이 잘랐을 때 잘려진 한 입체도형의 부피는 몇 cm^3입니까?

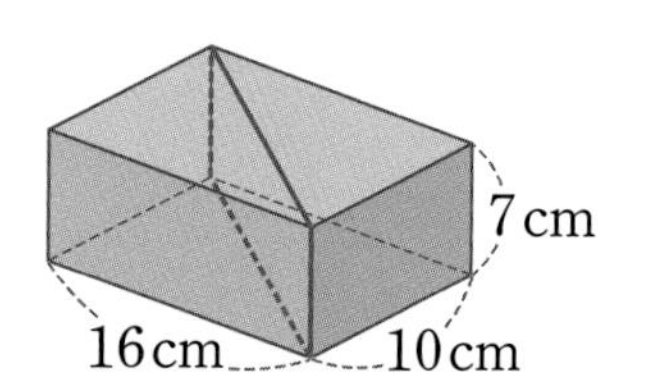

(직육면체의 부피)$=16\times\square\times7=\square$($\mathrm{cm}^3$)입니다.

잘려진 한 입체도형의 부피는 직육면체의 부피의 $\frac{1}{2}$이므로

잘려진 입체도형은 서로 합동인 삼각기둥입니다.

(잘려진 한 입체도형의 부피)$=\square\times\frac{1}{2}=\square$($\mathrm{cm}^3$)입니다.

3-1

직육면체를 오른쪽과 같이 잘랐을 때 잘려진 한 입체도형의 부피를 구하시오.

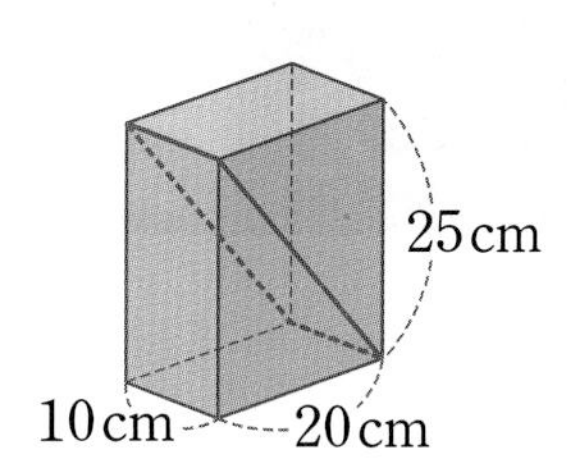

( )

서술형

3-2

직육면체를 오른쪽과 같이 3등분 하였을 때 잘려진 한 입체도형의 부피는 몇 cm^3인지 풀이 과정을 쓰고 답을 구하시오.

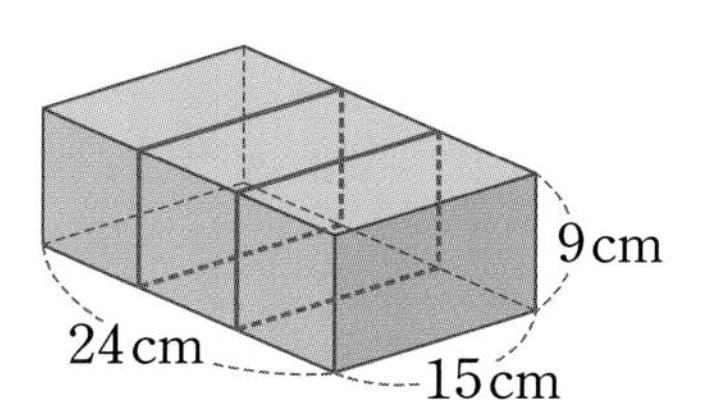

풀이

답

3-3

잘려진 한 입체도형의 가로를 □cm라고 해 봐.

직육면체를 오른쪽과 같이 6등분 하였을 때 잘려진 한 입체도형의 부피는 675 cm^3입니다. 처음 직육면체의 가로는 몇 cm 입니까?

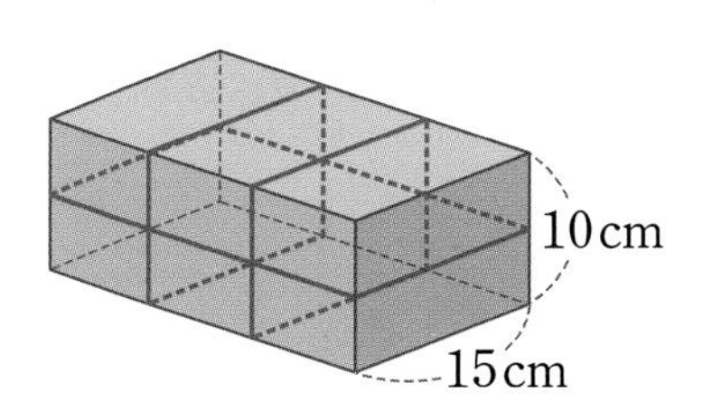

( )

3-4

직육면체 모양의 점토를 오른쪽과 같이 각 면에 수직이 되도록 잘라 4개의 입체도형으로 만들었습니다. ㉠의 부피는 ㉡의 부피의 몇 배인지 소수로 나타내어 보시오.

20 cm, 11 cm, ㉠, 21 cm, ㉡, 30 cm, 14 cm

( )

위, 앞, 옆에서 본 모양으로 직육면체를 그린다.

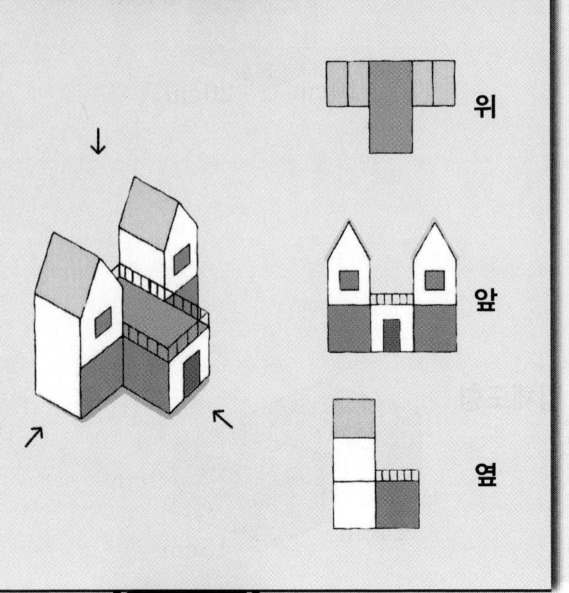

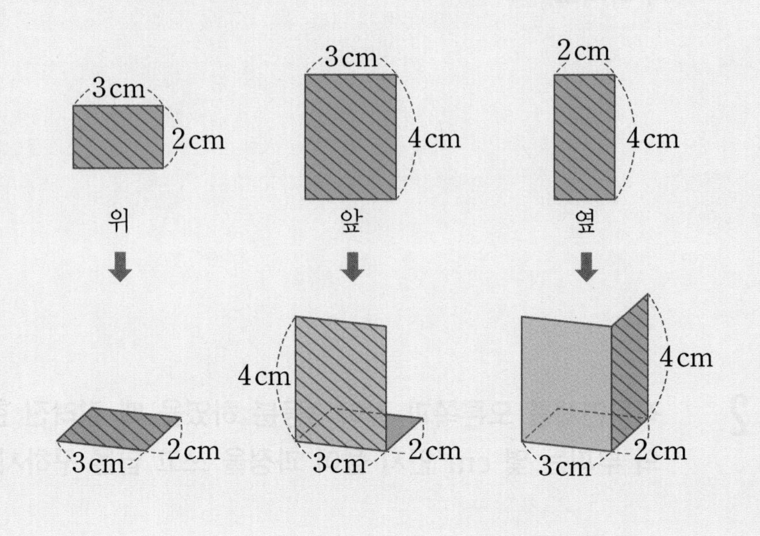

직육면체를 위, 앞, 옆에서 본 모양이 다음과 같을 때 이 직육면체의 겉넓이를 구하시오.

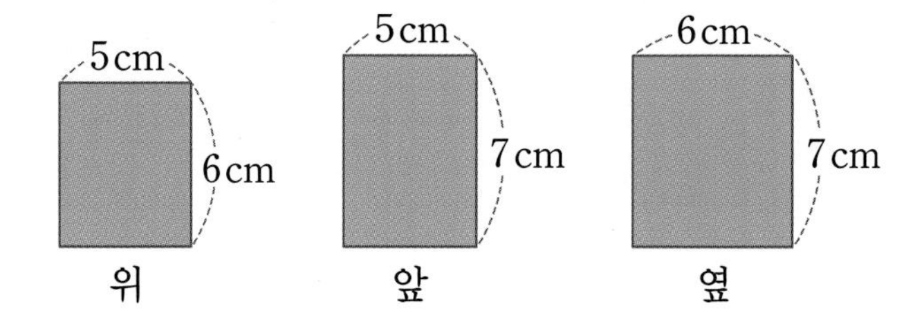

위, 앞, 옆에서 본 모양을 이용하여 직육면체의 겨냥도를 그려 봅니다.

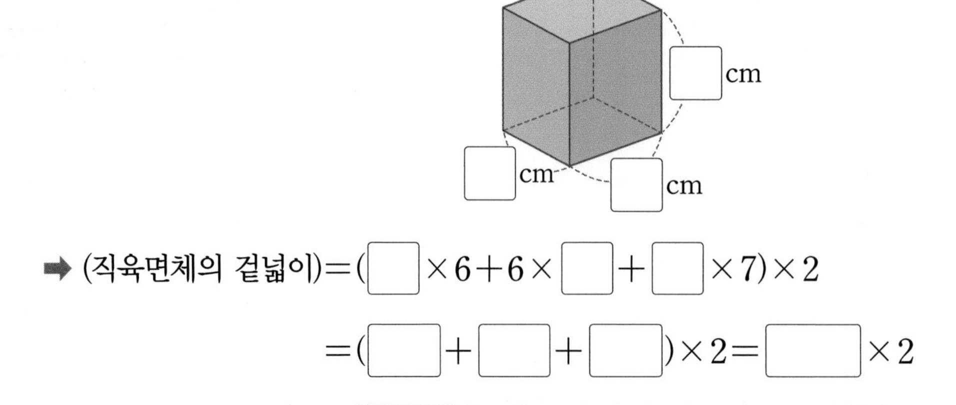

➡ (직육면체의 겉넓이)$=(\square\times6+6\times\square+\square\times7)\times2$

$=(\square+\square+\square)\times2=\square\times2$

$=\square(\text{cm}^2)$

4-1 직육면체를 위, 앞, 옆에서 본 모양이 다음과 같을 때 이 직육면체의 겉넓이를 구하시오.

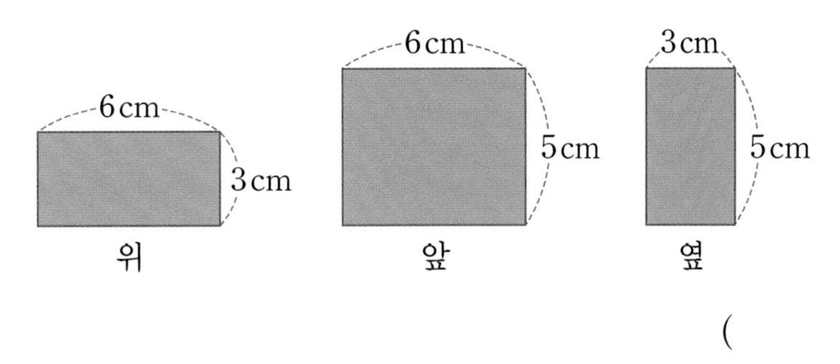

(　　　　　　　　)

4-2 직육면체를 위, 앞, 옆에서 본 모양이 다음과 같을 때 이 직육면체의 겉넓이를 구하시오.

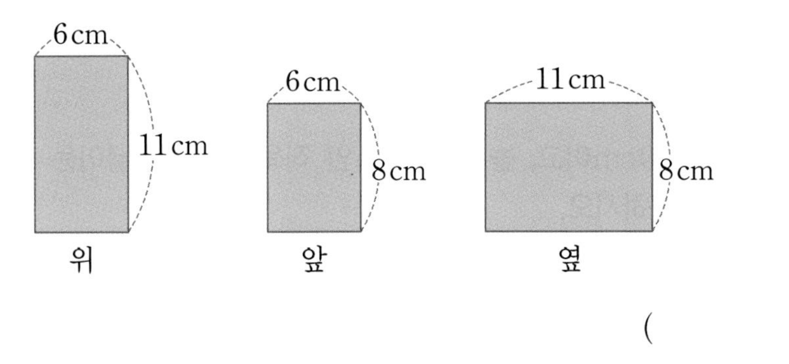

(　　　　　　　　)

4-3 직육면체를 위, 앞, 옆에서 본 모양이 모두 오른쪽 그림과 같을 때, 이 직육면체의 겉넓이는 몇 cm^2입니까?

모든 면의 크기가 같은 직육면체는?

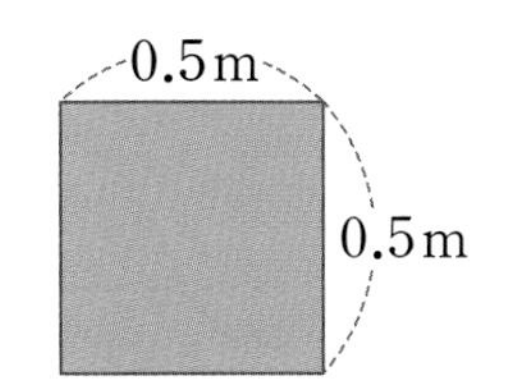

(　　　　　　　　)

4-4 직육면체를 앞과 옆에서 본 모양이 다음과 같을 때 이 직육면체의 겉넓이를 구하시오.

공통인 변을 찾아 봐.

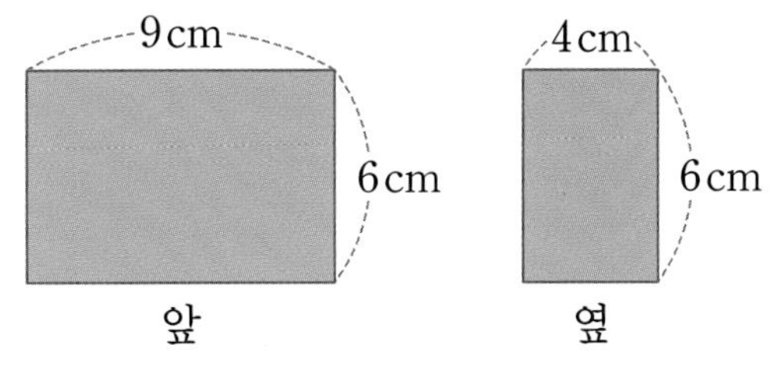

(　　　　　　　　)

개념+문제 동영상

최상위

부피, 겉넓이로 모르는 모서리의 길이를 구한다.

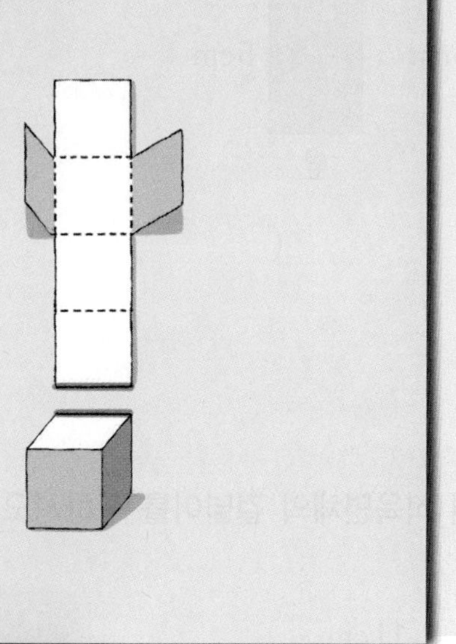

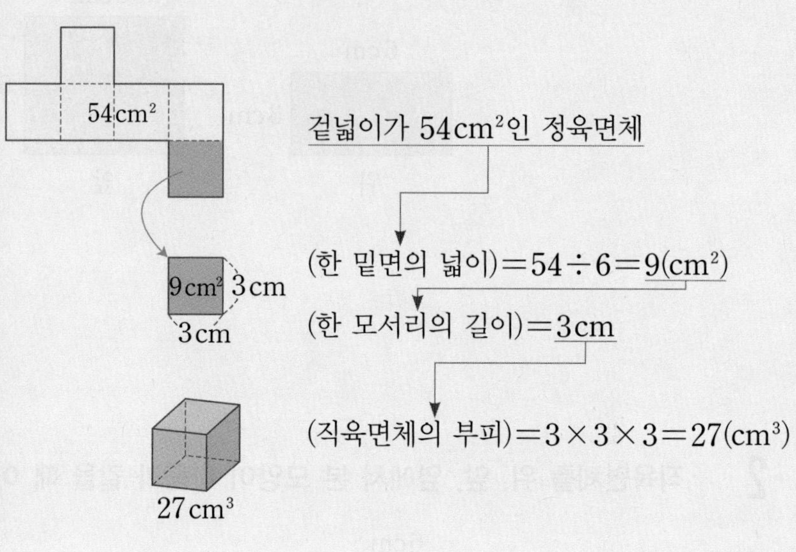

대표문제 5

가로가 $10\,\mathrm{cm}$이고, 높이가 $8\,\mathrm{cm}$인 직육면체의 겉넓이는 $340\,\mathrm{cm}^2$입니다. 이 직육면체의 부피를 구하시오.

직육면체의 세로를 ■ cm라 하면

직육면체의 겉넓이는 (10×■+■×□+□×8)×2=340이므로

(□×■+□)×2=340, □×■+□=170,

□×■=□, ■=□입니다.

따라서 (직육면체의 부피)=10×□×8=□(cm^3)입니다.

5-1 오른쪽 직육면체의 부피가 $192\,cm^3$일 때 이 직육면체의 겉넓이를 구하시오.

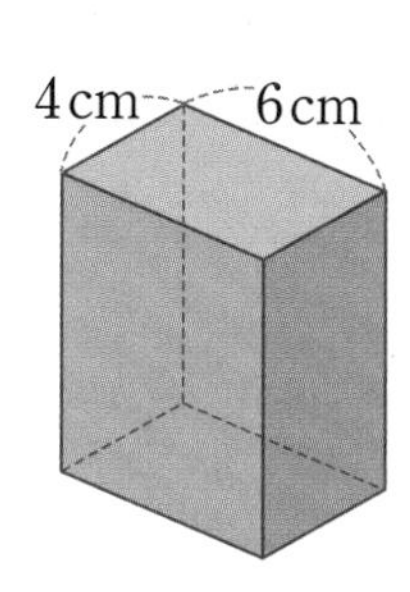

(　　　　　　　　)

5-2 세로가 $7\,cm$, 높이가 $10\,cm$인 직육면체의 겉넓이는 $548\,cm^2$입니다. 이 직육면체의 부피를 구하시오.

(　　　　　　　　)

서술형 **5-3** 오른쪽 직육면체의 부피는 $756\,cm^3$이고 밑면의 모양은 정사각형입니다. 이 직육면체의 겉넓이는 몇 cm^2인지 풀이 과정을 쓰고 답을 구하시오.

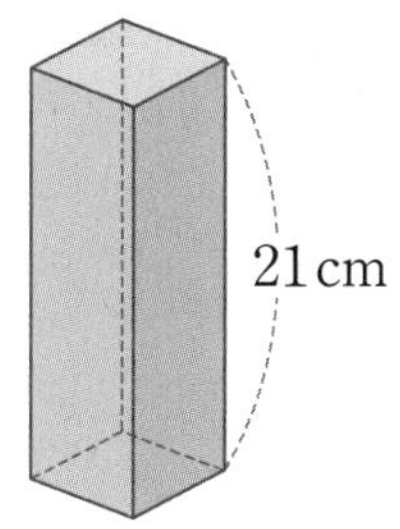

풀이

답

5-4 부피가 $343\,cm^3$인 정육면체의 겉넓이를 구하시오.

세 번 곱했을 때 일의 자리 숫자가 3이 되는 수를 생각해 봐.

(　　　　　　　　)

겉넓이는 입체를 둘러싼 모든 면의 넓이의 합이다.

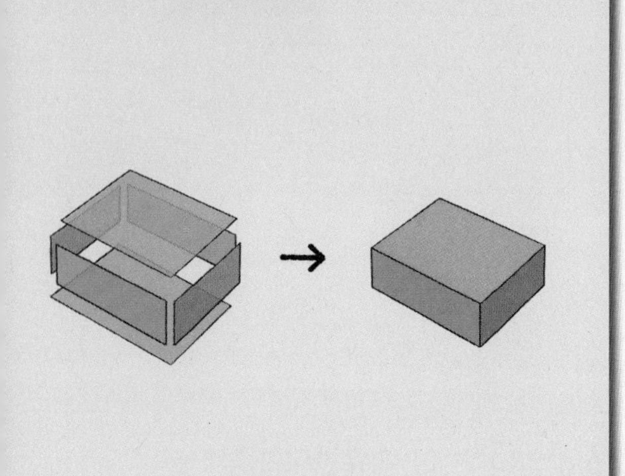

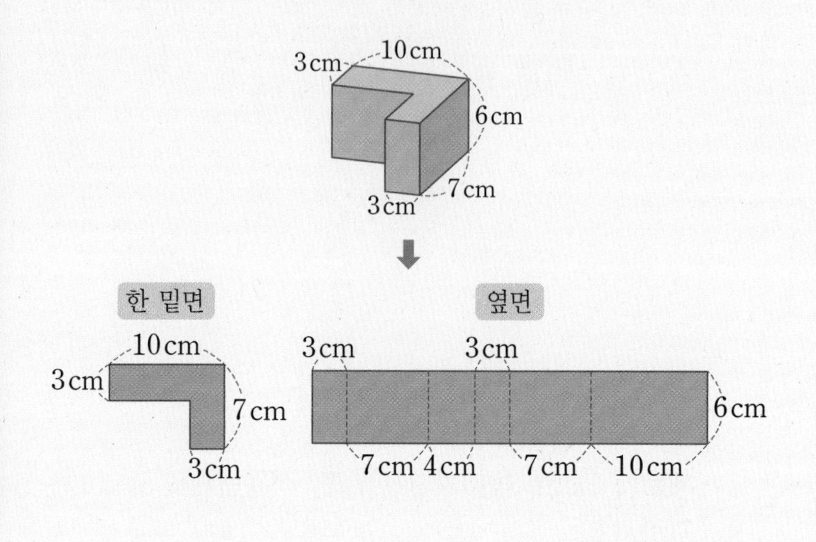

대표문제 6

오른쪽 입체도형의 겉넓이를 구하시오.

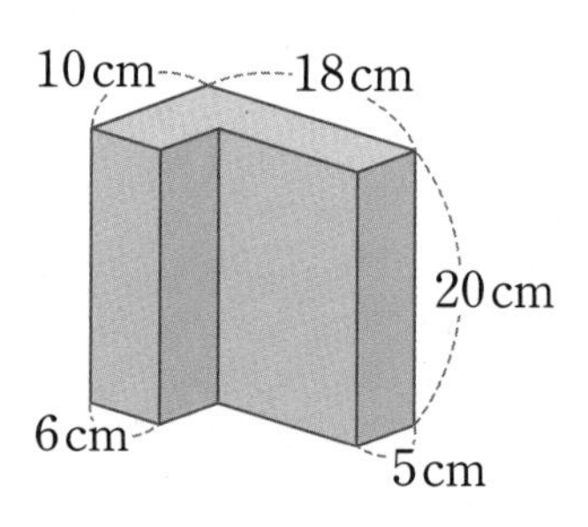

한 밑면의 넓이를 두 부분으로 나누어 구합니다.

(한 밑면의 넓이)=(㉠의 넓이)+(㉡의 넓이)

$=18\times5+6\times5=\square$(cm²)

(밑면의 둘레)=(18+□)×2=□(cm)이므로

(옆면의 넓이)=(밑면의 둘레)×(높이)=□×20=□(cm²)입니다.

두 밑면은 서로 합동이므로

(입체도형의 겉넓이)=□×2+□=□(cm²)입니다.

한 밑면의 넓이 옆면의 넓이

6-1

오른쪽 입체도형에서 빗금 친 면의 넓이가 $150\,\text{cm}^2$이고 둘레가 $60\,\text{cm}$일 때 이 입체도형의 겉넓이를 구하시오.

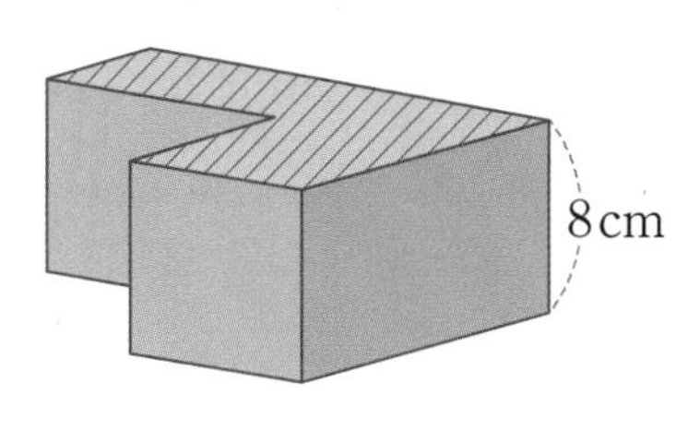

(　　　　　　　　)

6-2

오른쪽 입체도형의 겉넓이를 구하시오.

8 cm
10 cm
4 cm
6 cm
3 cm
3 cm

(　　　　　　　　)

6-3

오른쪽 입체도형의 겉넓이를 구하시오.

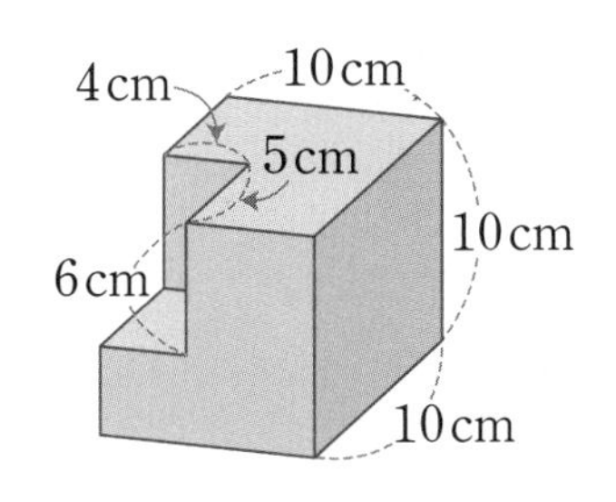

(　　　　　　　　)

6-4

안쪽 면의 넓이도 생각해야 해.

오른쪽 입체도형은 직육면체에 직육면체 모양의 구멍을 뚫은 것입니다. 이 입체도형의 겉넓이를 구하시오.

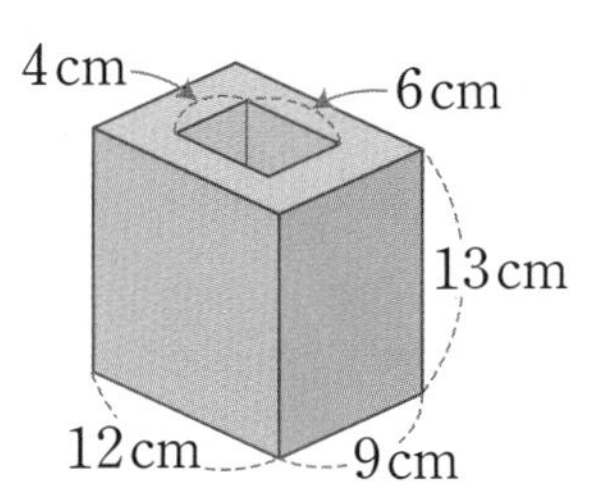

(　　　　　　　　)

물에 넣은 돌의 부피는 늘어난 물의 부피와 같다.

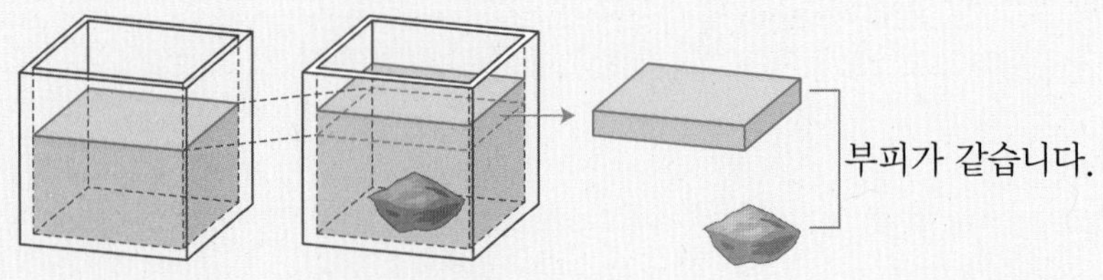

물이 들어 있는 수조에 돌을 넣으면 물의 높이가 높아집니다.
늘어난 물의 부피는 돌의 부피와 같습니다.

오른쪽 직육면체 모양의 물통에 들어 있는 물의 높이가 $25\,\text{cm}$입니다. 이 물통에 돌을 넣었더니 물의 높이가 $30\,\text{cm}$가 되었습니다. 돌의 부피는 몇 cm^3입니까?

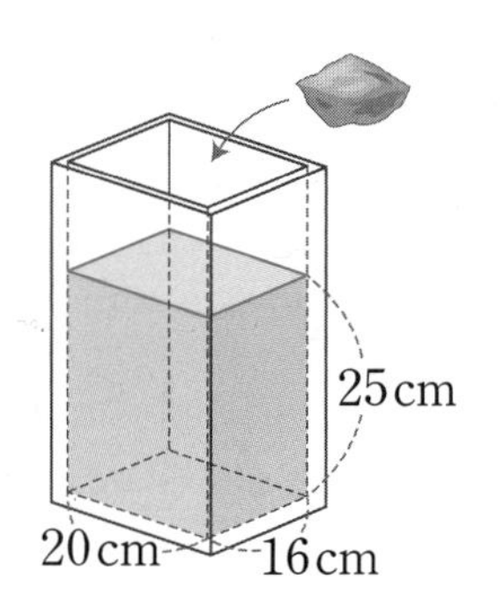

넣은 돌의 부피만큼 물의 부피가 늘어납니다.

(늘어난 물의 높이)=(돌을 넣은 후 물의 높이)−(처음 물의 높이)

$=\square-\square=\square$(cm)

(돌의 부피)=(늘어난 물의 부피)$=20\times16\times\square=\square$($\text{cm}^3$)

7-1

오른쪽과 같이 물이 들어 있는 직육면체 모양의 물통이 있습니다. 이 물통에 돌을 넣었더니 물의 높이가 8 cm가 되었습니다. 돌의 부피는 몇 cm^3입니까?

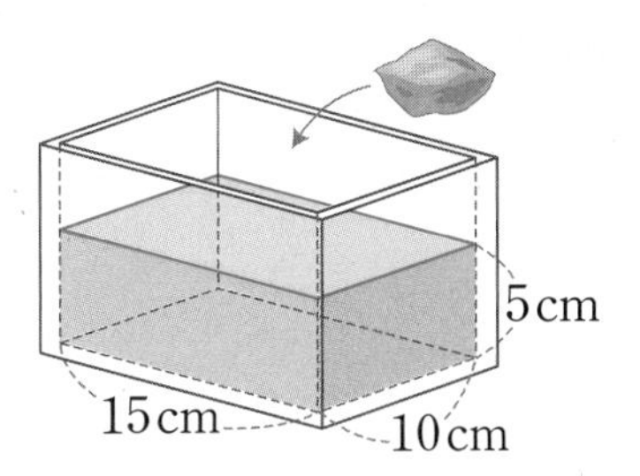

(　　　　　　　　)

서술형 7-2

오른쪽 직육면체 모양의 어항에 들어 있는 돌을 꺼냈더니 물의 높이가 4 cm가 되었습니다. 돌의 부피는 몇 cm^3인지 풀이 과정을 쓰고 답을 구하시오.

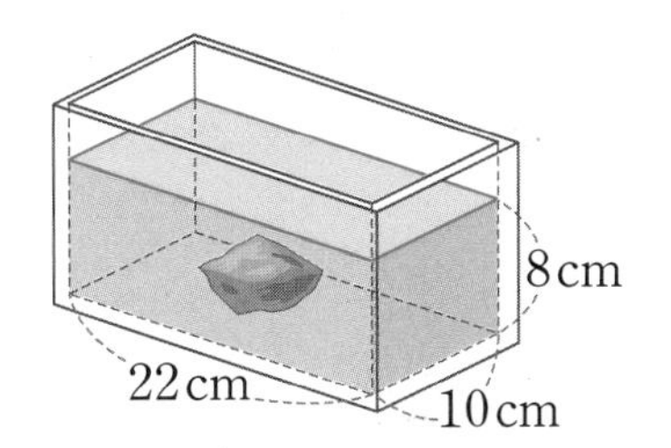

풀이

답

7-3

오른쪽 직육면체 모양의 물통에 모양과 크기가 같은 쇠구슬 3개를 넣고 물을 가득 채운 후 쇠구슬을 모두 꺼냈더니 물의 높이가 11 cm가 되었습니다. 쇠구슬 1개의 부피는 몇 cm^3입니까?

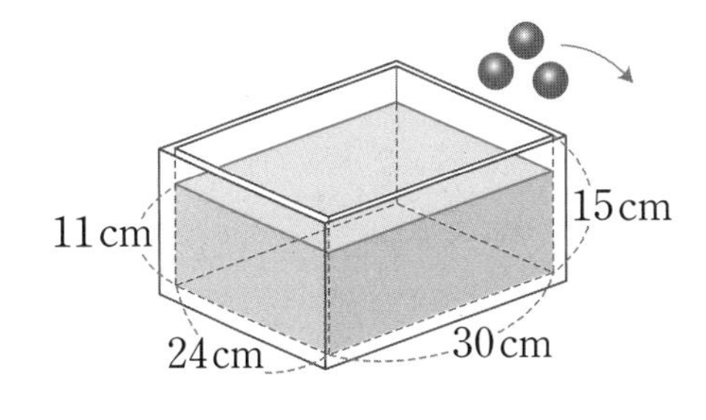

(　　　　　　　　)

7-4

오른쪽 물이 들어 있는 직육면체 모양의 물통에 돌을 넣었더니 물의 높이가 13 cm가 되었고 쇠구슬 한 개를 더 넣었더니 물의 높이가 14.5 cm가 되었습니다. 돌과 쇠구슬의 부피의 차는 몇 cm^3입니까?

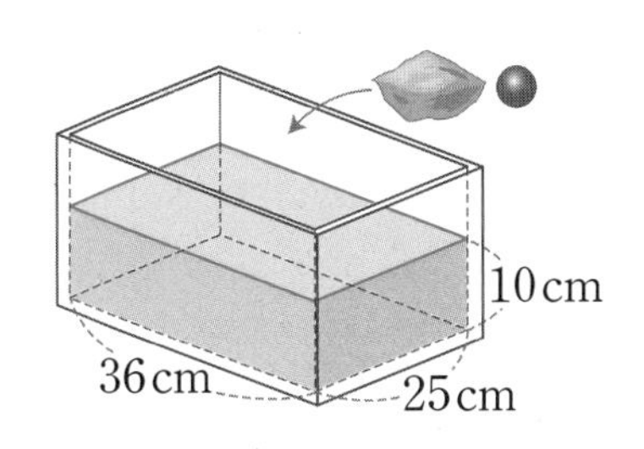

(　　　　　　　　)

같은 상자를 쌓는 방법에 따라 겉넓이가 달라진다.

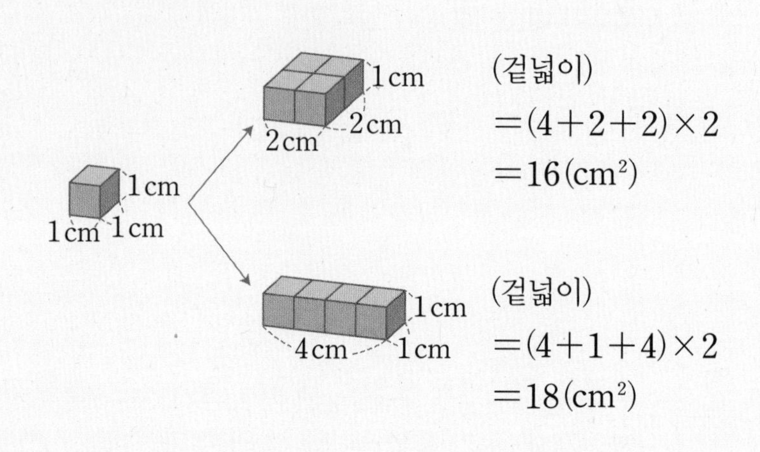

(겉넓이)
$=(4+2+2)\times 2$
$=16(cm^2)$

(겉넓이)
$=(4+1+4)\times 2$
$=18(cm^2)$

대표문제 8

왼쪽 정육면체 모양의 상자를 ㉮와 ㉯ 같이 쌓았을 때 어느 것의 겉넓이가 몇 cm^2 더 넓은지 구하시오.

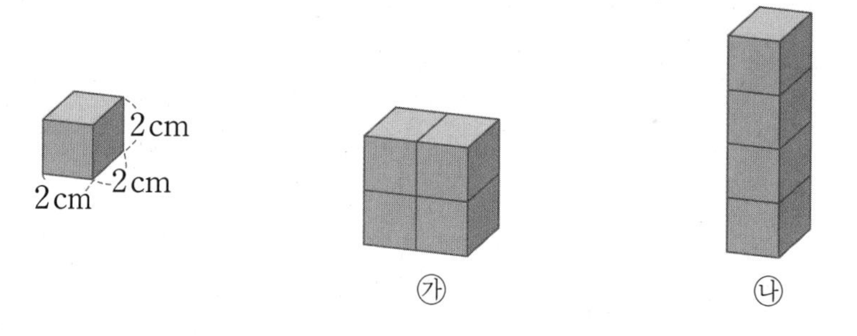

㉮의 가로는 4 cm, 세로는 □ cm, 높이는 □ cm입니다.

㉯의 가로는 2 cm, 세로는 □ cm, 높이는 □ cm입니다.

(㉮의 겉넓이)$=(8+$□$+8)\times 2=$□(cm^2)

(㉯의 겉넓이)$=($□$+16+$□$)\times 2=$□(cm^2)

따라서 □의 겉넓이가 □$-$□$=$□(cm^2)만큼 더 넓습니다.

8-1 왼쪽 직육면체 모양의 상자를 ㉮와 ㉯ 같이 쌓았을 때 어느 것의 겉넓이가 더 넓은지 기호를 쓰시오.

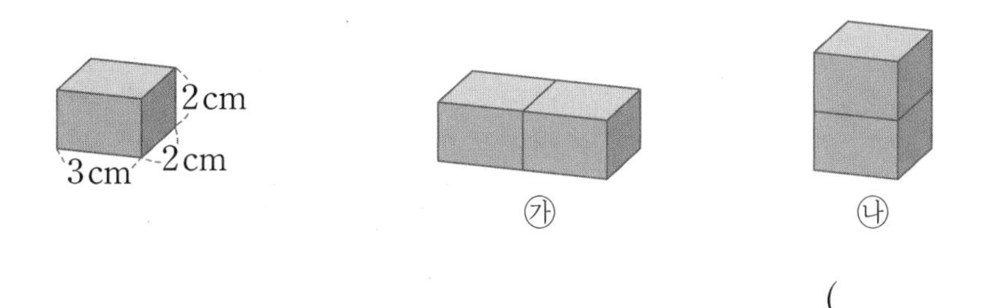

(　　　　　　　　)

8-2 왼쪽 직육면체 모양의 상자를 ㉮, ㉯, ㉰와 같이 쌓았을 때 겉넓이가 넓은 순서대로 기호를 쓰시오.

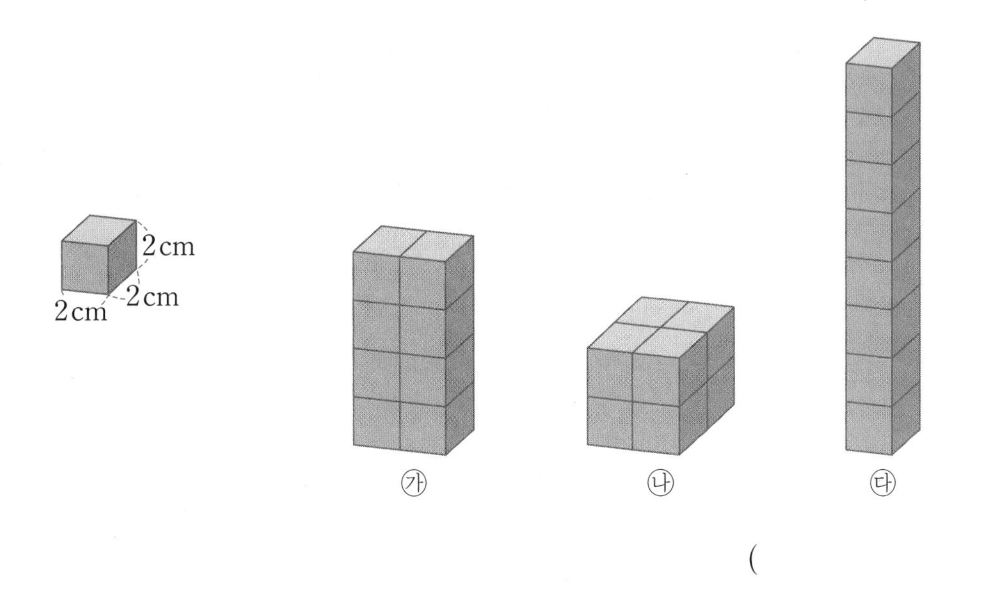

(　　　　　　　　)

8-3 오른쪽 정육면체 모양의 상자 12개를 쌓아 겉넓이가 가장 작은 직육면체를 만들려고 합니다. 만든 직육면체의 겉넓이를 구하시오.

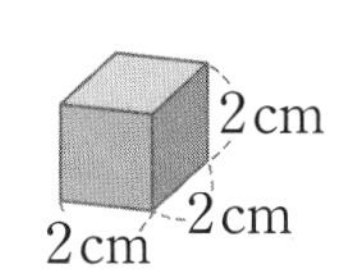

(　　　　　　　　)

최상위

가로, 세로, 높이가 ■배씩 늘면

부피는 (■×■×■)배로 늘어난다.

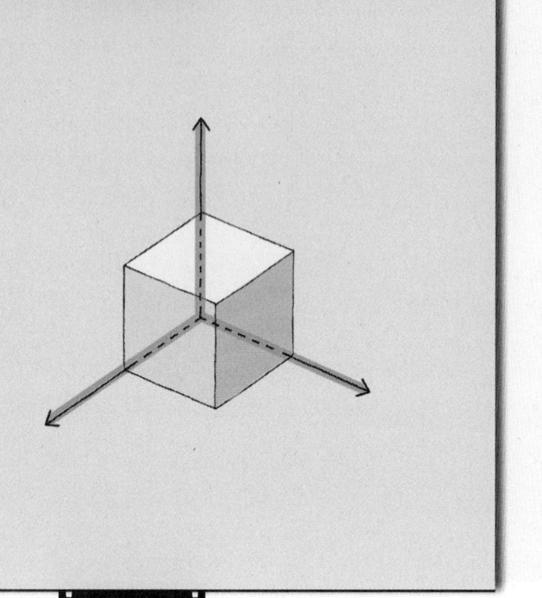

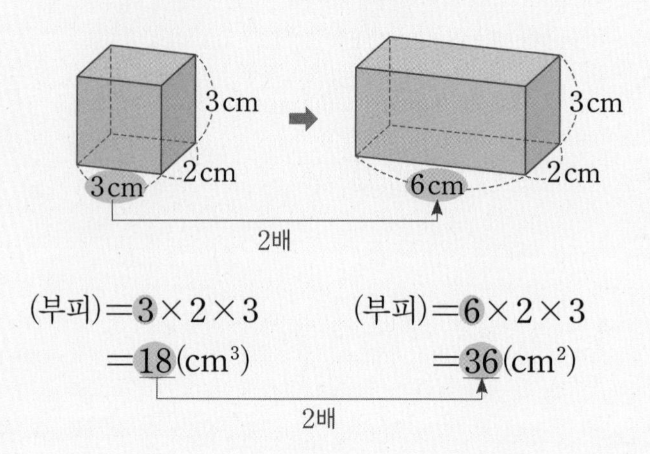

(부피)$=3\times2\times3$ (부피)$=6\times2\times3$
$=18(\mathrm{cm}^3)$ $=36(\mathrm{cm}^2)$
2배

그림과 같은 정육면체의 각 모서리를 2배로 늘이면 정육면체의 부피는 처음 정육면체의 부피의 몇 배가 됩니까?

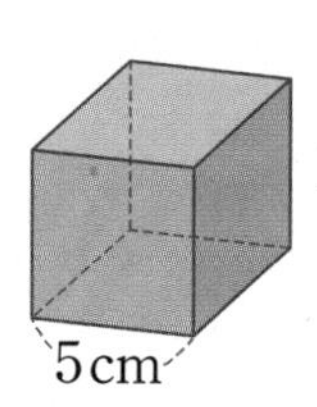

각 모서리를 2배로 늘인 정육면체의 한 모서리는 ☐cm입니다.

(처음 정육면체의 부피)$=5\times5\times5=125(\mathrm{cm}^3)$

(늘어난 정육면체의 부피)$=$☐$\times$☐$\times$☐$=$☐(cm^3)

따라서 늘어난 정육면체의 부피는 처음 정육면체의 부피의

☐$\div125=$☐(배)가 됩니다.

9-1

그림과 같은 직육면체에서 가로와 세로의 길이를 각각 2배로 늘이면 늘인 직육면체의 부피는 처음 직육면체의 부피의 몇 배가 되는지 구하시오.

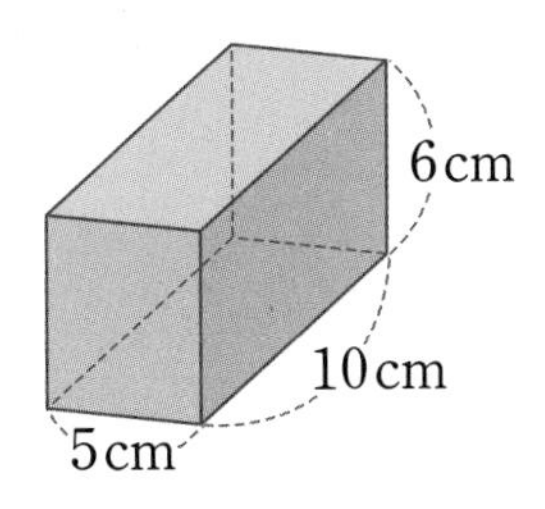

(　　　　　　　　　)

9-2

오른쪽과 같은 정육면체의 각 모서리의 길이를 150 %로 늘이면 늘인 정육면체의 부피는 처음 정육면체의 부피의 몇 배가 되는지 소수로 구하시오.

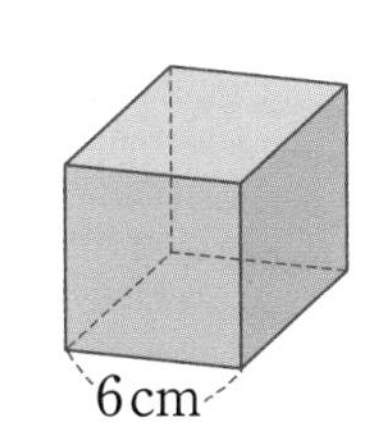

(　　　　　　　　　)

서술형 9-3

오른쪽 그림과 같은 직육면체의 가로를 $\frac{1}{4}$로 줄였습니다. 이 직육면체의 세로를 몇 cm로 늘려야 처음 직육면체의 부피와 같아지는지 풀이 과정을 쓰고 답을 구하시오.

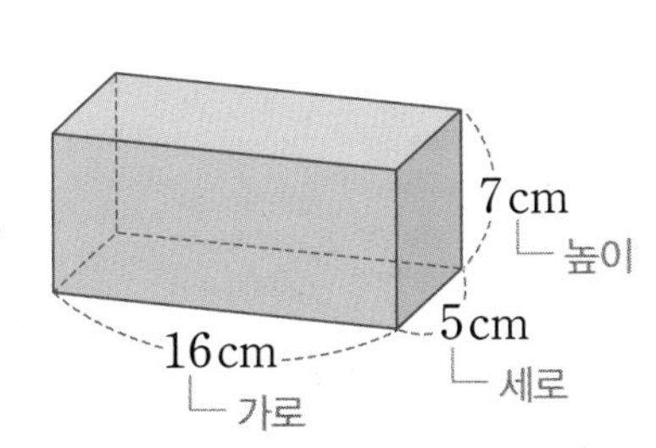

풀이

답

부피는 밑면이 높이만큼 쌓인 크기다.

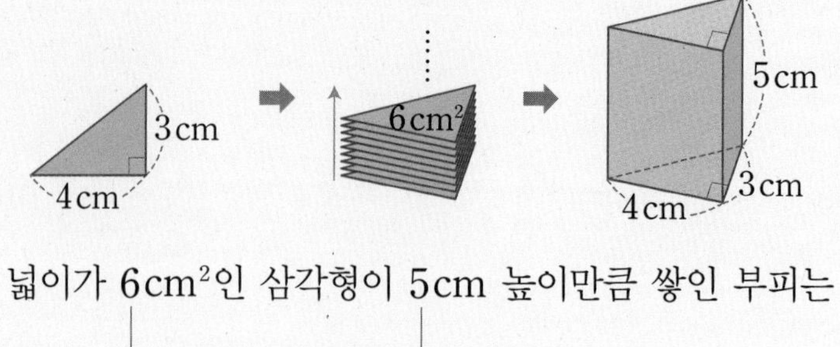

넓이가 6cm²인 삼각형이 5cm 높이만큼 쌓인 부피는

6 × 5=30(cm³)입니다.

한 밑면의 넓이　높이　부피

대표문제 10

직육면체는 사각기둥이라고 할 수 있습니다. 오른쪽 직육면체에서 삼각기둥의 부피를 구하시오.

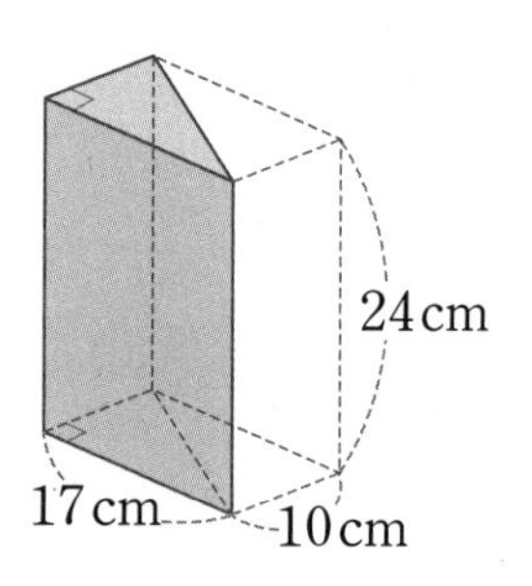

(삼각기둥의 부피)=(삼각기둥의 한 밑면의 넓이)×(삼각기둥의 높이)

삼각기둥의 밑면의 모양은 삼각형입니다.

=((밑변)×(높이)÷☐)×(삼각기둥의 높이)

따라서 (삼각기둥의 부피)=17×10÷☐×☐=☐(cm³)입니다.

10-1 오른쪽 직육면체에서 삼각기둥의 부피를 구하시오.

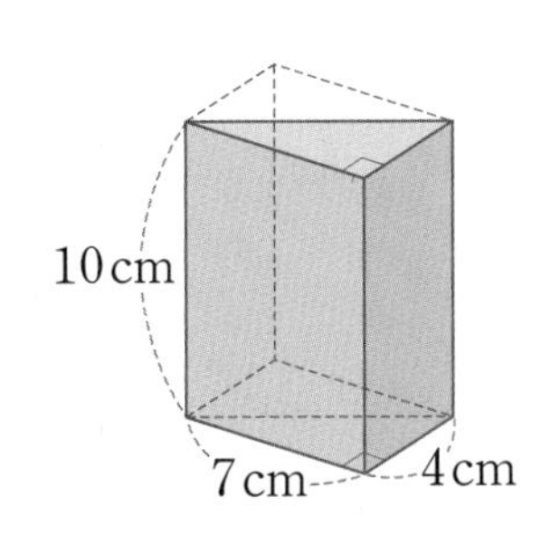

( )

10-2 오른쪽 직육면체에서 삼각기둥의 부피를 구하시오.

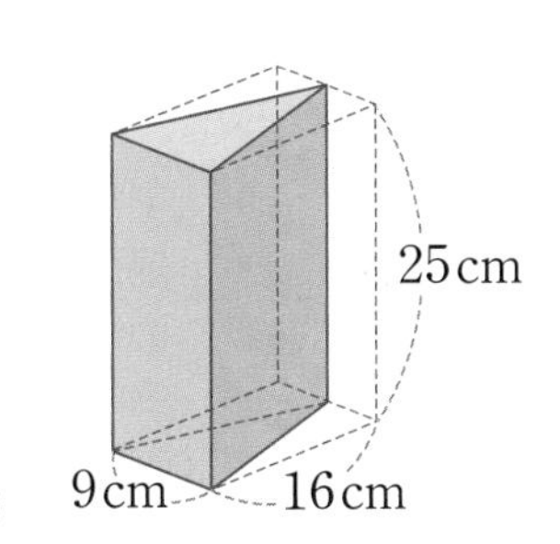

( )

10-3 오른쪽 직육면체에서 사각기둥의 부피를 구하시오.

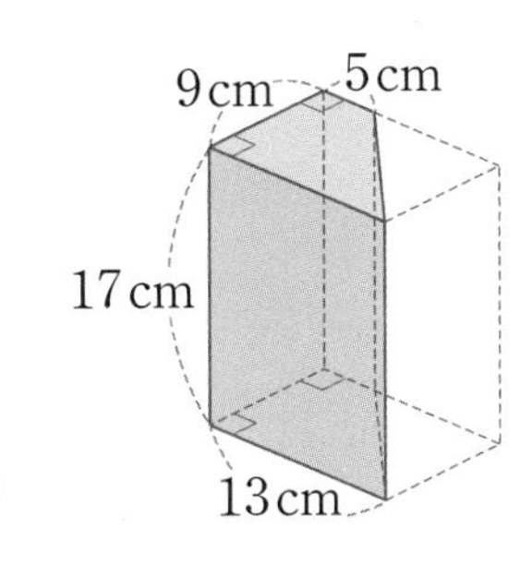

( )

10-4 오른쪽과 같이 직육면체를 잘라 만든 삼각기둥의 부피가 $560\,cm^3$입니다. ㉠과 ㉡에 알맞은 자연수를 구하시오.

■×▲=● 에서 ■와 ▲는 ●의 약수야.

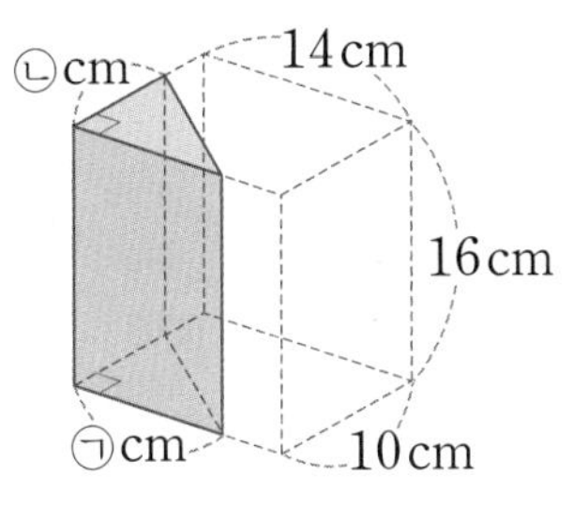

㉠ ( ), ㉡ ( )

1 오른쪽 입체도형의 부피를 구하시오.

문제풀이 동영상

6 cm
20 cm
5 cm
10 cm
18 cm

(　　　　　　　　　　)

2 오른쪽 모양은 한 개의 부피가 $125\,\mathrm{cm}^3$인 쌓기나무 6개를 쌓아서 만든 것입니다. 이 입체도형의 겉넓이를 구하시오.

(　　　　　　　　　　)

서술형 **3** 가로가 $80\,\mathrm{cm}$, 세로가 $50\,\mathrm{cm}$인 직사각형 모양의 종이가 있습니다. 이 종이를 오른쪽 그림과 같이 네 귀퉁이에서 한 변이 $6\,\mathrm{cm}$인 정사각형 모양으로 오려낸 후 접어서 상자 모양을 만들었습니다. 상자의 부피는 몇 cm^3인지 풀이 과정을 쓰고 답을 구하시오. (단, 종이의 두께는 생각하지 않습니다.)

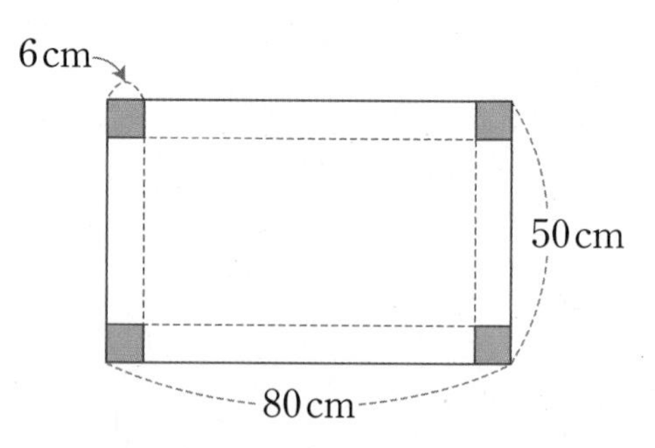

풀이

답

4 오른쪽과 같은 직육면체의 가로, 세로, 높이를 각각 3배로 늘여서 새로운 직육면체를 만들었습니다. 새로 만든 직육면체의 겉넓이는 처음 직육면체의 겉넓이의 몇 배인지 구하시오.

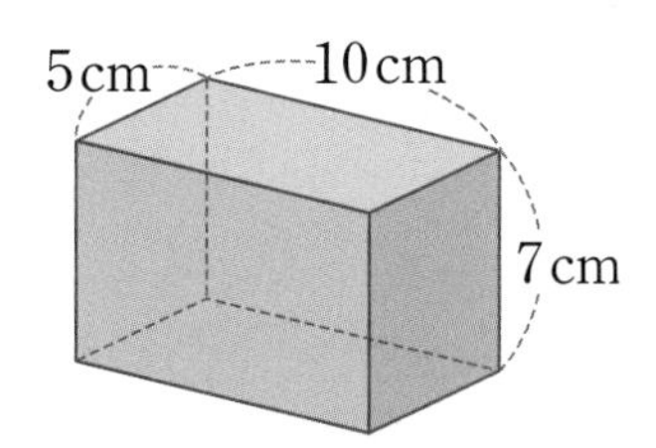

(   )

5 밑면이 정사각형인 똑같은 두 직육면체 ㉮와 ㉯를 끈으로 그림과 같이 묶었습니다. ㉮를 묶는 데 끈이 100 cm, ㉯를 묶는 데 끈이 72 cm 사용되었다면 ㉮의 부피는 몇 cm^3입니까? (단, 매듭의 길이는 생각하지 않습니다.)

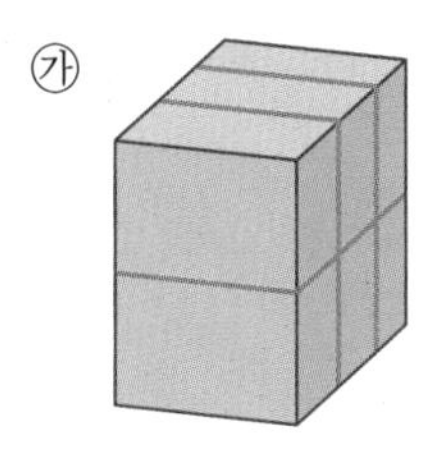

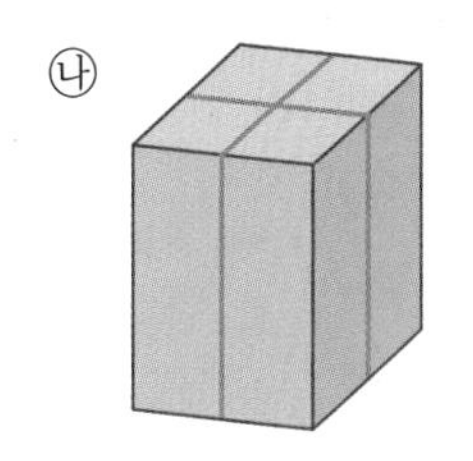

(   )

6 직육면체 모양의 물통에 물이 10 cm 높이만큼 들어 있습니다. 이 물통에 가로 12 cm, 세로 8 cm인 직육면체 모양의 나무 막대를 세웠다면 물의 높이는 몇 cm가 됩니까?

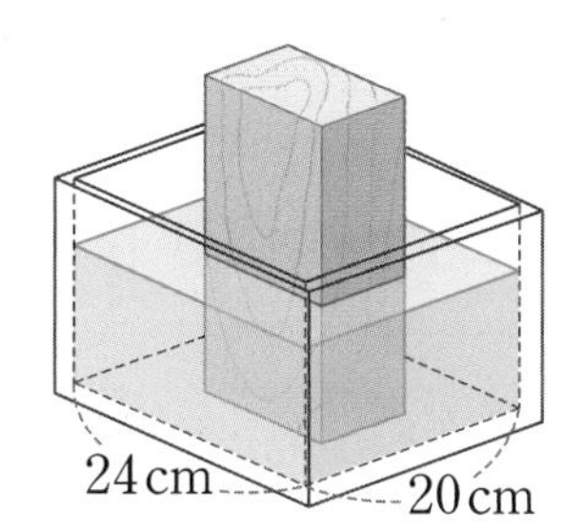

(   )

7 오른쪽과 같이 직육면체 모양의 두부를 똑같은 모양과 크기로 5번 잘랐습니다. 잘린 두부의 겉넓이의 합과 처음 두부의 겉넓이의 차를 구하시오.

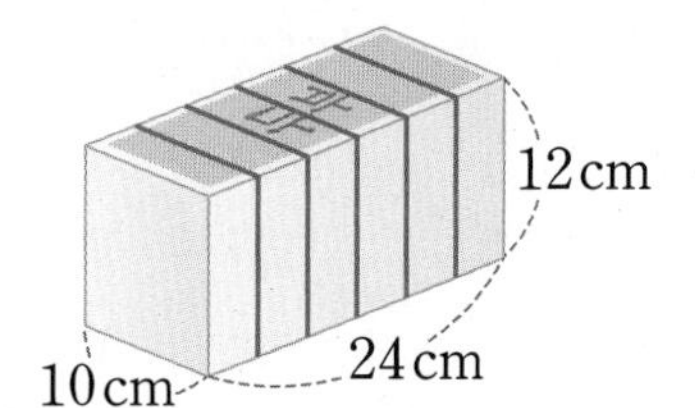

( )

먼저 생각해 봐요!
정육면체를 반으로 자르면 어느 면이 늘어날까?

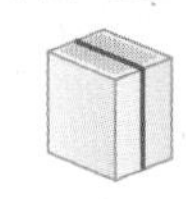

8 직육면체 모양의 수조에 물을 가득 채우고 오른쪽과 같이 기울였습니다. 흘러넘치고 남은 물의 부피가 $1820\,cm^3$일 때, ㉠에 알맞은 수를 구하시오.

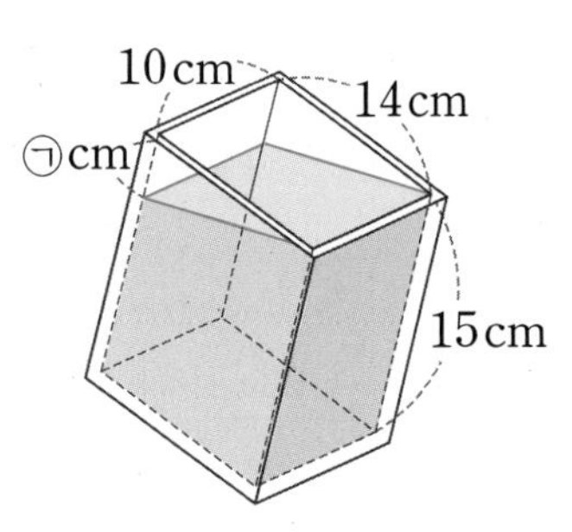

( )

9 부피가 $42\,cm^3$인 직육면체 중에서 가장 넓은 겉넓이는 몇 cm^2인지 구하시오.
(단, 직육면체의 가로, 세로, 높이는 서로 다른 자연수입니다.)

( )

중등 연계
$x \times y \times z = 42$

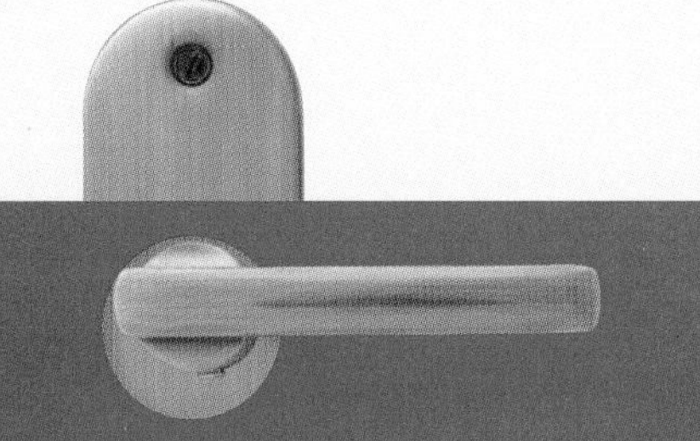

디딤돌과 함께하는 4가지 방법

NAVER 카페

http://cafe.naver.com/didimdolmom

교재 선택부터 맞춤 학습 가이드,
이웃맘과 선배맘들의 경험담과 정보까지
가득한 디딤돌 학부모 대표 커뮤니티

디딤돌 홈페이지

www.didimdol.co.kr

교재 미리 보기와 정답지, 동영상 등
각종 자료들을 만날 수 있는
디딤돌 공식 홈페이지

Instagram

@didimdol_mom

카드 뉴스로 만나는 디딤돌 소식과
손쉽게 참여 가능한 리그램 이벤트가
진행되는 디딤돌 인스타그램

YouTube

검색창에 디딤돌교육 검색

생생한 개념 설명 영상과
문제 풀이 영상으로 학습에 도움을 주는
디딤돌 유튜브 채널

초등 6·1

상위권의 기준

최상위 수학 S

복습책

초등 6·1

상위권의 기준

최상위 수학 S

복습책

다시푸는 최상위 S

1 분수의 나눗셈

본문 12~27쪽의 유사문제입니다. 한 번 더 풀어 보세요.

1 계산 결과가 자연수일 때 ■에 알맞은 자연수는 모두 몇 개입니까?

$$1\frac{■}{7} \div 3 \times 14$$

(　　　　　　　)

2 무게가 같은 연필 4타의 무게는 $1\frac{1}{5}$ kg입니다. 이 연필 10자루의 무게는 몇 kg입니까?

(　　　　　　　)

3 오른쪽 정사각형 ㄱㄴㄷㄹ을 합동인 정사각형 9개로 나누었습니다. 정사각형 ㄱㄴㄷㄹ의 넓이가 $5\frac{5}{8}$ cm^{2}일 때, 색칠한 부분의 넓이는 몇 cm^{2}입니까?

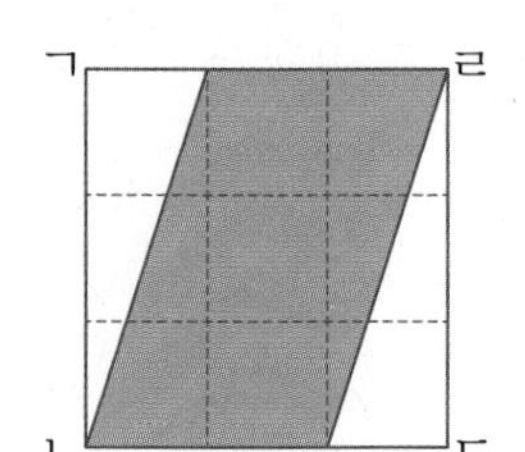

(　　　　　　　)

4

세 식의 계산 결과가 모두 같을 때 ㉠, ㉡, ㉢ 중 가장 작은 수를 가장 큰 수로 나눈 값을 구하시오. (단, ㉠, ㉡, ㉢은 모두 0이 아닌 수입니다.)

㉠$\times 6 \div 2$　㉡$\div 8 \times 4$　㉢$\div 2 \div 5$

(　　　　　　)

5

5일 동안 $4\frac{1}{6}$분씩 늦게 가는 시계를 화요일 오후 5시에 정확히 맞추어 놓았습니다. 이 시계는 그 주의 금요일 오전 5시에 오전 몇 시 몇 분 몇 초를 가리키겠습니까?

(　　　　　　)

6

성진이와 현미는 같은 장소에서 출발하여 서로 같은 방향으로 걷고 있습니다. 성진이는 7분 동안 $\frac{7}{10}$ km를 가는 빠르기로 걸어가고, 현미는 6분 동안 $\frac{3}{4}$ km를 가는 빠르기로 걸어간다면 출발한지 15분 후에 두 사람 사이의 거리는 몇 km입니까?

(　　　　　　)

7 같은 일을 재희와 동생이 함께 하면 6일이 걸리고, 동생이 혼자 하면 4일 동안 전체의 $\frac{1}{6}$을 할 수 있습니다. 이 일을 재희가 혼자 한다면 며칠 만에 끝낼 수 있습니까? (단, 한 사람이 하루에 하는 일의 양은 일정합니다.)

(　　　　　　　)

8 사각형과 오각형이 겹쳐진 오른쪽 도형의 전체 넓이는 $3\frac{1}{9}\,\mathrm{cm}^2$입니다. 사각형의 넓이는 겹쳐진 부분의 4배이고 오각형의 넓이는 겹쳐진 부분의 5배일 때, 겹쳐진 부분의 넓이는 몇 cm^2입니까?

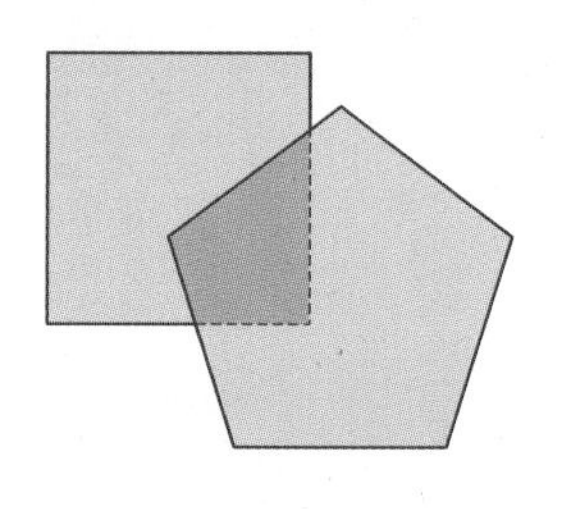

(　　　　　　　)

다시푸는 MATH MASTER

1 분수의 나눗셈

본문 28~30쪽의 유사문제입니다. 한 번 더 풀어 보세요.

1 수직선에서 ㉠에 알맞은 수를 구하시오.

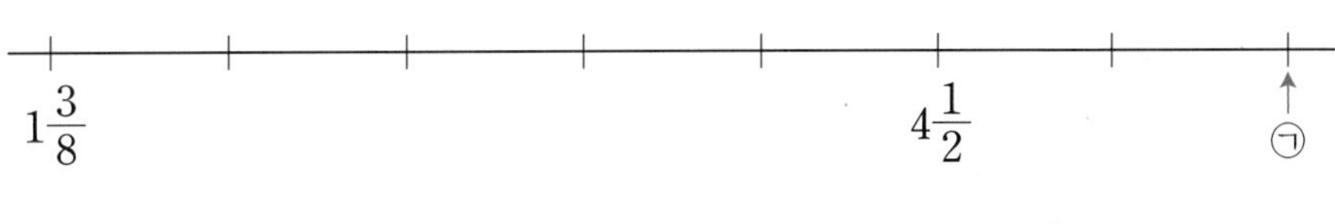

(　　　　　　　　)

2 □ 안에 들어갈 수 있는 자연수는 모두 몇 개입니까?

$$5\frac{5}{6}\div 10<\frac{\square}{36}<3\frac{1}{3}\div 4$$

(　　　　　　　　)

서술형 **3** 어느 건물의 엘리베이터를 타고 지하 2층에서 지상 6층까지 올라가는 데 $3\frac{1}{9}$초가 걸렸습니다. 한 층을 올라가는 데 걸린 시간은 몇 초인지 풀이 과정을 쓰고 답을 구하시오. (단, 엘리베이터는 일정한 빠르기로 움직입니다.)

풀이 ....

....

....

답 ....

4

다음 식에서 ■는 같은 수를 나타낼 때, 계산 결과가 가장 작은 것을 찾아 기호를 쓰시오.

㉠ $■\times 2\div 5$	㉡ $■\div 7\times 2\frac{1}{3}$
㉢ $■\times 1\frac{2}{15}\div 2$	㉣ $■\times \frac{3}{10}\div 6$

(　　　　　　　　)

5

오른쪽 그림은 평행사변형을 6등분 한 것의 한 부분을 4등분 한 것입니다. 색칠한 부분의 넓이는 몇 cm^2입니까?

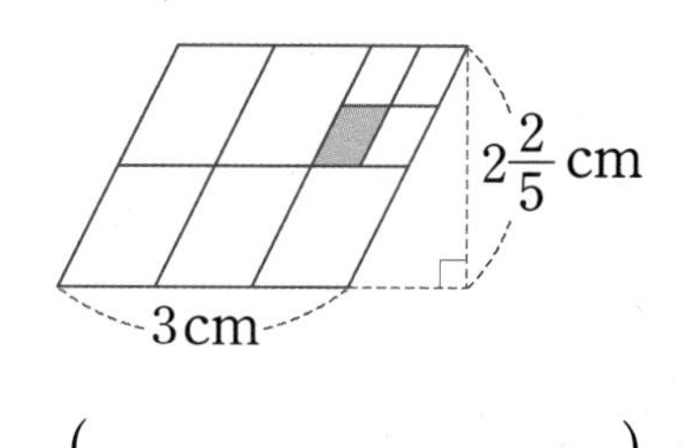

(　　　　　　　　)

6

무게가 같은 책 15권이 들어 있는 상자의 무게를 재어 보니 $7\frac{5}{6}$ kg이었습니다. 빈 상자의 무게가 $\frac{1}{12}$ kg일 때, 책 12권의 무게는 몇 kg입니까?

(　　　　　　　　)

서술형 **7**

유주와 석기는 같은 장소에서 출발하여 서로 반대 방향으로 가고 있습니다. 유주는 5분에 $\frac{10}{11}$ km를 가는 빠르기로 걸어가고, 석기는 3분에 $1\frac{4}{5}$ km를 가는 빠르기로 자전거를 타고 간다면 출발한지 11분 후 두 사람 사이의 거리는 몇 km인지 풀이 과정을 쓰고 답을 구하시오.

풀이 ....

....

....

답 ....

8

오른쪽 직사각형 ㄱㄴㄷㄹ에서 사다리꼴 ㄱㄴㅁㄹ의 넓이는 삼각형 ㄹㅁㄷ의 넓이의 4배입니다. 선분 ㄷㅁ의 길이는 몇 cm입니까?

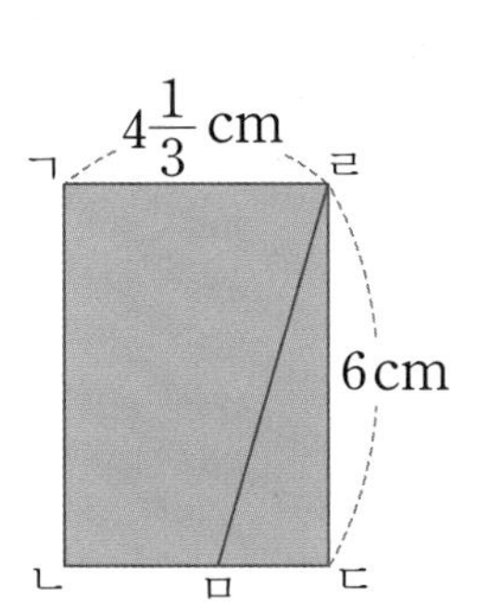

(　　　　　　　　)

9 $\frac{72}{5}$를 어떤 자연수로 나누었더니 계산 결과가 가분수이면서 분모가 5보다 큰 기약분수가 되었습니다. 어떤 자연수가 될 수 있는 수들 중 가장 작은 수는 얼마입니까?

( )

10 빈 욕조에 물이 1분에 3 L씩 나오는 ㉮ 수도와 1분에 $2\frac{1}{4}$ L씩 나오는 ㉯ 수도를 동시에 틀면 물을 가득 채우는 데 8분이 걸립니다. 이 욕조에 두 수도를 동시에 틀어 물을 채우다가 중간에 ㉮ 수도가 고장 나서 ㉯ 수도로만 물을 채웠더니 물을 가득 채우는 데 14분이 걸렸습니다. ㉮ 수도는 튼지 몇 분 몇 초 만에 고장이 난 것입니까?

( )

2 각기둥과 각뿔

정답과 풀이 90쪽

본문 38~53쪽의 유사문제입니다. 한 번 더 풀어 보세요.

S 1 모서리의 수가 24인 각기둥의 한 밑면의 변은 모두 몇 개인지 구하시오.

(　　　　　　　　)

S 2 사각기둥의 세 꼭짓점을 오른쪽 그림과 같이 삼각뿔 모양만큼 잘라 낸 입체도형의 모서리는 모두 몇 개인지 구하시오.

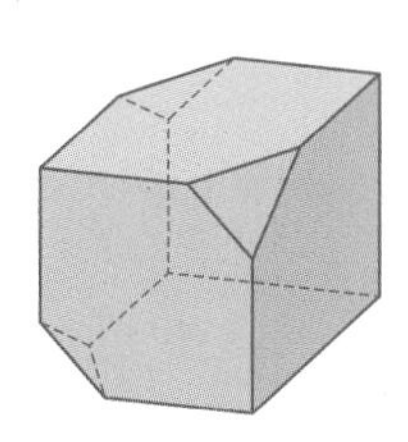

(　　　　　　　　)

S 3 다음과 같은 각뿔의 이름을 쓰시오.

(면의 수)$+$(모서리의 수)$+$(꼭짓점의 수)$=50$

(　　　　　　　　)

4 오른쪽 오각기둥의 전개도에서 직사각형 ㄱㄴㄷㄹ의 넓이는 $175\,cm^2$입니다. 밑면의 모양이 정오각형일 때, 선분 ㄱㄴ의 길이는 몇 cm입니까?

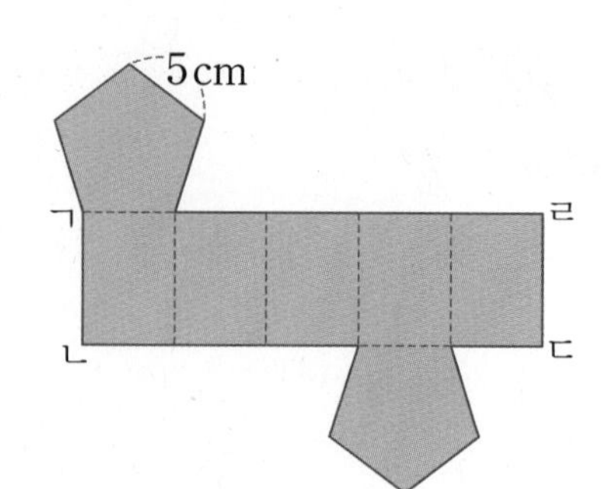

(　　　　　　　　)

5 네모 모양의 장기판에 규칙에 따라 장기알을 놓아 승패를 겨루는 게임을 '장기'라고 합니다. 현태가 오른쪽 그림과 같이 밑면이 정팔각형인 팔각기둥의 전개도를 접어 종이 장기알을 만들었을 때 모든 모서리의 길이의 합은 몇 cm입니까?

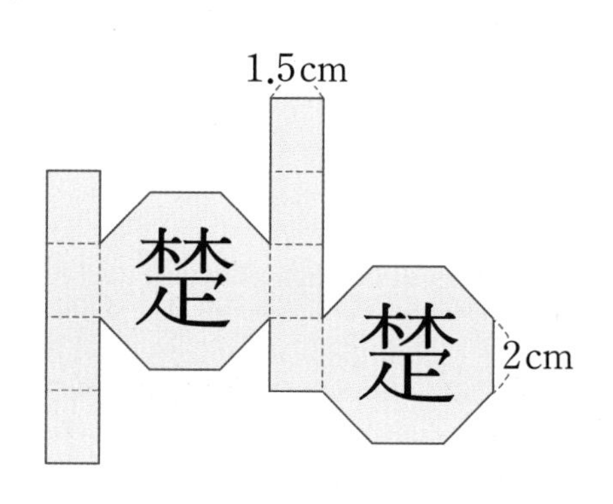

(　　　　　　　　)

6 밑면이 정오각형이고, 옆면이 합동인 5개의 이등변삼각형으로 이루어진 각뿔의 전개도입니다. 색칠한 부분의 둘레가 82cm일 때, 밑면의 둘레는 몇 cm입니까?

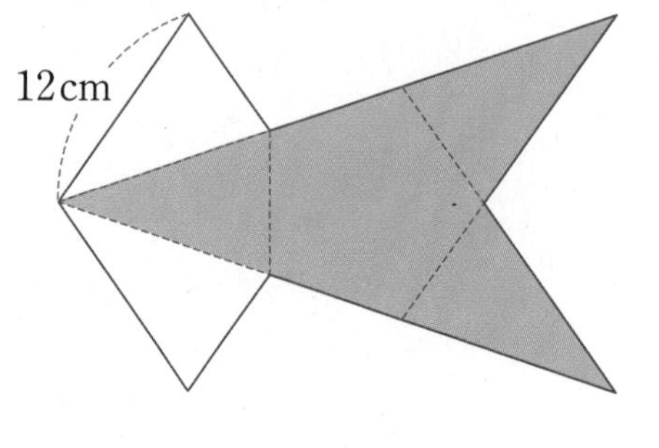

(　　　　　　　　)

7 오른쪽 그림과 같이 육각기둥 모양의 나무 조각의 옆면을 테이프로 겹치지 않게 세 번 둘러싸려고 합니다. 필요한 테이프의 길이가 $90\,\mathrm{cm}$일 때, 이 나무 조각의 모든 모서리의 길이의 합은 몇 cm입니까?

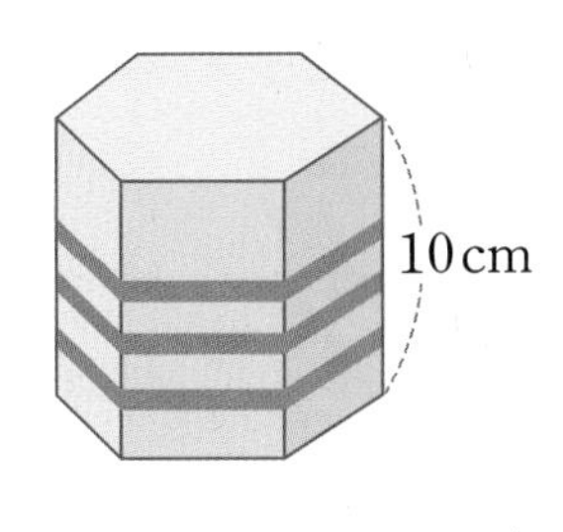

(　　　　　　　　　　)

8 왼쪽 삼각기둥에 그은 선을 오른쪽 삼각기둥의 전개도에 나타내어 보시오.

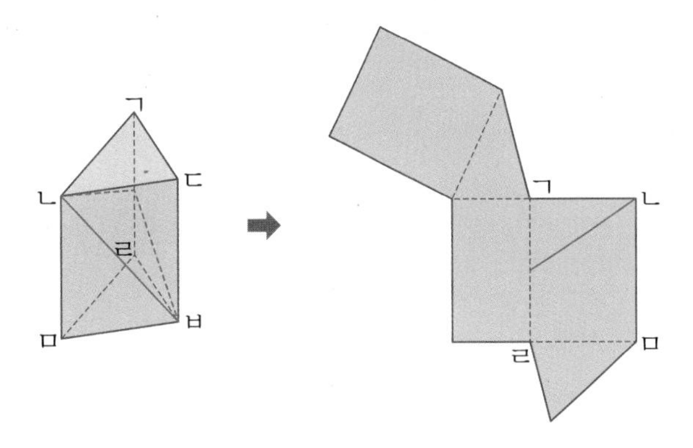

2 각기둥과 각뿔

본문 54~56쪽의 유사문제입니다. 한 번 더 풀어 보세요.

1 세 각기둥 ㉮, ㉯, ㉰의 모서리 수의 합이 51일 때, 세 각기둥의 면의 합은 모두 몇 개인지 구하시오.

(　　　　　　)

2 밑면의 모양이 같은 각기둥과 각뿔이 있습니다. 각기둥의 면, 모서리, 꼭짓점의 수의 합과 각뿔의 면, 모서리, 꼭짓점의 수의 합의 차가 18일 때, 한 밑면의 변은 모두 몇 개인지 구하시오.

(　　　　　　)

3 다음 그림과 같이 사각기둥 ㈎의 밑면과 옆면을 사선으로 잘라 입체도형 ㈏를 만들었습니다. ㈎와 ㈏의 꼭짓점의 수 사이에는 어떤 관계가 있는지 식으로 나타내어 보시오.

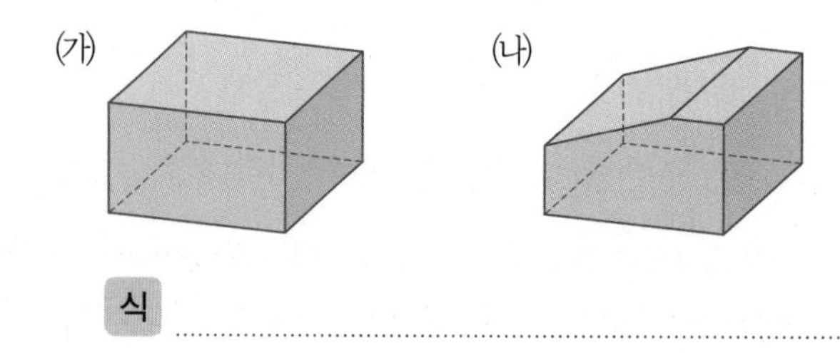

식 ....

4 높이가 15 cm인 오각기둥의 옆면에 모두 페인트를 칠한 후 종이 위에 놓고 한 방향으로 3바퀴 굴렸더니 종이에 색칠된 부분의 둘레가 120 cm였습니다. 이 오각기둥의 모든 옆면의 넓이의 합을 구하시오.

(　　　　　　)

5 다음 사각기둥의 전개도에서 면 ㉮의 넓이가 27cm^2, 면 ㉯의 넓이가 45cm^2일 때, 선분 ㄷㄹ의 길이는 몇 cm입니까?

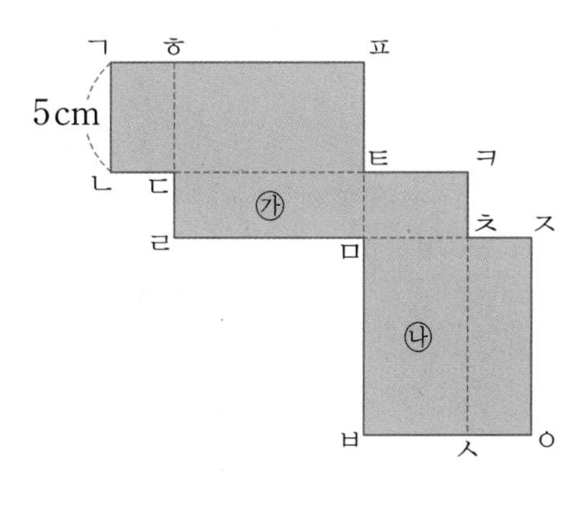

( )

6 옆면이 오른쪽 그림과 같은 삼각형으로 이루어진 각뿔의 모든 모서리의 길이의 합이 180 cm입니다. 이 각뿔의 이름을 쓰시오.

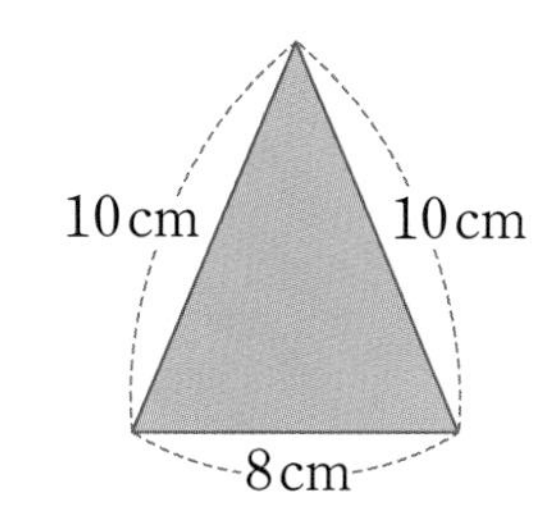

( )

7 다음 그림은 밑면이 직사각형인 사각기둥 모양 상자의 전개도입니다. 이 상자 안에 한 모서리가 3 cm인 정육면체 모양의 초콜릿을 넣으려고 합니다. 이 전개도의 넓이가 342cm^2일 때, 초콜릿은 몇 개까지 넣을 수 있는지 구하시오. (단, 상자의 두께는 생각하지 않습니다.)

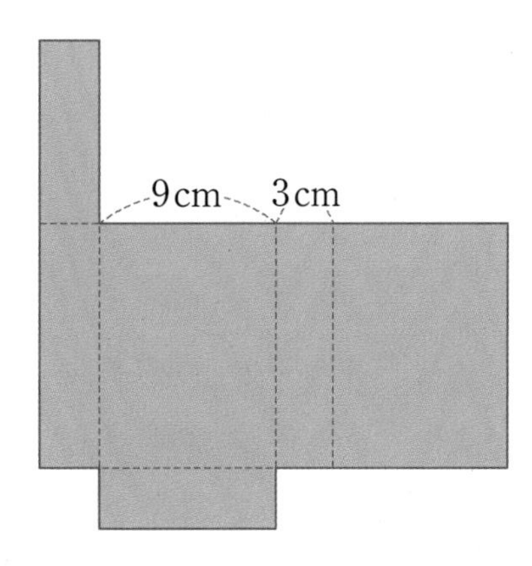

( )

8 다음 그림과 같이 모양과 크기가 같은 삼각기둥을 한 바퀴 이어 붙여 만들어지는 입체도형의 이름을 쓰시오.

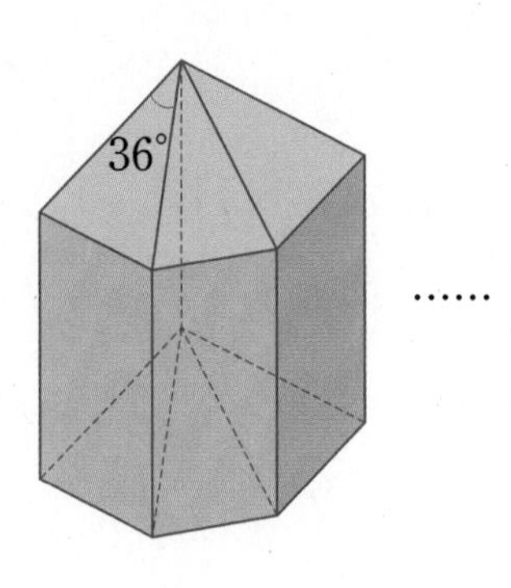

( )

9 왼쪽 육각기둥에 그은 선을 오른쪽 육각기둥의 전개도에 나타내어 보시오.

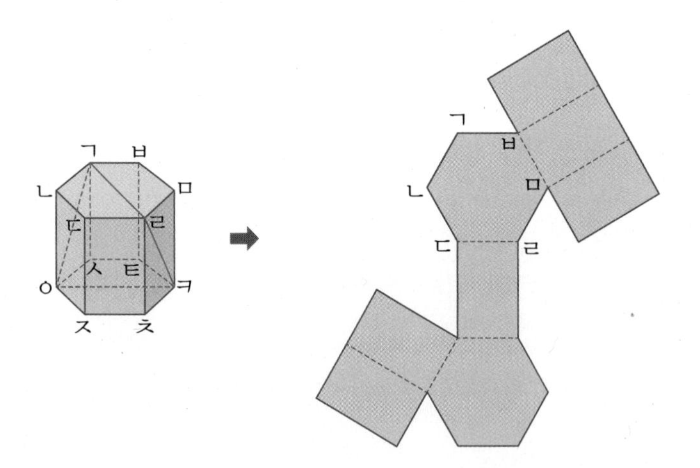

3 소수의 나눗셈

본문 64~79쪽의 유사문제입니다. 한 번 더 풀어 보세요.

S 1 □ 안에 들어갈 수 있는 수 중에서 가장 작은 자연수와 가장 큰 자연수의 합을 구하시오.

$$40 \div 16 < \square \div 7 < 54 \div 15$$

(　　　　　　　　)

S 2 가●나를 다음과 같이 약속할 때, 34●12의 소수 100째 자리 숫자를 구하시오.

가●나=가÷(가−나)

(　　　　　　　　)

S 3 오른쪽 그림에서 삼각형 ㄱㄴㄷ의 넓이는 사다리꼴 ㄱㄴㄹㅁ의 넓이의 $\frac{1}{6}$입니다. 사다리꼴 ㄱㄴㄹㅁ의 넓이가 $165\,\text{cm}^2$일 때, 선분 ㄷㄹ의 길이를 구하시오.

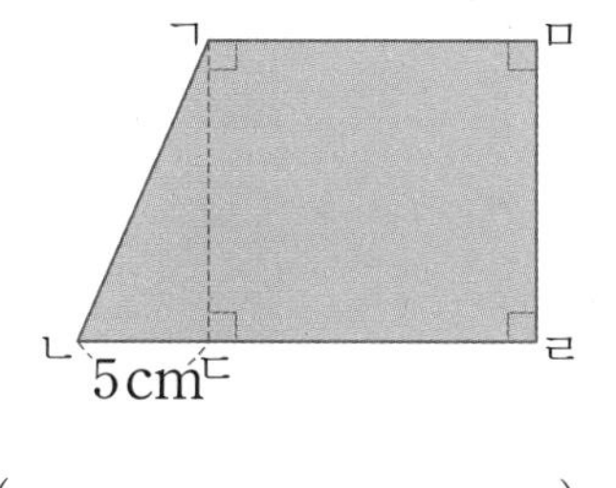

(　　　　　　　　)

S 4 합이 18.16인 두 수 중 큰 수를 작은 수로 나누었을 때의 몫이 7입니다. 두 수의 차를 구하시오.

(　　　　　　　　)

5 22.97은 27로 나누면 나누어떨어지지 않습니다. 이 나눗셈을 소수 둘째 자리까지 계산하여 나누어떨어지게 하려면 22.97에서 얼마를 빼야 하는지 가장 작은 소수를 구하시오.

( )

6 길이가 58 m인 길 양쪽에 일정한 간격으로 나무 82그루를 심으려고 합니다. 길의 처음과 끝에도 나무를 한 그루씩 심는다면 나무 사이의 간격은 몇 m인지 구하시오. (단, 나무의 두께는 생각하지 않습니다.)

( )

7 규칙을 찾아 ㉠에 알맞은 수를 구하시오.

$8\bigstar3=2.2$ $9\bigstar5=3.5$ $7\bigstar2=1.8$ $10\bigstar2=$㉠

( )

8 어떤 소수 두 자리 수를 6으로 나눈 몫을 소수 둘째 자리에서 반올림하였더니 4.7이 되었습니다. 어떤 수가 될 수 있는 가장 큰 소수 두 자리 수와 가장 작은 소수 두 자리 수를 차례로 쓰시오. (단, 4.70은 소수점 아래 끝자리 수가 0이므로 소수 한 자리 수입니다.)

(,)

3 소수의 나눗셈

본문 80~82쪽의 유사문제입니다. 한 번 더 풀어 보세요.

1 모든 모서리의 길이의 합이 $46.8\,\mathrm{cm}$인 정육면체가 있습니다. 이 정육면체의 각 모서리의 길이를 $\frac{1}{3}$로 줄인 정육면체의 한 모서리의 길이와 처음 정육면체의 한 모서리의 길이의 합은 몇 cm입니까?

(　　　　　　　　)

2 가●나를 다음과 같이 약속할 때, 7●4를 계산하시오.

가●나=가×(가÷나)

(　　　　　　　　)

서술형 **3** 같은 양의 간장이 들어 있는 병이 여러 개 있습니다. 식당에서 이 간장을 매일 한 병과 $0.6\,\mathrm{L}$만큼 더 사용하였더니 6일 동안 사용한 간장의 양이 $28.8\,\mathrm{L}$이었습니다. 한 병에 들어 있는 간장의 양은 몇 L인지 풀이 과정을 쓰고 답을 구하시오.

풀이

답

4 어떤 직사각형의 가로를 4.25배, 세로를 4배 하여 새로운 직사각형을 만들었더니 그 넓이가 처음 직사각형의 넓이보다 $52.8\,\mathrm{cm}^2$만큼 늘었습니다. 처음 직사각형의 넓이는 몇 cm^2입니까?

(　　　　　　　　)

5 어떤 나눗셈식의 몫을 쓰는데 잘못하여 소수점을 오른쪽으로 한 칸 옮겨 적었더니 바르게 계산한 몫과의 차가 5.76이 되었습니다. 바르게 계산한 몫을 구하시오.

( )

서술형 6 휘발유 $5\,\mathrm{L}$로 $80\,\mathrm{km}$를 갈 수 있는 자동차가 있습니다. 휘발유 $1\,\mathrm{L}$의 값이 1500원일 때, 이 자동차가 $160.8\,\mathrm{km}$를 가는 데 필요한 휘발유의 값은 얼마인지 풀이 과정을 쓰고 답을 구하시오.

풀이

답

7 오른쪽 그림은 정사각형을 합동인 작은 정사각형 25개로 나눈 것입니다. 색칠한 평행사변형의 넓이가 $29.4\,\mathrm{cm}^2$일 때, 빨간색 선의 길이는 몇 cm입니까?

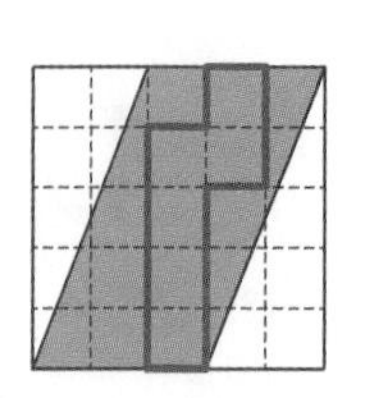

( )

8

다음 조건을 만족하는 자연수 ㉠, ㉡이 있습니다. ㉡÷㉠의 몫을 반올림하여 소수 둘째 자리까지 구하려고 합니다. 몫이 가장 클 때와 가장 작을 때의 몫을 차례로 쓰시오.

13.7 < ㉠ < 17   46.9 < ㉡ < 51.2

(,)

9

그림과 같은 이등변삼각형과 직사각형이 있습니다. 이등변삼각형이 화살표 방향으로 8초에 5.92 cm씩 일직선으로 움직인다면 35초 뒤 도형이 서로 겹치는 부분의 넓이는 몇 cm^2 입니까?

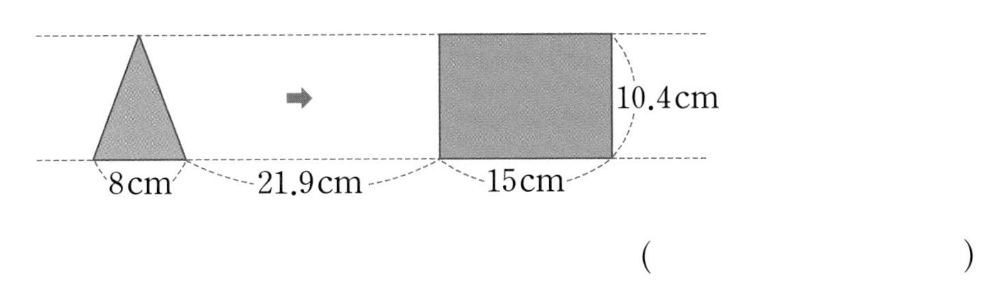

( )

10

오른쪽 그림에서 사다리꼴 ㄱㄴㄷㄹ의 변 ㄱㄴ 위를 점 ㅁ이 1초에 1 cm씩 점 ㄱ부터 점 ㄴ까지 움직입니다. 삼각형 ㅁㄹㄷ의 넓이가 117.5 cm^2가 되는 때는 점 ㅁ이 점 ㄱ을 출발한 지 몇 초 후입니까?

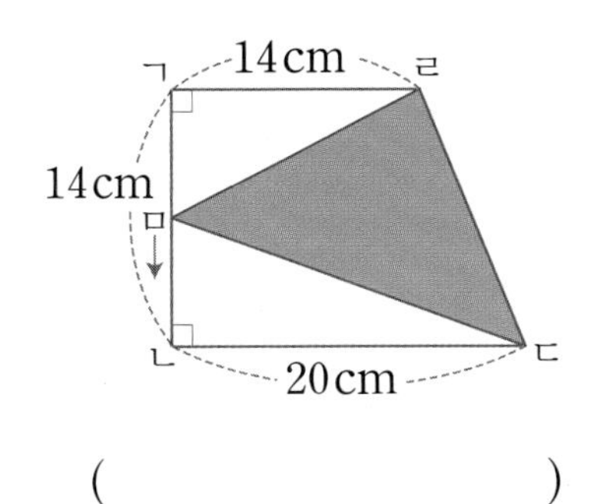

( )

4 비와 비율

본문 90~105쪽의 유사문제입니다. 한 번 더 풀어 보세요.

S 1

조건을 모두 만족하는 비를 구하시오.

• 비율이 0.8입니다.
• 기준량과 비교하는 양의 합이 45입니다.

(   )

S 2

넓이가 $108\,cm^2$인 삼각형 ㄱㄴㄷ을 오른쪽과 같이 두 도형으로 나누면 ㉮와 ㉯의 넓이의 비가 7 : 11이 됩니다. ㉮의 넓이는 몇 cm^2입니까?

(   )

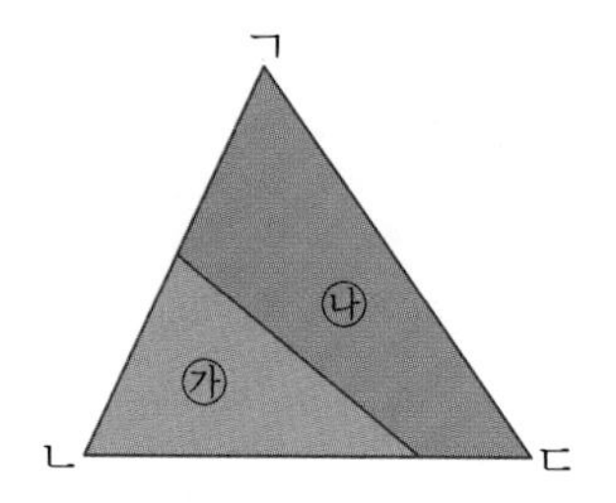

S 3

어느 과일 가게에 4종류의 과일이 있고 사과는 귤보다 7개 많습니다. 다음 표를 보고 과일 가게에서 과일을 하나 골랐을 때 고른 과일이 자두가 아닐 비율을 기약분수로 나타내어 보시오.

과일	배	사과	귤	자두	합계
과일 수(개)	11		9		60

(   )

4 문구점에서 오늘 하루만 4개에 2000원 하는 지우개를 사면 한 개를 더 주는 행사를 한다고 합니다. 오늘 지우개 한 개의 할인율은 몇 $\%$입니까?

(　　　　　　　)

5 은행에서는 다음과 같은 두 가지 방법으로 이자를 계산합니다. 1년 동안의 이자율이 1%인 은행에 10만 원을 2년 동안 예금한다면 2년 후에 찾을 수 있는 금액은 모두 얼마인지 복리법으로 구하시오.

- 단리법: (원금)$+$(원금에 대한 이자)
- 복리법: $\underbrace{\{(\text{원금})+(\text{원금에 대한 이자})\}}_{㉠}+$㉠에 대한 이자

(　　　　　　　)

6 정호네 마을의 넓이는 현진이네 마을의 넓이의 3배이고, 정호네 마을 사람 수는 504명, 현진이네 마을 사람 수는 216명입니다. 정호네 마을의 넓이에 대한 인구의 비율이 56일 때, 현진이네 마을의 넓이에 대한 인구의 비율을 자연수로 구하시오.

(　　　　　　　)

7

대휘네 집에서 지윤이네 집 사이의 거리는 1.32 km입니다. 대휘는 1분에 30 m씩 걷는 빠르기로 지윤이는 1분에 25 m씩 걷는 빠르기로 각자의 집에서 상대방의 집을 향하여 동시에 출발하였습니다. 대휘와 지윤이가 만난 곳은 대휘네 집에서 몇 m 떨어진 곳인지 구하시오.

(　　　　　　　　)

8

진하기가 12 %인 소금물 200 g에 물 100 g을 더 부었습니다. 이 소금물의 진하기는 몇 %인지 구하시오.

(　　　　　　　　)

4 비와 비율

본문 106~108쪽의 유사문제입니다. 한 번 더 풀어 보세요.

1 어느 직사각형의 가로를 20%, 세로를 10% 늘였을 때 처음 직사각형의 넓이에 대한 새로 만든 직사각형의 넓이의 비율을 소수로 나타내어 보시오.

( )

2 어느 회사의 1차 면접 경쟁률이 12 : 1이고, 1차 면접 통과자 중 75%가 최종 합격했다고 합니다. 이 회사에 지원한 사람이 192명이었을 때 최종 합격자는 몇 명인지 구하시오.

( )

3 다음은 어느 과일 가게에서 지난달과 이번 달에 판 과일의 수와 가격입니다. 지난달에 비해 이번 달의 포도 1송이의 값은 오렌지 1개의 값보다 몇 %p 더 올랐습니까?

과일	지난달	이번 달
포도	5송이, 12000원	6송이, 18000원
오렌지	4개, 7200원	3개, 6480원

( )

4 진하기가 6%인 소금물 $300\mathrm{g}$과 진하기가 9%인 소금물 $100\mathrm{g}$을 섞은 후 물 $50\mathrm{g}$을 더 넣어 소금물 ㉮를 만들었습니다. ㉮ 소금물의 진하기는 몇 $\%$입니까?

(　　　　　　　　)

5 지호는 어제 과녁에 화살을 50번 쏘았는데 32번 명중되었다고 합니다. 오늘 과녁에 화살을 125번 쏴서 명중률을 어제보다 높이려고 할 때 몇 번 이상 명중되어야 하는지 구하시오.

(　　　　　　　　)

6 그림과 같은 직사각형 ㄱㄴㄷㄹ이 있습니다. 점 ㅁ이 꼭짓점 ㄴ에서 화살표 방향으로 출발하여 1초에 $2\mathrm{cm}$씩 직사각형의 변을 따라 움직입니다. 점 ㅁ이 꼭짓점 ㄴ을 출발한지 6초 후 사각형 ㄱㅁㄷㄹ의 넓이를 구하시오.

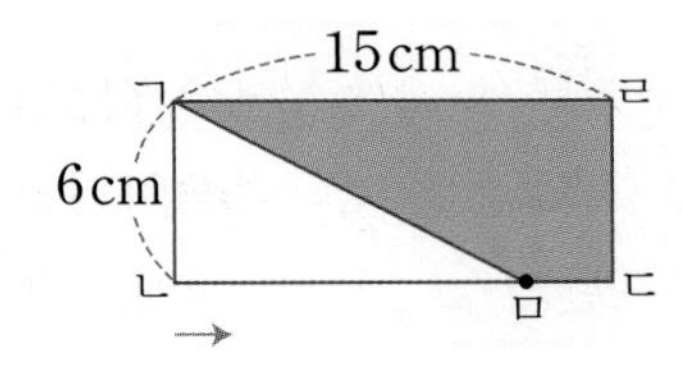

(　　　　　　　　)

7 ㉯에 대한 ㉮의 비율은 3.6이고, ㉯의 ㉰에 대한 비율은 $\frac{15}{8}$입니다. ㉮와 ㉰의 비율을 대분수로 나타내어 보시오.

(　　　　　　　　)

8 어느 회사의 작년 입사자 수는 96명이었고 남자와 여자 수의 비는 $5:3$이었습니다. 올해 남자 입사자 수는 작년보다 10% 줄고, 여자 입사자 수는 작년보다 25% 늘었다면 올해 전체 입사자 수는 작년보다 몇 명 더 늘었는지 구하시오.

(　　　　　　　　)

9 어느 가게에서 원가가 20000원인 물건에 25%의 이익을 붙여 정가를 정했습니다. 그런데 팔리지 않자 정가의 10%를 할인하여 팔았습니다. 이 물건 1개를 팔아 얻은 이익은 얼마입니까?

(　　　　　　　　)

5 여러 가지 그래프

본문 114~131쪽의 유사문제입니다. 한 번 더 풀어 보세요.

1 공장별 연필 생산량을 조사하여 나타낸 그림그래프입니다. 각 공장에서 연필을 한 타에 2500원씩 판매했다면 네 공장에서 연필을 판매한 금액은 모두 얼마입니까? (단, 한 타는 연필 12자루입니다.)

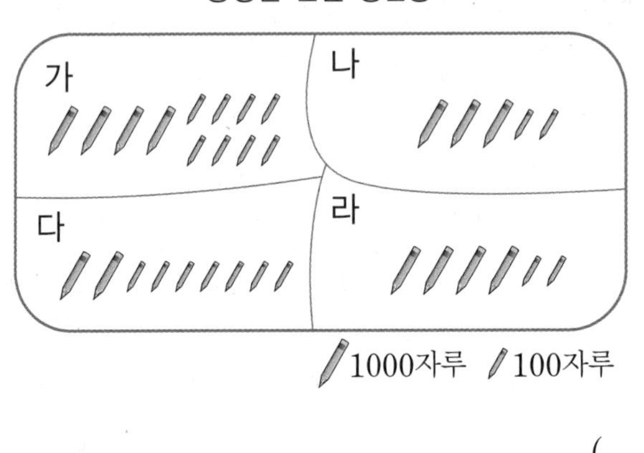

(　　　　　　　　　　)

2 오른쪽은 현아네 반 학급 문고에 있는 책을 조사하여 나타낸 원그래프입니다. 위인전이 모두 10권일 때 위인전을 제외한 학급 문고 중 과학책이 차지하는 비율은 전체의 몇 $\%$가 되겠습니까?

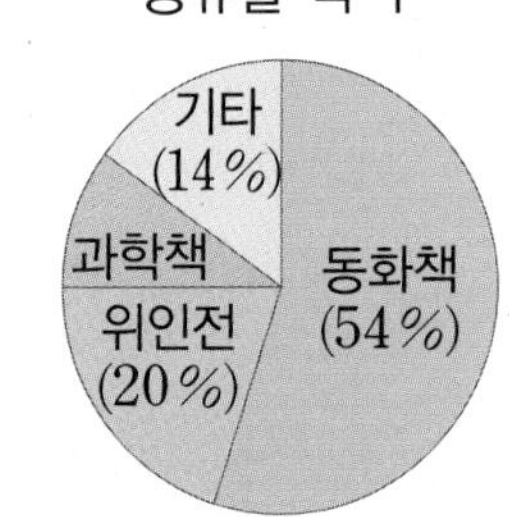

(　　　　　　　　　　)

3 오른쪽은 세훈이네 학교 학생 40명이 좋아하는 과일을 조사하여 나타낸 원그래프입니다. 바나나를 좋아하는 학생은 몇 명입니까?

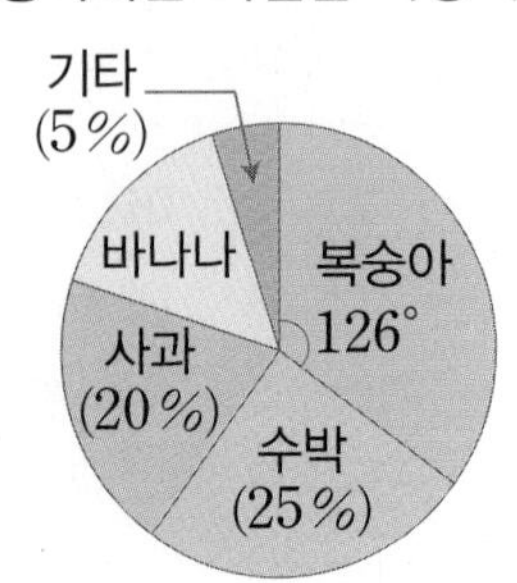

(　　　　　　　　　　)

4 농장별 돼지 수를 조사하여 나타낸 그림그래프입니다. 네 농장의 평균 돼지 수가 450마리이고 라 농장의 돼지 수는 나 농장보다 120마리 더 많을 때 그림그래프를 완성하시오.

농장별 돼지 수

5 한과 한 개의 무게는 10 g이고 영양 성분은 오른쪽 원그래프와 같습니다. 기타의 20 %가 나트륨일 때 이 한과만으로 나트륨의 1일 권장섭취량 2.1 g을 섭취하려면 한과를 적어도 몇 개 먹어야 합니까?

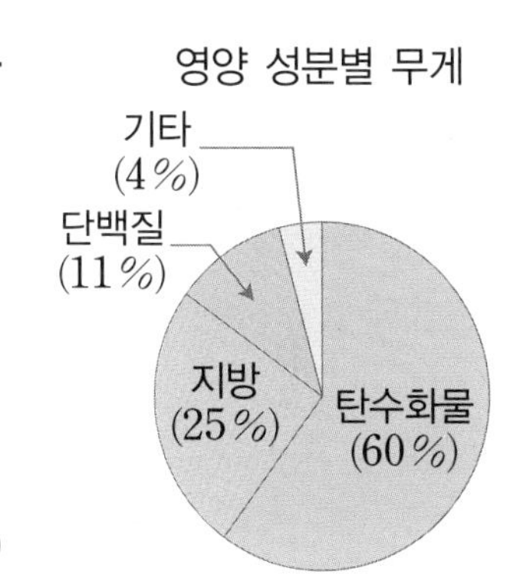

(　　　　　　　　)

6 재민이의 이번 주 용돈의 쓰임새를 조사하여 나타낸 띠그래프입니다. 교통비와 저축으로 7200원을 사용하였을 때 도서 구입비와 학용품 구입비로 사용한 금액은 얼마입니까?

용돈의 쓰임새별 금액

도서 구입비 (36%)	학용품 구입비 (30%)	교통비	저축	기타 (10%)

(　　　　　　　　)

7 오른쪽은 민호네 학교 학생들이 좋아하는 과일을 조사하여 나타낸 원그래프입니다. 귤과 배의 비가 $15:8$일 때 귤의 비율은 배의 비율보다 몇 $\%p$ 더 높습니까?

좋아하는 과일별 학생 수

( )

8 파란색 구슬을 현수는 40개, 연주는 24개 가지고 있을 때 현수와 연주가 가지고 있는 노란색 구슬 수의 차는 몇 개입니까?

가지고 있는 구슬

	투명	노랑	파랑	초록	빨강
현수	30%	30%	20%	10%	10%
연주	25%	40%	15%	10%	10%

( )

9 어느 학교의 남녀 학생 수와 남학생의 거주지를 조사하여 나타낸 원그래프입니다. 전체 학생 수가 2000명일 때 라 동에 살고 있는 남학생은 몇 명입니까?

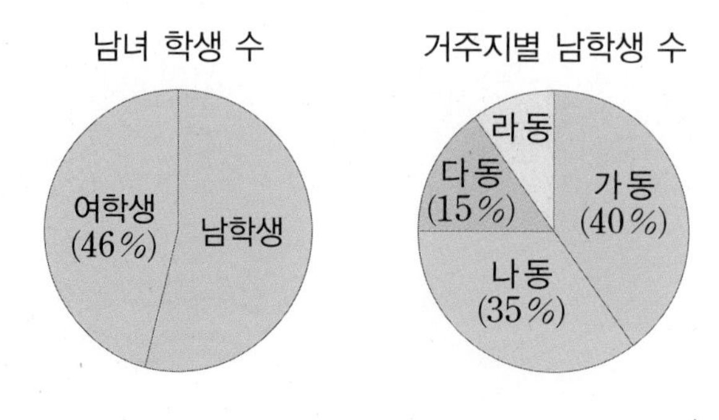

( )

5 여러 가지 그래프

본문 132~136쪽의 유사문제입니다. 한 번 더 풀어 보세요.

1 미술 학원에서 남학생 160명, 여학생 140명에게 전시회 참가 여부를 조사하여 나타낸 원그래프입니다. 남학생과 여학생 중 전시회에 참가하려고 하는 학생은 어느 쪽이 몇 명 더 많습니까?

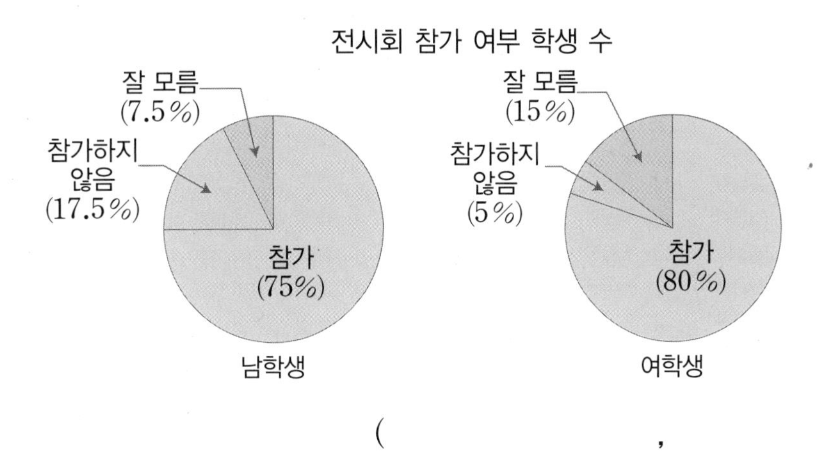

(,)

2 지민이네 마을의 토지 이용률을 조사하여 나타낸 원그래프입니다. 밭과 주택지의 비가 2 : 1일 때 이 원그래프를 띠그래프로 나타내어 보시오.

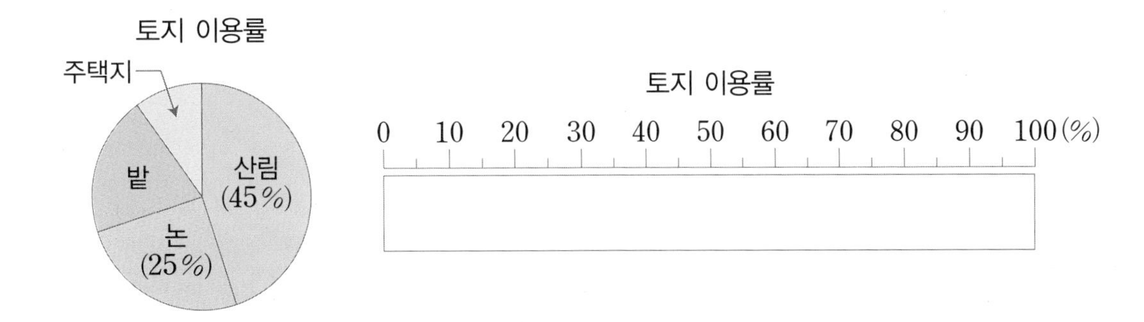

3 오른쪽은 어느 지역에서 한 달 동안 발생한 쓰레기의 양을 조사하여 나타낸 원그래프입니다. 종이가 528 kg일 때 고철은 몇 kg입니까?

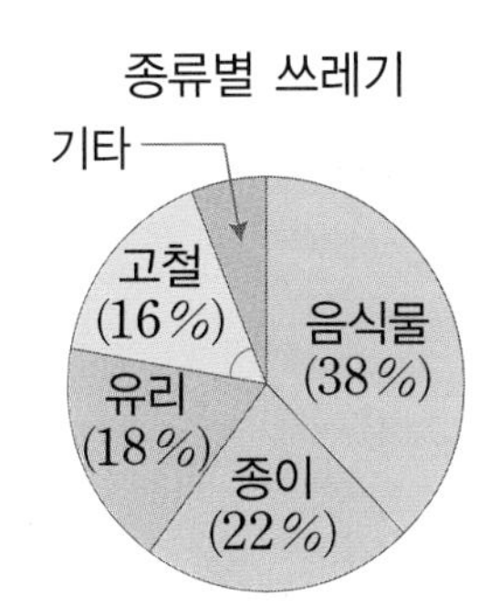

( )

서술형 **4** 나현이네 학교 학생 500명이 좋아하는 음식을 조사하여 길이가 $40\,\mathrm{cm}$인 띠그래프로 나타내었습니다. 피자가 차지하는 길이가 $15.2\,\mathrm{cm}$이고 짜장면이 차지하는 길이가 $8.8\,\mathrm{cm}$일 때 치킨을 좋아하는 학생은 몇 명인지 풀이 과정을 쓰고 답을 구하시오.

좋아하는 음식별 학생 수

피자	짜장면	치킨	김밥 (11 %)	기타 (11 %)

풀이

답

5 띠그래프에서 ㉠의 ㉡에 대한 비가 $6:5$이고 ㉡ 항목의 수가 300개라면 전체 항목의 수는 몇 개입니까?

㉠	㉡	㉢ (23 %)	㉣ (22 %)

(　　　　　　　)

6 슬비네 학교 학생 80명의 장래 희망을 조사하여 나타낸 표입니다. 의사가 장래 희망인 학생 수와 교사가 장래 희망인 학생 수의 비가 $3:5$일 때, 길이가 $10\,\mathrm{cm}$인 띠그래프에서 장래 희망이 의사인 학생이 차지하는 길이는 몇 cm입니까?

장래 희망별 학생 수

장래 희망	연예인	교사	의사	기타
학생 수(명)	28			20

(　　　　　　　)

7 정현이네 모둠 학생들이 수확한 고구마의 무게를 그림그래프로 나타내려고 합니다. 정현이와 진수가 수확한 고구마의 평균 무게는 $22\ \mathrm{kg}$, 진수와 승주가 수확한 고구마의 평균 무게는 $19.5\ \mathrm{kg}$, 정현이와 승주가 수확한 고구마의 평균 무게는 $20.5\ \mathrm{kg}$일 때 그림그래프를 완성하시오.

학생별 수확한 고구마의 무게

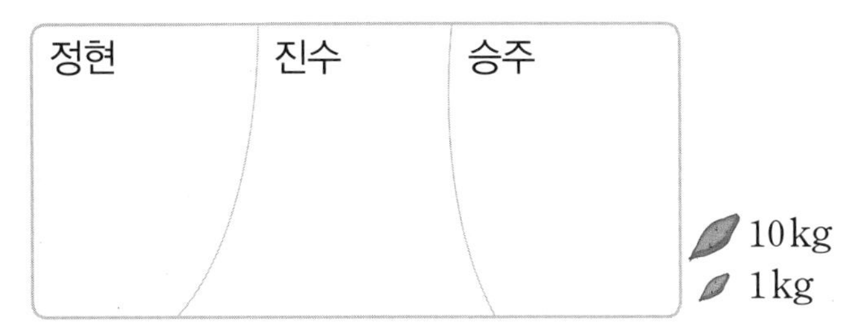

8 무게가 $500\ \mathrm{g}$인 감을 말리면 $400\ \mathrm{g}$의 수분이 빠져나가 곶감이 됩니다. 감과 곶감의 영양 성분이 다음 원그래프와 같을 때 곶감의 탄수화물과 수분은 각각 몇 %가 되는지 구하시오. (단, 수분을 제외한 다른 성분은 변하지 않습니다.)

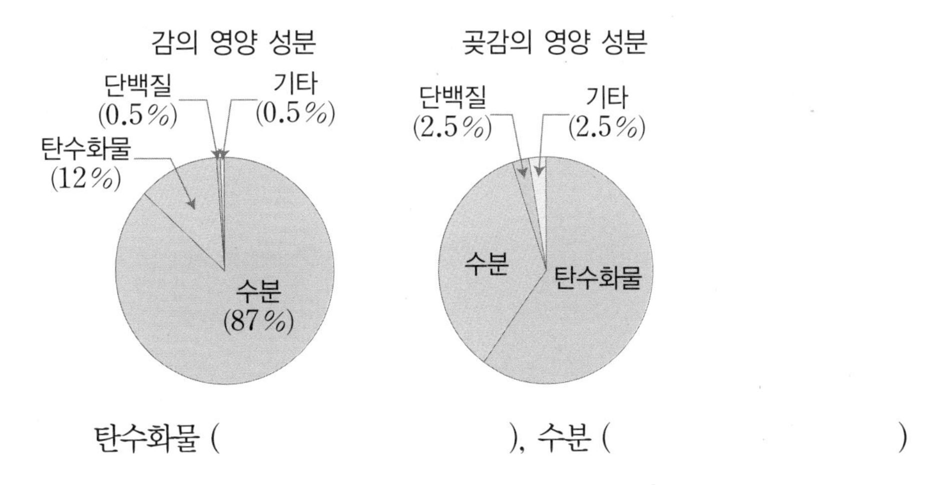

탄수화물 ( ), 수분 ( )

9

어느 학교의 5학년과 6학년의 남녀 학생 수를 조사하여 나타낸 원그래프로 5학년과 6학년의 전체 학생 수의 비는 3 : 2입니다. 두 원그래프를 하나의 원그래프에 나타낼 때 5학년과 6학년의 여학생 수는 전체의 몇 %입니까?

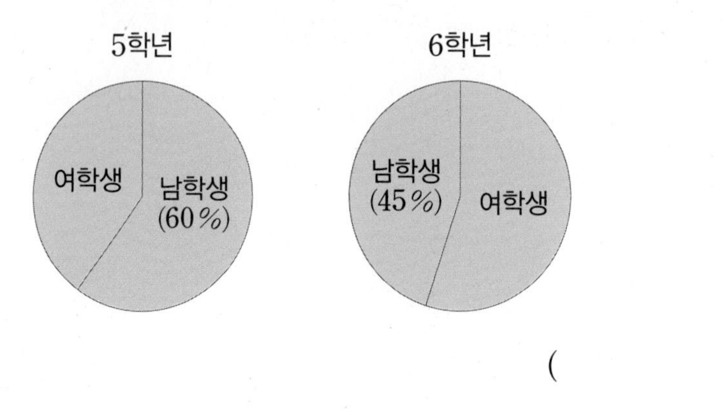

(   )

10

수아네 학교 학생 2160명을 대상으로 배구와 농구를 좋아하는 학생 수를 조사하여 나타낸 원그래프입니다. 전체의 45 %가 배구와 농구를 둘 다 좋아할 때 배구도 좋아하지 않고 농구도 좋아하지 않는 학생은 몇 명입니까?

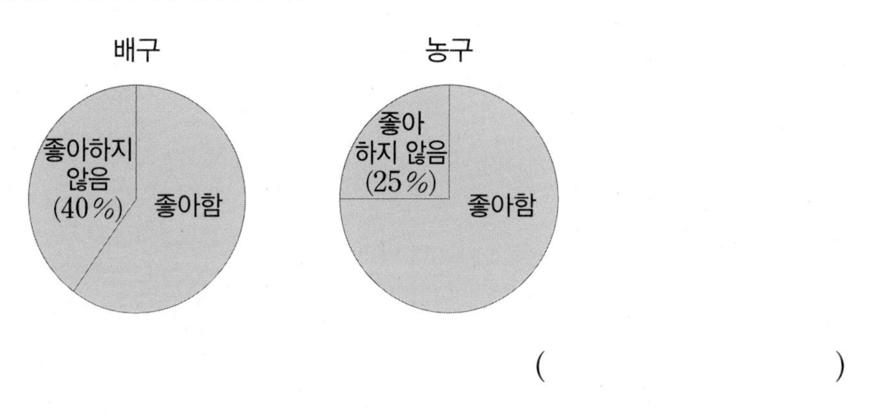

(   )

6 직육면체의 부피와 겉넓이

본문 144~163쪽의 유사문제입니다. 한 번 더 풀어 보세요.

1 세로가 $360\,\mathrm{cm}$이고 높이가 $5\,\mathrm{m}$인 직육면체의 부피가 $54000000\,\mathrm{cm}^3$입니다. 이 직육면체의 가로는 몇 m인지 구하시오.

( )

2 오른쪽과 같은 직육면체 모양의 상자를 쌓아 가장 작은 정육면체 모양을 만들려고 합니다. 필요한 상자는 모두 몇 개인지 구하시오.

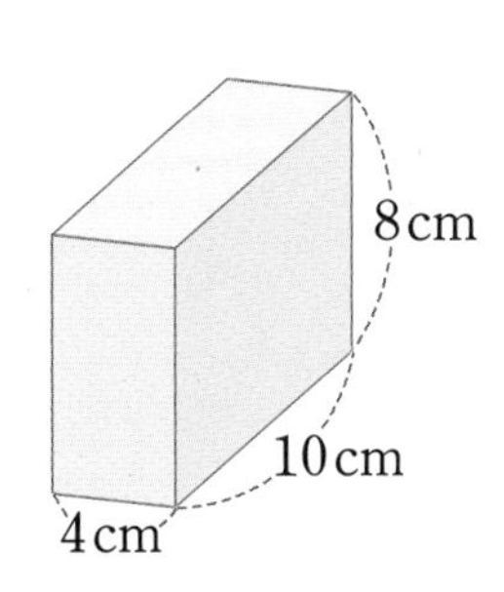

( )

3 직육면체를 오른쪽과 같이 각 면에 수직이 되도록 잘라 4개의 입체도형으로 만들었습니다. ㉠의 부피는 ㉡의 부피의 몇 배인지 소수로 나타내어 보시오.

( )

4 직육면체를 위와 옆에서 본 모양이 다음과 같을 때 이 직육면체의 겉넓이는 몇 cm^2인지 구하시오.

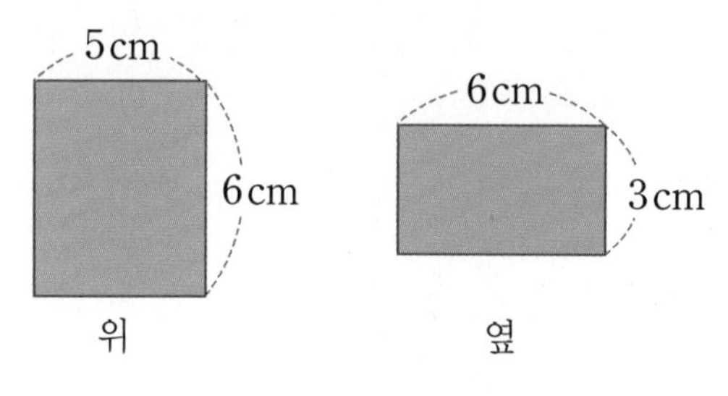

(　　　　　　　)

5 부피가 $729cm^3$인 정육면체의 겉넓이는 몇 cm^2입니까?

(　　　　　　　)

6 오른쪽 입체도형은 직육면체에 직육면체 모양의 구멍을 뚫은 것입니다. 이 입체도형의 겉넓이는 몇 cm^2입니까?

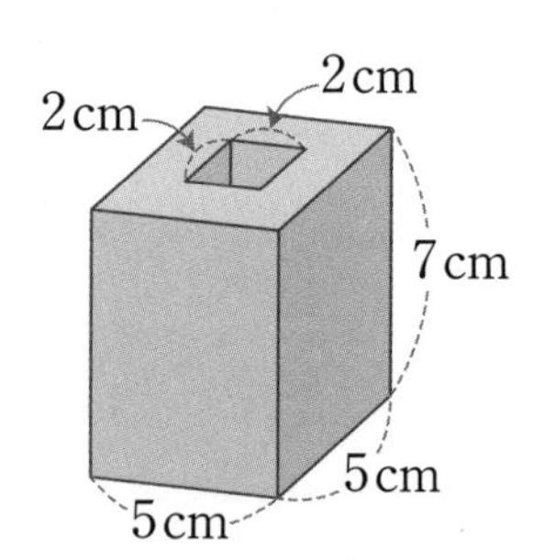

(　　　　　　　)

7 오른쪽 직육면체 모양의 수조에 모양과 크기가 같은 쇠구슬 4개를 넣고 물을 가득 채운 후 쇠구슬을 모두 꺼냈더니 물의 높이가 11cm가 되었습니다. 쇠구슬 한 개의 부피는 몇 cm^3입니까?

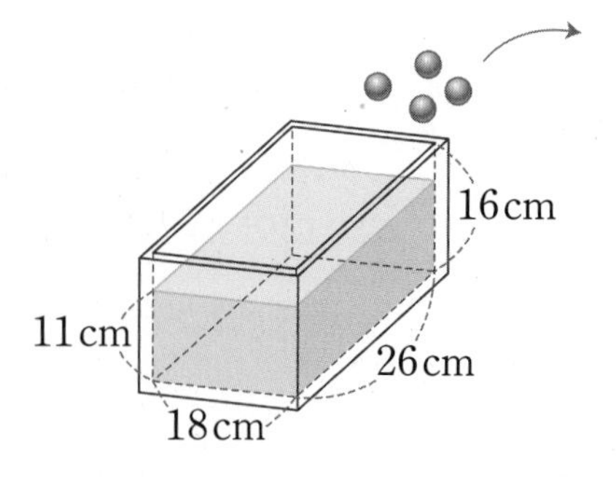

(　　　　　　　)

8 왼쪽 정육면체 모양의 상자 16개를 쌓아 겉넓이가 가장 큰 직육면체를 만들려고 합니다. 만든 직육면체의 겉넓이를 구하시오.

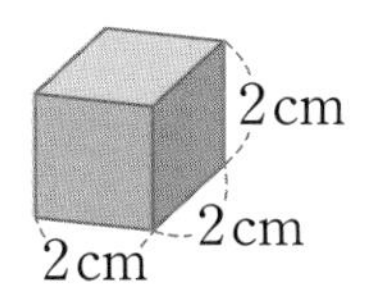

(   )

9 서술형

오른쪽 그림과 같은 직육면체의 높이를 40 %로 줄였습니다. 가로를 몇 cm로 늘려야 처음 직육면체의 부피와 같겠는지 풀이 과정을 쓰고 답을 구하시오.

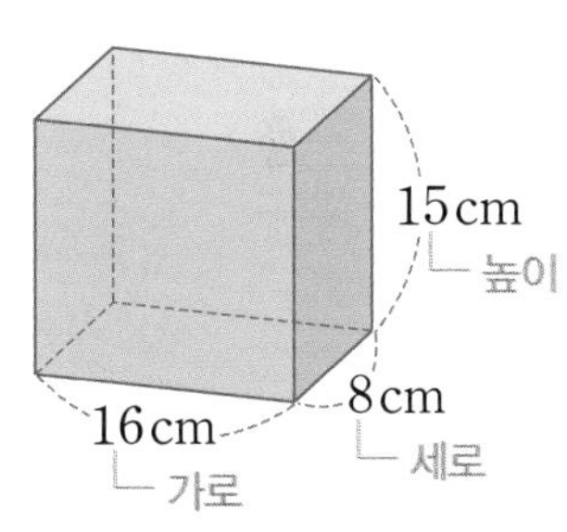

풀이

답

10 오른쪽과 같이 밑면의 모양이 직각삼각형으로 같은 두 삼각기둥이 붙어 있을 때 이 입체도형의 부피는 몇 cm^3입니까?

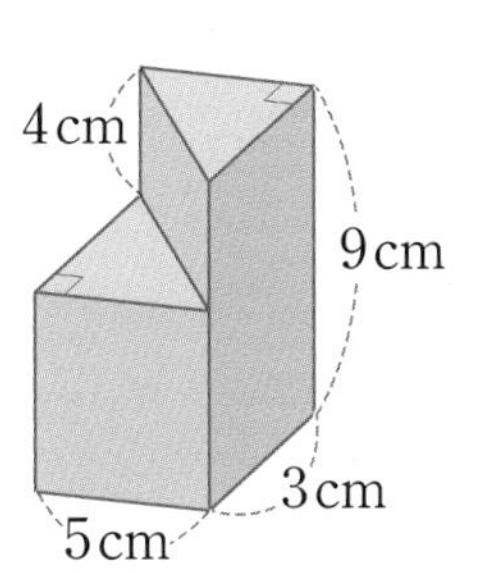

(   )

6 직육면체의 부피와 겉넓이

본문 164~166쪽의 유사문제입니다. 한 번 더 풀어 보세요.

1 오른쪽 입체도형의 부피는 몇 cm^3입니까?

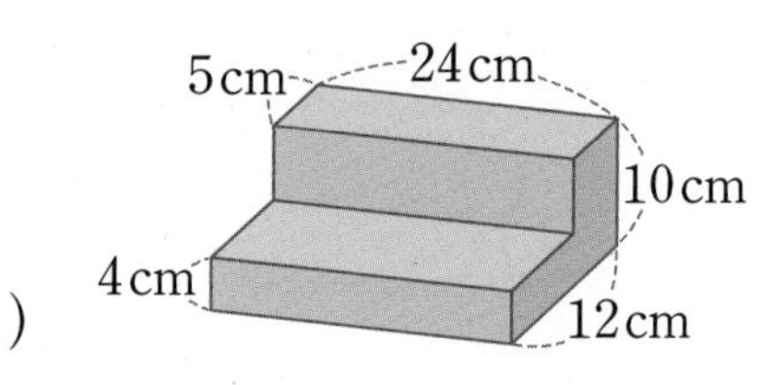

(　　　　　　　　　)

2 오른쪽 모양은 부피가 $64 cm^3$인 쌓기나무 7개를 쌓아서 만든 것입니다. 이 입체도형의 겉넓이는 몇 cm^2인지 구하시오.

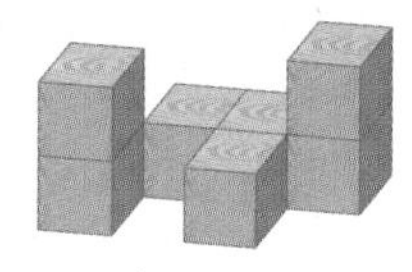

(　　　　　　　　　)

3 가로가 $70 cm$, 세로가 $50 cm$인 직사각형 모양의 종이가 있습니다. 다음 그림과 같이 네 귀퉁이에서 한 변이 $8 cm$인 정사각형을 오려 낸 후 접어서 상자 모양을 만들었습니다. 상자의 부피는 몇 cm^3입니까? (단, 종이의 두께는 생각하지 않습니다.)

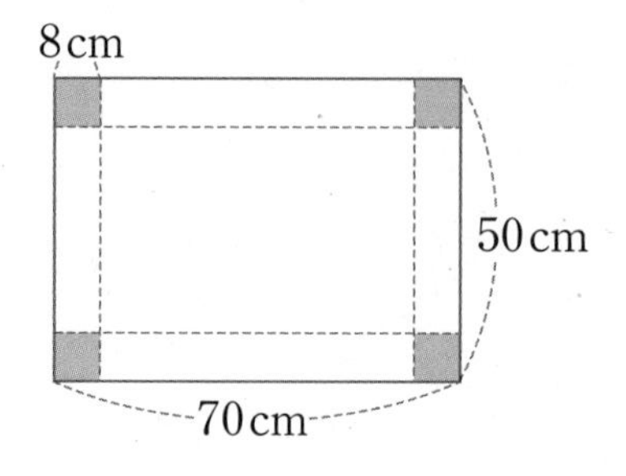

(　　　　　　　　　)

4 오른쪽과 같은 직육면체의 가로, 세로, 높이를 각각 2배로 늘여서 새로운 직육면체를 만들었습니다. 새로 만든 직육면체의 겉넓이는 처음 직육면체의 겉넓이의 몇 배인지 구하시오.

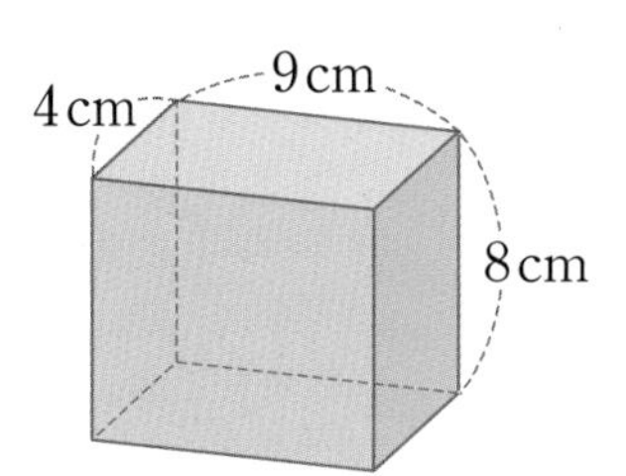

(　　　　　　　　)

5 쌓기나무 64개를 쌓아서 오른쪽과 같은 큰 정육면체를 만들었더니 겉넓이가 쌓기나무 64개의 겉넓이의 합보다 $2592\,cm^2$ 줄었습니다. 쌓기나무의 한 모서리의 길이는 몇 cm인지 구하시오.

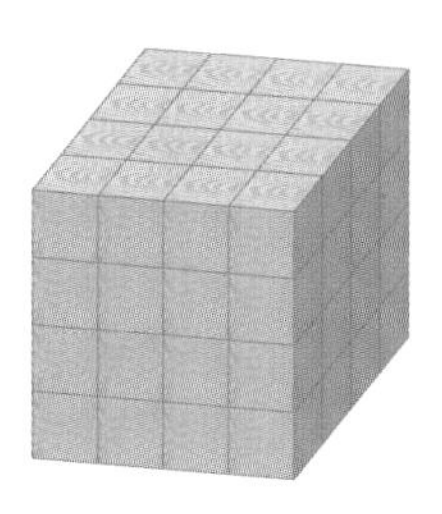

(　　　　　　　　)

6 밑면이 정사각형인 똑같은 두 직육면체 모양의 상자를 그림과 같이 묶었습니다. 끈을 ㉮ 상자를 묶는 데 80 cm, ㉯ 상자를 묶는 데 56 cm 사용했다면 상자의 부피는 몇 cm^3입니까? (단, 매듭의 길이는 생각하지 않습니다.)

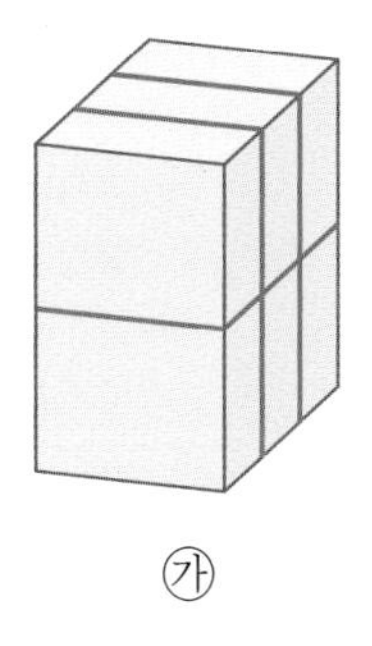
㉮

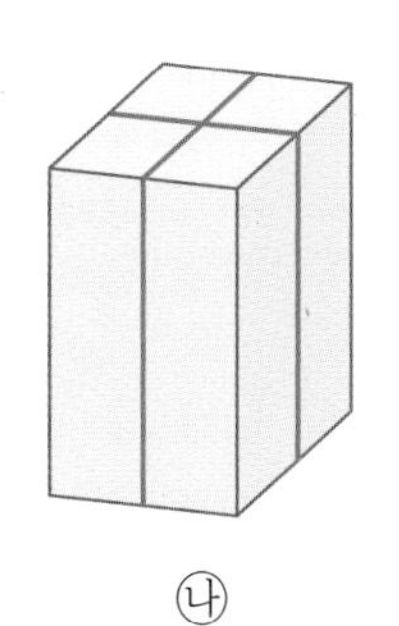
㉯

(　　　　　　　　)

7

오른쪽과 같이 직육면체 모양의 물통에 물을 10 cm 높이만큼 넣은 후 가로 8 cm, 세로 4 cm인 직육면체 모양의 나무 막대를 세웠습니다. 물의 높이는 몇 cm가 되는지 구하시오.

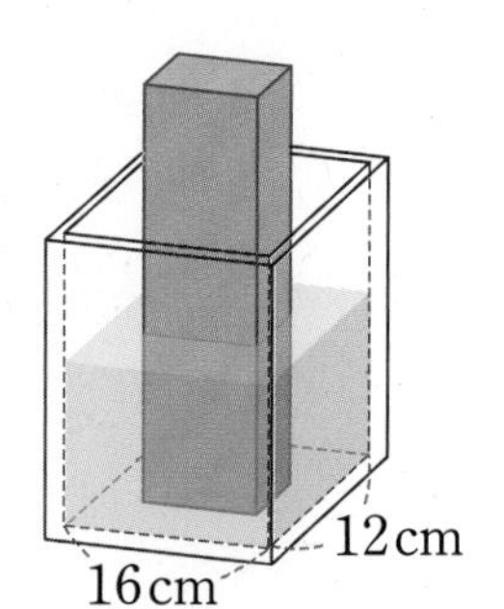

(　　　　　　　　　　)

8

오른쪽과 같이 직육면체 모양의 나무를 똑같은 모양과 크기로 4번 잘랐습니다. 잘린 나무의 겉넓이의 합과 처음 나무의 겉넓이의 차는 몇 cm^2인지 구하시오.

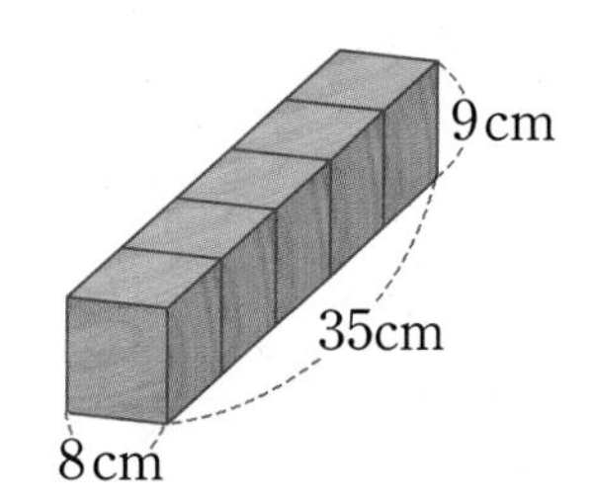

(　　　　　　　　　　)

9 오른쪽 그림은 직육면체 모양의 수조에 물을 담아 옆으로 기울인 것입니다. 비어 있는 부분의 부피가 $100\,\mathrm{cm}^3$일 때 ㉠에 알맞은 수를 구하시오.

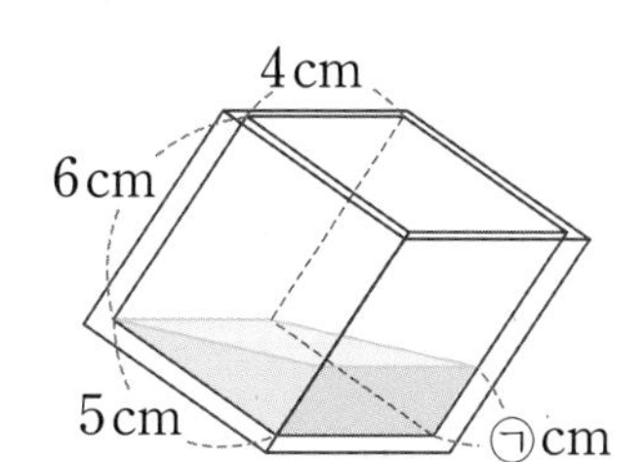

( )

10 부피가 $105\,\mathrm{cm}^3$인 직육면체 중에서 가장 넓은 겉넓이는 몇 cm^2인지 구하시오. (단, 직육면체의 가로, 세로, 높이는 서로 다른 자연수입니다.)

( )

상위권의 기준
최상위
사고력

상위권을 위한
사고력
생각하는 방법도
최상위!

수능까지 연결되는 독해 로드맵

디딤돌 독해력은 수능까지 연결되는 체계적인 라인업을 통하여
수능에서 요구하는 핵심 독해 원리에 대한 이해는 물론,
단계 별로 심화되며 연결되는 학습의 과정을 통해
깊이 있고 종합적인 독해 사고의 능력까지 기를 수 있도록 도와줍니다.

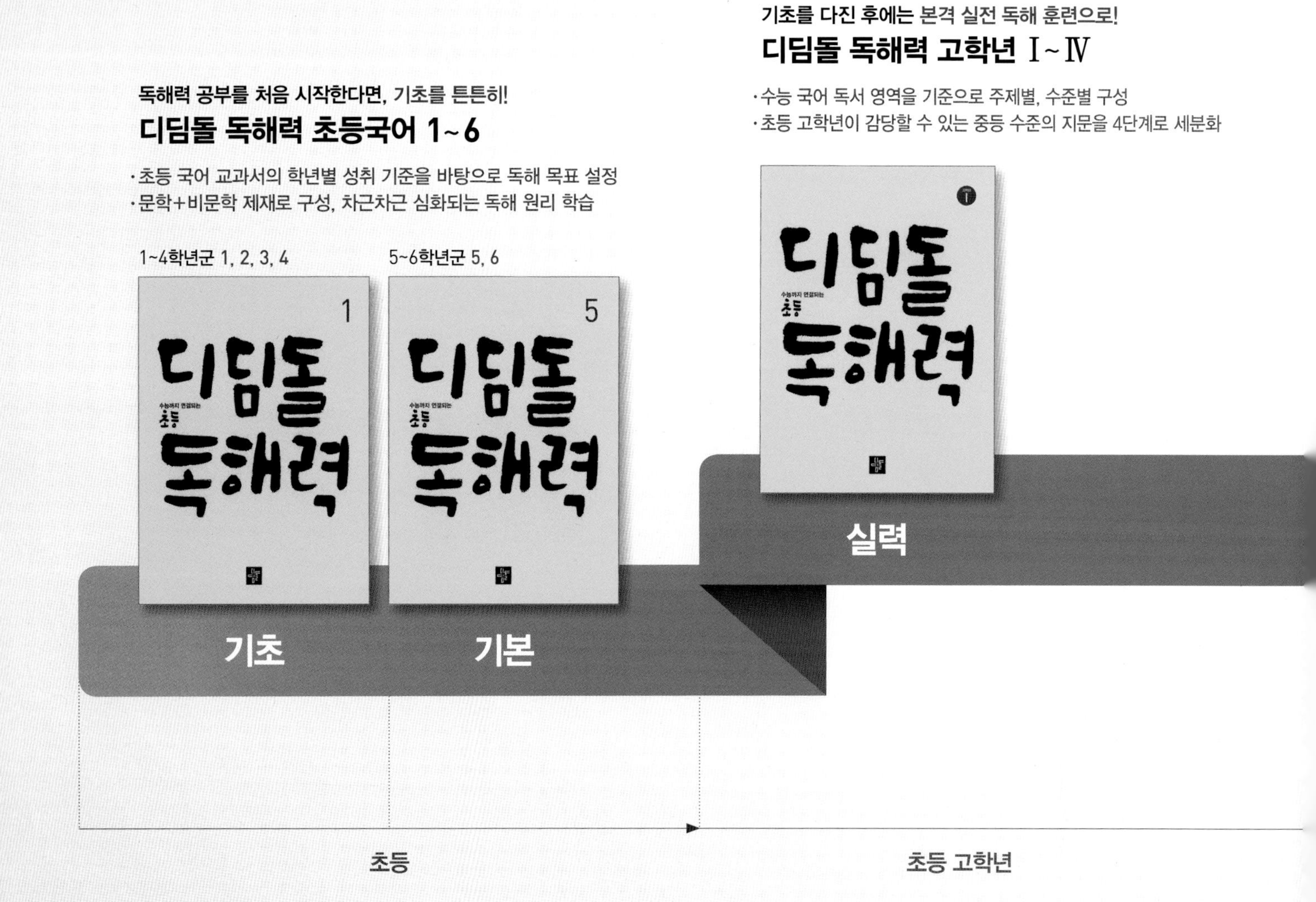

기초를 다진 후에는 본격 실전 독해 훈련으로!
디딤돌 독해력 고학년 Ⅰ~Ⅳ
·수능 국어 독서 영역을 기준으로 주제별, 수준별 구성
·초등 고학년이 감당할 수 있는 중등 수준의 지문을 4단계로 세분화
독해력 공부를 처음 시작한다면, 기초를 튼튼히!
디딤돌 독해력 초등국어 1~6
·초등 국어 교과서의 학년별 성취 기준을 바탕으로 독해 목표 설정
·문학+비문학 제재로 구성, 차근차근 심화되는 독해 원리 학습
1~4학년군 1, 2, 3, 4
5~6학년군 5, 6
1
디딤돌
독해력
5
디딤돌
독해력
디딤돌
독해력
실력
기초
기본
초등
초등 고학년

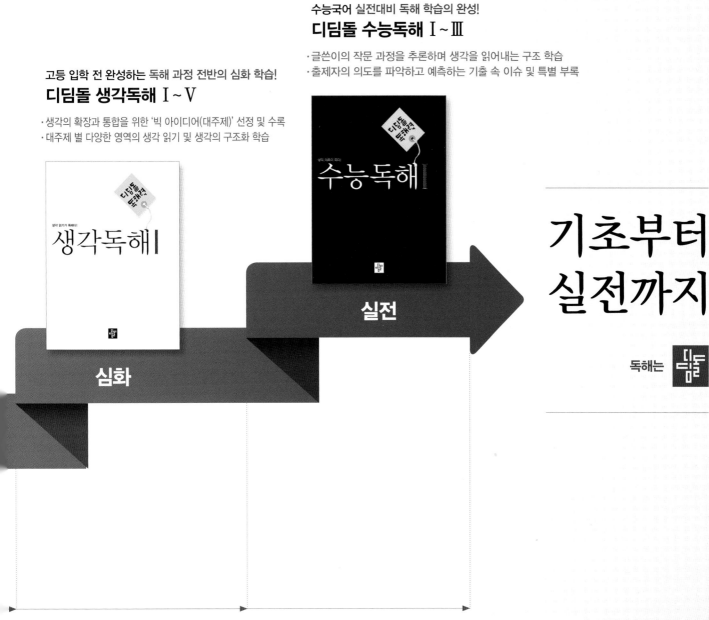

상위권의 기준

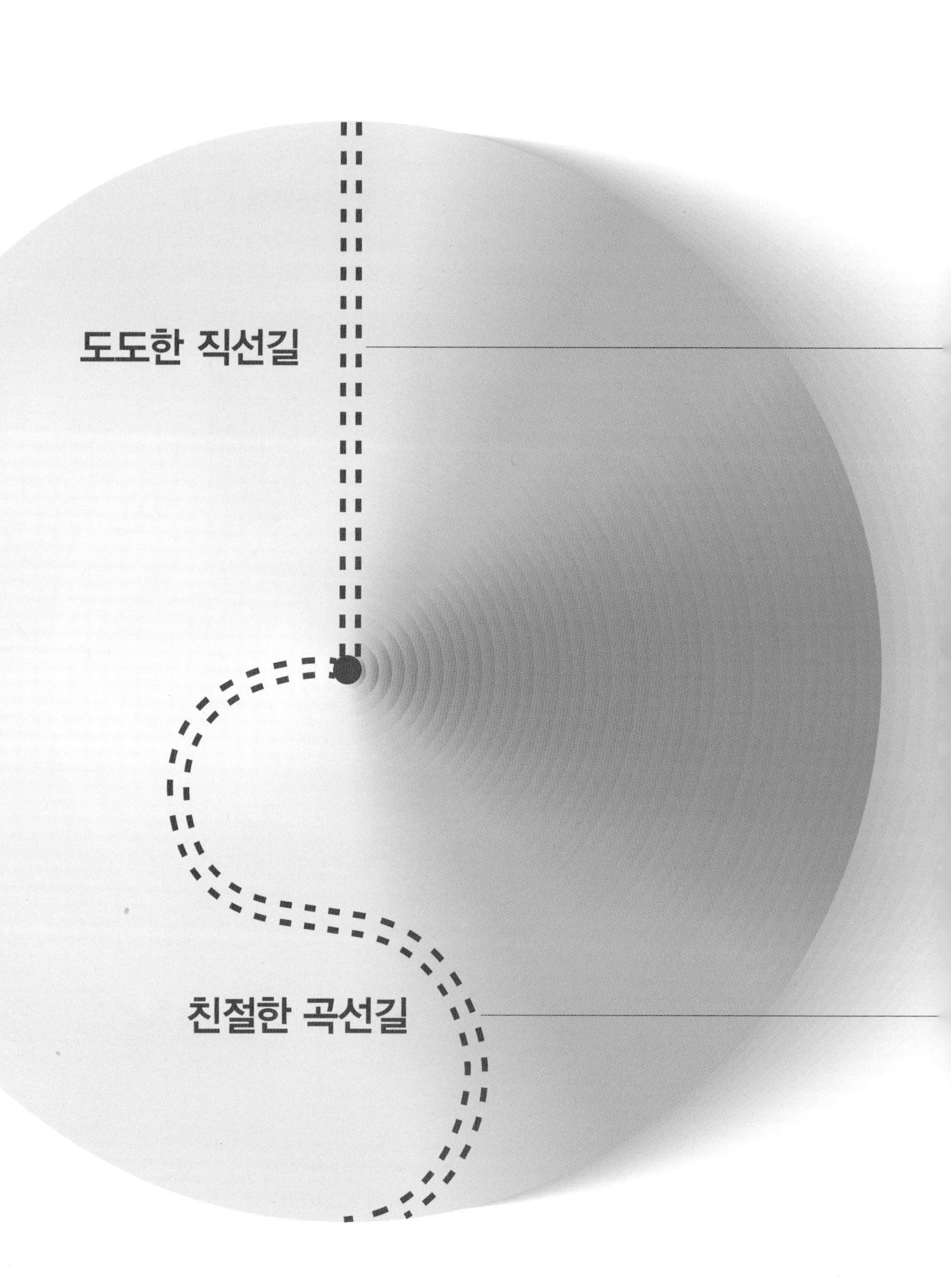

초등 6·1

상위권의 기준

최상위 수학 S

정답과 풀이

디딤돌

SPEED 정답 체크

1 분수의 나눗셈

BASIC CONCEPT 8~11쪽

1 (자연수)÷(자연수), (분수)÷(자연수)

1 ㉢, ㉡, ㉣, ㉠　2 $\frac{3}{5}$ kg　3 ㉢

4 ㉠, ㉣　5 $\frac{2}{5}$

2 분수와 자연수의 혼합 계산

1 4　2 $\frac{9}{10}$ L　3 $7\frac{4}{5}$ cm²

4 $5\frac{1}{7}$ cm²　5 $\frac{3}{44}$　6 $\frac{2}{3}$

최상위 S 12~27쪽

1 11 / 11, 11 / 4 / 4

1-1 2　1-2 5　1-3 1　1-4 2개

2 (위에서부터) 3 / 3 / 8, 3, $\frac{24}{5}$ / $\frac{24}{5}$, 24, 5 / $\frac{3}{5}$

2-1 $\frac{3}{4}$ kg　2-2 $1\frac{1}{3}$ m　2-3 $\frac{5}{24}$ kg

2-4 $\frac{23}{500}$ kg

3 (위에서부터) 12 / 12 / 36, 12 / 3 / 3 / 3, 3, 9, 1, 4

3-1 $2\frac{2}{3}$ cm²　3-2 $\frac{4}{7}$ cm²　3-3 $2\frac{1}{4}$ cm²

3-4 $3\frac{5}{9}$ cm²

4 2, 3, 3, 3 / 3, 9, 9, 9 / 3, 9 / 3, 9, 27

4-1 2배　4-2 $\frac{1}{16}$　4-3 ㉢, ㉡, ㉠　4-4 $\frac{1}{8}$

5 21, 21, 3 / 7, 3 / 45, 45 / 45 / 2, 1, 45

5-1 오전 10시 1분 20초　5-2 오후 4시 59분 12초

5-3 오후 9시 2분 30초　5-4 오전 5시 57분 5초

6 40, 2, 2 / 2, 2 / 402, 8, 1072 / 1072, 1072 / 1072, 71, 7

6-1 $100\frac{2}{9}$ km　6-2 $84\frac{6}{7}$ km

6-3 $\frac{7}{27}$ km　6-4 오후 1시 56분

7 5, 5, 20 / 2, 2, 10, 5 / 5, 5, 4 / 4, 4, 4

7-1 18일　7-2 3일　7-3 8일　7-4 2일

8 5, 9 / 9, 9, 33, 9, 99, 9, 11 / $\frac{11}{15}$

8-1 $\frac{5}{8}$ cm²　8-2 $\frac{4}{7}$ cm²　8-3 $\frac{3}{4}$ cm²

8-4 $2\frac{1}{3}$ cm²

MATH MASTER 28~30쪽

1 $6\frac{1}{4}$　2 7개　3 $\frac{4}{5}$초　4 ㉢

5 $2\frac{1}{12}$ cm²　6 14 kg　7 22 km　8 $2\frac{3}{10}$ cm

9 3　10 3분 48초

2 각기둥과 각뿔

BASIC CONCEPT 32~37쪽

1 각기둥

1 ㉢　2 3개

3 예 각기둥은 위와 아래에 있는 면이 서로 평행하고 합동인 다각형으로 이루어진 입체도형입니다. 주어진 입체도형은 위와 아래에 있는 면이 서로 평행하지만 합동이 아니므로 각기둥이 아닙니다.

4 10개, 24개, 16개　5 칠각기둥

6 오면체

2 각뿔

1 ㉠, ㉢ 2 오각뿔 3 구각뿔 4 66 cm

5 (위에서부터) 10, 6 / 7, 6 / 15, 10 / 2, 2

3 각기둥과 각뿔의 전개도

1 면 ㅎㄷㅌㅍ 2 5개 3 선분 ㅇㅅ

4 144 cm^2 5 예

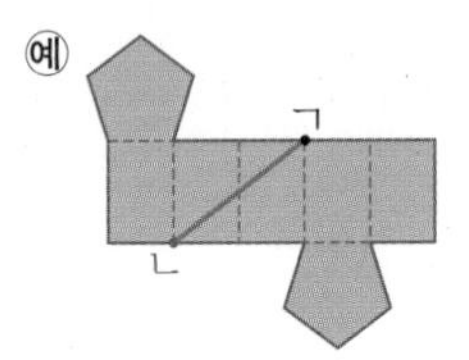

최상위 S 38~53쪽

1 8 / 8, 팔각기둥 / 8, 24 / 8, 16 / 24, 16, 40

1-1 18개, 12개 1-2 14개 1-3 11개

1-4 15개

2 4, 12 / 3 / 3 / 12, 6, 18

2-1 8, 18, 12 2-2 14개 2-3 7개, 12개

2-4 18개

3 3, 3, 9 / 9, 구각뿔 / 9, 10

3-1 31개 3-2 14개 3-3 9개 3-4 육각뿔

4 (전개도 위에서부터) 5, 5, 8, 8 / 5, 8, 5, 8, 26 / 26 / 4

4-1 (전개도 왼쪽에서부터) 3, 6, 3, 6 / 5 cm

4-2 17 cm 4-3 11 cm 4-4 264 cm^2

5 11, 25 / 25, 13 / 50, 39, 89

5-1 50 cm 5-2 114 cm 5-3 33.6 cm

5-4 80 cm

6 (전개도 위에서부터) 12, 10, 10, 7, 9 / 10, 7, 9, 12 / 10, 7, 9, 12 / 48

6-1 42 cm 6-2 20 cm 6-3 960 cm^2

7 2 / 4 / 6 / 2, 4, 6 / 220, 360, 480, 1060

7-1 152 cm 7-2 166 cm 7-3 248 cm

7-4 114 cm

8

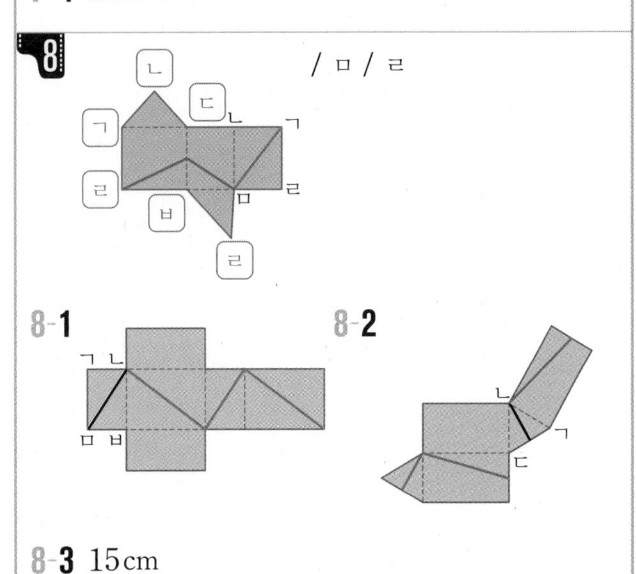

/ ㅁ / ㄹ

8-1

8-2

8-3 15 cm

MATH MASTER 54~56쪽

1 69개 2 7개

3 예 (나)의 면의 수)=((가)의 면의 수)+((가)의 꼭짓점의 수)

4 189 cm 5 22 cm 6 90 cm 7 224개

8 이십각기둥 9

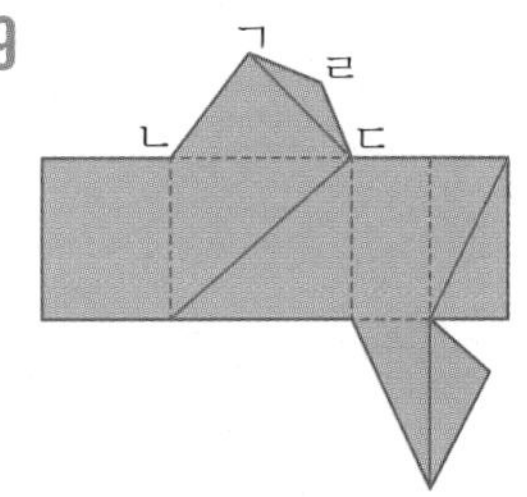

3 소수의 나눗셈

BASIC CONCEPT 58~63쪽

1 (소수)÷(자연수) (1)

1 $\frac{65}{10}\div5=\frac{65\div5}{10}=\frac{13}{10}=1.3$

2 4.3배 3 0.32 m 4 ㉡ 5 ⑤

2 (소수)÷(자연수) (2)

1 0.8, 31.2 2 10배 3 4.35 cm

4 1.05 kg 5 (1) 0.8 (2) 2.06 6 6.3 cm

3 (자연수)÷(자연수)

1 ㉡　2 2번　3 1.5 kg
4 1□2⊡6□4　5 9　6 7

최상위 S 64~79쪽

1 3.25, 3.5 / 3.25, 3.5 / 45.5, 49 / 46, 47, 48

1-1 3개　1-2 88　1-3 27　1-4 17, 18, 19

2 1, 13, 40 / 40, 40, 1.481481…… / 1, 3 / 3 / 1

2-1 1　2-2 3　2-3 2　2-4 9

3 136.8 / 136.8, 27.36 / 27.36 / 27.36, 54.72, 6.08

3-1 3.4 cm　3-2 4 cm　3-3 4.25 cm
3-4 13.5 cm

4 55.5 / 55.5, 121, 121 / 121, 60.5 / 60.5 / 60.5, 5 / 60.5, 5, 12.1

4-1 8.5, 6.5　4-2 4.25　4-3 16.87
4-4 1.25

5 2.11 / 2.11, 35.87 / 35.87, 0.13 / 0.13

5-1 0.7　5-2 0.1　5-3 0.03　5-4 0.06

6 70 / 35 / 35 / 34 / 34 / 1.25

6-1 18.02 m　6-2 2.24 m　6-3 1.85 m
6-4 980 cm^2

7 19, 3.8 / 43, 5, 8.6 / 5 / 25, 34, 5, 6.8

7-1 8.5　7-2 6.75　7-3 0.75　7-4 6

8 13.5 / 12.5, 87.5, 13.5, 94.5 / 88, 94 / 88, 89, 90, 91, 92, 93, 94 / 7

8-1 16.5　8-2 9개　8-3 42.79, 42.01
8-4 4

MATH MASTER 80~82쪽

1 8.5 cm　2 4.2　3 5 L
4 3.7 cm^2　5 0.75　6 19760원
7 15.6 cm　8 3.59, 2.95　9 12.6 cm^2
10 11.5초 후

4 비와 비율

BASIC CONCEPT 84~89쪽

1 비, 비율

1 7, 9 / 8, 21 / 10, 3　2 13 : 24
3 ④　4 13 : 10, $\frac{13}{10}$ 또는 1.3
5 $\frac{4}{5}$　6 ㉯

2 비율이 사용되는 경우

1 $\frac{30}{2}$(=15)　2 나 마을
3 ㉡　4 7 %
5 1552500원

3 백분율

1 (위에서부터) $\frac{9}{20}$, 45 / 0.375, 37.5
2 예 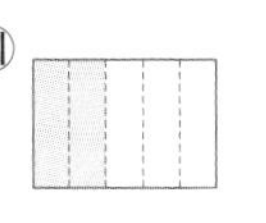　3 50 %
4 0.28, 42번　5 과자
6 $\frac{7}{10}$

최상위 S 90~105쪽

1 $\frac{3}{5}$ / 5, 5, 5, $\frac{15}{25}$ / 15, 25

1-1 6 : 8　1-2 6 : 15　1-3 20 : 16
1-4 55

2 14, 126 / $\frac{31}{63}$ / $\frac{31}{63}$ / $\frac{31}{63}$ / 62

2-1 15 cm^2 **2-2** 21 cm^2 **2-3** 32 cm^2

2-4 24 cm^2

3 45, 69, 300 / 300 / 300, 15

3-1 0.4 **3-2** 30 % **3-3** $\frac{17}{50}$ **3-4** $\frac{4}{21}$배

4 1050, 450, 450, 30 / 3000, 1000, 1000, 25 / 960, 240, 240, 20 / 색연필

4-1 15 % **4-2** 음료수 **4-3** ㉯ 가게, 280원

4-4 20 %

5 10350, 0.023 / 0.023, 13800 / 13800, 613800

5-1 0.03 **5-2** 1032000원 **5-3** 210000원

5-4 520200원

6 160, 2 / 2, 3 / 3, 65

6-1 나 마을 **6-2** 16908 **6-3** 84 **6-4** 116

7 $\frac{324}{144}$, 2.25 / 2.25, 0.25, 0.25 / 15

7-1 5분 **7-2** 1시간 36분 **7-3** 600 m

7-4 8분 후

8 20, 0.2 / 20, 36 / 36, 56 / 20, 200 / 56, 28

8-1 30 % **8-2** 30 % **8-3** 16 % **8-4** 25 %

MATH MASTER

106~108쪽

1 1.44 **2** 12명

3 5 %p **4** 8 %

5 64개 **6** 31초

7 $1\frac{5}{8}$ **8** 405명

9 3200원

5 여러 가지 그래프

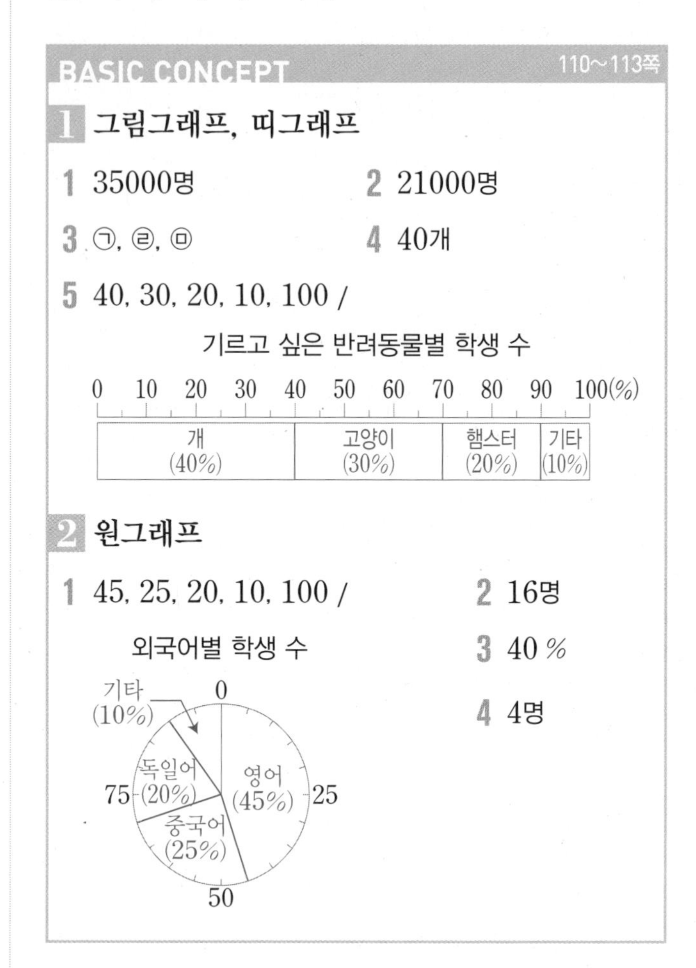

BASIC CONCEPT

110~113쪽

1 그림그래프, 띠그래프

1 35000명 **2** 21000명

3 ㉠, ㉣, ㉤ **4** 40개

5 40, 30, 20, 10, 100 /

2 원그래프

1 45, 25, 20, 10, 100 /

2 16명

3 40 %

4 4명

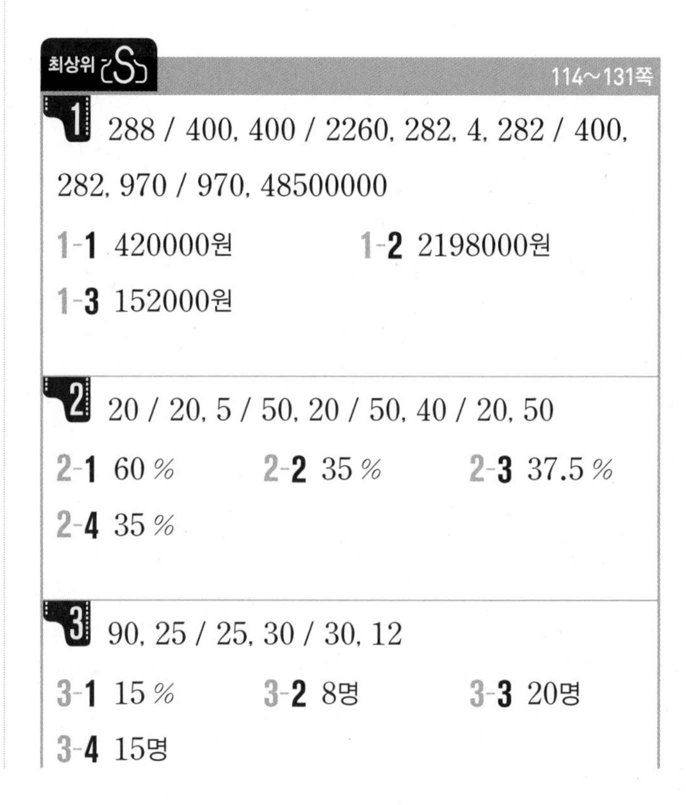

최상위 S

114~131쪽

1 288 / 400, 400 / 2260, 282, 4, 282 / 400, 282, 970 / 970, 48500000

1-1 420000원 **1-2** 2198000원

1-3 152000원

2 20 / 20, 5 / 50, 20 / 50, 40 / 20, 50

2-1 60 % **2-2** 35 % **2-3** 37.5 %

2-4 35 %

3 90, 25 / 25, 30 / 30, 12

3-1 15 % **3-2** 8명 **3-3** 20명

3-4 15명

4 1580 / 1580, 410, 720 / 720, 400 / 400, 320 / 320, 3, 2 / 400, 4

4-1

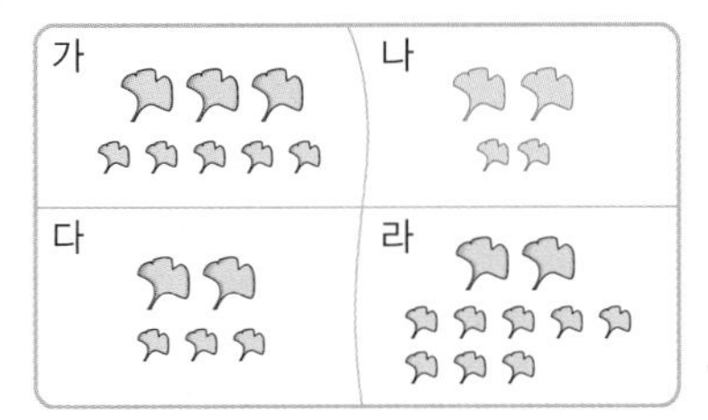

4-2

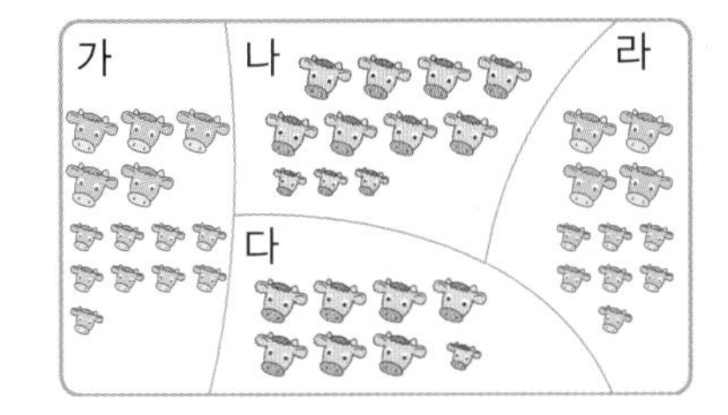

4-3

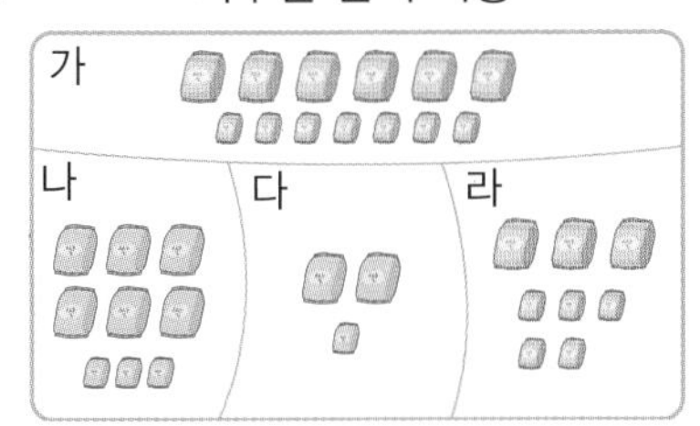

5 55 / 55, 88 / 25 / 88, 25, 22

5-1 8 g　**5-2** 7 g　**5-3** 21.6 g　**5-4** 16개

6 10 / 10, 80 / 5 / 80, 5, 4

6-1 140명　**6-2** 135가구　**6-3** 72명

6-4 112명

7 40 / 40, 40, 5 / 5, 25, 5, 15 / 25, 15, 10

7-1 30 %, 20 %　**7-2** 8 %p　**7-3** 22 %p

7-4 3.5배

8 30 / 30, 36 / 36, 12 / 120

8-1 11명　**8-2** 300 kg　**8-3** 44마리

9 80 / 80, 480 / 45 / 480, 45, 216

9-1 63명　**9-2** 15명　**9-3** 119가구

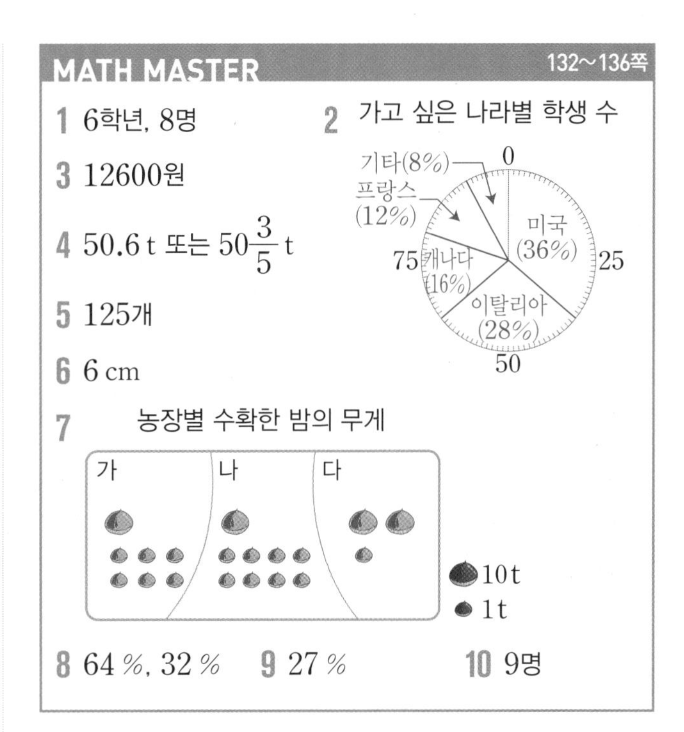

MATH MASTER 132~136쪽

1 6학년, 8명

2 가고 싶은 나라별 학생 수

3 12600원

4 50.6 t 또는 $50\frac{3}{5}$ t

5 125개

6 6 cm

7 농장별 수확한 밤의 무게

8 64 %, 32 %　**9** 27 %　**10** 9명

6 직육면체의 부피와 겉넓이

BASIC CONCEPT 138~143쪽

1 직육면체의 부피

1 6, 6, 12, 18　**2** 343 cm³

3 4 cm　**4** 27배　**5** 324 cm³

2 부피의 단위

1 216 m³　**2** ㉡, ㉢

3 1344 cm³　**4** 1560 cm³

3 직육면체의 겉넓이

1 384 cm²　**2** 62 cm²　**3** 192 cm²

4 324 cm²　**5** 108 cm²

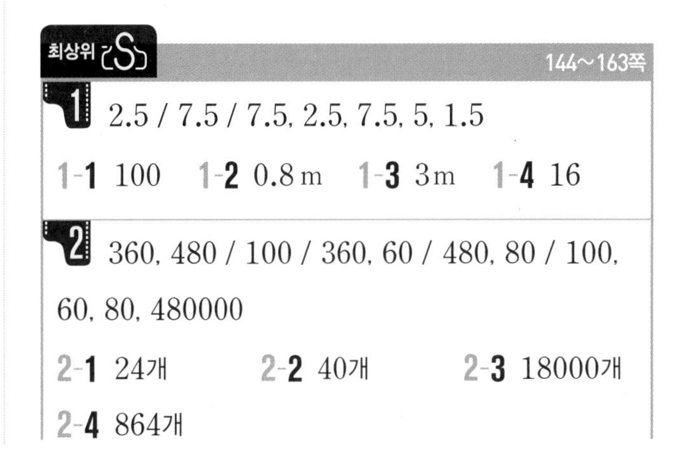

최상위 S 144~163쪽

1 2.5 / 7.5 / 7.5, 2.5, 7.5, 5, 1.5

1-1 100　**1-2** 0.8 m　**1-3** 3 m　**1-4** 16

2 360, 480 / 100 / 360, 60 / 480, 80 / 100, 60, 80, 480000

2-1 24개　**2-2** 40개　**2-3** 18000개

2-4 864개

3 10, 1120 / 1120, 560

3-1 2500 cm^3 **3-2** 1080 cm^3 **3-3** 27 cm

3-4 0.55배

4 / 5, 7, 5 / 30, 42, 35 / 107 / 214

4-1 126 cm^2 **4-2** 404 cm^2 **4-3** 15000 cm^2

4-4 228 cm^2

5 8, 10 / 18, 80, 18, 80 / 18, 90, 5 / 5, 400

5-1 208 cm^2 **5-2** 840 cm^3 **5-3** 576 cm^2

5-4 294 cm^2

6 120 / 10, 56 / 56, 1120 / 120, 1120, 1360

6-1 780 cm^2 **6-2** 392 cm^2 **6-3** 600 cm^2

6-4 974 cm^2

7 30, 25, 5 / 5, 1600

7-1 450 cm^3 **7-2** 880 cm^3 **7-3** 960 cm^3

7-4 1350 cm^3

8 2, 4 / 2, 8 / 16, 64 / 4, 16, 72 / ㉱, 72, 64, 8

8-1 ㉮ **8-2** ㉰, ㉮, ㉯ **8-3** 128 cm^2

9 10 / 10, 10, 10, 1000 / 1000, 8

9-1 4배 **9-2** 3.375배 **9-3** 20 cm

10 2 / 2, 24, 2040

10-1 140 cm^3 **10-2** 1800 cm^3

10-3 1377 cm^3 **10-4** 10, 7

MATH MASTER 164~166쪽

1 2400 cm^3 2 650 cm^2

3 15504 cm^3 4 9배

5 539 cm^3 6 12.5 cm

7 1200 cm^2 8 4

9 130 cm^2

복습책

1 분수의 나눗셈

다시푸는 최상위 S 2~4쪽

1 2개 2 $\frac{1}{4}$ kg 3 $3\frac{3}{4}$ cm^2

4 $\frac{1}{30}$ 5 오전 4시 57분 55초

6 $\frac{3}{8}$ km 7 8일 8 $\frac{7}{18}$ cm^2

다시푸는 MATH MASTER 5~8쪽

1 $5\frac{3}{4}$ 2 8개 3 $\frac{4}{9}$초

4 ㉣ 5 $\frac{3}{10}$ cm^2 6 $6\frac{1}{5}$ kg

7 $8\frac{3}{5}$ km 8 $1\frac{11}{15}$ cm 9 5

10 3분 30초

2 각기둥과 각뿔

다시푸는 최상위 S 9~11쪽

1 8개 2 21개 3 십이각뿔 4 7 cm

5 44 cm 6 25 cm 7 120 cm

8

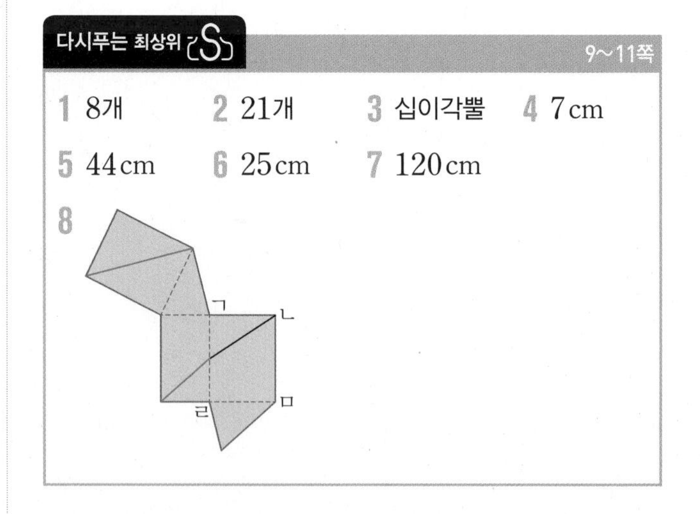

다시푸는 MATH MASTER 12~14쪽

1 23개 2 9개

3 예 (㈏의 꼭짓점의 수)=(㈎의 꼭짓점의 수)+2

4 225 cm^2 5 3 cm 6 십각뿔

7 12개 8 십각기둥 9

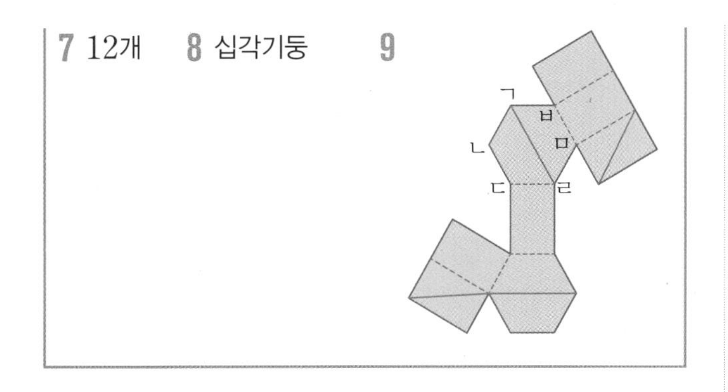

3 소수의 나눗셈

다시푸는 최상위 S 15~16쪽

1 43 2 4 3 12.5 cm
4 13.62 5 0.02 6 1.45 m
7 1.5 8 28.49, 27.91

다시푸는 MATH MASTER 17~19쪽

1 5.2 cm 2 12.25 3 4.2 L
4 3.3 cm^2 5 0.64 6 15075원
7 19.6 cm 8 3.64, 2.94 9 20.8 cm^2
10 6.5초

4 비와 비율

다시푸는 최상위 S 20~22쪽

1 20 : 25 2 42 cm^2 3 $\frac{3}{5}$
4 20 % 5 102010원 6 72
7 720 m 8 8 %

다시푸는 MATH MASTER 23~25쪽

1 1.32 2 12명 3 5 %p
4 6 % 5 81번 6 54 cm^2
7 $6\frac{3}{4}$ 8 3명 9 2500원

5 여러 가지 그래프

다시푸는 최상위 S 26~28쪽

1 3102500원 2 15 % 3 6명

4

5 27개 6 19800원 7 14 %p
8 4개 9 108명

다시푸는 MATH MASTER 29~32쪽

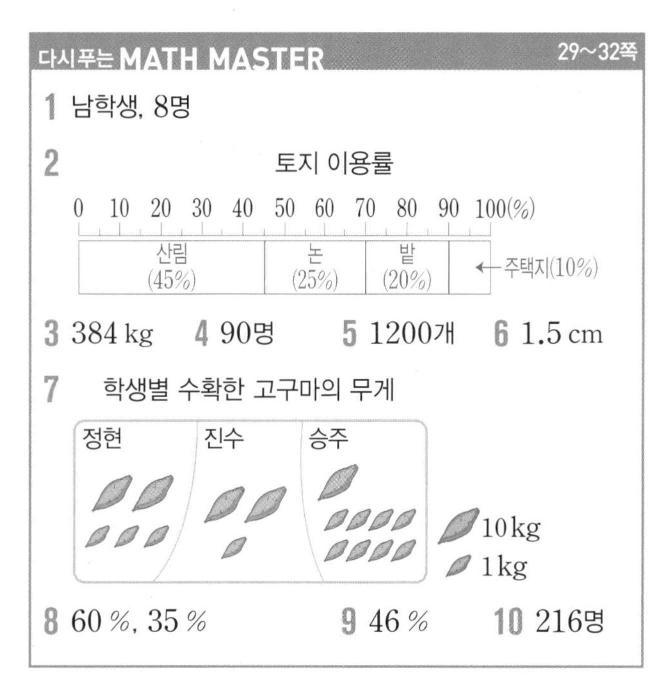

1 남학생, 8명
2
3 384 kg 4 90명 5 1200개 6 1.5 cm
7
8 60 %, 35 % 9 46 % 10 216명

6 직육면체의 부피와 겉넓이

다시푸는 최상위 S 33~35쪽

1 3 m 2 200개 3 0.52배
4 126 cm^2 5 486 cm^2 6 238 cm^2
7 585 cm^3 8 264 cm^2 9 40 cm
10 105 cm^3

다시푸는 MATH MASTER 36~39쪽

1 1872 cm^3 2 512 cm^2 3 14688 cm^3
4 4배 5 3 cm 6 288 cm^3 7 12 cm
8 576 cm^2 9 2 10 286 cm^2

본책 **정답과 풀이**

1 분수의 나눗셈

1 (자연수)÷(자연수), (분수)÷(자연수)

8~9쪽

1 ㉢, ㉡, ㉣, ㉠

㉠ $\frac{1}{5} \div 8 = \frac{1}{5} \times \frac{1}{8} = \frac{1}{40}$ ㉡ $\frac{2}{9} \div 4 = \frac{2}{9} \times \frac{1}{4} = \frac{2}{36} = \frac{1}{18}$

㉢ $\frac{3}{7} \div 3 = \frac{3 \div 3}{7} = \frac{1}{7}$ ㉣ $\frac{1}{4} \div 7 = \frac{1}{4} \times \frac{1}{7} = \frac{1}{28}$

➡ $\frac{1}{7} > \frac{1}{18} > \frac{1}{28} > \frac{1}{40}$이므로 계산 결과가 큰 것부터 순서대로 기호를 쓰면 ㉢, ㉡, ㉣, ㉠입니다.

2 $\frac{3}{5}$ kg

사과 6개의 무게가 $3\frac{3}{5}$ kg이므로 사과 한 개의 무게는 $(3\frac{3}{5} \div 6)$kg입니다.

(사과 한 개의 무게) $= 3\frac{3}{5} \div 6 = \frac{18}{5} \div 6 = \frac{18 \div 6}{5} = \frac{3}{5}$ (kg)

3 ㉢

■÷▲에서 ■>▲이면 몫이 1보다 큽니다.
㉢ $12 > 11$이므로 $12 \div 11$의 몫이 1보다 큽니다.

다른 풀이
㉠ $5 \div 7 = \frac{5}{7}$ ㉡ $8 \div 15 = \frac{8}{15}$
㉢ $12 \div 11 = \frac{12}{11} = 1\frac{1}{11}$ ㉣ $18 \div 25 = \frac{18}{25}$
따라서 나눗셈의 몫이 1보다 큰 것은 ㉢입니다.

4 ㉠, ㉣

분수의 분자를 2배 한 수가 분모보다 크면 $\frac{1}{2}$보다 큽니다.
㉠ $3\frac{4}{7} \div 6 = \frac{25}{7} \div 6 = \frac{25}{7} \times \frac{1}{6} = \frac{25}{42} > \frac{1}{2}$ ㉡ $\frac{7}{3} \div 5 = \frac{7}{3} \times \frac{1}{5} = \frac{7}{15} < \frac{1}{2}$

㉢ $3 \div 8 = \frac{3}{8} < \frac{1}{2}$ ㉣ $6\frac{3}{4} \div 12 = \frac{27}{4} \div 12 = = \frac{27}{4} \times \frac{1}{12} = \frac{27}{48} = \frac{9}{16} > \frac{1}{2}$

5 $\frac{2}{5}$

몫이 가장 작으려면 나누는 수는 가장 커야 하고 나누어지는 수는 가장 작아야 합니다.
나누는 수는 가장 큰 수 7로, 남은 수 카드로 가장 작은 대분수를 만들면 $2\frac{4}{5}$입니다.

➡ $2\frac{4}{5} \div 7 = \frac{14}{5} \div 7 = \frac{14 \div 7}{5} = \frac{2}{5}$

2 분수와 자연수의 혼합 계산

10~11쪽

1 4

$3\frac{3}{4}\times8\div9=\frac{15}{4}\times8\div9=\frac{\overset{5}{\cancel{15}}}{\underset{1}{\cancel{4}}}\times\overset{2}{\cancel{8}}\times\frac{1}{\underset{3}{\cancel{9}}}=\frac{10}{3}=3\frac{1}{3}$

$2\frac{5}{8}\div6\times10=\frac{21}{8}\div6\times10=\frac{\overset{7}{\cancel{21}}}{8}\times\frac{1}{\underset{1}{\cancel{6}}}\times\overset{5}{\cancel{10}}=\frac{35}{8}=4\frac{3}{8}$

➡ $3\frac{1}{3}$과 $4\frac{3}{8}$ 사이에 있는 자연수는 4입니다.

2 $\frac{9}{10}$ L

(한 사람이 마신 주스의 양)=(한 통에 들어 있는 주스의 양)×(통의 수)÷(사람 수)

$=1\frac{1}{5}\times3\div4=\frac{\overset{3}{\cancel{6}}}{5}\times3\times\frac{1}{\underset{2}{\cancel{4}}}=\frac{9}{10}$(L)

다른 풀이

(전체 주스의 양)=(한 통에 들어 있는 주스의 양)×(통의 수)

$=1\frac{1}{5}\times3=\frac{6}{5}\times3=\frac{18}{5}$(L)

(한 사람이 마신 주스의 양)=(전체 주스의 양)÷(사람 수)

$=\frac{18}{5}\div4=\frac{36}{10}\div4=\frac{36\div4}{10}=\frac{9}{10}$(L)

3 $7\frac{4}{5}$ cm²

(마름모의 넓이)=(한 대각선의 길이)×(다른 대각선의 길이)÷2

$=5\frac{1}{5}\times3\div2=\frac{26}{5}\times3\div2=\frac{\overset{13}{\cancel{26}}}{5}\times3\times\frac{1}{\underset{1}{\cancel{2}}}=\frac{39}{5}=7\frac{4}{5}$(cm²)

4 $5\frac{1}{7}$ cm²

(직사각형의 넓이)$=5\frac{1}{7}\times2=\frac{36}{7}\times2=\frac{72}{7}$(cm²)

(색칠한 부분의 넓이)$=\frac{72}{7}\div6\times3=\frac{72\div6}{7}\times3=\frac{12}{7}\times3$

$=\frac{36}{7}=5\frac{1}{7}$(cm²)

5 $\frac{3}{44}$

등식의 양변에 0이 아닌 수로 나누어도 등식은 성립합니다.

$\square\times8=\frac{6}{11}$, $\square\times8\div8=\frac{6}{11}\div8$, $\square=\frac{6}{11}\times\frac{1}{8}=\frac{6}{88}=\frac{3}{44}$

6 $\frac{2}{3}$

어떤 수를 □라 하면 $□\div3\times7=1\frac{5}{9}$입니다.

등식의 양변에 같은 수를 곱하거나 0이 아닌 수로 나누어도 등식은 성립합니다.

$□\div3\times7=1\frac{5}{9}$, $□\div3\times7\div7=1\frac{5}{9}\div7$, $□\div3=\frac{14\div2}{9}$, $□\div3=\frac{2}{9}$,

$□\div3\times3=\frac{2}{9}\times3$, $□=\frac{6}{9}=\frac{2}{3}$

$2\frac{3}{4}\div11\times■=\frac{11}{4}\div11\times■$

$=\frac{11\div11}{4}\times■$

$=\frac{■}{4}$

$\frac{■}{4}$가 자연수가 되려면 ■는 4의 배수이어야 합니다.

➡ ■ 안에 알맞은 수 중 가장 작은 자연수: 4

1-1 2

$□\div4\times6=□\times\frac{1}{\cancel{4}_2}\times\cancel{6}^3=□\times\frac{3}{2}$에서 분모 2가 약분이 되어 1이 되면 계산 결과가 자연수가 되므로 □ 안에 알맞은 수는 2의 배수이어야 합니다.

따라서 계산 결과가 가장 작은 자연수가 되는 □ 안에 알맞은 자연수는 2의 배수 중에서 가장 작은 수인 2입니다.

1-2 5

$3\frac{1}{5}\times□\div16=\frac{16}{5}\times□\div16=\frac{\cancel{16}^1}{5}\times□\times\frac{1}{\cancel{16}_1}=□\times\frac{1}{5}$에서 분모 5가 약분이 되어 1이 되면 계산 결과가 자연수가 되므로 □ 안에 알맞은 수는 5의 배수이어야 합니다.

따라서 계산 결과가 가장 작은 자연수가 되는 □ 안에 알맞은 자연수는 5의 배수 중에서 가장 작은 수인 5입니다.

1-3 1

$1\frac{3}{7}\div㉠\times1\frac{2}{5}=\frac{10}{7}\div㉠\times\frac{7}{5}=\frac{\cancel{10}^2}{\cancel{7}_1}\times\frac{1}{㉠}\times\frac{\cancel{7}^1}{\cancel{5}_1}=2\times\frac{1}{㉠}$에서 분모 ㉠이 약분되어 1이 되어야 계산 결과가 자연수가 되므로 ㉠에 알맞은 자연수는 2의 약수이어야 합니다.

따라서 계산 결과가 가장 큰 자연수가 되는 ㉠에 알맞은 자연수는 2의 약수 중에서 더 작은 수인 1입니다.

1-4 2개

■는 분모인 9보다 클 수 없으므로 ■ 안에 알맞은 자연수는 1부터 8까지의 수입니다.

$1\frac{■}{9}\div5\times27=\frac{9+■}{9}\div5\times27=\frac{9+■}{\overset{}{\cancel{9}}_{1}}\times\frac{1}{5}\times\overset{3}{\cancel{27}}=\frac{9+■}{5}\times3$이므로

9+■가 5의 배수이어야 계산 결과가 자연수가 될 수 있습니다.

9+■의 ■ 안에 1부터 8까지의 자연수를 넣었을 때 5의 배수가 되는 경우를 알아보면 9+1=10, 9+6=15이므로 ■ 안에 알맞은 자연수는 1, 6으로 모두 2개입니다.

주의

대분수의 분모가 9이므로 ■ 안에 9 이상의 수는 넣을 수 없습니다.

(전체 음료수의 양)=(한 병에 들어 있는 음료수의 양)×3

$=1\frac{3}{5}\times3$

$=\frac{8}{5}\times3=\frac{24}{5}$(L)

(한 명이 마시게 되는 음료수의 양)=(전체 음료수의 양)÷8

$=\frac{24}{5}\div8=\frac{24\div8}{5}$

$=\frac{3}{5}$(L)

2-1 $\frac{3}{4}$ kg

일주일은 7일입니다.

(하루에 먹게 되는 쌀의 양)$=5\frac{1}{4}\div7=\frac{21}{4}\div7=\frac{21\div7}{4}=\frac{3}{4}$(kg)

서술형 **2-2** $1\frac{1}{3}$ m

예 (별 모양을 만드는 데 사용한 철사의 길이)$=1\frac{7}{9}\div4\times3=\frac{16}{9}\div4\times3$

$=\frac{16\div4}{9}\times3=\frac{4}{\cancel{9}_{3}}\times\overset{1}{\cancel{3}}=\frac{4}{3}=1\frac{1}{3}$(m)

따라서 별 모양을 만드는 데 사용한 철사의 길이는 $1\frac{1}{3}$ m입니다.

채점 기준	배점
별 모양을 만드는 데 사용한 철사의 길이를 구하는 식을 바르게 세웠나요?	2점
별 모양을 만드는 데 사용한 철사의 길이를 구했나요?	3점

2-3 $\frac{5}{24}$ kg

색연필 1타는 12자루이므로 색연필 5타는 12×5=60(자루)입니다.

(색연필 1자루의 무게)=(색연필 5타의 무게)$\div60=\frac{5}{6}\div60=\frac{\overset{1}{\cancel{5}}}{6}\times\frac{1}{\cancel{60}_{12}}=\frac{1}{72}$(kg)

➡ (색연필 15자루의 무게)=(색연필 1자루의 무게)$\times15=\frac{1}{\cancel{72}_{24}}\times\overset{5}{\cancel{15}}=\frac{5}{24}$(kg)

2-4 $\frac{23}{500}$ kg

(통 1개의 무게)=(통 4개의 무게)÷4=$\frac{3}{5}\div 4=\frac{12}{20}\div 4=\frac{12\div 4}{20}=\frac{3}{20}$(kg)

(골프공 3개의 무게)=(통 1개의 무게)−(빈 통 1개의 무게)

$=\frac{3}{20}-\frac{3}{250}=\frac{75}{500}-\frac{6}{500}=\frac{69}{500}$(kg)

➡ (골프공 1개의 무게)=(골프공 3개의 무게)÷3

$=\frac{69}{500}\div 3=\frac{69\div 3}{500}=\frac{23}{500}$(kg)

오른쪽과 같이 점선을 그으면 모양과 크기가 같은 작은 삼각형 12개로 나누어집니다.

➡ (색칠한 삼각형 한 개의 넓이)=(전체 넓이)÷12

$=7\frac{1}{5}\div 12$

$=\frac{36\div 12}{5}$

$=\frac{3}{5}$(cm²)

따라서 (색칠한 부분의 넓이)=(색칠한 삼각형 한 개의 넓이)×3

$=\frac{3}{5}\times 3=\frac{9}{5}=1\frac{4}{5}$(cm²)

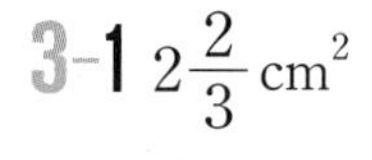

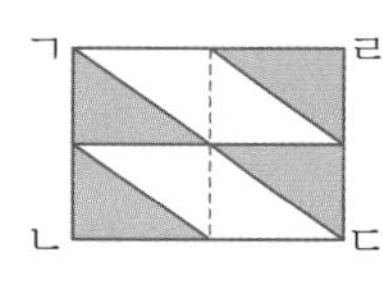

직사각형 ㄱㄴㄷㄹ에 왼쪽과 같이 점선을 그으면 모양과 크기가 같은 작은 삼각형 8개로 나누어집니다.

(작은 삼각형 1개의 넓이)=(직사각형 ㄱㄴㄷㄹ의 넓이)÷8

$=5\frac{1}{3}\div 8=\frac{16\div 8}{3}=\frac{2}{3}$(cm²)

(색칠한 부분의 넓이)=(작은 삼각형 4개의 넓이)

=(작은 삼각형 1개의 넓이)×4

$=\frac{2}{3}\times 4=\frac{8}{3}=2\frac{2}{3}$(cm²)

3-2 $\frac{4}{7}$ cm²

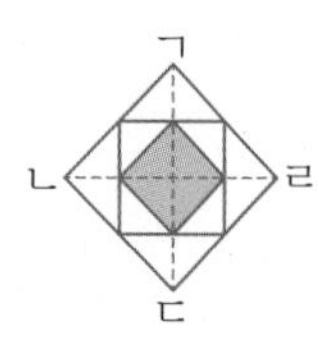

정사각형 ㄱㄴㄷㄹ에 왼쪽과 같이 점선을 그으면 모양과 크기가 같은 작은 삼각형 16개로 나누어집니다.

(작은 삼각형 1개의 넓이)=(정사각형 ㄱㄴㄷㄹ의 넓이)÷16

$=2\frac{2}{7}\div 16=\frac{16}{7}\div 16=\frac{16\div 16}{7}=\frac{1}{7}$(cm²)

(색칠한 부분의 넓이)$=$(작은 삼각형 4개의 넓이)

$=$(작은 삼각형 1개의 넓이)$\times 4$

$=\frac{1}{7}\times 4=\frac{4}{7}(\text{cm}^2)$

3-3 $2\frac{1}{4}\text{cm}^2$

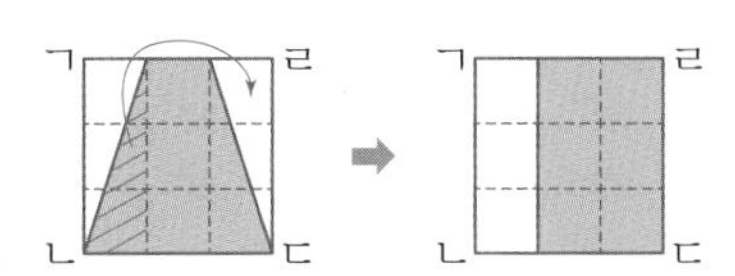

왼쪽과 같이 빗금 친 부분을 옮기면 색칠한 부분의 넓이는 작은 정사각형 6개의 넓이와 같습니다.

(작은 정사각형 1개의 넓이)$=$(정사각형 ㄱㄴㄷㄹ의 넓이)$\div 9$

$=3\frac{3}{8}\div 9=\frac{27}{8}\div 9=\frac{27\div 9}{8}=\frac{3}{8}(\text{cm}^2)$

(색칠한 부분의 넓이)$=$(작은 정사각형 6개의 넓이)

$=$(작은 정사각형 1개의 넓이)$\times 6$

$=\frac{3}{\cancel{8}_4}\times \cancel{6}^3=\frac{9}{4}=2\frac{1}{4}(\text{cm}^2)$

3-4 $3\frac{5}{9}\text{cm}^2$

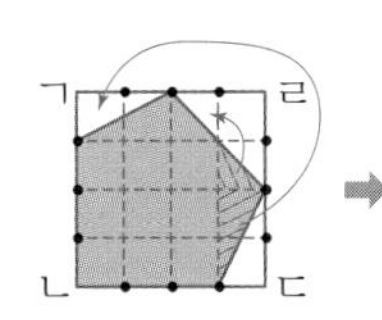

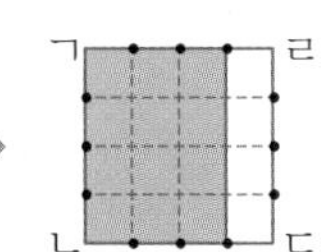

점을 따라 점선을 그은 후 왼쪽 그림과 같이 빗금 친 부분을 각각 옮기면 색칠한 부분의 넓이는 작은 정사각형 12개의 넓이와 같습니다.

(작은 정사각형 1개의 넓이)$=$(색칠한 부분의 넓이)$\div 12$

$=2\frac{2}{3}\div 12=\frac{\cancel{8}^2}{3}\times\frac{1}{\cancel{12}_3}=\frac{2}{9}(\text{cm}^2)$

(작은 정사각형 1개의 넓이)$=$(정사각형 ㄱㄴㄷㄹ의 넓이)$\div 16$이므로

(정사각형 ㄱㄴㄷㄹ의 넓이)$=$(작은 정사각형 1개의 넓이)$\times 16$

$=\frac{2}{9}\times 16=\frac{32}{9}=3\frac{5}{9}(\text{cm}^2)$

18~19쪽

대표문제 4

두 식의 계산 결과가 같으므로 계산 결과를 모두 1이라 생각하여 ㉠, ㉡을 구해 봅니다.

㉠$\div 2\times 6=1$, $\frac{㉠}{2}\times 6=1$, ㉠$\times 3=1$, ㉠$\times 3\div 3=1\div 3$, ㉠$=\frac{1}{3}$

㉡$\div 3\div 3=1$, $\frac{㉡}{3}\times\frac{1}{3}=1$, $\frac{㉡}{9}=1$, $\frac{㉡}{9}\times 9=1\times 9$, ㉡$=9$

➡ ㉠$\div$㉡$=\frac{1}{3}\div 9$

$=\frac{1}{3}\times\frac{1}{9}=\frac{1}{27}$

4-1 2배

두 식의 계산 결과가 같으므로 계산 결과를 모두 1로 놓으면

㉠$\times 4 \div 24 = 1$, ㉠$\times \overset{1}{\cancel{4}} \times \frac{1}{\underset{6}{\cancel{24}}} = 1$, ㉠$\times \frac{1}{6} = 1$, ㉠$\times \frac{1}{\underset{1}{\cancel{6}}} \times \overset{1}{\cancel{6}} = 1 \times 6$, ㉠$=6$

㉡$\div 3 = 1$, $\frac{㉡}{3} = 1$, $\frac{㉡}{\underset{1}{\cancel{3}}} \times \overset{1}{\cancel{3}} = 1 \times 3$, ㉡$=3$

따라서 $6 \div 3 = 2$이므로 ㉠은 ㉡의 2배입니다.

4-2 $\frac{1}{16}$

두 식의 계산 결과가 같으므로 계산 결과를 모두 1로 놓으면

㉠$\times 4 \div 6 = 1$, ㉠$\times \overset{2}{\cancel{4}} \times \frac{1}{\underset{3}{\cancel{6}}} = 1$, ㉠$\times \frac{2}{3} = 1$, ㉠$\times \frac{\overset{1}{\cancel{2}}}{\underset{1}{\cancel{3}}} \times \frac{\overset{1}{\cancel{3}}}{\underset{1}{\cancel{2}}} = 1 \times \frac{3}{2}$, ㉠$=\frac{3}{2}$

㉡$\div 3 \div 8 = 1$, $\frac{㉡}{3} \times \frac{1}{8} = 1$, $\frac{㉡}{24} = 1$, $\frac{㉡}{\underset{1}{\cancel{24}}} \times \overset{1}{\cancel{24}} = 1 \times 24$, ㉡$=24$

➡ ㉠$\div$㉡$= \frac{3}{2} \div 24 = \frac{24}{16} \div 24 = \frac{24 \div 24}{16} = \frac{1}{16}$

4-3 ㉢, ㉡, ㉠

세 식의 계산 결과가 모두 같으므로 계산 결과를 모두 1로 놓으면

㉠$\div 2 \div 3 = 1$, ㉠$\times \frac{1}{2} \times \frac{1}{3} = 1$, ㉠$\times \frac{1}{6} = 1$, ㉠$\times \frac{1}{\underset{1}{\cancel{6}}} \times \overset{1}{\cancel{6}} = 1 \times 6$, ㉠$=6$

㉡$\div 4 \times 1\frac{1}{3} = 1$, ㉡$\div 4 \times \frac{4}{3} = 1$, ㉡$\times \frac{1}{\underset{1}{\cancel{4}}} \times \frac{\overset{1}{\cancel{4}}}{3} = 1$, ㉡$\times \frac{1}{3} = 1$,

㉡$\times \frac{1}{\underset{1}{\cancel{3}}} \times \overset{1}{\cancel{3}} = 1 \times 3$, ㉡$=3$

㉢$\times \frac{8}{9} \div 2 = 1$, ㉢$\times \frac{\overset{4}{\cancel{8}}}{9} \times \frac{1}{\underset{1}{\cancel{2}}} = 1$, ㉢$\times \frac{4}{9} = 1$, ㉢$\times \frac{\overset{1}{\cancel{4}}}{\underset{1}{\cancel{9}}} \times \frac{\overset{1}{\cancel{9}}}{\underset{1}{\cancel{4}}} = 1 \times \frac{9}{4}$,

㉢$=\frac{9}{4} = 2\frac{1}{4}$

따라서 $2\frac{1}{4} < 3 < 6$이므로 작은 것부터 순서대로 기호를 쓰면 ㉢, ㉡, ㉠입니다.

4-4 $\frac{1}{8}$

세 식의 계산 결과가 모두 같으므로 계산 결과를 모두 1로 놓으면

㉠$\times 8 \div 4 = 1$, ㉠$\times \overset{2}{\cancel{8}} \times \frac{1}{\underset{1}{\cancel{4}}} = 1$, ㉠$\times 2 = 1$, ㉠$\times 2 \div 2 = 1 \div 2$, ㉠$=\frac{1}{2}$

㉡$\div 5 \times 3 = 1$, ㉡$\times \frac{1}{5} \times 3 = 1$, ㉡$\times \frac{3}{5} = 1$, ㉡$\times \frac{\overset{1}{\cancel{3}}}{\underset{1}{\cancel{5}}} \times \frac{\overset{1}{\cancel{5}}}{\underset{1}{\cancel{3}}} = 1 \times \frac{5}{3}$, ㉡$=\frac{5}{3} = 1\frac{2}{3}$

㉢$\div 2 \div 2 = 1$, ㉢$\times \frac{1}{2} \times \frac{1}{2} = 1$, ㉢$\times \frac{1}{4} = 1$, ㉢$\times \frac{1}{\underset{1}{\cancel{4}}} \times \overset{1}{\cancel{4}} = 1 \times 4$, ㉢$=4$

➡ $4 > 1\frac{2}{3} > \frac{1}{2}$이므로 (가장 작은 수)$\div$(가장 큰 수)$= \frac{1}{2} \div 4 = \frac{1}{2} \times \frac{1}{4} = \frac{1}{8}$

(하루 동안 빨리 가는 시간)$=5\frac{1}{4}\div3=\frac{21}{4}\div3=\frac{21\div3}{4}$

$=\frac{7}{4}=1\frac{3}{4}$(분)

$1\frac{45}{60}$분$=1$분$+\frac{45}{60}$분

➡ (다음 날 오후 2시에 이 시계가 가리키는 시각)=(오후 2시)+(1분 45초)

=오후 2시 1분 45초

5-1 오전 10시 1분 20초

(하루 동안 빨리 가는 시간)$=8\div6=\frac{8}{6}=\frac{4}{3}=1\frac{1}{3}$(분)

$1\frac{1}{3}$분$=1\frac{20}{60}$분$=1$분 20초

➡ (다음 날 오전 10시에 이 시계가 가리키는 시각)

=(오전 10시)+(1분 20초)=오전 10시 1분 20초

서술형 **5-2** 오후 4시 59분 12초

예 일주일은 7일이므로

(하루 동안 늦게 가는 시간)$=5\frac{3}{5}\div7=\frac{28}{5}\div7=\frac{28\div7}{5}=\frac{4}{5}$(분)

$\frac{4}{5}$분$=\frac{48}{60}$분$=48$초

➡ (다음 날 오후 5시에 이 시계가 가리키는 시각)

=(오후 5시)−(48초)=오후 4시 59분 12초

채점 기준	배점
하루 동안 늦게 가는 시간을 구했나요?	2점
다음 날 오후 5시에 이 시계가 가리키는 시각을 구했나요?	3점

해결 전략

늦게 가는 시계이므로 정확한 시각에서 늦게 간 시간만큼 빼 줍니다.

5-3 오후 9시 2분 30초

(하루 동안 빨리 가는 시간)$=6\frac{2}{3}\div4=\frac{20}{3}\div4=\frac{20\div4}{3}=\frac{5}{3}=1\frac{2}{3}$(분)

10월 8일 오후 9시는 10월 7일 오전 9시부터 36시간 후이므로

36시간 동안 빨리 가는 시간은

$1\frac{2}{3}\div24\times36=\frac{5}{\cancel{3}_1}\times\frac{1}{\cancel{24}_2}\times\cancel{36}^{\cancel{12}^1}=\frac{5}{2}=2\frac{1}{2}$(분)입니다.

└ 1시간 동안 빨리 가는 시간

$2\frac{1}{2}$분$=2\frac{30}{60}$분$=2$분 30초

➡ (10월 8일 오후 9시에 이 시계가 가리키는 시각)

$=$(오후 9시)$+$(2분 30초)$=$오후 9시 2분 30초

해결 전략

24시간, 12시간

10월 7일 오전 9시 — 10월 8일 오전 9시 — 10월 8일 오후 9시 — 10월 8일 오전 9시

➡ 24시간$+$12시간$=$36시간

5-4 오전 5시 57분 5초

(하루 동안 늦게 가는 시간)$=5\frac{5}{6}\div5=\frac{35}{6}\div5=\frac{35\div5}{6}=\frac{7}{6}=1\frac{1}{6}$(분)

월요일 오후 6시부터 그 주의 목요일 오전 6시까지는 2일하고 12시간 후인 60시간 후이므로 60시간 동안 늦게 가는 시간은

$1\frac{1}{6}\div24\times60=\frac{\overset{}{7}}{\underset{1}{\cancel{6}}}\times\frac{1}{\underset{12}{\cancel{24}}}\times\overset{\overset{5}{\cancel{10}}}{\cancel{60}}=\frac{35}{12}=2\frac{11}{12}$(분)입니다.

($1\frac{1}{6}\div24$: 1시간 동안 늦게 가는 시간)

$2\frac{11}{12}$분$=2\frac{55}{60}$분$=$2분 55초

➡ (그 주 목요일 오전 6시에 이 시계가 가리키는 시각)

$=$(오전 6시)$-$(2분 55초)$=$오전 5시 57분 5초

해결 전략

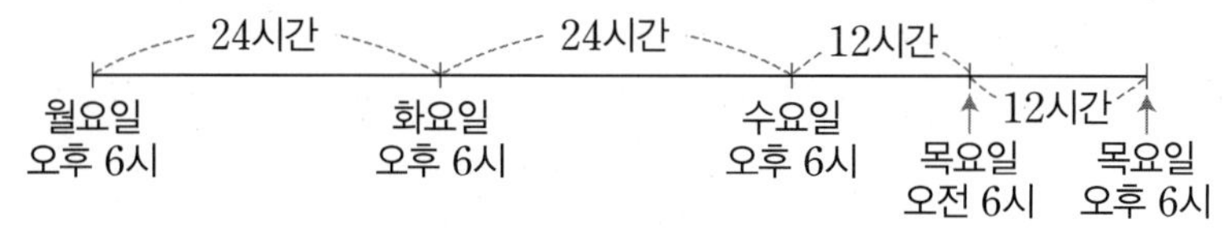

➡ 24시간$+$24시간$+$12시간$=$60시간

22~23쪽

대표문제 6

2시간 40분$=$2시간$+\frac{40}{60}$시간$=2\frac{2}{3}$시간

(택시가 2시간 40분 동안 간 거리)$=80\frac{2}{5}\times2\frac{2}{3}$

$=\frac{402}{5}\times\frac{8}{3}=\frac{1072}{5}$(km)

➡ (트럭이 한 시간에 가야 하는 거리)$=\frac{1072}{5}\div3=\frac{1072}{5}\times\frac{1}{3}$

$=\frac{1072}{15}=71\frac{7}{15}$(km)

6-1 $100\frac{2}{9}$ km

(기차가 한 시간 동안 간 거리)$=200\frac{4}{9}\div 2=\frac{1804}{9}\div 2$

$=\frac{1804\div 2}{9}=\frac{902}{9}=100\frac{2}{9}$(km)

6-2 $84\frac{6}{7}$ km

4시간 30분$=$4시간$+\frac{30}{60}$시간$=4\frac{1}{2}$시간

(버스가 4시간 30분 동안 간 거리)

$=75\frac{3}{7}\times 4\frac{1}{2}=\frac{\overset{264}{\cancel{528}}}{7}\times\frac{9}{\underset{1}{\cancel{2}}}=\frac{2376}{7}$(km)

➡ (승용차가 한 시간에 가야 하는 거리)

$=\frac{2376}{7}\div 4=\frac{2376\div 4}{7}=\frac{594}{7}=84\frac{6}{7}$(km)

└버스가 4시간 30분 동안 간 거리

6-3 $\frac{7}{27}$ km

(상원이가 1분 동안 걷는 거리)$=\frac{4}{5}\div 4=\frac{4\div 4}{5}=\frac{1}{5}$(km)

(은혜가 1분 동안 걷는 거리)$=\frac{8}{9}\div 6==\frac{24}{27}\div 6=\frac{24\div 6}{27}=\frac{4}{27}$(km)

출발한지 1분 후의 두 사람 사이의 거리는 두 사람이 1분 동안 걷는 거리의 차와 같습니다.

(두 사람이 1분 동안 걷는 거리의 차)$=\frac{1}{5}-\frac{4}{27}=\frac{27}{135}-\frac{20}{135}=\frac{7}{135}$(km)

➡ (출발한지 5분 후 두 사람 사이의 거리의 차)$=\frac{7}{\underset{27}{\cancel{135}}}\times\overset{1}{\cancel{5}}=\frac{7}{27}$(km)

6-4 오후 1시 56분

(윤아가 1분 동안 걷는 거리)$=3\frac{1}{3}\div 60=\frac{10}{3}\times\frac{1}{60}=\frac{10}{180}=\frac{1}{18}$(km)

(지효가 1분 동안 자전거로 간 거리)$=9\frac{1}{3}\div 60=\frac{28}{3}\times\frac{1}{60}=\frac{28}{180}=\frac{7}{45}$(km)

(36분 동안 윤아가 걷는 거리)$=\frac{1}{\underset{1}{\cancel{18}}}\times\overset{2}{\cancel{36}}=2$(km)

(1분 동안 움직인 두 사람 사이의 거리)

$=\frac{7}{45}-\frac{1}{18}=\frac{14}{90}-\frac{5}{90}=\frac{9}{90}=\frac{1}{10}$(km)

1분 동안 두 사람 사이의 거리가 $\frac{1}{10}$ km씩 좁아지므로 지효가 출발한 후 윤아와 만나는 데 걸리는 시간은 $2\div\frac{1}{10}=2\times 10=20$(분)입니다.

➡ (두 사람이 만난 시각)$=$(오후 1시)$+$(36분)$+$(20분)$=$오후 1시 56분

다른 풀이1

(윤아가 1분 동안 걷는 거리)$=3\frac{1}{3}\div60=\frac{\overset{1}{\cancel{10}}}{3}\times\frac{1}{\underset{6}{\cancel{60}}}=\frac{1}{18}$(km)

(지효가 1분 동안 자전거로 간 거리)$=9\frac{1}{3}\div60=\frac{\overset{7}{\cancel{28}}}{3}\times\frac{1}{\underset{15}{\cancel{60}}}=\frac{7}{45}$(km)

(36분 동안 윤아가 걷는 거리)$=\frac{1}{\underset{1}{\cancel{18}}}\times\overset{2}{\cancel{36}}=2$(km)

지효가 출발한지 □분 후에 두 사람이 만난다고 하면

$2+\frac{1}{18}\times\square=\frac{7}{45}\times\square$, $2=\frac{7}{45}\times\square-\frac{1}{18}\times\square$, $2=(\frac{7}{45}-\frac{1}{18})\times\square$,

$\frac{14}{90}-\frac{5}{90}=\frac{9}{90}=\frac{1}{10}$

$2=\frac{1}{10}\times\square$에서 $\frac{1}{10}\times\square\times10=2\times10$, $\square=20$입니다.

따라서 지효가 출발한 지 20분 후에 두 사람이 만나므로 두 사람이 만나는 시각은

(오후 1시)+(36분)+(20분)=오후 1시 56분입니다.

대표문제 7

전체 일의 양을 1이라 하면

(재우가 하루 동안 하는 일의 양)$=\frac{1}{4}\div5=\frac{1}{4}\times\frac{1}{5}=\frac{1}{20}$

(서희가 하루 동안 하는 일의 양)$=\frac{2}{5}\div2=\frac{2}{5}\times\frac{1}{2}=\frac{2}{10}=\frac{1}{5}$

➡ (두 사람이 함께 하루 동안 하는 일의 양)$=\frac{1}{20}+\frac{1}{5}=\frac{5}{20}=\frac{1}{4}$

$\frac{1}{4}\times4=1$이므로 두 사람이 함께 하여 일을 끝내려면 4일이 걸립니다.

7-1 18일

전체 일의 양을 1이라고 하면

(세아가 하루 동안 하는 일의 양)$=\frac{5}{9}\div10=\frac{10\div10}{18}=\frac{1}{18}$

$\frac{1}{18}\times18=1$이므로 세아가 혼자 일을 끝내려면 18일이 걸립니다.

서술형 **7-2** 3일

예 전체 일의 양을 1이라고 하면

(지호가 하루 동안 하는 일의 양)$=\frac{2}{3}\div8=\frac{2}{3}\times\frac{1}{8}=\frac{2}{24}=\frac{1}{12}$이고,

(선아가 하루 동안 하는 일의 양)$=\frac{1}{2}\div2=\frac{1}{2}\times\frac{1}{2}=\frac{1}{4}$입니다.

(두 사람이 함께 하루 동안 하는 일의 양)$=\frac{1}{12}+\frac{1}{4}=\frac{1}{12}+\frac{3}{12}=\frac{4}{12}=\frac{1}{3}$이고,

$\frac{1}{3}\times3=1$이므로 두 사람이 함께 하여 일을 끝내려면 3일이 걸립니다.

채점 기준	배점
지호가 하루 동안 하는 일의 양을 구했나요?	2점
선아가 하루 동안 하는 일의 양을 구했나요?	2점
두 사람이 함께 하여 일을 끝내려면 며칠이 걸리는지 구했나요?	1점

7-3 8일

전체 일의 양을 1이라고 하면

(두 사람이 함께 하루 동안 하는 일의 양)$=1\div7=\frac{1}{7}$

(동생이 하루 동안 하는 일의 양)$=\frac{1}{14}\div4=\frac{1}{14}\times\frac{1}{4}=\frac{1}{56}$

➡ (준우가 하루 동안 하는 일의 양)$=\frac{1}{7}-\frac{1}{56}=\frac{8}{56}-\frac{1}{56}=\frac{7}{56}=\frac{1}{8}$

$\frac{1}{8}\times8=1$이므로 준우가 혼자 일을 끝내려면 8일이 걸립니다.

7-4 2일

전체 일의 양을 1이라고 하면

(두 사람이 함께 하루 동안 하는 일의 양)$=\frac{2}{3}\div4=\frac{4\div4}{6}=\frac{1}{6}$

(지수가 하루 동안 하는 일의 양)$=\frac{2}{5}\div6=\frac{6\div6}{15}=\frac{1}{15}$

➡ (은호가 하루 동안 하는 일의 양)$=\frac{1}{6}-\frac{1}{15}=\frac{5}{30}-\frac{2}{30}=\frac{3}{30}=\frac{1}{10}$

$\frac{1}{10}\times10=1$이므로 은호가 혼자 일을 끝내려면 10일이 걸립니다.

따라서 이 일을 은호 혼자 전체의 $\frac{1}{5}$을 하려면 $\overset{2}{\cancel{10}}\times\frac{1}{\underset{1}{\cancel{5}}}=2$(일)이 걸립니다.

26~27쪽

대표문제 **8**

겹쳐진 부분의 넓이를 ■ cm^2라 하면

(겹쳐진 도형의 전체 넓이)

= (정사각형 한 개의 넓이)+(정사각형 한 개의 넓이)−(겹쳐진 부분의 넓이)

$=$ ■ $\times5+$ ■ $\times5-$ ■ $=$ ■ $\times9$

➡ ■ $\times9=6\frac{3}{5}$, ■ $=6\frac{3}{5}\div9=\frac{33}{5}\div9=\frac{99\div9}{15}=\frac{11}{15}$ 이므로

겹쳐진 부분의 넓이는 $\frac{11}{15}$ cm^2입니다.

8-1 $\frac{5}{8}$ cm²

겹쳐진 부분의 넓이를 □ cm^2라 하면
(겹쳐진 도형의 전체 넓이)
=(정삼각형 한 개의 넓이)+(정삼각형 한 개의 넓이)−(겹쳐진 부분의 넓이)
$=\square\times4+\square\times4-\square=\square\times7$
➡ $\square\times7=4\frac{3}{8}$, $\square=4\frac{3}{8}\div7=\frac{35}{8}\div7=\frac{35\div7}{8}=\frac{5}{8}(cm^2)$

8-2 $\frac{4}{7}$ cm²

겹쳐진 부분의 넓이를 □ cm^2라 하면
(겹쳐진 도형의 전체 넓이)
=(평행사변형 한 개의 넓이)+(평행사변형 한 개의 넓이)−(겹쳐진 부분의 넓이)
$=\square\times6+\square\times6-\square=\square\times11$
➡ $\square\times11=6\frac{2}{7}$, $\square=6\frac{2}{7}\div11=\frac{44}{7}\div11=\frac{44\div11}{7}=\frac{4}{7}(cm^2)$

8-3 $\frac{3}{4}$ cm²

겹쳐진 부분의 넓이를 □ cm^2라 하면
(겹쳐진 도형의 전체 넓이)
=(사각형의 넓이)+(육각형의 넓이)−(겹쳐진 부분의 넓이)
$=\square\times4+\square\times6-\square=\square\times9$
➡ $\square\times9=6\frac{3}{4}$, $\square=6\frac{3}{4}\div9=\frac{27}{4}\div9=\frac{27\div9}{4}=\frac{3}{4}(cm^2)$

8-4 $2\frac{1}{3}$ cm²

겹쳐진 부분의 넓이를 □cm^2라 하면
(겹쳐진 도형의 전체 넓이)
=(사각형의 넓이)+(삼각형의 넓이)−(겹쳐진 부분의 넓이)
$=\square\times6+\square\times2-\square=\square\times7$
➡ $\square\times7=8\frac{1}{6}$, $\square=8\frac{1}{6}\div7=\frac{49}{6}\div7=\frac{49\div7}{6}=\frac{7}{6}(cm^2)$

따라서 (삼각형의 넓이)$=\frac{7}{\cancel{6}_{3}}\times\cancel{2}^{1}=\frac{7}{3}=2\frac{1}{3}(cm^2)$입니다.

1 $6\frac{1}{4}$

(눈금 5칸의 크기)$=5\frac{1}{2}-1\frac{3}{4}=5\frac{2}{4}-1\frac{3}{4}=4\frac{6}{4}-1\frac{3}{4}=3\frac{3}{4}$

(눈금 한 칸의 크기)$=3\frac{3}{4}\div 5=\frac{15}{4}\div 5=\frac{15\div 5}{4}=\frac{3}{4}$

➡ ㉠$=5\frac{1}{2}+\frac{3}{4}=5\frac{2}{4}+\frac{3}{4}=5\frac{5}{4}=6\frac{1}{4}$

2 7개

$1\frac{4}{5}\div 3=\frac{9}{5}\div 3=\frac{9\div 3}{5}=\frac{3}{5}$

$3\frac{1}{9}\div 4=\frac{28}{9}\div 4=\frac{28\div 4}{9}=\frac{7}{9}$

$\frac{3}{5}=\frac{27}{45}$, $\frac{7}{9}=\frac{35}{45}$이므로 $\frac{27}{45}<\frac{\square}{45}<\frac{35}{45}$입니다.

따라서 □ 안에 들어갈 수 있는 자연수는 28, 29, 30, 31, 32, 33, 34이므로 모두 7개입니다.

서술형 **3** $\frac{4}{5}$초

예 지하 2층에서 지상 3층까지 4개층을 올라가는 데 걸린 시간이 $3\frac{1}{5}$초이므로

(한 층을 올라가는 데 걸린 시간)$=3\frac{1}{5}\div 4=\frac{16\div 4}{5}=\frac{4}{5}$(초)입니다.

채점 기준	배점
지하 2층에서 지상 3층까지 몇 층인지 구했나요?	2점
한 층을 올라가는 데 걸린 시간을 구했나요?	3점

4 ㉢

㉠ $■\times 4\div 5=■\times 4\times\frac{1}{5}=■\times\frac{4}{5}$

㉡ $■\div 8\times\frac{4}{5}=■\times\frac{1}{\cancel{8}_{2}}\times\frac{\cancel{4}^{1}}{5}=■\times\frac{1}{10}$

㉢ $■\times\frac{2}{8}\div 10=■\times\frac{2}{8}\times\frac{1}{10}=■\times\frac{2}{80}=■\times\frac{1}{40}$

㉣ $■\times\frac{3}{4}\div 5=■\times\frac{3}{4}\times\frac{1}{5}=■\times\frac{3}{20}$

곱하는 수가 작을수록 계산 결과가 작아지므로 곱하는 수의 크기를 비교합니다.

$\frac{1}{40}<\frac{1}{10}(=\frac{4}{40})<\frac{3}{20}(=\frac{6}{40})<\frac{4}{5}(=\frac{32}{40})$이므로 계산 결과가 가장 작은 것은 ㉢입니다.

5 $2\frac{1}{12}\,\text{cm}^2$

(평행사변형의 넓이)$=6\frac{2}{3}\times 5=\frac{20}{3}\times 5=\frac{100}{3}\,(\text{cm}^2)$

색칠한 부분의 넓이는 평행사변형의 넓이를 4등분 한 것 중의 한 부분을 4등분 한 것 중의 하나입니다.

➡ (색칠한 부분의 넓이)$=\frac{100}{3}\div 4\div 4=\frac{100}{3}\times\frac{1}{4}\times\frac{1}{4}=\frac{100}{48}=\frac{25}{12}=2\frac{1}{12}(\text{cm}^2)$

6 14 kg

(책 13권의 무게)$=9\frac{1}{5}-\frac{1}{10}=9\frac{2}{10}-\frac{1}{10}=9\frac{1}{10}\,(\text{kg})$

(책 1권의 무게)$=9\frac{1}{10}\div 13=\frac{91}{10}\div 13=\frac{91\div 13}{10}=\frac{7}{10}(\text{kg})$

➡ (책 20권의 무게)$=\frac{7}{\overset{}{\underset{1}{10}}}\times\overset{2}{20}=14(\text{kg})$

서술형 **7** 22 km

예 (민주가 1분 동안 걷는 거리)$=\frac{3}{4}\div 6=\frac{6}{8}\div 6=\frac{6\div 6}{8}=\frac{1}{8}(\text{km})$

(진호가 1분 동안 자전거로 간 거리)$=1\frac{1}{3}\div 4=\frac{4}{3}\div 4=\frac{4\div 4}{3}=\frac{1}{3}(\text{km})$

(1분 후 두 사람 사이의 거리)$=\frac{1}{8}+\frac{1}{3}=\frac{3}{24}+\frac{8}{24}=\frac{11}{24}(\text{km})$

➡ (48분 후 두 사람 사이의 거리)$=\frac{11}{\underset{1}{24}}\times\overset{2}{48}=22(\text{km})$

채점 기준	배점
민주와 진호가 1분 동안 간 거리를 각각 구했나요?	2점
1분 후 두 사람 사이의 거리를 구했나요?	1점
48분 후 두 사람 사이의 거리를 구했나요?	2점

8 $2\frac{3}{10}\,\text{cm}$

(직사각형 ㄱㄴㄷㄹ의 넓이)$=5\frac{3}{4}\times 8=\frac{23}{\underset{1}{4}}\times\overset{2}{8}=46(\text{cm}^2)$

사다리꼴 ㄱㄴㅁㄹ의 넓이는 삼각형 ㄹㅁㄷ의 넓이의 4배이므로

직사각형 ㄱㄴㄷㄹ의 넓이는 삼각형 ㄹㅁㄷ의 넓이의 5배와 같습니다.

(삼각형 ㄹㅁㄷ의 넓이)$=46\div 5=\frac{46}{5}(\text{cm}^2)$

➡ 선분 ㅁㄷ의 길이를 □cm라 하면

$\square\times 8\div 2=\frac{46}{5}$, $\square=\frac{46}{5}\times 2\div 8=\frac{46}{5}\times 2\times\frac{1}{8}=\frac{92}{40}=\frac{23}{10}=2\frac{3}{10}$ 입니다.

9 3

어떤 자연수를 □라 하면 $\frac{128}{9}\div□$의 몫이 가분수가 되는

$\frac{128}{9}\times\frac{1}{□}$의 □는 1보다 크고 14와 같거나 14보다 작아야 합니다.

└ $128\div9=14\cdots2$이므로 $128\div14=9\cdots2$가 되어 몫이 가분수가 될 수 있지만 $128\div15=8\cdots8$이 되어 몫이 가분수가 될 수 없습니다.

$\frac{128}{9}\div□=\frac{128}{9}\times\frac{1}{□}$에서 분모가 9보다 커야 하므로

□는 128의 약수인 1, 2, 4, 8은 될 수가 없습니다.

따라서 어떤 자연수가 될 수 있는 수들은 3, 5, 6, 7, 9, 10, 11, 12, 13, 14이므로 가장 작은 수는 3입니다.

10 3분 48초

(㉮ 수도와 ㉯ 수도를 동시에 틀어 1분 동안 받을 수 있는 물의 양)$=2+3\frac{1}{5}=5\frac{1}{5}$(L)

빈 욕조에 $5\frac{1}{5}$L씩 15분 동안 물을 채우면 물이 가득 차므로

(욕조의 들이)$=5\frac{1}{5}\times15=\frac{26}{\cancel{5}_1}\times\cancel{15}^3=78$(L)입니다.

㉮ 수도를 튼 지 □분 만에 고장이 났다고 하면

$5\frac{1}{5}\times□+3\frac{1}{5}\times(22-□)=78$, $\frac{26}{5}\times□+\frac{16}{5}\times22-\frac{16}{5}\times□=78$,

└ $(\frac{26}{5}-\frac{16}{5})\times□$

$\frac{10}{5}\times□+\frac{352}{5}=78$, $2\times□+70\frac{2}{5}=78$,

$2\times□=7\frac{3}{5}$, $□=7\frac{3}{5}\div2=\frac{38}{5}\div2=\frac{38\div2}{5}=\frac{19}{5}=3\frac{4}{5}$

따라서 $3\frac{4}{5}$분$=3\frac{48}{60}$분$=3$분 48초이므로

㉮ 수도를 튼지 3분 48초 만에 고장이 났습니다.

2 각기둥과 각뿔

1 각기둥

32~33쪽

1 ㉢

옆면은 모두 직사각형이지만 합동이 아닐 수도 있습니다. 예

2 3개

삼각기둥에서 한 밑면의 변의 수는 3이고, 육각기둥에서 한 밑면의 변의 수는 6이므로 두 각기둥의 한 밑면의 변의 차는 $6-3=3$(개)입니다.

3 풀이 참조

예 각기둥은 위와 아래에 있는 면이 서로 평행하고 합동인 다각형으로 이루어진 입체도형입니다. 주어진 입체도형은 위와 아래에 있는 면이 서로 평행하지만 합동이 아니므로 각기둥이 아닙니다.

4 10개, 24개, 16개

한 밑면의 모양이 팔각형이므로 각기둥에서 한 밑면의 변의 수는 8입니다.
(면의 수)=(한 밑면의 변의 수)$+2=8+2=10$(개)
(모서리의 수)=(한 밑면의 변의 수)$\times3=8\times3=24$(개)
(꼭짓점의 수)=(한 밑면의 변의 수)$\times2=8\times2=16$(개)

5 칠각기둥

각기둥에서 (면의 수)=(한 밑면의 변의 수)$+2$이므로 면의 수가 9개인 각기둥은 한 밑면의 변의 수가 $9-2=7$인 칠각기둥입니다.

6 오면체

다면체는 면의 수에 따라 이름이 달라집니다.
밑면이 삼각형인 각기둥은 삼각기둥이고, 이때 면의 수는 5이므로 삼각기둥은 오면체입니다.

2 각뿔

34~35쪽

1 ㉠, ㉢

㉡ 옆면은 모두 삼각형이지만 합동이 아닐 수도 있습니다.
㉣ 옆면과 밑면은 수직으로 만나지 않습니다.

2 오각뿔

밑면이 다각형이고 1개이면서 옆면이 삼각형인 입체도형은 각뿔입니다.
각뿔의 옆면의 수는 밑면의 변의 수와 같으므로 설명하는 입체도형의 밑면은 변의 수가 5인 오각형입니다.
따라서 입체도형의 이름은 오각뿔입니다.

3 구각뿔

각뿔에서 (꼭짓점의 수)=(밑면의 변의 수)+1이므로
(밑면의 변의 수)+1=10에서 (밑면의 변의 수)=9개
변의 수가 9인 다각형은 구각형이므로 각뿔은 밑면이 구각형인 구각뿔입니다.

4 66 cm

옆면이 6개인 각뿔의 밑면은 육각형이므로 육각뿔입니다.
따라서 모든 모서리의 길이의 합은 $4\times6+7\times6=24+42=66$(cm)입니다.

5 (위에서부터) 10, 6 / 7, 6 / 15, 10 / 2, 2

• 오각기둥에서 $v+f-e=10+7-15=2$
• 오각뿔에서 $v+f-e=6+6-10=2$

3 각기둥과 각뿔의 전개도

36~37쪽

1 면 ㅎㄷㅌㅍ

전개도를 접었을 때의 모양은 오른쪽과 같습니다.
따라서 다른 밑면은 면 ㅎㄷㅌㅍ입니다.

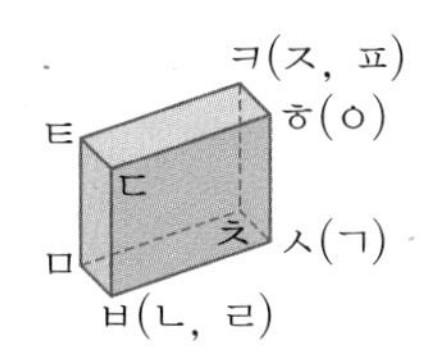

다른 풀이
면 ㅁㅂㅅㅊ과 마주 보는 면이 다른 밑면입니다.
면 ㅁㅂㅅㅊ과 마주 보는 면 ➡ 면 ㅎㄷㅌㅍ　　면 ㄱㄴㄷㅎ과 마주 보는 면 ➡ 면 ㅌㅁㅊㅋ
면 ㄷㄹㅁㅌ과 마주 보는 면 ➡ 면 ㅊㅅㅇㅈ

2 5개

전개도를 접으면 육각뿔이 만들어집니다.
(꼭짓점의 수)=(밑면의 변의 수)+1=6+1=7(개)
(모서리의 수)=(밑면의 변의 수)×2=6×2=12(개)
따라서 차는 12−7=5(개)입니다.

3 선분 ㅇㅅ

전개도를 접었을 때의 모양을 생각해 보면 점 ㄴ과 점 ㅇ이 만나게 되고,
점 ㄷ과 점 ㅅ이 만나게 되므로 선분 ㄴㄷ과 만나는 선분은 선분 ㅇㅅ입니다.

4 144 cm^2

선분 ㄱㄹ을 □cm라 하면 □×6=42, □=7입니다.
(한 밑면의 둘레)=(옆면의 가로)이고 (한 밑면의 둘레)=(5+7)×2=24(cm)이므로
높이는 6 cm입니다.
따라서 (옆면의 넓이의 합)=24×6=144(cm^2)입니다.

5 예

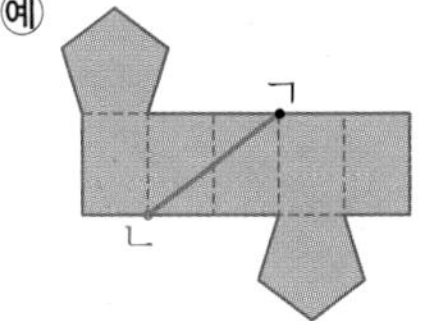

점 ㄱ에서 출발하여 점 ㄴ까지 두 옆면을 대각선으로 잇습니다.

각기둥에서 (면의 수)=(한 밑면의 변의 수)+2입니다.
한 밑면의 변의 수를 ●라 하면 10=●+2, ●=8입니다.
한 밑면의 변의 수가 8인 각기둥은 팔각기둥입니다.

➡ (모서리의 수)=8×3=24
(꼭짓점의 수)=8×2=16

따라서 팔각기둥의 모서리의 수와 꼭짓점의 수의 합은
24+16=40입니다.

1-1 18개, 12개

각기둥에서 (면의 수)=(한 밑면의 변의 수)+2에서
(한 밑면의 변의 수)=8−2=6(개)이므로
한 밑면의 변의 수가 6인 육각기둥입니다.
(육각기둥의 모서리)=(한 밑면의 변의 수)×3=6×3=18(개)
(육각기둥의 꼭짓점)=(한 밑면의 변의 수)×2=6×2=12(개)

서술형 **1-2** 14개

예 각기둥의 한 밑면의 변의 수를 □라 하면
(꼭짓점의 수)=(한 밑면의 변의 수)×2에서 □×2=24, □=12이므로
한 밑면의 변의 수가 12인 십이각기둥입니다.
따라서 (십이각기둥의 면)=(한 밑면의 변의 수)+2=12+2=14(개)입니다.

채점 기준	배점
한 밑면의 변의 수를 구했나요?	3점
각기둥의 면은 모두 몇 개인지 구했나요?	2점

1-3 11개

각기둥의 한 밑면의 변의 수를 □라 하면
(모서리의 수)=□×3, (꼭짓점의 수)=□×2에서
□×3+□×2=45, □×5=45, □=9이므로
한 밑면의 변의 수가 9인 구각기둥입니다.
따라서 (구각기둥의 면)=9+2=11(개)입니다.

1-4 15개

각기둥의 한 밑면의 변의 수를 □라 하면
(면의 수)=□+2, (모서리의 수)=□×3, (꼭짓점의 수)=□×2에서
□+2+□×3+□×2=92, □×6+2=92, □×6=90, □=15이므로
한 밑면의 변의 수가 15인 십오각기둥입니다.
따라서 십오각기둥의 한 밑면의 변은 모두 15개입니다.

자르기 전 사각기둥의 모서리는 $4\times3=12$(개)입니다.
삼각뿔 모양만큼 한 번 자를 때마다 모서리는 3개씩 늘어나므로
(잘라 낸 입체도형의 모서리의 수)=(사각기둥의 모서리의 수)$+3\times2$
$=12+6=18$(개)입니다.

2-1 8, 18, 12

삼각뿔 모양만큼 한 번 자를 때마다 면은 1개씩 늘어납니다.
➡ (면의 수)=(오각기둥의 면의 수)$+1=7+1=8$(개)
모서리는 3개씩 늘어납니다.
➡ (모서리의 수)=(오각기둥의 모서리의 수)$+3=15+3=18$(개)
꼭짓점은 1개 줄어들고 3개 늘어나므로 $3-1=2$(개)씩 늘어납니다.
➡ (꼭짓점의 수)=(오각기둥의 꼭짓점의 수)$+2=10+2=12$(개)

2-2 14개

삼각뿔 모양만큼 한 번 자를 때마다 꼭짓점은 1개 줄어들고 3개 늘어나므로 2개씩 늘어납니다.
(꼭짓점의 수)=(사각기둥의 꼭짓점의 수)$+2\times3=8+6=14$(개)

2-3 7개, 12개

만들어지는 입체도형에서 면은 1개 늘어나고, 모서리는 3개 줄었다가 3개 늘어나므로 처음과 같습니다.
(면의 수)=(사각기둥의 면의 수)$+1=6+1=7$(개)
(모서리의 수)=(사각기둥의 모서리의 수)$=12$(개)

2-4 18개

삼각기둥의 꼭짓점은 $3\times2=6$(개)이므로 삼각뿔 모양만큼 6번 잘라야 합니다.
한 번 자를 때마다 모서리의 수는 3개씩 늘어나므로 만들어지는 입체도형의 모서리는 잘라 내기 전보다 $3\times6=18$(개) 더 많습니다.

다른 풀이
처음 삼각기둥의 모서리는 $3\times3=9$(개)이고, 만들어지는 입체도형의 모서리는 $9+3\times6=27$(개)이므로 그 차는 $27-9=18$(개)입니다.

각뿔의 밑면의 변의 수를 ●라 하면
(면의 수)$=$●$+1$, (모서리의 수)$=$●$\times2$입니다.
(면의 수)+(모서리의 수)$=28$이므로 ●$+1+$●$\times2=28$에서
●$\times3+1=28$, ●$\times3=27$, ●$=9$입니다.
밑면의 변의 수가 9인 각뿔은 구각뿔입니다.
(구각뿔의 꼭짓점)$=$●$+1=9+1=10$(개)

3-1 31개

각뿔의 밑면의 변의 수를 ○라 하면 (면의 수)$=○+1=11$, $○=10$입니다.
밑면의 변의 수가 10인 각뿔은 십각뿔이고
십각뿔의 모서리와 꼭짓점의 합은 $10\times2+10+1=31$(개)입니다.

서술형 **3-2** 14개

예 각뿔의 밑면의 변의 수를 ○라 하면 면의 수는 $○+1$, 모서리의 수는 $○\times2$이므로
$○+1+○\times2=22$, $○\times3+1=22$, $○\times3=21$, $○=7$입니다.
밑면의 변의 수가 7인 각뿔은 칠각뿔입니다. 칠각뿔과 밑면의 모양이 같은 각기둥은 칠각기둥이므로 칠각기둥의 꼭짓점은 모두 $7\times2=14$(개)입니다.

채점 기준	배점
각뿔의 밑면의 변의 수와 면, 모서리의 수 사이의 관계를 찾았나요?	2점
각뿔의 밑면의 변의 수를 구했나요?	2점
각기둥의 꼭짓점은 모두 몇 개인지 구했나요?	1점

3-3 9개

각뿔의 밑면의 변의 수를 ○라 하면
면의 수는 $○+1$, 모서리의 수는 $○\times2$, 꼭짓점의 수는 $○+1$이므로
$○+1+○\times2+○+1=34$, $○\times4+2=34$, $○\times4=32$, $○=8$입니다.
밑면의 변의 수가 8인 각뿔은 팔각뿔이므로 팔각뿔의 면은 모두 $8+1=9$(개)입니다.

3-4 육각뿔

각뿔의 밑면의 변의 수를 ○라 하면 모든 모서리의 길이의 합은 $5\times○+16\times○$이므로
$5\times○+16\times○=126$, $21\times○=126$, $○=6$입니다.
밑면의 변의 수가 6인 각뿔은 육각뿔입니다.

대표문제 **4**

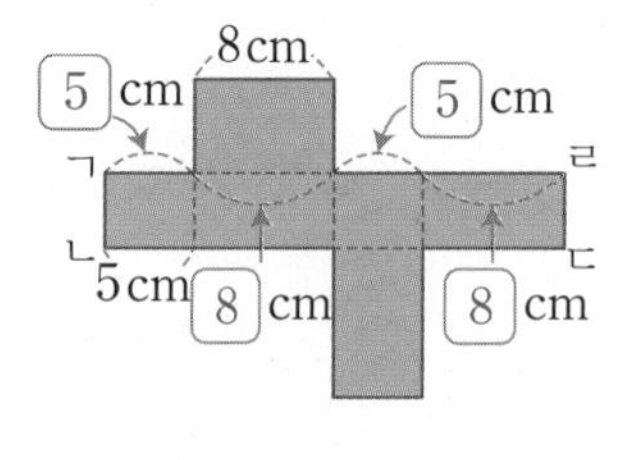

전개도를 접었을 때 서로 맞닿는 부분의 길이는 같습니다.
(선분 ㄱㄹ)$=5+8+5+8=26$(cm)
(선분 ㄱㄹ)$\times$(선분 ㄱㄴ)$=104$
$26\times$(선분 ㄱㄴ)$=104$
(선분 ㄱㄴ)$=4$cm

4-1 풀이 참조, 5cm

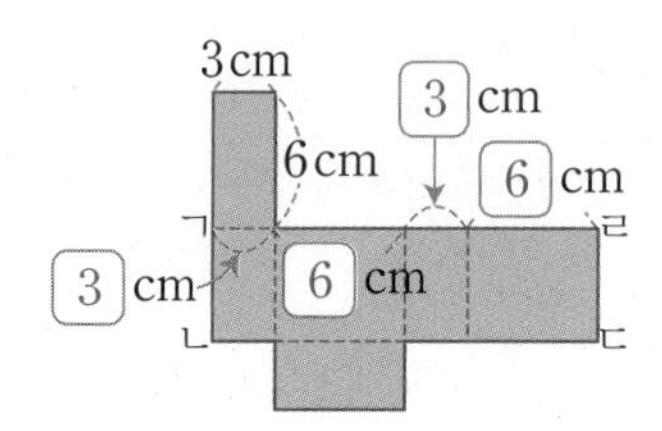

전개도를 접었을 때 서로 맞닿는 부분의 길이는 같으므로
(선분 ㄱㄹ)$=3+6+3+6=18$(cm)입니다.
(선분 ㄱㄹ)$\times$(선분 ㄱㄴ)$=90$, $18\times$(선분 ㄱㄴ)$=90$,
(선분 ㄱㄴ)$=5$ cm

4-2 17 cm

전개도를 접었을 때 서로 맞닿는 부분의 길이는 같으므로
(선분 ㄱㄹ)$=9\times6=54$(cm)입니다.
(직사각형 ㄱㄴㄷㄹ의 둘레)=(가로+세로)$\times2$
➡ (선분 ㄱㄹ)+(선분 ㄱㄴ)$=142\div2$, $54+$(선분 ㄱㄴ)$=71$, (선분 ㄱㄴ)$=17$ cm

4-3 11 cm

삼각기둥의 전개도를 그려 보면 오른쪽과 같습니다.
(선분 ㄱㄹ)$=16+20+12=48$(cm)
(옆면의 넓이의 합)=(직사각형 ㄱㄴㄷㄹ의 넓이)이므로
$48\times$(선분 ㄱㄴ)$=528$, (선분 ㄱㄴ)$=528\div48=11$(cm)입니다.
따라서 삼각기둥의 높이는 11 cm입니다.

4-4 264 cm²

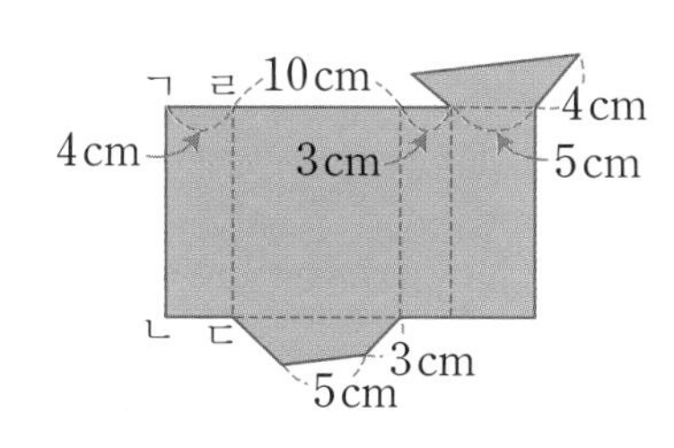

(선분 ㄱㄹ)$=4$ cm입니다.
(직사각형 ㄱㄴㄷㄹ의 둘레)
=(선분 ㄱㄹ+선분 ㄱㄴ)$\times2$이므로
$4+$(선분 ㄱㄴ)$=32\div2$,
$4+$(선분 ㄱㄴ)$=16$, (선분 ㄱㄴ)$=12$ cm
(옆면의 넓이의 합)$=(4+10+3+5)\times12=22\times12=264$(cm²)

대표문제 5

전개도를 접어 만든 입체도형은 삼각기둥입니다.

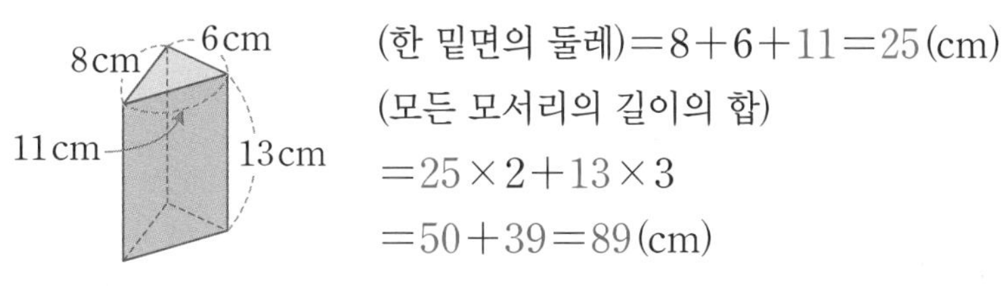

(한 밑면의 둘레)$=8+6+11=25$(cm)
(모든 모서리의 길이의 합)
$=25\times2+13\times3$
$=50+39=89$(cm)

5-1 50 cm

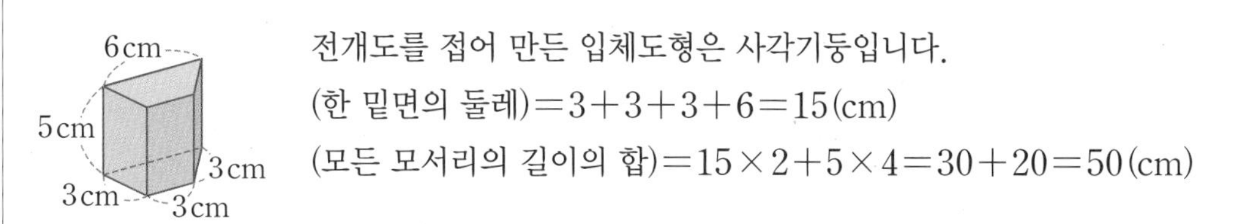

전개도를 접어 만든 입체도형은 사각기둥입니다.
(한 밑면의 둘레)$=3+3+3+6=15$(cm)
(모든 모서리의 길이의 합)$=15\times2+5\times4=30+20=50$(cm)

5-2 114 cm

전개도를 접어 만든 입체도형은 육각뿔이 되고 정육각형은 6개의 변의 길이가 모두 같으므로 모든 모서리의 길이의 합은
$7\times6+12\times6=42+72=114$(cm)입니다.

5-3 33.6 cm

밑면이 정팔각형인 전개도를 접어 만든 입체도형은 팔각기둥입니다.
(한 밑면의 둘레)$=1.2\times8=9.6$(cm)
(모든 모서리의 길이의 합)$=9.6\times2+1.8\times8=19.2+14.4=33.6$(cm)

5-4 80 cm

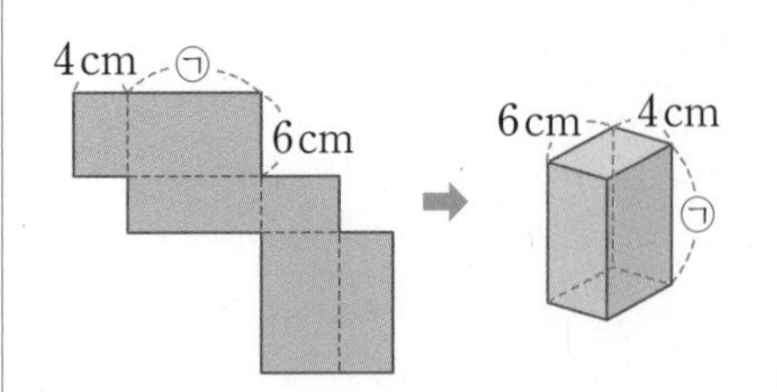

전개도의 둘레는 4 cm인 선분 6개, 6 cm인 선분 4개, ㉠cm인 선분 4개입니다.
(전개도의 둘레)$=4\times6+6\times4+$㉠$\times4=88$이므로 $24+24+$㉠$\times4=88$, ㉠$\times4=40$, ㉠$=10$입니다.
따라서 사각기둥의 모든 모서리의 길이의 합은
$(4+6+4+6)\times2+10\times4=40+40=80$(cm)입니다.

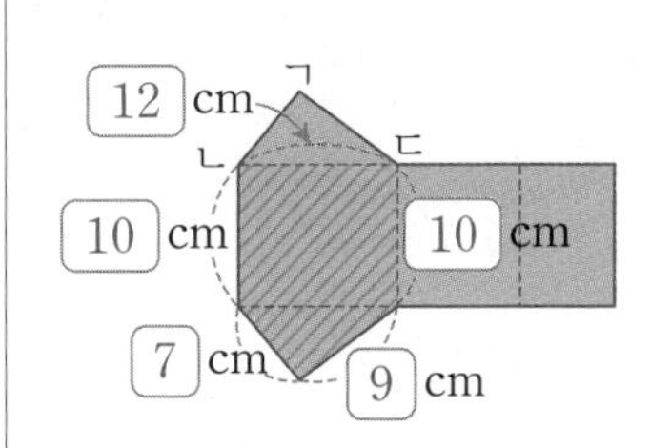

전개도에서 필요한 선분의 길이를 알아봅니다.
빗금 친 부분의 둘레를 이루는 선분은 10 cm인 선분 2개와 7 cm, 9 cm, 12 cm인 선분이 각각 1개입니다.
(빗금 친 부분의 둘레)$=10\times2+7+9+12$
$=48$(cm)

6-1 42 cm

전개도에서 필요한 선분의 길이를 알아봅니다.

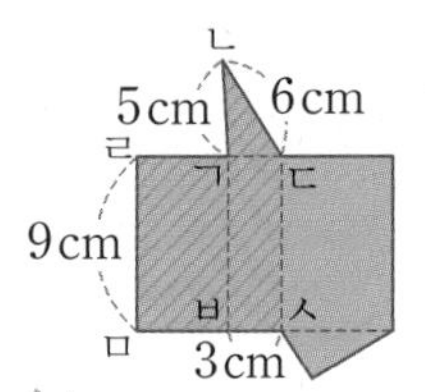

(선분 ㄹㅁ)=(선분 ㄷㅅ)=9 cm
(선분 ㄴㄱ)=(선분 ㄹㄱ)=(선분 ㅁㅂ)=5 cm
(선분 ㅂㅅ)=3 cm
(선분 ㄴㄷ)=6 cm
9 cm인 선분은 2개, 5 cm인 선분은 3개와 3 cm와 6 cm인 선분은 각각 1개입니다.
(빗금 친 부분의 둘레)$=9\times2+5\times3+3+6=18+15+3+6=42$(cm)

6-2 20 cm

밑면의 한 변의 길이를 ㉠cm라 하면
(빗금 친 부분의 둘레)$=13\times2+$㉠$\times3$입니다.
$13\times2+$㉠$\times3=38$, ㉠$\times3=12$, ㉠$=4$
따라서 주어진 각뿔의 밑면은 한 변이 4 cm인 정오각형이므로
(밑면의 둘레)$=4\times5=20$(cm)입니다.

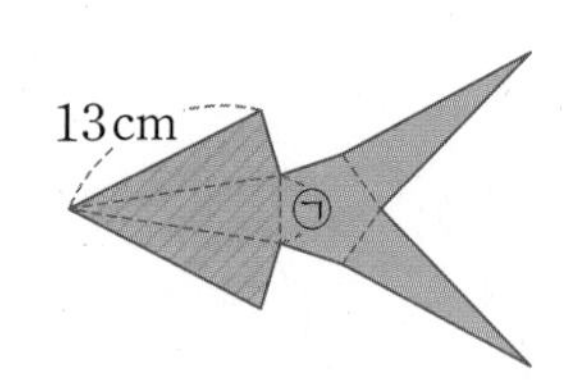

6-3 960 cm²

육각기둥의 높이를 ㉠ cm라 하면
(빗금 친 부분의 둘레)$=8\times10+$㉠$\times2$입니다.
$8\times10+$㉠$\times2=120$, ㉠$\times2=40$, ㉠$=20$
육각기둥의 높이는 20 cm이고, 옆면은 가로가 8 cm, 세로가 20 cm인 직사각형 6개로 이루어져 있으므로
(옆면의 넓이의 합)$=(8\times20)\times6=160\times6=960$(cm^2)입니다.

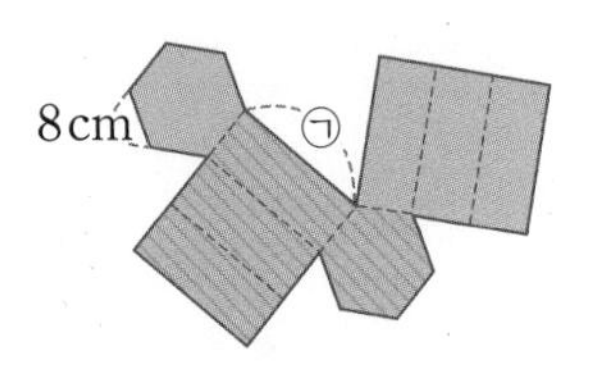

각 모서리의 길이와 같은 테이프를 찾아봅니다.
110cm인 모서리와 길이가 같은 테이프: 2개
90cm인 모서리와 길이가 같은 테이프: 4개
80cm인 모서리와 길이가 같은 테이프: 6개
(필요한 테이프의 길이)$=110\times2+90\times4+80\times6$
$=220+360+480=1060$ (cm)

7-1 152cm

각 모서리의 길이와 같은 끈을 찾아봅니다.
12cm인 모서리와 길이가 같은 끈: 4개
10cm인 모서리와 길이가 같은 끈: 4개
16cm인 모서리와 길이가 같은 끈: 4개
(필요한 끈의 길이)$=12\times4+10\times4+16\times4=48+40+64=152$(cm)

7-2 166cm

벽돌 3개를 쌓은 모양은 가로 20 cm, 세로 25 cm, 높이 12 cm이므로 각 모서리와 길이가 같은 끈을 찾아봅니다.
20cm인 모서리와 길이가 같은 끈: 2개
25cm인 모서리와 길이가 같은 끈: 2개
12cm인 모서리와 길이가 같은 끈: 4개
(벽돌에 사용되는 끈의 길이)$=20\times2+25\times2+12\times4$
$=40+50+48=138$(cm)
매듭에 사용되는 끈이 28cm이므로 필요한 끈의 길이는 $138+28=166$(cm)입니다.

7-3 248cm

사각뿔 모양 텐트의 모든 모서리의 길이는 같으므로 한 모서리의 길이를 □cm라 하면
$\square\times8=496$, $\square=62$입니다.
(옆면에 필요한 끈의 길이)$=62\times4=248$(cm)

다른 풀이
사각뿔의 모서리 8개의 길이가 모두 같으므로 옆면의 모서리 4개에 필요한 끈의 길이는
$496\div2=248$ (cm)입니다.

7-4 114cm

세 번 둘러싸는 데 필요한 테이프의 길이가 72 cm이므로 한 번 둘러싸는 데 필요한 테이프의 길이는 $72\div3=24$(cm)입니다.
(한 번 둘러싸는 데 필요한 테이프의 길이)=(육각기둥의 한 밑면의 둘레)이므로 육각기둥 모양 나무 조각의 모든 모서리의 길이의 합은
$24\times2+11\times6=48+66=114$(cm)입니다.

보충 개념
각기둥에서 (모든 모서리의 길이의 합)=(한 밑면의 둘레)$\times2+$(높이)$\times$(한 밑면의 변의 수)입니다.

대표문제 8

먼저 전개도에 꼭짓점을 모두 표시해 본 후 나머지 선을 이어 완성합니다.

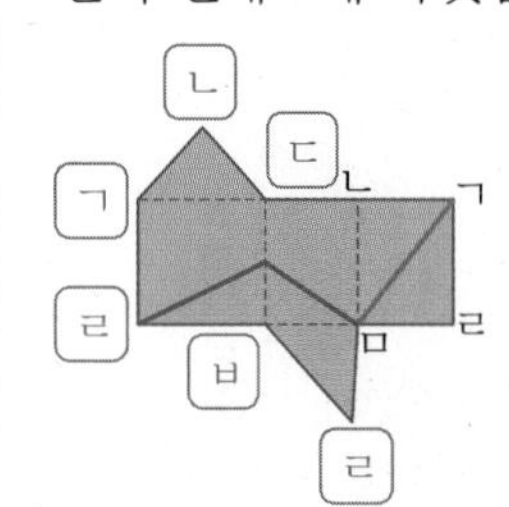

① 점 ㄱ과 점 ㅁ을 잇습니다.
➡ ② 점 ㅁ과 선분 ㄷㅂ의 가운데 점을 잇습니다.
③ 선분 ㄷㅂ의 가운데 점과 점 ㄹ을 잇습니다.

8-1

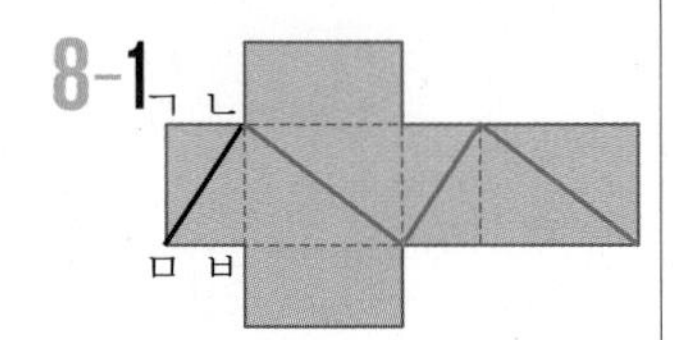

먼저 전개도에 꼭짓점을 모두 표시해 본 후 나머지 선을 이어 완성합니다.
점 ㄴ과 점 ㅅ을 잇고, 점 ㅅ과 점 ㄹ을 잇고, 점 ㄹ과 점 ㅁ을 잇습니다.

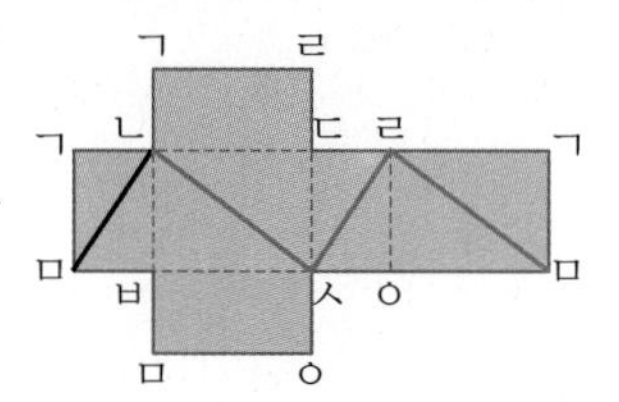

8-2

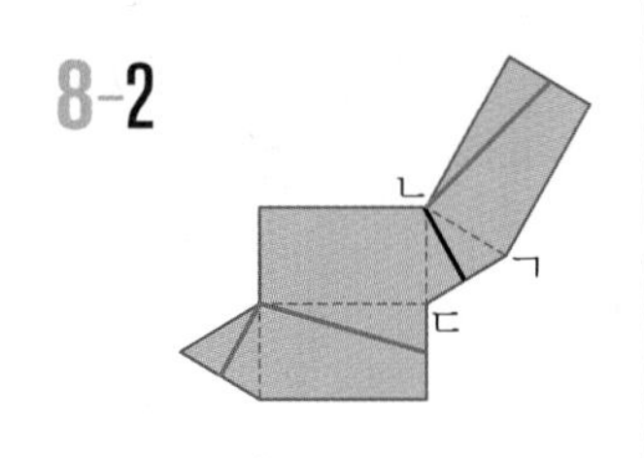

먼저 전개도에 꼭짓점을 모두 표시해 본 후 나머지 선을 이어 완성합니다.
점 ㄴ과 선분 ㅁㄹ의 가운데 점을 잇고, 점 ㅂ과 선분 ㄷㄱ의 가운데 점을 잇고, 점 ㅂ과 선분 ㅁㄹ의 가운데 점을 잇습니다.

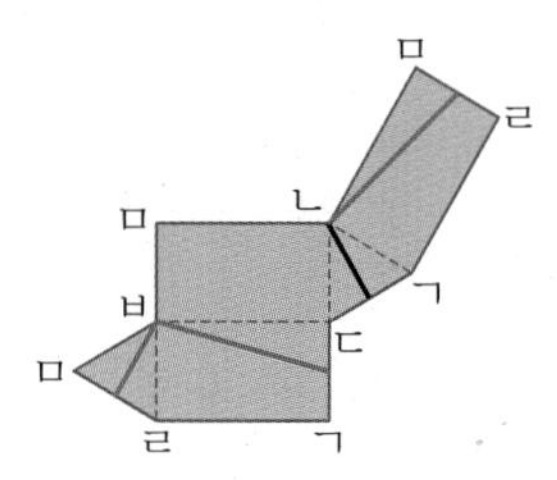

8-3 15cm

실이 지나간 자리를 삼각기둥의 전개도에 나타내면 오른쪽과 같습니다.

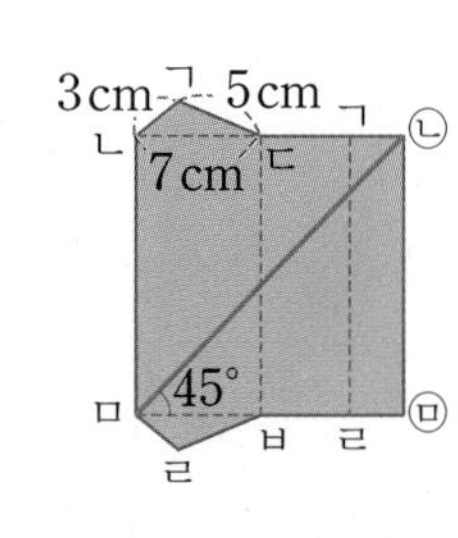

삼각형 ㄴㅁ㉡은 세 각이 각각 45°, 45°, 90°인 이등변삼각형이므로
(선분 ㄴㅁ)=(선분 ㄴㄷ)+(선분 ㄷㄱ)+(선분 ㄱ㉡)
=7+5+3=15(cm)
따라서 삼각기둥의 높이는 15cm입니다.

주의
이등변삼각형은 한 변을 제외한 남은 두 변의 길이가 같습니다.

1 69개

세 각기둥의 한 밑면의 변의 수의 합을 □라 하면 꼭짓점의 수의 합은 □×2이므로 □×2=46, □=23입니다.
따라서 세 각기둥의 모서리의 합은 □×3=23×3=69(개)입니다.

2 7개

한 밑면의 변의 수를 □라 하면 각기둥에서 면의 수는 □+2, 모서리의 수는 □×3, 꼭짓점의 수는 □×2이므로 합은 □+2+□×3+□×2=□×6+2이고,
각뿔에서 면의 수는 □+1, 모서리의 수는 □×2, 꼭짓점의 수는 □+1이므로 합은 □+1+□×2+□+1=□×4+2입니다.
□×6+2와 □×4+2의 차는 □×2이므로 □×2=14, □=7입니다.
따라서 한 밑면의 변은 모두 7개입니다.

3 예 ((나)의 면의 수)=((가)의 면의 수)+((가)의 꼭짓점의 수)

삼각뿔 모양만큼 한 번 자를 때마다 면의 수는 1개씩 늘어납니다.
사각기둥의 꼭짓점의 수는 8이므로 삼각뿔 8개를 잘라 내면 새로운 면 8개가 생깁니다.
따라서 사각기둥 (가)와 입체도형 (나)의 면의 수 사이의 관계를 식으로 나타내면
((나)의 면의 수)=((가)의 면의 수)+((가)의 꼭짓점의 수)입니다.

4 189 cm

구각기둥을 한 바퀴 굴렸을 때 종이에 색칠된 부분의 넓이는 구각기둥의 옆면의 넓이의 합과 같습니다.
(구각기둥 한 개의 옆면의 넓이의 합)=936÷2=468 (cm^2)
(옆면의 넓이의 합)=(한 밑면의 둘레)×(높이)이므로
(한 밑면의 둘레)=468÷13=36 (cm)입니다.
따라서 구각기둥의 모든 모서리의 길이의 합은 36×2+13×9=72+117=189 (cm)입니다.

5 22 cm

(선분 ㅋㅊ)=(선분 ㅌㅋ)=(선분 ㄱㄴ)=6 cm입니다.
(면 ㉯의 넓이)=(선분 ㅋㅊ)×(선분 ㅊㅅ)에서 6×(선분 ㅊㅅ)=72,
(선분 ㅊㅅ)=12 cm
(면 ㉮의 넓이)=(선분 ㄹㅋ)×(선분 ㅋㅂ)에서 (선분 ㅋㅂ)=(선분 ㅊㅈ)이므로
(선분 ㄹㅋ)×12=96, (선분 ㄹㅋ)=8 cm
(선분 ㄹㅋ)=(선분 ㅊㅈ)이므로 (선분 ㄹㅈ)=8+6+8=22 (cm)입니다.

서술형 **6** 90 cm

예 밑면의 변의 수를 □라 하면
(모든 모서리의 길이의 합)=9×□+14×□입니다.
23×□=230에서 □=10이므로 밑면의 변의 수는 10입니다. 각뿔의 밑면의 모양은 한 변이 9 cm인 정십각형이므로 밑면의 둘레는 9×10=90 (cm)입니다.

채점 기준	배점
밑면의 변의 수를 □로 놓고 식을 세웠나요?	2점
밑면의 변의 수를 구했나요?	1점
밑면의 둘레를 구했나요?	2점

7 224개

사각기둥 모양 상자의 높이를 □cm라 하면
(①의 넓이)$=8\times\square$, (②의 넓이)$=14\times\square$,
(③의 넓이)$=14\times8$이므로
(전개도의 넓이)$=$(①$+$②$+$③)$\times2$
$=(8\times\square+14\times\square+112)\times2$입니다.
$112\times2+(8+14+8+14)\times\square=928$,
$44\times\square+224=928$, $44\times\square=704$, $\square=16$
따라서 사각기둥의 높이는 16 cm입니다.
$8\div2=4$, $14\div2=7$, $16\div2=8$에서 한 모서리가 2 cm인 정육면체 모양의 초콜릿을 4개씩 7줄로 8층까지 넣을 수 있으므로 초콜릿은 $4\times7\times8=224$(개)까지 넣을 수 있습니다.

보충 개념
각기둥에서 ①과 ㉡, ②과 ㉢, ③과 ㉠은 합동이므로 (전개도의 넓이)$=$(합동인 세 면의 넓이의 합)$\times2$입니다.

8 이십각기둥

한 바퀴는 360°이므로 $360°\div18°=20$에서 이어 붙일 수 있는 삼각기둥은 모두 20개입니다.
따라서 밑면의 모양은 변의 수가 20인 이십각형이므로 이십각기둥이 만들어집니다.

9

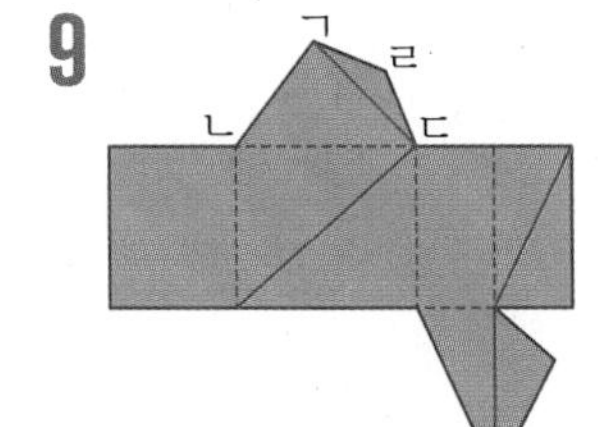

먼저 전개도에 꼭짓점을 모두 표시해 본 후 선을 이어 봅니다.
점 ㄱ과 점 ㄷ을 잇고, 점 ㄷ과 점 ㅂ을 잇고, 점 ㅂ과 점 ㅇ을 잇고, 점 ㅇ와 점 ㄱ을 잇습니다.

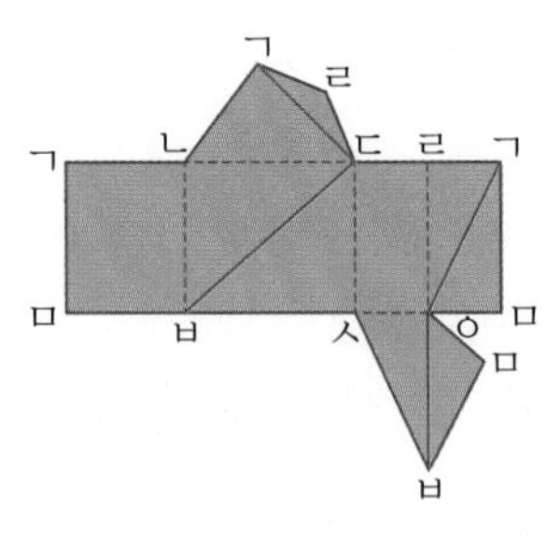

3 소수의 나눗셈

1 (소수)÷(자연수) (1)

58~59쪽

1 $\frac{65}{10} \div 5 = \frac{65 \div 5}{10} = \frac{13}{10} = 1.3$

$6.5 \div 5 = \frac{65}{10} \div 5 = \frac{65}{10} \times \frac{1}{5} = \frac{65}{50} = \frac{13}{10} = 1.3$

2 4.3배

(시후의 몸무게)÷(강아지의 무게)＝38.7÷9＝4.3(배)

3 0.32 m

(만든 정사각형 한 개의 둘레)＝2.56÷2＝1.28(m)
➡ (만든 정사각형의 한 변의 길이)＝1.28÷4＝0.32(m)

4 ㉡

■÷▲에서 ■＜▲일 때 나눗셈의 몫이 1보다 작습니다.
㉠ 18.6＞3 ➡ 18.6÷3＞1　㉡ 3.36＜4 ➡ 3.36÷4＜1
㉢ 13.5＞9 ➡ 13.5÷9＞1　㉣ 21.7＞7 ➡ 21.7÷7＞1
따라서 몫이 1보다 작은 나눗셈식은 ㉡입니다.

다른 풀이
㉠ 18.6÷3＝6.2 ㉡ 3.36÷4＝0.84 ㉢ 13.5÷9＝1.5 ㉣ 21.7÷7＝3.1
➡ 몫이 1보다 작은 나눗셈식은 ㉡입니다.

5 ⑤

■÷▲에서 ■＜▲일 때 나눗셈의 몫이 1보다 작고, ■＞▲일 때 나눗셈의 몫이 1보다 큽니다.
① 4.□5＜18 ➡ 4.□5÷18＜1　② 3□.8＜41 ➡ 3□.8÷41＜1
③ 5.□8＜26 ➡ 5.□8÷26＜1　④ 0.9□＜4 ➡ 0.9□÷4＜1
⑤ 8□.1＞27 ➡ 8□.1÷27＞1
따라서 몫이 가장 큰 것은 ⑤입니다.

2 (소수)÷(자연수) (2)

60~61쪽

1 0.8, 31.2

0.8÷16＝0.05, 3.2÷16＝0.2, 22.4÷16＝1.4, 31.2÷16＝1.95

2 10배

나누는 수가 18로 같고 나누어지는 수 2.7이 0.27의 10배이므로 ㉠은 ㉡의 10배입니다.

다른 풀이
㉠ 2.7÷18＝0.15, ㉡ 0.27÷18＝0.015이므로 ㉠은 ㉡의 10배입니다.

3 4.35 cm

(밑변)=(평행사변형의 넓이)÷(높이)=26.1÷6=4.35(cm)

4 1.05 kg

(통조림 18개의 무게)=19.4−0.5=18.9(kg)
➡ (통조림 한 개의 무게)=18.9÷18=1.05(kg)

5 (1) 0.8 (2) 2.06

(1) □=33.6÷42=0.8
(2) □=30.9÷15=2.06

6 6.3 cm

(처음 직사각형의 넓이)=12.6×9=113.4(cm^2)
(줄인 직사각형의 세로)=9−3=6(cm)
늘인 직사각형의 가로를 □cm라 하면 □×6=113.4, □=113.4÷6=18.9입니다.
➡ (늘여야 하는 가로)=18.9−12.6=6.3(cm)

3 (자연수)÷(자연수)

62~63쪽

1 ㉡

㉠ 23÷4=5.75 ㉡ 13÷8=1.625 ㉢ 39÷12=3.25
따라서 몫의 소수 둘째 자리 숫자가 다른 것은 ㉡ 13÷8입니다.

2 2번

13÷4=3.25이므로 소수 둘째 자리에서 나누어떨어졌으므로 나누어지는 수 13의 오른쪽 끝자리에서 0을 2번 내려 계산했습니다.
13÷4 ➡ 13.00÷4

3 1.5 kg

2주일은 14일입니다.
(하루에 먹은 쌀의 양)=21÷14=1.5(kg)

4 1□2⊡6□4

(정사각형의 둘레)=9.48×4=37.92(cm)
37.92÷3을 36÷3으로 어림하면 몫은 12이므로 12.64입니다.

5 9

58.2를 60으로 어림하면 60÷6=10입니다.
58.2÷6>□이므로 □ 안에 들어갈 수 있는 수는 어림한 몫인 10보다 작은 자연수 중 가장 큰 수인 9입니다.

6 7

3÷11=0.272727……이고 몫의 소수점 아래에 숫자 2, 7이 반복되므로 순환마디가 2, 7인 순환소수입니다. 따라서 몫의 소수 12째 자리 숫자는 순환마디의 마지막 숫자인 7입니다.

$$26 \div 8 < ■ \div 14 < 42 \div 12$$
$$3.25 < ■ \div 14 < 3.5$$
$$3.25 \times 14 < ■ \div 14 \times 14 < 3.5 \times 14$$
$$45.5 < ■ < 49$$

따라서 ■ 안에 들어갈 수 있는 자연수는 46, 47, 48입니다.

보충 개념

부등호의 양변에 0이 아닌 같은 수를 곱해도 부등호의 방향은 바뀌지 않습니다.

예 $13 < 15$ ➡ $13 \times 4 < 15 \times 4$ ➡ $52 < 60$

$13 < 15$ ➡ $13 \times \frac{1}{6} < 15 \times \frac{1}{6}$ ➡ $\frac{13}{6} < \frac{15}{6}$

1-1 3개

$9.75 \div 13 = 0.75$, $3.16 \div 4 = 0.79$에서

소수 둘째 자리 숫자끼리 비교하면 $5 < □ < 9$이므로

□ 안에 들어갈 수 있는 자연수는 6, 7, 8로 모두 3개입니다.

1-2 88

$60 \div 16 = 3.75$, $63 \div 15 = 4.2$입니다.

$3.75 < □ \div 11 < 4.2$에서

$3.75 \times 11 < □ \div 11 \times 11 < 4.2 \times 11$, $41.25 < □ < 46.2$이므로

□ 안에 들어갈 수 있는 자연수는 42, 43, 44, 45, 46입니다.

➡ □ 안에 들어갈 수 있는 가장 작은 자연수는 42, 가장 큰 자연수는 46이므로 두 수의 합은 $42 + 46 = 88$입니다.

1-3 27

$\frac{21}{8} = 21 \div 8 = 2.625$ ➡ 2.6, $\frac{11}{4} = 11 \div 4 = 2.75$ ➡ 2.8

$2.6 < \frac{□}{10} < 2.8$에서 $2.6 \times 10 < \frac{□}{10} \times 10 < 2.8 \times 10$이므로 $26 < □ < 28$입니다.

따라서 □ 안에 들어갈 수 있는 자연수는 27입니다.

1-4 17, 18, 19

어떤 자연수를 □라 하면

$□ \div 3$의 몫을 소수 첫째 자리에서 반올림하여 6이 되었으므로

$□ \div 3$의 몫은 5.5와 같거나 크고 6.5보다 작습니다.

따라서 □는 $5.5 \times 3 = 16.5$와 같거나 크고 $6.5 \times 3 = 19.5$보다 작은 수인 17, 18, 19입니다.

보충 개념

어떤 수가 ●보다 크거나 같다는 것은 ≤ 기호를 사용하여 ●≤(어떤 수)로 나타낼 수 있습니다.

$5.5 \le ● \div 3 < 6.5$에서 $5.5 \times 3 \le ● < 6.5 \times 3$, $16.5 \le ● < 19.5$이므로

● 안에 들어갈 수 있는 자연수는 17, 18, 19입니다.

(분자)$\div 27=1 \cdots 13$ ➡ (분자)$=27 \times 1+13=40$

(어떤 가분수)$=\frac{40}{27}=40 \div 27=1.481481 \cdots\cdots$ 이므로

소수점 아래에 반복되는 숫자는 4, 8, 1로 3개입니다.

따라서 $18 \div 3=6$은 나머지가 0이므로

소수 18째 자리 숫자는 반복되는 숫자 중 세 번째 숫자인 1입니다.

2-1 1

$1\frac{5}{37}=1.135/135/\cdots\cdots$이므로 소수점 아래 반복되는 숫자는 1, 3, 5로 3개입니다.

$25 \div 3=8 \cdots 1$은 나머지가 1이므로 소수 25째 자리 숫자는 반복되는 숫자 중 첫 번째 숫자인 1입니다.

서술형 **2-2** 3

예 (분자)$=11 \times 2+7=29$이므로 어떤 가분수는 $\frac{29}{11}$입니다.

$29 \div 11=2.63/63/\cdots\cdots$이므로 소수점 아래 반복되는 숫자는 6, 3으로 2개입니다.

따라서 $40 \div 2=20$은 나머지가 0이므로 소수 40째 자리 숫자는 반복되는 숫자 중 두 번째 숫자인 3입니다.

채점 기준	배점
어떤 가분수를 구했나요?	2점
가분수를 소수로 나타낼 때, 소수점 아래에 반복되는 숫자를 구했나요?	2점
가분수를 소수로 나타낼 때, 소수 40째 자리 숫자를 구했나요?	1점

2-3 2

(분자)$=33 \times 1+8=41$이므로 어떤 가분수는 $\frac{41}{33}$입니다.

$41 \div 33=1.24/24/\cdots\cdots$이므로 소수점 아래 반복되는 숫자는 2, 4이고 2개입니다.

$51 \div 2=25 \cdots 1$이므로 소수 51째 자리 숫자는 반복되는 숫자 중 첫 번째 숫자인 2이고, $80 \div 2=40$은 나머지가 0이므로 소수 80째 자리 숫자는 반복되는 숫자 중 두 번째 숫자인 4입니다.

따라서 소수 51째 자리 숫자와 소수 80째 자리 숫자의 차는 $4-2=2$입니다.

보충 개념

소수점 아래에 반복되는 숫자는 2, 4로 2개이므로 소수점 아래 홀수 번째 자리 숫자는 2, 짝수 번째 자리 숫자는 4입니다.

2-4 9

가는 13, 나는 22이므로 13●22=$(13+22) \div 22$입니다.

$(13+22) \div 22=35 \div 22=1.5/90/90/\cdots\cdots$이므로 소수점 아래 둘째 자리부터 숫자 9, 0이 반복됩니다.

따라서 소수 100째 자리 숫자는 $(100-1) \div 2=99 \div 2=49 \cdots 1$은 나머지가 1이므로 반복되는 숫자 중 첫 번째 숫자인 9입니다.

주의

반복되는 숫자 2개만을 생각하여 $100 \div 2=50$으로 생각하지 않도록 합니다.

(사다리꼴 ㄱㄴㄷㄹ의 넓이)$=(11.8+18.6)\times9\div2=30.4\times9\div2=136.8(cm^2)$

(삼각형 ㄹㅁㄷ의 넓이)$=$(사다리꼴 ㄱㄴㄷㄹ의 넓이)$\times\frac{1}{5}$

$=$(사다리꼴 ㄱㄴㄷㄹ의 넓이)$\div5$

$=136.8\div5=27.36(cm^2)$

(삼각형 ㄹㅁㄷ의 넓이)$=$(선분 ㅁㄷ)$\times9\div2$이므로

$27.36=$(선분 ㅁㄷ)$\times9\div2$,

(선분 ㅁㄷ)$=27.36\times2\div9=54.72\div9=6.08$(cm)입니다.

3-1 3.4 cm

(직사각형 ㄱㄴㄷㄹ의 넓이)$=8.5\times4=34(cm^2)$

(삼각형 ㄱㄴㅁ의 넓이)$=$(직사각형 ㄱㄴㄷㄹ의 넓이)$\times\frac{1}{5}=34\div5=6.8(cm^2)$

➡ 선분 ㄴㅁ의 길이를 □ cm라 하면

□$\times4\div2=6.8$이므로 □$=6.8\times2\div4=13.6\div4=3.4$입니다.

3-2 4 cm

(사다리꼴 ㄱㄴㄷㄹ의 넓이)$=(8.4+10.2)\times8\div2=18.6\times8\div2$

$=148.8\div2=74.4(cm^2)$

(삼각형 ㄱㄴㅁ의 넓이)$=$(사다리꼴 ㄱㄴㄷㄹ의 넓이)$\times\frac{1}{3}=74.4\div3=24.8(cm^2)$

➡ 선분 ㄴㅁ의 길이를 □ cm라 하면

□$\times8\div2=24.8$, □$=24.8\times2\div8=49.6\div8=6.2$이므로

(선분 ㅁㄷ의 길이)$=10.2-6.2=4$(cm)입니다.

3-3 4.25 cm

삼각형 ㄹㄴㄷ의 높이를 □ cm라 하면 (삼각형 ㄹㄴㄷ의 넓이)$=17\times$□$\div2=102$,

□$=102\times2\div17$, □$=204\div17=12$입니다.

(삼각형 ㄱㄴㄹ의 넓이)$=$(삼각형 ㄹㄴㄷ의 넓이)$\times\frac{1}{4}$

$=$(삼각형 ㄹㄴㄷ의 넓이)$\div4=102\div4=25.5(cm^2)$

➡ 선분 ㄱㄹ의 길이를 △ cm라 하면

△$\times12\div2=25.5$이므로 △$=25.5\times2\div12=51\div12=4.25$입니다.

3-4 13.5 cm

(삼각형 ㄹㅁㄷ의 넓이)$=$(사다리꼴 ㄱㄴㄷㄹ의 넓이)$\times\frac{1}{4}$

$=$(사다리꼴 ㄱㄴㄷㄹ의 넓이)$\div4=270\div4=67.5(cm^2)$

선분 ㄹㅁ의 길이를 □ cm라 하면

$9\times$□$\div2=67.5$, □$=67.5\times2\div9=135\div9=15$입니다.

(직사각형 ㄱㄴㅁㄹ의 넓이)$=$(사다리꼴 ㄱㄴㄷㄹ의 넓이)$-$(삼각형 ㄹㅁㄷ의 넓이)

$=270-67.5=202.5(cm^2)$

➡ 선분 ㄴㅁ의 길이를 △ cm라 하면

△$\times15=202.5$, △$=202.5\div15=13.5$입니다.

대표문제 4

큰 수를 ■, 작은 수를 ▲라 하면
■+▲=65.5이고 ■−▲=55.5입니다.
(■+▲)+(■−▲)=65.5+55.5=121, ■×2=121,
■=121÷2=60.5
■+▲=65.5에서 ■=60.5이므로
▲=65.5−60.5=5입니다.
따라서 ■÷▲=60.5÷5=12.1입니다.

4-1 8.5, 6.5

(■+▲)+(■−▲)=15+2=17, ■×2=17, ■=17÷2=8.5이고
■+▲=15에서 ■=8.5이므로 ▲=15−8.5=6.5입니다.
따라서 ■=8.5, ▲=6.5입니다.

다른 풀이
■−▲=2이므로 ■=2+▲입니다.
■+▲=15에서 (2+▲)+▲=15, ▲+▲=15−2, ▲+▲=13, ▲×2=13,
▲=13÷2=6.5이므로 ■=15−6.5=8.5입니다.
따라서 ■=8.5, ▲=6.5입니다.

4-2 4.25

큰 수를 □, 작은 수를 △라 하면 □+△=31.5, □−△=19.5입니다.
(□+△)+(□−△)=31.5+19.5=51, □×2=51, □=51÷2=25.5이고
□+△=31.5에서 □=25.5이므로 △=31.5−25.5=6입니다.
➡ □÷△=25.5÷6=4.25

다른 풀이
큰 수를 □, 작은 수를 △라 하면 □+△=31.5, □−△=19.5입니다.
□−△=19.5이므로 □=19.5+△입니다.
□+△=31.5에서 (19.5+△)+△=31.5, △+△=31.5−19.5, △+△=12, △×2=12,
△=12÷2=6이므로 □=31.5−6=25.5입니다.
➡ □÷△=25.5÷6=4.25

4-3 16.87

큰 수를 □, 작은 수를 △라 하면 □+△=21.69, □÷△=8입니다.
□÷△=8이므로 □=△×8이고
□+△=21.69에서 △×8+△=21.69, △×9=21.69,
△=21.69÷9=2.41이므로 □=21.69−2.41=19.28입니다.
➡ □−△=19.28−2.41=16.87

4-4 1.25

큰 수를 □, 작은 수를 △라 하면 □−△=50, □÷△=9입니다.
□÷△=9이므로 □=△×9이고
□−△=50에서 △×9−△=50, △×8=50, △=50÷8=6.25입니다.
➡ △÷5=6.25÷5=1.25

2.11
17)36
34
20
17
30
17
13

36÷17의 몫을 소수 둘째 자리까지 구하면 2.11이고 나머지가 있습니다.
36에서 가장 작은 수를 빼어 소수 둘째 자리에서 나누어떨어지려면 나누어지는 수는 $17 \times 2.11 = 35.87$이 되어야 하므로 36에서 $36 - 35.87 = 0.13$을 빼면 소수 둘째 자리에서 나누어떨어집니다.
따라서 빼야 할 가장 작은 수는 0.13입니다.

5-1 0.7

2.7
9)25
18
70
63
7

25÷9의 몫을 소수 첫째 자리까지 구하면 2.7이고 나머지가 있습니다. 25에서 가장 작은 수를 빼어 소수 첫째 자리에서 나누어떨어지려면 나누어지는 수는 $9 \times 2.7 = 24.3$이 되어야 하므로 25에서 $25 - 24.3 = 0.7$을 빼면 소수 첫째 자리에서 나누어떨어집니다.
따라서 빼야 할 가장 작은 수는 0.7입니다.

5-2 0.1

4.35
14)61
56
50
42
80
70
10

61÷14의 몫을 소수 둘째 자리까지 구하면 4.35이고 나머지가 있습니다. 61에서 가장 작은 수를 빼어 소수 둘째 자리에서 나누어떨어지려면 나누어지는 수는 $14 \times 4.35 = 60.9$가 되어야 하므로 61에서 $61 - 60.9 = 0.1$을 빼면 소수 둘째 자리에서 나누어떨어집니다.
따라서 빼야 할 가장 작은 수는 0.1입니다.

5-3 0.03

2.29
13)29.8
26
38
26
120
117
3

29.8÷13의 몫을 소수 둘째 자리까지 구하면 2.29이고 나머지가 있습니다. 29.8에서 가장 작은 수를 빼어 소수 둘째 자리에서 나누어떨어지려면 나누어지는 수는 $13 \times 2.29 = 29.77$이 되어야 하므로 29.8에서 $29.8 - 29.77 = 0.03$을 빼면 소수 둘째 자리에서 나누어떨어집니다.
따라서 빼야 하는 가장 작은 소수는 0.03입니다.

5-4 0.06

2.45
11)27
22
50
44
60
55
5

27÷11의 몫을 소수 둘째 자리까지 구하면 2.45이고 나머지가 있습니다. 27에서 가장 작은 수를 더하여 소수 둘째 자리에서 나누어떨어지려면 몫은 2.45보다 0.01 큰 2.46이 되어야 합니다.
$11 \times 2.46 = 27.06$이므로 나누어지는 수 27에 $27.06 - 27 = 0.06$을 더하면 소수 둘째 자리에서 나누어떨어집니다. 따라서 더해야 하는 가장 작은 소수는 0.06입니다.

(한쪽 길에 설치하려는 조형물의 수)$=$(양쪽 길에 설치하려는 조형물의 수)$\div 2$
$=70\div 2$
$=35$(개)
(조형물 사이의 간격 수)$=$(한쪽 길에 설치하려는 조형물의 수)-1
$=35-1$
$=34$(군데)
➡ (조형물 사이의 간격)$=$(길 한쪽의 길이)$\div$(조형물 사이의 간격 수)
$=42.5\div 34$
$=1.25$(m)

6-1 18.02 m

(가로등 사이의 간격 수)$=26-1=25$(군데)
➡ (가로등 사이의 간격)$=450.5\div 25=18.02$(m)

서술형 **6-2** 2.24 m

예 (길 한쪽에 심으려는 나무의 수)$=102\div 2=51$(그루)이므로
(나무 사이의 간격 수)$=51-1=50$(군데)입니다.
따라서 (나무 사이의 간격)$=112\div 50=2.24$(m)입니다.

채점 기준	배점
길 한쪽에 심으려는 나무의 수를 구했나요?	2점
나무 사이의 간격 수를 구했나요?	2점
나무 사이의 간격을 구했나요?	1점

6-3 1.85 m

(땅의 둘레)$=(14.8+9.25)\times 2=24.05\times 2=48.1$(m)
직사각형 모양의 땅의 둘레에 말뚝을 26개 세우면 말뚝 사이의 간격 수도 26개입니다.
(말뚝 사이의 간격)$=$(땅의 둘레)$\div$(말뚝 사이의 간격 수)
$=48.1\div 26=1.85$(m)

주의
직사각형 모양의 땅의 둘레에 말뚝을 ●개 세울 때 말뚝 사이의 간격 수를 (●-1)개로 생각하지 않도록 주의합니다.

6-4 980 cm^2

(창문의 가로와 세로의 합)$=126\div 2=63$(cm)
창문의 둘레에 장식품 36개를 붙여야 하므로 63 cm(가로와 세로)에는 장식품 사이의 간격이 $36\div 2=18$(군데) 있어야 합니다.
합이 18인 서로 다른 두 수 중 곱이 가장 큰 수는 8과 10이므로 장식품 사이의 간격이 창문의 가로에는 8군데, 세로에는 10군데일 때가 창문의 넓이가 가장 큽니다.
따라서 (장식품 사이의 간격)$=63\div 18=3.5$(cm)이므로
(창문의 가로)$=3.5\times 8=28$(cm), (창문의 세로)$=3.5\times 10=35$(cm)일 때
넓이는 $28\times 35=980(cm^2)$입니다.

세 수 사이에 어떤 계산 규칙이 있는지 알아봅니다.

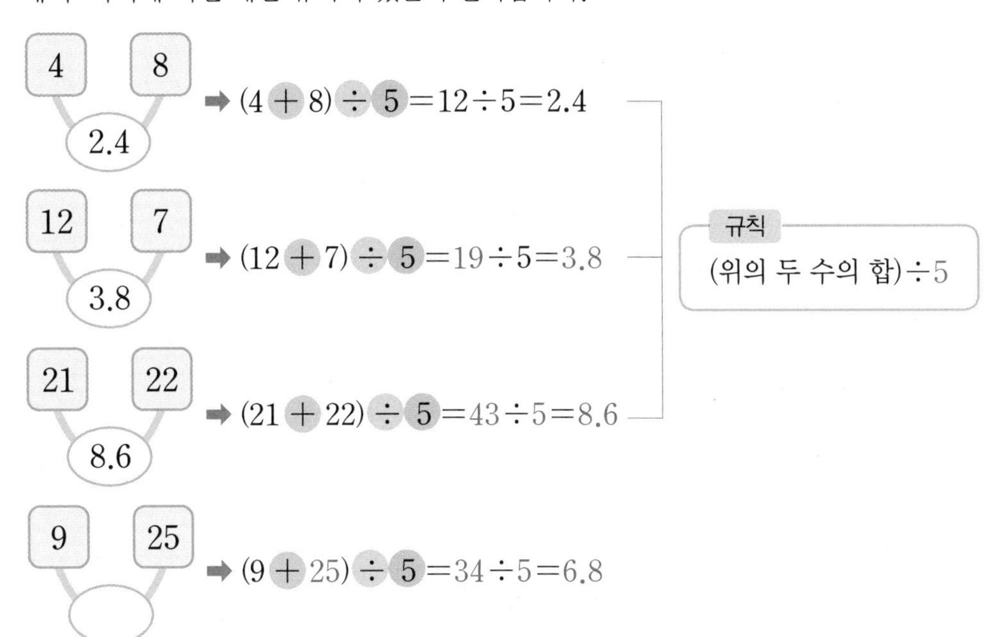

7-1 8.5

$6.8 \div 4 + 1 = 2.7$, $8.2 \div 4 + 1 = 3.05$, $22.4 \div 4 + 1 = 6.6$이므로
위의 수를 4로 나눈 후 1을 더하는 규칙입니다.
⇒ □$=30 \div 4 + 1 = 7.5 + 1 = 8.5$

7-2 6.75

$6 \times 5 \div 8 = 3.75$, $9 \times 4 \div 8 = 4.5$, $7 \times 12 \div 8 = 10.5$이므로
위의 두 수의 곱을 8로 나누는 규칙입니다.
⇒ □$=18 \times 3 \div 8 = 6.75$

7-3 0.75

$(25-8) \div 2 = 8.5$, $(17.5-8.5) \div 2 = 4.5$, $(8.5-2.5) \div 2 = 3$이므로
선으로 연결된 두 수의 차를 2로 나누는 규칙입니다.
⇒ ㉠$=(4.5-3) \div 2 = 0.75$

7-4 6

$7 \star 2 = 7 \times 7 \div 2 = 24.5$, $4 \star 5 = 4 \times 4 \div 5 = 3.2$, $9 \star 6 = 9 \times 9 \div 6 = 13.5$이므로
앞의 수를 두 번 곱한 수에 뒤의 수를 나누는 규칙입니다.
⇒ ㉠★$8 = 4.5$에서 ㉠×㉠$\div 8 = 4.5$, ㉠×㉠$=8 \times 4.5$,
㉠×㉠$=36$이고 $36 = 6 \times 6$이므로 ㉠$=6$입니다.

소수 첫째 자리에서 반올림하여 13이 되는 수

⬇

12.5와 같거나 크고 13.5보다 작은 수

$12.5\times7=87.5$
➡ 가장 작은 자연수: 88

$13.5\times7=94.5$
➡ 가장 큰 자연수: 94

따라서 어떤 수가 될 수 있는 자연수는 88, 89, 90, 91, 92, 93, 94이므로 모두 7개입니다.

8-1 16.5

소수 첫째 자리에서 반올림하여 6이 되는 수는 5.5와 같거나 크고 6.5보다 작은 수입니다. 어떤 수를 □라 하면 □는 $5.5\times3=16.5$와 같거나 크고 $6.5\times3=19.5$보다 작은 수입니다.
따라서 □=16.5입니다.

서술형 **8-2** 9개

예 소수 첫째 자리에서 반올림하여 5가 되는 수는 4.5와 같거나 크고 5.5보다 작은 수입니다. 어떤 수를 □라 하면 □는 $4.5\times9=40.5$와 같거나 크고 $5.5\times9=49.5$보다 작은 수이므로 □가 될 수 있는 가장 작은 자연수는 41이고, 가장 큰 자연수는 49입니다. 따라서 □=41, 42, 43, 44, 45, 46, 47, 48, 49이므로 모두 9개입니다.

채점 기준	배점
소수 첫째 자리에서 반올림하여 5가 되는 수를 구했나요?	2점
어떤 수가 될 수 있는 가장 작은 수와 가장 큰 수를 각각 구했나요?	2점
어떤 수가 될 수 있는 자연수는 모두 몇 개인지 구했나요?	1점

8-3 42.79, 42.01

소수 둘째 자리에서 반올림하여 5.3이 되는 수는 5.25와 같거나 크고 5.35보다 작은 수입니다. 어떤 수를 □라 하면 □는 $5.25\times8=42$와 같거나 크고 $5.35\times8=42.8$보다 작은 수이므로 □가 될 수 있는 가장 작은 소수 두 자리 수는 42.01이고 □가 될 수 있는 가장 큰 소수 두 자리 수는 42.79입니다.

8-4 4

어떤 소수를 □라 하면 □×10은 소수 첫째 자리에서 반올림하여 39가 되는 수인 38.5와 같거나 크고 39.5보다 작은 수이므로 □는 $38.5\div10=3.85$와 같거나 크고 $39.5\div10=3.95$보다 작은 수입니다.
□×9는 소수 첫째 자리에서 반올림하여 36이 되는 수인 35.5와 같거나 크고 36.5보다 작은 수이므로 □는 $35.5\div9=3.944\cdots\cdots$와 같거나 크고 $36.5\div9=4.055\cdots\cdots$보다 작은 수입니다.
따라서 두 조건을 만족하는 소수는 3.944……와 같거나 크고 3.95보다 작은 수이므로 어떤 소수의 소수 둘째 자리 숫자는 4입니다.

1 8.5 cm

(처음 정육면체의 한 모서리)$=81.6\div12=6.8$(cm)

($\frac{1}{4}$로 줄인 정육면체의 한 모서리)$=6.8\div4=1.7$(cm)

➡ $6.8+1.7=8.5$(cm)

2 4.2

가$=8$이고, 나$=13$이므로

가●나$=(8+13)\div(13-8)=21\div5=4.2$입니다.

서술형 **3** 5 L

예 일주일은 7일입니다. 한 병에 들어 있는 식용유의 양을 □L라 하면

$(□+0.6)\times7=39.2$, $□+0.6=39.2\div7$, $□+0.6=5.6$, $□=5.6-0.6=5$입니다.

채점 기준	배점
한 병에 들어 있는 식용유의 양을 □L라 하여 식을 바르게 세웠나요?	3점
한 병에 들어 있는 식용유의 양을 바르게 구했나요?	2점

4 3.7 cm^2

처음 직사각형의 넓이를 □cm^2라고 하면 늘인 직사각형의 넓이는

((가로)$\times2.25$)$\times$((세로)$\times4$)$=□+29.6$이므로 (가로)$\times$(세로)$\times9=□+29.6$입니다.

➡ (가로)$\times$(세로)$=□$이므로 $□\times9=□+29.6$, $□\times8=29.6$, $□=29.6\div8=3.7$ 입니다.

5 0.75

어떤 수의 소수점을 오른쪽으로 두 칸 옮기면 처음 수의 100배가 됩니다. 바르게 계산한 몫을 □라 하면 소수점을 오른쪽으로 두 칸 옮겨 적은 몫은 $(100\times□)$입니다.

➡ (잘못 옮겨 적은 몫)$-$(바르게 계산한 몫)$=(100\times□)-□=74.25$,

$99\times□=74.25$, $□=74.25\div99=0.75$

서술형 **6** 19760원

예 휘발유 1 L로 갈 수 있는 거리는 $70\div5=14$(km)이므로

172.9 km를 가는 데 필요한 휘발유의 양은 $172.9\div14=12.35$(L)입니다.

따라서 필요한 휘발유의 값은 $1600\times12.35=19760$(원)입니다.

채점 기준	배점
휘발유 1 L로 갈 수 있는 거리를 구했나요?	2점
172.9 km를 가는 데 필요한 휘발유의 양을 구했나요?	2점
172.9 km를 가는 데 필요한 휘발유의 값을 구했나요?	1점

7 15.6 cm

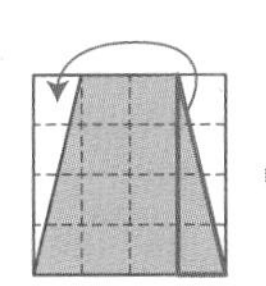

왼쪽과 같이 사다리꼴의 넓이는 작은 정사각형 12개의 넓이의 합과 같으므로 작은 정사각형 한 개의 넓이는

$20.28\div12=1.69$(cm^2)이고 $1.69=1.3\times1.3$이므로

(작은 정사각형의 한 변)$=1.3$ cm입니다.

➡ (빨간색 선의 길이)$=$(작은 정사각형 한 변)$\times12=1.3\times12=15.6$(cm)

8 3.59, 2.95

㉠이 될 수 있는 자연수: 17, 18, 19
㉡이 될 수 있는 자연수: 56, 57, 58, 59, 60, 61

- ㉡÷㉠의 몫이 가장 클 때의 몫: 61÷17=3.588…… ➡ 3.59
- ㉡÷㉠의 몫이 가장 작을 때의 몫: 56÷19=2.947…… ➡ 2.95

9 12.6 cm²

(이등변삼각형이 1초에 움직이는 거리)=4.86÷9=0.54(cm)
(이등변삼각형이 25초 동안 움직이는 거리)=0.54×25=13.5(cm)
25초 뒤 도형의 위치는 다음 그림과 같습니다.

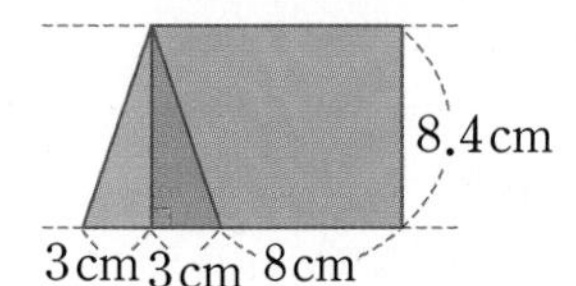

서로 겹치는 부분은 밑변이 3 cm, 높이가 8.4 cm인 삼각형 모양입니다.
➡ (서로 겹치는 부분의 넓이)=3×8.4÷2=12.6(cm²)

10 11.5초 후

삼각형 ㄱㄹㅁ의 넓이는 1초에 14×1÷2=7(cm²)씩 늘어나고,
삼각형 ㅁㄴㄷ의 넓이는 1초에 22×1÷2=11(cm²)씩 줄어듭니다.
따라서 삼각형 ㅁㄹㄷ의 넓이는 1초에 11−7=4(cm²)씩 늘어납니다.
(삼각형 ㄱㄷㄹ의 넓이)=14×18÷2=126(cm²)이므로
삼각형 ㅁㄹㄷ의 넓이가 172 cm²가 되는 때는
(172−126)÷4=46÷4=11.5(초) 후입니다.

다른 풀이

점 ㅁ이 점 ㄱ을 출발한지 □초 후라고 하면
(사다리꼴 ㄱㄴㄷㄹ의 넓이)=(14+22)×18÷2=324(cm²)
(삼각형 ㄱㅁㄹ의 넓이)=□×14÷2=□×7(cm²)
(삼각형 ㅁㄹㄷ의 넓이)
=(사다리꼴 ㄱㄴㄷㄹ의 넓이)−(삼각형 ㄱㅁㄹ의 넓이)−(삼각형 ㅁㄴㄷ의 넓이)이므로
324−□×7−198+□×11=172, 4×□=46, □=11.5입니다.
따라서 삼각형 ㅁㄹㄷ의 넓이가 172 cm²가 되는 때는 11.5초 후입니다.

4 비와 비율

1 비, 비율

84~85쪽

1 7, 9 / 8, 21 / 10, 3

비를 나타낼 때 기호 :의 왼쪽에 비교하는 양, 오른쪽에 기준량을 적습니다.

7의 9에 대한 비 → 7 : 9

21에 대한 8의 비 → 8 : 21

10과 3의 비 → 10 : 3

2 13 : 24

우주네 반 전체 학생 수는 $13+11=24$(명)이므로

전체 학생 수에 대한 여학생 수의 비는 (여학생 수) : (전체 학생 수)=13 : 24입니다.

3 ④

모두 비율로 나타내면 ① $\frac{43}{25}$, ② $\frac{11}{6}$, ③ $\frac{13}{9}$, ④ $\frac{2}{15}$, ⑤ $\frac{9}{8}$입니다.

이때, 분자가 비교하는 양, 분모가 기준량이므로

기준량이 비교하는 양보다 큰 것은 ④ $\frac{2}{15}$입니다.

다른 풀이

모두 비로 나타내면

① 43 : 25, ② 11 : 6, ③ 13 : 9, ④ 2 : 15, ⑤ 9 : 8에서

기호 :의 왼쪽에 있는 수가 비교하는 양, 오른쪽에 있는 수가 기준량이므로 기준량이 비교하는 양보다 큰 것은 ④ $\frac{2}{15}$입니다.

4 13 : 10, $\frac{13}{10}$ 또는 1.3

가로와 세로의 비는 (가로) : (세로)=13 : 10입니다.

비율은 $13\div10=\frac{13}{10}$ 또는 1.3입니다.

5 $\frac{4}{5}$

사과 수에 대한 포도 수의 비는 (포도 수) : (사과 수)입니다.

$1.25=\frac{5}{4}$이므로 (포도 수) : (사과 수)=5 : 4입니다.

따라서 사과 수와 포도 수의 비는 (사과 수) : (포도 수)=4 : 5이고 분수로 나타내면 $\frac{4}{5}$입니다.

6 ㉯

㉮ 8에 대한 3의 비 ➡ 비는 3 : 8이고, 비율은 $\frac{3}{8}$입니다.

㉯ 8의 3에 대한 비 ➡ 비는 8 : 3이고, 비율은 $\frac{8}{3}$입니다.

따라서 ㉯의 비율이 더 큽니다.

2 비율이 사용되는 경우

1 $\frac{30}{2}(=15)$

(은수가 자전거를 타고 가는 데 걸린 시간에 대한 간 거리의 비율)

$=\frac{30}{2}=15$

2 나 마을

(가 마을의 넓이)$=3\times3=9(km^2)$이므로

(넓이에 대한 인구의 비율)$=\frac{297}{9}=33$입니다.

(나 마을의 넓이)$=6\times2=12(km^2)$이므로

(넓이에 대한 인구의 비율)$=\frac{420}{12}=35$입니다.

따라서 넓이에 대한 인구의 비율이 $33<35$이므로

인구가 더 밀집한 마을은 나 마을입니다.

3 ㉡

(㉠ 설탕물의 양)$=340+60=400(g)$

(㉡ 설탕물의 양)$=420+80=500(g)$

(㉠ 설탕물에 대한 설탕의 비율)$=\frac{60}{400}=\frac{15}{100}=0.15$

(㉡ 설탕물에 대한 설탕의 비율)$=\frac{80}{500}=\frac{16}{100}=0.16$

➡ 설탕물에 대한 설탕의 비율이 $0.15<0.16$이므로

㉡ 설탕물이 더 진합니다.

4 7 %

(설탕물의 양)=(물의 양)+(설탕의 양)$=372+28=400(g)$

(설탕물에 대한 설탕의 비율)$=\frac{(\text{설탕의 양})}{(\text{설탕물의 양})}=\frac{28}{400}=\frac{7}{100}$이므로

백분율로 나타내면 $\frac{7}{100}\times100=7(\%)$입니다.

5 1552500원

이자율 3.5 %는 $3.5\div100=\frac{3.5}{100}=\frac{35}{1000}=0.035$입니다.

(1년 후에 받을 수 있는 이자)$=1500000\times0.035=52500$(원)

(1년 후에 찾을 수 있는 금액)=(원금)+(이자)

$=1500000+52500=1552500$(원)

3 백분율

1 (위에서부터) $\frac{9}{20}$, 45 / 0.375, 37.5

$0.45=\frac{45}{100}=\frac{9}{20}$, $0.45\times100=45(\%)$

$\frac{3}{8}=3\div8=0.375$, $0.375\times100=37.5(\%)$

보충 개념

- 비율은 분수, 소수, 백분율로 나타냅니다.
- 백분율은 비율에 100을 곱해서 나온 값에 % 기호를 붙입니다.

2 예 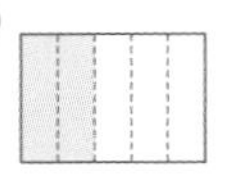 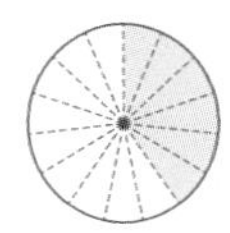

$40\% \Rightarrow \frac{40}{100}$

직사각형은 전체 5칸이므로 그중 $5\times\frac{40}{100}=2$(칸)을 색칠하고,

원은 전체 15칸이므로 그중 $15\times\frac{40}{100}=6$(칸)을 색칠합니다.

3 50 %

(선물을 사고 남은 돈)$=30000-5000=25000$(원)

(저금한 돈)$=25000\times0.6=15000$(원)

따라서 주아의 전체 용돈에 대한 저금한 돈의 백분율은

$\frac{15000}{30000}\times100=50(\%)$입니다.

4 0.28, 42번

(타율)$=\frac{(\text{안타 수})}{(\text{전체 타수})}=\frac{56}{200}=0.28$

(안타 수)$=$(전체 타수)$\times$(타율)이므로

같은 타율로 150타수를 친다면 안타는 $150\times0.28=42$(번) 칠 수 있습니다.

5 과자

(과자의 할인 금액)$=900-630=270$(원)

(과자의 할인율)$=\frac{270}{900}\times100=30(\%)$

(음료수의 할인 금액)$=1500-1200=300$(원)

(음료수의 할인율)$=\frac{300}{1500}\times100=20(\%)$

따라서 과자의 할인율이 더 높습니다.

6 $\frac{7}{10}$

모든 경우의 수인 전체 채소는 $20+12+8=40$(개)이고, 그중 호박은 12개이므로 꺼낸 채소가 호박이 아닐 경우의 수는 $40-12=28$(개)입니다.

따라서 확률은 $\frac{(\text{꺼낸 채소가 호박이 아닐 경우의 수})}{(\text{모든 경우의 수})}=\frac{28}{40}=\frac{7}{10}$입니다.

0.6을 기약분수로 나타내면 $\frac{6}{10}=\frac{3}{5}$입니다.

(비율)$=\frac{(\text{비교하는 양})}{(\text{기준량})}$이고 $\frac{3}{5}$은 분모와 분자의 차가 $5-3=2$이므로

$\frac{3}{5}$과 크기가 같은 분수 중 분모와 분자의 차가 10인 분수는

$10\div2=5$에서 $\frac{3\times5}{5\times5}=\frac{15}{25}$입니다.

따라서 조건을 모두 만족하는 비는 15 : 25입니다.

1-1 6 : 8

$\frac{3}{4}$은 분모와 분자의 차가 1이므로 $\frac{3}{4}$과 크기가 같은 분수 중 분모와 분자의 차가 2인 분수는 $2\div1=2$에서 $\frac{3\times2}{4\times2}=\frac{6}{8}$입니다.

따라서 조건을 모두 만족하는 비는 6 : 8입니다.

1-2 6 : 15

$0.4=\frac{2}{5}$이고, $\frac{2}{5}$는 분모와 분자의 차가 $5-2=3$이므로 $\frac{2}{5}$와 크기가 같은 분수 중 분모와 분자의 차가 9인 분수는 $9\div3=3$에서 $\frac{2\times3}{5\times3}=\frac{6}{15}$입니다.

따라서 조건을 모두 만족하는 비는 6 : 15입니다.

서술형 **1-3** 20 : 16

예 $1.25=\frac{5}{4}$이고, $\frac{5}{4}$의 분모와 분자의 합은 $4+5=9$입니다. $\frac{5}{4}$와 크기가 같은 분수 중 분모와 분자의 합이 36인 분수는 $36\div9=4$에서 $\frac{5\times4}{4\times4}=\frac{20}{16}$입니다.

따라서 조건을 모두 만족하는 비는 20 : 16입니다.

채점 기준	배점
1.25를 기약분수로 나타내었나요?	2점
분모와 분자의 합이 36인 분수를 구했나요?	2점
조건을 모두 만족하는 비를 구했나요?	1점

1-4 55

37.5 % ➡ 0.375를 분수로 나타내면 $\frac{375}{1000}=\frac{3}{8}$입니다.

$\frac{3}{8}$의 분모와 분자의 차는 $8-3=5$이므로 $\frac{3}{8}$과 크기가 같은 분수 중 분모와 분자의 차가 25인 분수는 $25\div5=5$에서 $\frac{3\times5}{8\times5}=\frac{15}{40}$입니다.

따라서 조건을 만족하는 비는 15 : 40이므로 기준량과 비교하는 양의 합은 $40+15=55$입니다.

다른 풀이

37.5 % ➡ $0.375=\frac{375}{1000}$이므로 $\frac{375}{1000}=\frac{73}{200}=\frac{15}{40}=\frac{3}{8}$ 중

분모와 분자의 차가 25인 분수는 $\frac{15}{40}$입니다.

따라서 조건을 만족하는 비는 15 : 40이므로 기준량과 비교하는 양의 합은 $40+15=55$입니다.

(전체 넓이)=(직사각형 ㄱㄴㄷㄹ의 넓이)$=14\times9=126(cm^2)$

(색칠한 부분의 넓이) : (전체 넓이)$=31:63$ ➡ $\frac{31}{63}:1$

(색칠한 부분의 넓이)=(전체 넓이)$\times\frac{31}{63}$

$=126\times\frac{31}{63}$

$=62(cm^2)$

2-1 $15cm^2$

(전체 넓이)=(평행사변형 ㄱㄴㄷㄹ의 넓이)$=10\times6=60(cm^2)$

비율 $\frac{1}{4}$은 $1:4$에서 $\frac{1}{4}:1$입니다.

따라서 (색칠한 부분의 넓이)$=60\times\frac{1}{4}=15(cm^2)$입니다.

2-2 $21cm^2$

(㉮의 넓이) : (㉯의 넓이)$=3:13$이므로

(㉮의 넓이) : (직사각형 ㄱㄴㄷㄹ의 넓이)$=3:16=\frac{3}{16}:1$입니다.

따라서 (㉮의 넓이)$=112\times\frac{3}{16}=21(cm^2)$입니다.

2-3 $32cm^2$

(전체 넓이)=(사다리꼴 ㄱㄴㄷㄹ의 넓이)$=(5+13)\times8\div2=72(cm^2)$

비율 $\frac{4}{9}$는 $4:9$에서 $\frac{4}{9}:1$입니다.

따라서 색칠한 부분의 넓이는 $72\times\frac{4}{9}=32(cm^2)$입니다.

2-4 $24cm^2$

삼각형 ㄱㄹㅁ과 삼각형 ㄱㄹㄷ의 높이를 선분 ㄹㅁ이라 하면 두 밑변인 선분 ㄱㅁ과 선분 ㄱㄷ의 비가 $3:8$이므로

(삼각형 ㄱㄹㄷ의 넓이) : (삼각형 ㄱㄹㅁ의 넓이)$=8:3$ ➡ $\frac{8}{3}:1$입니다.

(삼각형 ㄱㄹㄷ의 넓이)=(삼각형 ㄱㄹㅁ의 넓이)$\times\frac{8}{3}$

$=9\times\frac{8}{3}=24(cm^2)$

주의

삼각형 ㄱㄹㅁ의 넓이를 전체 넓이라고 하여 삼각형 ㄱㄹㄷ의 넓이를 구합니다.

예 (삼각형 ㄱㄹㅁ의 넓이) : (삼각형 ㄱㄹㄷ의 넓이)

$=3:8$ ➡ $1:\frac{8}{3}$

(전체 학생 수)$=78+45+69+108=300$(명)

뽑힌 대표가 나 학교 학생일 비율은 $\frac{45}{300}$이므로

백분율로 나타내면 $\frac{45}{300}\times100=15(\%)$입니다.

3-1 0.4

(전체 과일의 수)$=8+5+7=20$(개)

꺼낸 과일이 사과일 비율을 소수로 나타내면 $\frac{8}{20}=0.4$입니다.

3-2 30 %

(하트 모양 쿠키의 수)$=40-11-17=12$(개)

먹은 쿠키가 하트 모양일 비율을 백분율로 나타내면 $\frac{12}{40}\times100=30(\%)$입니다.

3-3 $\frac{17}{50}$

(과학책)$=15-3=12$(권)이므로 (동화책)$=50-15-12-6=17$(권)입니다.

따라서 꺼낸 책이 동화책일 비율은 $\frac{17}{50}$입니다.

3-4 $\frac{4}{21}$배

당첨 공은 $1+5+10=16$(개)입니다.

(당첨될 비율)$=\frac{16}{100}=\frac{4}{25}$

(당첨되지 않을 비율)$=1-\frac{4}{25}=\frac{21}{25}$

따라서 당첨될 비율은 당첨되지 않을 비율의 $\frac{4}{25}\div\frac{21}{25}=4\div21=\frac{4}{21}$(배)입니다.

① 색연필: (할인 금액)$=1500-1050=450$(원), (할인율)$=\frac{450}{1500}\times100=30(\%)$

② 필통: (할인 금액)$=4000-3000=1000$(원), (할인율)$=\frac{1000}{4000}\times100=25(\%)$

③ 메모지: (할인 금액)$=1200-960=240$(원), (할인율)$=\frac{240}{1200}\times100=20(\%)$

따라서 할인율이 가장 높은 물건은 색연필입니다.

4-1 15 %

(할인 금액)$=16000-13600=2400$(원)이므로

(할인율)$=\frac{2400}{16000}\times100=15(\%)$입니다.

4-2 음료수

각각의 할인율을 알아봅니다.

• 사탕: (할인 금액)$=2500-2000=500$(원)

(할인율)$=\frac{500}{2500}\times100=20(\%)$

• 음료수: (할인 금액)$=1800-1530=270$(원)

(할인율)$=\frac{270}{1800}\times100=15(\%)$

• 과자: (할인 금액)$=3600-2700=900$(원)

(할인율)$=\frac{900}{3600}\times100=25(\%)$

$15\%<20\%<25\%$이므로 할인율이 가장 낮은 간식은 음료수입니다.

서술형 4-3 ㉯ 가게, 280원

예 (㉮ 가게의 판매 가격)$=48000-5000=43000$(원)

(㉯ 가게의 할인 금액)$=48000\times\frac{11}{100}=5280$(원)

(㉯ 가게의 판매 가격)$=48000-5280=42720$(원)

따라서 ㉯ 가게에서 신발을 사는 것이 $43000-42720=280$(원) 더 싸게 사는 것입니다.

채점 기준	배점
㉮ 가게의 판매 가격을 구했나요?	2점
㉯ 가게의 판매 가격을 구했나요?	2점
어느 가게에서 사는 것이 얼마 더 사게 사는 것인지 구했나요?	1점

4-4 20%

(과자 한 봉지의 가격)$=6000\div4=1500$(원)

(행사하는 과자 한 봉지의 가격)$=6000\div5=1200$(원)

(할인 금액)$=1500-1200=300$(원)이므로

(할인율)$=\frac{300}{1500}\times100=20(\%)$입니다.

98~99쪽

(1년 동안 예금할 때의 이자율)$=\frac{10350}{450000}=0.023$

(60만 원을 1년 동안 예금할 때의 이자)$=600000\times0.023=13800$(원)

➡ (1년 후에 찾을 수 있는 금액)$=600000+13800=613800$(원)

5-1 0.03

(1년 동안 예금할 때의 이자)$=41200-40000=1200$(원)이므로

(1년 동안 예금할 때의 이자율)$=\frac{1200}{40000}=\frac{3}{100}=0.03$입니다.

5-2 1032000원

(1년 동안 예금할 때의 이자율)$=\frac{20800}{650000}=0.032$

(100만 원을 1년 동안 예금할 때의 이자)$=1000000\times0.032=32000$(원)

➡ (1년 후에 찾을 수 있는 금액)$=1000000+32000=1032000$(원)

5-3 210000원

(1년 동안 예금할 때의 이자율)$=\frac{7500}{300000}=0.025$

(20만 원을 2년 동안 예금할 때의 이자)$=200000\times0.025\times2=10000$(원)

➡ (2년 후에 찾을 수 있는 금액)$=200000+10000=210000$(원)

5-4 520200원

(1년 동안 예금할 때의 이자)$=500000\times0.02=10000$(원)

(다시 1년 동안 예금할 때의 이자)$=(500000+10000)\times0.02=10200$(원)

➡ (2년 후에 찾을 수 있는 금액)$=500000+10000+10200=520200$(원)

보충 개념

단리법으로 계산하면 다음과 같습니다.

(2년 동안 예금할 때의 이자)$=500000\times0.02\times2=20000$(원)

(2년 후에 찾을 수 있는 금액)$=500000+20000=520000$(원)

100~101쪽

대표문제 6

(넓이에 대한 인구의 비율)$=\frac{(\text{인구})}{(\text{넓이})}$이므로

(넓이)$=\frac{(\text{인구})}{(\text{넓이에 대한 인구의 비율})}$입니다.

➡ (현태네 마을의 넓이)$=\frac{160}{80}=2\,(\text{km}^2)$

따라서 (은우네 마을의 넓이)$=2+1=3\,(\text{km}^2)$이므로

(은우네 마을의 넓이에 대한 인구의 비율)$=\frac{(\text{인구})}{(\text{넓이})}$

$=\frac{195}{3}=65$입니다.

6-1 나 마을

기준량은 넓이이고 비교하는 양은 인구입니다.

(가 마을의 넓이에 대한 인구의 비율)$=\frac{480}{4}=120$

(나 마을의 넓이에 대한 인구의 비율)$=\frac{450}{3}=150$입니다.

$120<150$이므로 나 마을의 넓이에 대한 인구의 비율이 더 높습니다.

6-2 16908

(서울의 넓이에 대한 인구의 비율)$=\frac{10200000}{600}=17000$

(강원도의 넓이에 대한 인구의 비율)$=\frac{1545600}{16800}=92$

(제주도의 넓이에 대한 인구의 비율)$=\frac{648000}{1800}=360$

$17000>360>92$이므로 넓이에 대한 인구의 비율가 가장 높은 도시는 서울이고 가장 낮은 도시는 강원도입니다.
따라서 그 차는 $17000-92=16908$입니다.

6-3 84

(넓이에 대한 인구의 비율)$=\frac{(\text{인구})}{(\text{넓이})}$이므로 (넓이)$=\frac{(\text{인구})}{(\text{넓이에 대한 인구의 비율})}$입니다.

$32=\frac{192}{(㉮\text{ 지역의 넓이})}$ ➡ (㉮ 지역의 넓이)$=192\div32=6(km^2)$

(㉯ 지역의 넓이)$=$(㉮ 지역의 넓이)$\div2=6\div2=3(km^2)$

(㉯ 지역의 넓이에 대한 인구의 비율)$=\frac{252}{3}=84$

보충 개념

(넓이에 대한 인구의 비율)$=\frac{(\text{인구})}{(\text{넓이})}$

➡ (넓이)$=\frac{(\text{인구})}{(\text{넓이에 대한 인구의 비율})}$, (인구)$=$(넓이에 대한 인구의 비율)$\times$(넓이)

6-4 116

(넓이에 대한 인구의 비율)$=\frac{(\text{인구})}{(\text{넓이})}$이므로 (넓이)$=\frac{(\text{인구})}{(\text{넓이에 대한 인구의 비율})}$입니다.

$72=\frac{432}{(\text{은수네 마을의 넓이})}$ ➡ (은수네 마을의 넓이)$=432\div72=6(km^2)$

(소율이네 마을의 넓이)$=6-2=4(km^2)$

(소율이네 마을의 인구)$=432+32=464$(명)

(소율이네 마을의 넓이에 대한 인구의 비율)$=\frac{464}{4}=116$

102~103쪽

(속력)$=\frac{(\text{간 거리})}{(\text{걸린 시간})}$이므로 (걸린 시간)$=\frac{(\text{간 거리})}{(\text{속력})}$입니다.

따라서 태풍이 제주에서 울산까지 가는 데

(걸린 시간)$=\frac{324}{144}=2.25$(시간)입니다.

➡ 2.25시간$=$2시간$+$0.25시간$=$2시간$+(0.25\times60)$분
$=$2시간 15분

7-1 5분

$1.3\,km = 1300\,m$

$(\text{속력}) = \dfrac{(\text{간 거리})}{(\text{걸린 시간})}$ 이므로 $(\text{걸린 시간}) = \dfrac{(\text{간 거리})}{(\text{속력})}$ 입니다.

따라서 $(\text{걸린 시간}) = \dfrac{1300}{260} = 5(\text{분})$입니다.

서술형 **7-2** 1시간 36분

예 $(\text{속력}) = \dfrac{(\text{간 거리})}{(\text{걸린 시간})}$ 이므로 $(\text{걸린 시간}) = \dfrac{(\text{간 거리})}{(\text{속력})}$ 입니다.

따라서 $(\text{걸린 시간}) = \dfrac{288}{180} = 1.6(\text{시간})$이므로

1.6시간 = 1시간 + 0.6시간 = 1시간 + (0.6×60)분 = 1시간 36분입니다.

채점 기준	배점
걸린 시간을 계산했나요?	3점
몇 시간을 몇 시간 몇 분으로 고쳤나요?	2점

7-3 600 m

지호와 유나가 만나는 데 걸린 시간을 □분이라 하면

1050 m
지호 ⟶ ⟵ 유나

$40 \times \square + 30 \times \square = 1050$, $70 \times \square = 1050$, $\square = 15$입니다.

지호와 유나는 출발한지 15분 만에 만났으므로 두 사람이 만난 곳은 지호네 집에서 $40 \times 15 = 600\,(m)$ 떨어진 곳입니다.

다른 풀이

지호와 유나는 1분에 $40 + 30 = 70(m)$씩 가까워지므로 두 사람이 만나는 데 걸린 시간은 $1050 \div 70 = 15(\text{분})$입니다.

따라서 두 사람이 만난 곳은 지호네 집에서 $40 \times 15 = 600(m)$ 떨어진 곳입니다.

7-4 8분 후

예나가 걸린 시간을 □분이라고 하면 지우가 걸린 시간은 □+17입니다.

$(\text{예나의 속력}) = \dfrac{(\text{간 거리})}{(\text{걸린 시간})}$에서 $250 = \dfrac{(\text{간 거리})}{\square}$, $(\text{간 거리}) = 250 \times \square$이고

$(\text{지우의 속력}) = \dfrac{(\text{간 거리})}{(\text{걸린 시간})}$에서 $80 = \dfrac{(\text{간 거리})}{\square}$, $(\text{간 거리}) = 80 \times (\square + 17)$입니다.

예나와 지우가 간 거리는 같으므로

$250 \times \square = 80 \times (\square + 17)$, $250 \times \square = 80 \times \square + 1360$, $170 \times \square = 1360$, $\square = 8$입니다.

보충 개념

분배법칙: 두 수의 합에 어떤 수를 곱한 것은 더한 두 수에 각각 곱하여 더한 것과 같습니다.

예 $(20 + 4) \times 2 = 20 \times 2 + 4 \times 2$ ➡ $(a + b) \times c = (a \times c) + (b \times c)$

대표문제 8

$20\% \Rightarrow \frac{20}{100}=0.2$

(진하기)$=\frac{(\text{소금의 양})}{(\text{소금물의 양})}$이므로 (소금의 양)=(진하기)×(소금물의 양)입니다.

진하기가 20 %인 소금물에 녹아 있는 소금의 양을 ■g이라고 하면

■$=\frac{20}{100}\times180=36$입니다.

(새로 만든 소금물의 양)$=36+20=56$(g)

(새로 만든 소금물의 양)$=180+20=200$(g)

따라서 (새로 만든 소금물의 진하기)$=\frac{56}{200} \Rightarrow 28\%$입니다.

8-1 30 %

(새로 만든 설탕의 양)$=30+30=60$(g)

(새로 만든 설탕물의 양)$=140+30+30=200$(g)

(새로 만든 설탕물의 진하기)$=\frac{60}{200} \Rightarrow 30\%$입니다.

8-2 30 %

(진하기)$=\frac{(\text{소금의 양})}{(\text{소금물의 양})}$이므로 (소금의 양)=(진하기)×(소금물의 양)입니다.

(진하기가 16 %인 소금물에 녹아 있는 소금의 양)$=\frac{16}{100}\times200=32$(g)

(새로 만든 소금의 양)$=32+40=72$(g)

(새로 만든 소금물의 양)$=200+40=240$(g)

따라서 (새로 만든 소금물의 진하기)$=\frac{72}{240} \Rightarrow 30\%$입니다.

8-3 16 %

$15\% \Rightarrow \frac{15}{100}$, $18\% \Rightarrow \frac{18}{100}$

(진하기)$=\frac{(\text{설탕의 양})}{(\text{설탕물의 양})}$이므로 (설탕의 양)=(진하기)×(설탕물의 양)입니다.

진하기가 15 %인 설탕물의 설탕의 양을 □g이라고 하면

$\frac{15}{100}\times400=60$입니다.

진하기가 18 %인 설탕물의 설탕의 양을 △g이라고 하면

$\frac{18}{100}\times200=36$입니다.

따라서 섞은 설탕물의 진하기는 $\frac{(60+36)}{400}=\frac{96}{600} \Rightarrow 16\%$입니다.

8-4 25 %

(진하기)$=\frac{(\text{설탕의 양})}{(\text{설탕물의 양})}$이므로 (설탕의 양)=(진하기)×(설탕물의 양)입니다.

(진하기가 10 %인 설탕물에 녹아 있는 설탕의 양)$=\frac{10}{100}\times200=20$(g)

새로 만든 설탕의 양은 $20+40=60$(g)이므로

(진하기)$=\frac{60}{240} \Rightarrow 25\%$입니다.

1 1.44

처음 정사각형의 한 변의 길이를 □cm라 하면
(정사각형의 넓이)=(□×□)cm^2이고,
(새로 만든 정사각형의 넓이)=(□×1.2)×(□×1.2)=□×□×1.44(cm^2)입니다.
따라서 처음 정사각형의 넓이에 대한 새로 만든 정사각형 넓이의 비율은
$\frac{□\times□\times1.44}{□\times□}=1.44$입니다.

2 12명

1차 면접 경쟁률이 15 : 1이므로 1차 면접 통과자 수는 225÷15=15(명)입니다.
80 %를 분수로 나타내면 $\frac{80}{100}$이므로 최종 합격자 수는 $15\times\frac{80}{100}=12$(명)입니다.

3 5 %p

(지난달 지우개 1개의 값)=4200÷7=600(원)
(이번 달 지우개 1개의 값)=4320÷6=720(원)
지우개 1개의 값은 720−600=120(원) 올랐으므로 지난달에 비해
$\frac{120}{600}\times100=20$(%) 올랐습니다.
(지난달 공책 1권의 값)=7200÷6=1200(원)
(이번 달 공책 1권의 값)=7500÷5=1500(원)
공책 1권의 값은 1500−1200=300(원) 올랐으므로 지난달에 비해
$\frac{300}{1200}\times100=25$(%) 올랐습니다.
따라서 공책 1권의 값은 지우개 1개의 값보다 25−20=5(%p) 더 올랐습니다.

4 8 %

(진하기)=$\frac{(\text{소금의 양})}{(\text{소금물의 양})}$이므로 (소금의 양)=(진하기)×(소금물의 양)입니다.
진하기가 8 % ➡ $\frac{8}{100}$인 소금물에 녹아 있는 소금의 양을 □ g이라고 하면
□=$\frac{8}{100}\times300=24$입니다.
진하기가 13 % ➡ $\frac{13}{100}$인 소금물에 녹아 있는 소금의 양을 △ g이라고 하면
△=$\frac{13}{100}\times200=26$입니다.
따라서 소금물은 300+200+125=625(g), 소금은 24+26=50(g)이므로
㉮ 소금물의 진하기는 $\frac{50}{625}$ ➡ 8 %입니다.

서술형 **5** 64개

예 (지난달 불량률)=$\frac{25}{1000}$
이번 달 불량률이 지난달과 같으려면 불량품은 $2600\times\frac{25}{1000}=65$(개)가 되어야 하므로 지난달보다 불량률을 낮추려면 65−1=64(개) 이하가 되어야 합니다.

채점 기준	배점
지난달 불량률을 구했나요?	2점
이번 달 불량품은 몇 개 이하가 되어야 하는지 구했나요?	3점

6 31초

선분 ㄷㅁ을 □cm라 하면 사다리꼴 ㄱㄴㄷㅁ의 넓이는
$(20+\square)\times30\div2=480$, $(20+\square)\times30=480\times2$, $20+\square=960\div30$,
$20+\square=32$, $\square=12$입니다.
(점 ㅁ이 움직인 거리)$=20+30+12=62$(cm)
점 ㅁ은 1초에 2cm를 움직이므로 점 ㅁ이 움직인 시간은 $62\div2=31$(초)입니다.

다른 풀이
(삼각형 ㄱㄹㅁ의 넓이)$=(30\times20)-480=120$(cm^2)이므로
$30\times$(선분 ㄹㅁ)$\div2=120$, (선분 ㄹㅁ)$=120\times2\div30=8$(cm)입니다.
따라서 (선분 ㄷㅁ)$=20-8=12$(cm)이므로
(점 ㅁ이 움직인 거리)$=20+30+12=62$(cm)
점 ㅁ은 1초에 2cm를 움직이므로 점 ㅁ이 움직인 시간은 $62\div2=31$(초)입니다.

7 $1\frac{5}{8}$

㉯에 대한 ㉮의 비율은 $\frac{㉮}{㉯}=2.6=\frac{13}{5}$이고, ㉯의 ㉰에 대한 비율은 $\frac{㉯}{㉰}=\frac{5}{8}$입니다.

따라서 ㉮와 ㉰의 비율은 $\frac{㉮}{㉰}=\frac{㉮}{㉯}\times\frac{㉯}{㉰}=\frac{13}{\cancel{5}_1}\times\frac{\cancel{5}^1}{8}=\frac{13}{8}=1\frac{5}{8}$입니다.

8 405명

작년 여학생 수와 전체 학생 수의 비는 11 : 20이므로
(작년 여학생 수)$=400\times\frac{11}{20}=220$(명)이고,
(작년 남학생 수)$=400-220=180$(명)입니다.
(올해 여학생 수)$=220-220\times\frac{10}{100}=198$(명)
(올해 남학생 수)$=180+180\times\frac{15}{100}=207$(명)
따라서 올해 전체 학생 수는 모두 $198+207=405$(명)입니다.

9 3200원

(정가)=(원가)+(이익)이므로 (가방의 정가)$=40000+40000\times0.35=54000$(원)
입니다.
(판매 금액)=(정가)−(할인 금액)이므로
(가방의 판매 금액)$=54000-54000\times\frac{20}{100}=43200$(원)입니다.
가방의 원가는 40000원이므로 가방 1개를 판매하여 얻은 이익은
$43200-40000=3200$(원)입니다.

5 여러 가지 그래프

1 그림그래프, 띠그래프

110~111쪽

1 35000명

학생 수가 가장 많은 도시는 큰 그림(🙂)이 가장 많은 도시이므로 나 도시이고 학생은 35000명입니다.

다른 풀이

큰 그림(🙂)의 수와 작은 그림(🙂)의 수를 각각 세어 구합니다.
가 도시의 학생 수: 24000명, 나 도시의 학생 수: 35000명,
다 도시의 학생 수: 16000명, 라 도시의 학생 수: 9000명
따라서 학생 수가 가장 많은 도시는 나 도시이고 학생은 35000명입니다.

주의

그림의 크기를 생각하지 않고 개수만 생각하여 학생 수가 가장 많은 도시를 라 도시라 생각하지 않도록 합니다.

2 21000명

큰 그림(🙂)의 수와 작은 그림(🙂)의 수를 각각 세어 구합니다.
가 도시의 학생 수: 24000명, 나 도시의 학생 수: 35000명,
다 도시의 학생 수: 16000명, 라 도시의 학생 수: 9000명
➡ (네 도시의 학생 수의 평균)$=(24000+35000+16000+9000)\div4$
$=84000\div4=21000$(명)

3 ㉠, ㉣, ㉤

㉡ 월별 수출액과 같이 시간에 따른 수량의 변화는 꺾은선그래프로 나타내는 것이 적절합니다.
㉢ 학생별 수학 시험 점수와 같이 여러 항목의 수량을 한눈에 비교할 때에는 막대그래프로 나타내는 것이 적절합니다.

4 40개

전체 띠그래프가 100 %이므로 학용품이 차지하는 백분율은
$100-(35+30+15)=20(\%)$입니다.
➡ (학용품의 수)$=200\times\frac{20}{100}=40$(개)

5 40, 30, 20, 10, 100 / 풀이 참조

기르고 싶은 반려동물별 학생 수

0 10 20 30 40 50 60 70 80 90 100(%)

개 (40 %)	고양이 (30 %)	햄스터 (20 %)	기타 (10 %)

개: $\frac{16}{40}\times100=40(\%)$ 고양이: $\frac{12}{40}\times100=30(\%)$

햄스터: $\frac{8}{40}\times100=20(\%)$ 기타: $\frac{4}{40}\times100=10(\%)$

2 원그래프

1 45, 25, 20, 10, 100

외국어별 학생 수

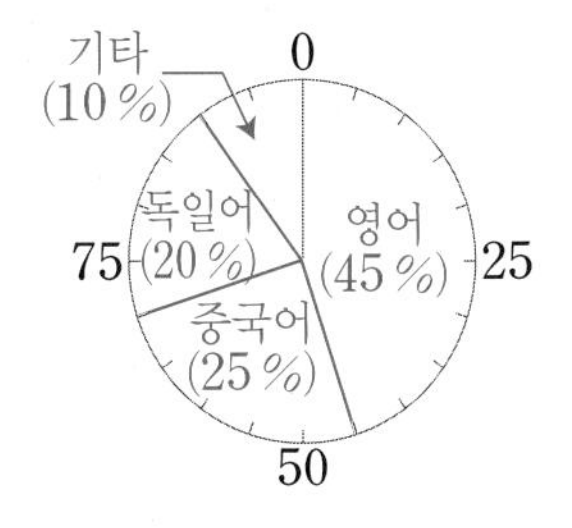

영어: $\frac{54}{120} \times 100 = 45(\%)$

중국어: $\frac{30}{120} \times 100 = 25(\%)$

독일어: $\frac{24}{120} \times 100 = 20(\%)$

기타: $\frac{12}{120} \times 100 = 10(\%)$

2 16명

(야구를 좋아하는 학생 수)$=160 \times \frac{35}{100} = 56$(명)

(축구를 좋아하는 학생 수)$=160 \times \frac{25}{100} = 40$(명)

➡ 야구를 좋아하는 학생이 축구는 좋아하는 학생보다 $56-40=16$(명) 더 많습니다.

다른 풀이

야구를 좋아하는 학생 수의 비율이 축구를 좋아하는 학생 수의 비율보다 $35-25=10(\%)$ 더 많으므로 $160 \times \frac{10}{100} = 16$(명) 더 많습니다.

3 40 %

원그래프는 360°이고 연예인이 차지하는 부분의 중심각의 크기는 144°입니다.

(장래 희망이 연예인인 학생의 백분율)$=\frac{144°}{360°} \times 100 = 40(\%)$

4 4명

주어진 히스토그램에서 눈금 1칸은 1명입니다.

따라서 수학 성적이 90점 이상인 학생은 눈금 4칸인 4명입니다.

참고

수학 성적에 따른 학생 수를 알아보면 다음과 같습니다.

수학 성적(점)	학생 수(명)
50이상~60미만	3
60이상~70미만	9
70이상~80미만	14
80이상~90미만	10
90이상~100미만	4
합계	40

각 과수원에서 판매한 상자 수를 구합니다.
(가 과수원)$=2310\div8=288\cdots6$ ➡ 288상자
(나 과수원)$=3200\div8=400$ ➡ 400상자
(다 과수원)$=2260\div8=282\cdots4$ ➡ 282상자
따라서 각 과수원에서 판매한 상자 수의 합은
$288+400+282=970$(상자)이므로
각 과수원에서 포도를 판매한 전체 금액은 $50000\times970=48500000$(원)입니다.

1-1 420000원

(7시간 동안 만든 모자의 수)$=50\times7=350$(개)
(모자를 담은 상자 수)$=350\div45=7\cdots35$ → 7상자
➡ (판매한 전체 금액)$=60000\times7=420000$(원)

1-2 2198000원

각 연필 공장에서 판매한 연필 타 수를 구합니다.
(가 공장)$=3600\div12=300$ → 300타
(나 공장)$=2600\div12=216\cdots8$ → 216타
(다 공장)$=4800\div12=400$ → 400타
(라 공장)$=2200\div12=183\cdots4$ → 183타
따라서 각 연필 공장에서 판매한 연필 타 수의 합은
$300+216+400+183=1099$(타)이므로
(판매한 전체 금액)$=2000\times1099=2198000$(원)입니다.

1-3 152000원

(전체 달걀의 수)$=30\times180+20=5420$(개)이고,
(가 양계장의 달걀 생산량)$=1210$개, (라 양계장의 달걀 생산량)$=870$개이므로
(나 양계장과 다 양계장의 달걀 생산량)
$=5420-(1210+870)=5420-2080=3340$(개)입니다.
나 양계장의 달걀 생산량을 □개라 하면
다 양계장의 달걀 생산량은 (□$\times2-80$)개이므로
□$+$(□$\times2-80)=3340$, □$\times3-80=3340$, □$\times3=3420$, □$=3420\div3=1140$
입니다.
따라서 나 양계장의 달걀 생산량은 1140개는 $1140\div30=38$(판)이 되므로
나 양계장에서 받을 수 있는 돈은 $4000\times38=152000$(원)입니다.

(노란색 구슬이 차지하는 백분율)$=100-(40+30+10)=20$(%)
노란색 구슬 20 %가 10개이므로 10 %는 5개입니다.
전체 구슬은 50개이고 빨간색 구슬 수의 백분율은 40 %이므로 20개입니다.
(남은 구슬의 수)$=50-10=40$(개)
➡ (남은 구슬 수에 대한 빨간색 구슬 수의 백분율)$=\frac{20}{40}\times100=50$(%)

2-1 60 %

(사과 맛 사탕 수)$=20\times\frac{50}{100}=10$(개)
(딸기 맛 사탕 수)$=20\times\frac{30}{100}=6$(개)
(남은 사탕 수)$=20-10=10$(개)
➡ (남은 사탕 수에 대한 딸기 맛 사탕 수의 백분율)$=\frac{6}{10}\times100=60$(%)

2-2 35 %

(우유가 차지하는 백분율)$=100-(42+28+10)=20$(%)
20 %가 10개이므로 전체 음료수는 10개의 5배인 50개입니다.
10 %가 5개이므로 2 %는 1개입니다.
주스는 28 %이므로 14개이고 (남은 음료수의 수)$=50-10=40$(개)입니다.
➡ (남은 음료수의 수에 대한 주스 수의 백분율)$=\frac{14}{40}\times100=35$(%)

2-3 37.5 %

(슬리퍼가 차지하는 백분율)$=100-(40+30+10)=20$(%)
20 %가 24켤레이므로 전체 신발은 24켤레의 5배인 120켤레입니다.
(구두의 수)$=120\times\frac{30}{100}=36$(켤레), (남은 신발의 수)$=120-24=96$(켤레)
➡ (남은 신발 수에 대한 구두 수의 백분율)$=\frac{36}{96}\times100=37.5$(%)

2-4 35 %

(과학책이 차지하는 백분율)$=100-(38+32+8)=22$(%)
22 %가 11권이므로 2 %는 1권입니다.
학급 문고에 있는 전체 책은 1권의 50배인 50권입니다.
(늘어난 과학책 수)$=11+10=21$(권)
(늘어난 학급 문고의 수)$=50+10=60$(권)
➡ (늘어난 과학책의 백분율)$=\frac{21}{60}\times100=35$(%)

(떡볶이가 차지하는 백분율)$=\frac{90°}{360°}\times100=25(\%)$

(피자가 차지하는 백분율)$=100-(35+25+10)=30(\%)$

➡ (피자를 좋아하는 학생 수)$=40\times\frac{30}{100}=12$(명)

3-1 15 %

(고구마가 차지하는 백분율)$=\frac{54°}{360°}\times100=15(\%)$

3-2 8명

(도보가 차지하는 백분율)$=\frac{198°}{360°}\times100=55(\%)$

(자전거가 차지하는 백분율)$=100-(55+10+10+5)=20(\%)$

➡ (자전거를 타고 등교하는 학생 수)$=40\times\frac{20}{100}=8$(명)

서술형 **3-3** 20명

예 (음악이 차지하는 백분율)$=\frac{108°}{360°}\times100=30(\%)$

(수학이 차지하는 백분율)$=100-(15+30+25+5)=25(\%)$

따라서 (수학을 좋아하는 학생 수)$=80\times\frac{25}{100}=20$(명)입니다.

채점 기준	배점
음악이 차지하는 백분율을 구했나요?	2점
수학이 차지하는 백분율을 구했나요?	1점
수학을 좋아하는 학생 수를 구했나요?	2점

3-4 15명

(가을이 차지하는 백분율)$=\frac{126°}{360°}\times100=35(\%)$

(봄이 차지하는 백분율)$=100-(25+35+30)=10(\%)$

10 %가 6명이므로 조사한 전체 학생은 60명입니다.

➡ (여름에 태어난 학생 수)$=60\times\frac{25}{100}=15$(명)

(전체 휴대 전화 판매 수)$=395\times4=1580$(대)

(2월과 4월의 휴대 전화 판매 수의 합) $=1580-(450+410)=720$(대)

4월의 휴대 전화 판매 수를 ■대라 하면 2월의 휴대 전화 판매 수는 (■-80)대입니다.

(■-80)$+$■$=720$에서 ■$=400$이므로

(2월의 휴대 전화 판매 수)$=400-80=320$(대)입니다.

2월의 휴대 전화 판매 수 320대는 큰 그림(📱) 3개, 작은 그림(📱) 2개로 그립니다.

4월의 휴대 전화 판매 수 400대는 큰 그림(📱) 4개로 그립니다.

4-1 풀이 참조

마을별 은행나무 수

가 나 다 라

(네 마을의 은행나무 수의 합)=27000×4=108000(그루)

(나 마을의 은행나무 수)

=108000−(35000+23000+28000)=22000(그루)

따라서 나 마을의 은행나무 수 22000그루는 큰 그림()과 작은 그림()을 각각 2개씩 그립니다.

4-2 풀이 참조

농장별 황소 수

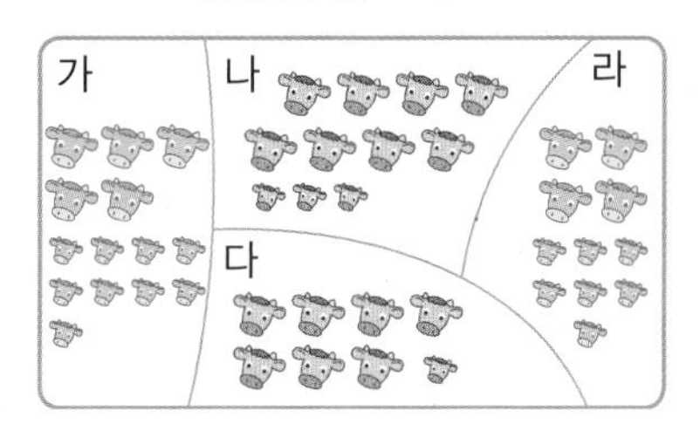

(네 농장의 황소 수의 합)=6500×4=26000(마리)

(가와 라 농장의 황소 수의 합)=26000−(8300+7100)=10600(마리)

라 농장의 황소 수를 □마리라 하면 가 농장의 황소 수는 (□+1200)마리이므로

□+1200+□=10600, □×2+1200=10600,

□×2=9400, □=9400÷2=4700이므로

(가 농장의 황소 수)=4700+1200=5900(마리)입니다.

따라서 가 농장의 황소 수 5900마리는 큰 그림() 5개, 작은 그림() 9개로 그리고, 라 농장의 황소 수 4700마리는 큰 그림() 4개, 작은 그림() 7개로 그립니다.

4-3 풀이 참조

가구별 쌀 수확량

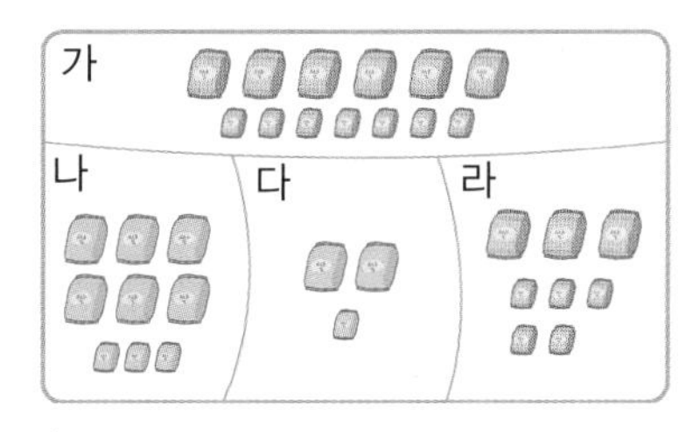

(네 가구의 쌀 수확량의 합)=465000×4=1860000(kg)

(나와 다 가구의 쌀 수확량의 합)=1860000−(670000+350000)=840000(kg)

다 가구의 쌀 수확량을 □kg이라 하면 나 가구의 쌀 수확량은 (□×3)kg이므로

□×3+□=840000, □×4=840000, □=840000÷4=210000이고

(나 가구의 쌀 수확량)=210000×3=630000(kg)입니다.

따라서 나 가구의 쌀 수확량 630000 kg은 큰 그림() 6개, 작은 그림() 3개로 그리고, 다 가구의 쌀 수확량 210000 kg은 큰 그림() 2개, 작은 그림() 1개로 그립니다.

(먹을 수 있는 부분의 백분율)$=100-45=55(\%)$

(먹을 수 있는 부분의 양)$=160\times\frac{55}{100}=88(\mathrm{g})$

(단백질의 백분율)$=100-(70+3+2)=25(\%)$

➡ (섭취할 수 있는 단백질의 양)$=88\times\frac{25}{100}=22(\mathrm{g})$

5-1 8 g

(껍질을 벗긴 귤의 백분율)$=100-20=80(\%)$

(껍질을 벗긴 귤의 양)$=100\times\frac{80}{100}=80(\mathrm{g})$

(탄수화물의 백분율)$=100-(85+5)=10(\%)$

➡ (섭취할 수 있는 탄수화물의 양)$=80\times\frac{10}{100}=8(\mathrm{g})$

5-2 7 g

(수분을 제외한 나머지 성분의 백분율)$=100-90=10(\%)$

(수분을 제외한 나머지 성분의 양)$=350\times\frac{10}{100}=35(\mathrm{g})$

(단백질의 백분율)$=100-(69+5+6)=20(\%)$

➡ (섭취할 수 있는 단백질의 양)$=35\times\frac{20}{100}=7(\mathrm{g})$

5-3 21.6 g

(수분을 제외한 나머지 성분의 백분율)$=100-40=60(\%)$

(수분을 제외한 나머지 성분의 양)$=120\times\frac{60}{100}=72(\mathrm{g})$

(단백질의 백분율)$=100-(35+30+5)=30(\%)$

➡ (섭취할 수 있는 단백질의 양)$=72\times\frac{30}{100}=21.6(\mathrm{g})$

5-4 16개

(칼륨의 백분율)$=1.5\times\frac{20}{100}=0.3(\%)$ ➡ 0.003

키위 1개에 들어 있는 칼륨의 양은 100 g의 0.003과 같으므로 0.3 g입니다.

➡ $0.3\times15=4.5(\mathrm{g})$, $0.3\times16=4.8(\mathrm{g})$이므로 키위를 적어도 $15+1=16$(개) 먹어야 합니다.

중국어를 배우고 싶은 학생 수는
일본어를 배우고 싶은 학생 수보다 10 % 더 많습니다.
더 많은 10 %가 8명이므로 조사한 전체 학생은 80명입니다.
따라서 독일어를 배우고 싶은 학생 수의 백분율은 5 %이므로
$80\times\frac{5}{100}=4$(명)입니다.

6-1 140명

취미가 운동인 학생 수는 영화 감상인 학생 수보다 더 많은 10 %가 14명이므로 조사한 전체 학생은 10 %의 10배인 140명입니다.

서술형 **6-2** 135가구

예 빌라에 사는 가구가 주택에 사는 가구보다 더 많은 32 %가 80가구이므로
2 %는 5가구입니다.
조사한 전체 가구는 2 %의 50배인 250가구입니다.
따라서 아파트에 사는 가구는 $250\times\frac{54}{100}=135$(가구)입니다.

채점 기준	배점
빌라와 주택의 백분율을 이용하여 조사한 전체 가구 수를 구했나요?	3점
아파트에 사는 가구 수를 구했나요?	2점

6-3 72명

게임기를 가지고 싶은 학생 수가 컴퓨터를 가지고 있는 학생 수보다 더 많은 6 %가 9명이므로 2 %는 3명이고 조사한 전체 학생은 2 %의 50배인 150명입니다.
따라서 휴대 전화를 가지고 싶은 학생은 $150\times\frac{48}{100}=72$(명)

6-4 112명

베트남과 일본에 가고 싶은 학생 수 34 %가 68명이므로 1 %가 2명입니다.
조사한 전체 학생은 1 %의 100배인 200명이고 미국과 이탈리아에 가고 싶은 학생수의 백분율은 $100-(20+14+10)=56$(%)입니다.
따라서 미국과 이탈리아에 가고 싶은 학생은 $200\times\frac{56}{100}=112$(명)입니다.

대표문제 7

(가정 의원 수와 한의원 수의 백분율의 합)$=100-(42+13+5)=40$(%)
(가정 의원 수의 백분율)$=\square\times5$, (한의원 수의 백분율)$=\square\times3$이라고 하면
$\square\times5+\square\times3=40$, $\square\times8=40$, $\square=5$입니다.
(가정 의원 수의 백분율)$=5\times5=25$(%), (한의원 수의 백분율)$=5\times3=15$(%)
➡ 가정 의원 수의 비율은 한의원 수의 비율보다 $25-15=10$(%p) 더 높습니다.

7-1 30 %, 20 %

(교육과 오락을 즐겨 보는 학생 수의 백분율의 합)$=100-(40+10)=50$(%)
(교육을 즐겨 보는 학생 수의 백분율)$=\square\times3$,
(오락을 즐겨 보는 학생 수의 백분율)$=\square\times2$라고 하면
$\square\times3+\square\times2=50$, $\square\times5=50$, $\square\times10$입니다.
(교육을 즐겨 보는 학생 수의 백분율)$=10\times3=30$(%),
(오락을 즐겨 보는 학생 수의 백분율)$=10\times2=20$(%)

7-2 8 %p

(장미와 민들레의 백분율의 합)$=100-(30+12+10)=48$(%)
(장미의 백분율)$=\square\times7$, (민들레의 백분율)$=\square\times5$라고 하면
$\square\times7+\square\times5=48$, $\square\times12=48$, $\square\times4$입니다.
(장미의 백분율)$=4\times7=28$(%), (민들레의 백분율)$=4\times5=20$(%)
➡ 장미의 비율은 민들레의 비율보다 $28-20=8$(%p) 더 높습니다.

7-3 22 %p

(플라스틱과 캔의 백분율의 합)$=100-(32+14+10)=44$(%)
캔의 백분율을 □라고 하면 (플라스틱의 백분율)$=\square\times3$이므로 $\square+\square\times3=44$,
$\square\times4=44$, $\square=11$입니다.
캔의 백분율은 11 %이고 (플라스틱의 백분율)$=11\times3=33$(%)입니다.
➡ 플라스틱의 비율이 캔의 비율보다 $33-11=22$(%p) 더 높습니다.

7-4 3.5배

(식비와 여가 생활비의 백분율의 합)$=100-(30+10+15)=45$(%)
(식비와 여가 생활비의 금액)$=280$만$\times\frac{45}{100}=126$만 (원)
여가 생활비를 □만 원이라 하면 식비는 ($\square+70$)만 원이므로
$\square+\square+70=126$, $\square+\square=56$, $\square=28$입니다.
따라서 여가 생활비는 28만 원이고, 식비는 $28+70=98$만 (원)이므로
식비는 여가 생활비의 $98\div28=3.5$(배)입니다.

(취미가 독서인 남학생 수)$=150\times\frac{20}{100}=30$(명)
(취미가 독서인 여학생 수)$=30+6=36$(명)
전체 여학생의 30 %가 36명이므로 10 %는 12명입니다.
따라서 전체 여학생은 120명입니다.

8-1 11명

(수학을 좋아하는 남학생 수)$=160\times\frac{20}{100}=32$(명)
(수학을 좋아하는 여학생 수)$=140\times\frac{15}{100}=21$(명)
➡ 수학을 좋아하는 남학생이 여학생보다 $32-21=11$(명) 더 많습니다.

8-2 300 kg

(㉮ 가게에서 팔린 사과의 무게)$=200\times\frac{32}{100}=64$(kg)

(㉯ 가게에서 팔린 사과의 무게)$=64+26=90$(kg)

㉯ 가게에서 팔린 ㉯ 가게에서 팔린 사과 30 %가 90 kg이므로 10 %는 30 kg입니다.

따라서 ㉯ 가게에서 팔린 과일은 모두 300 kg입니다.

8-3 44마리

㉮ 마을에서 기르는 염소 12 %가 54마리이므로 2 %는 9마리입니다.
㉮ 마을에서 기르는 가축은 2 %의 50배인 450마리이므로
돼지는 $450\times\frac{20}{100}=90$(마리)입니다.
㉯ 마을의 돼지 32 %가 $90+38=128$(마리)이므로 1 %는 4마리입니다.
따라서 ㉯ 마을에서 기르는 가축은 1 %의 100배인 400마리이고
염소는 $400\times\frac{11}{100}=44$(마리)입니다.

대표문제 9

(선거에 참여한 사람의 백분율)$=100-20=80$(%)

(선거에 참여한 사람 수)$=600$만$\times\frac{80}{100}=480$만 (명)

(갑 후보자의 득표율)$=100-(35+11+5+4)=45$(%)

➡ (갑 후보자의 득표 수)$=480$만$\times\frac{45}{100}=216$만 (표)

9-1 63명

(여름을 좋아하는 학생 수)$=300\times\frac{35}{100}=105$(명)

(여름을 좋아하는 남학생 수의 백분율)$=100-40=60$(%)

➡ (여름을 좋아하는 남학생 수)$=105\times\frac{60}{100}=63$(명)

9-2 15명

(불만족한 학생 수의 백분율)$=100-75=25$(%)

(불만족한 학생 수)$=240\times\frac{25}{100}=60$(명)

(숙소가 불만족스러웠던 학생 수의 백분율)$=100-(30+20+15+10)=25$(%)

➡ (숙소가 불만족스러웠던 학생 수)$=60\times\frac{25}{100}=15$(명)

9-3 119가구

(신문의 구독률)$=100-\frac{54°}{360°}\times100=100-15=85$(%)

(신문을 구독하는 가구 수)$=400\times\frac{85}{100}=340$(가구)

(㉮ 신문을 구독하는 가구 수의 백분율)$=100-(30+25+10)=35(\%)$

➡ (㉮ 신문을 구독하는 가구 수)$=340\times\frac{35}{100}=119$(가구)

MATH MASTER

132~136쪽

1 6학년, 8명

(5학년 중 연예인이 되고 싶은 학생 수)$=225\times\frac{40}{100}=90$(명)

(6학년 중 연예인이 되고 싶은 학생 수)$=280\times\frac{35}{100}=98$(명)

➡ 연예인이 되고 싶은 학생은 6학년이 $98-90=8$(명) 더 많습니다.

2 가고 싶은 나라별 학생 수

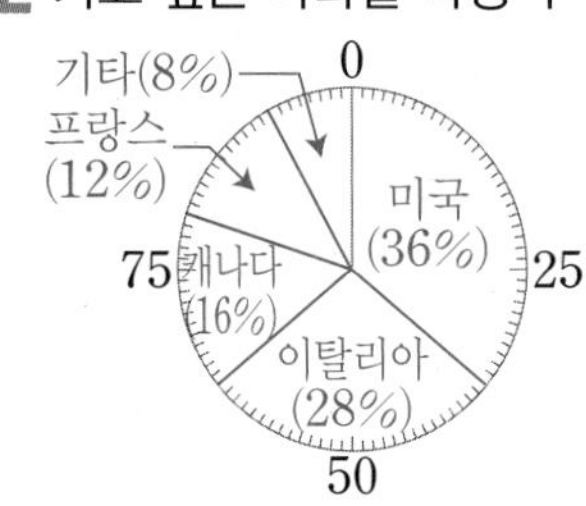

(프랑스를 가고 싶은 학생 수가 차지하는 백분율)$=\frac{30}{250}\times100=12(\%)$

(캐나다를 가고 싶은 학생 수가 차지하는 백분율)$=100-(36+28+12+8)=16(\%)$

3 12600원

학용품 18 %가 8100원이므로 1 %는 $8100\div18=450$(원)이고

지아의 한 달 용돈은 45000원입니다.

(선물을 사는 데 쓴 돈이 차지하는 백분율)$=100-(34+18+10+10)=28(\%)$

➡ (선물을 사는 데 쓴 돈)$=45000\times\frac{28}{100}=12600$(원)

서술형 **4** 50.6 t 또는 $50\frac{3}{5}$ t

㉠ (쌀의 백분율)$=\frac{16}{40}\times100=40(\%)$

(보리의 백분율)$=\frac{10}{40}\times100=25(\%)$

(콩의 백분율)$=100-(40+25+12)=23(\%)$

따라서 (콩의 생산량)$=220\times\frac{23}{100}=50.6$(t)입니다.

채점 기준	배점
쌀, 보리, 콩의 백분율을 구했나요?	3점
콩의 생산량을 구했나요?	2점

5 125개

(㉠과 ㉡의 백분율의 합)$=100-(24+16)=60(\%)$
(㉠의 백분율)$=\square\times 8$, (㉡의 백분율)$=\square\times 7$이라 하면
$\square\times 8+\square\times 7=60$, $\square\times 15=60$, $\square=4$입니다.
(㉠의 백분율)$=4\times 8=32(\%)$, (㉡의 백분율)$=4\times 7=28(\%)$
㉡ 28 %가 35개이므로 4 %는 5개입니다.
따라서 전체 항목의 수는 $5\times 25=125$(개)입니다.

6 6 cm

(액션과 만화를 좋아하는 학생 수)$=80-(32+8)=40$(명)
(액션을 좋아하는 학생 수)$=\square\times 3$, (만화를 좋아하는 학생 수)$=\square\times 2$라고 하면
$\square\times 3+\square\times 2=40$, $\square\times 5=40$, $\square=8$입니다.
(액션을 좋아하는 학생 수)$=8\times 3=24$(명)
(액션을 좋아하는 학생 수의 백분율)$=\frac{24}{80}\times 100=30(\%)$이므로
(20 cm인 띠그래프에서 액션을 좋아하는 학생 수가 차지하는 길이)
$=20\times\frac{30}{100}=6$(cm)입니다.

7 풀이 참조

농장별 수확한 밤의 무게

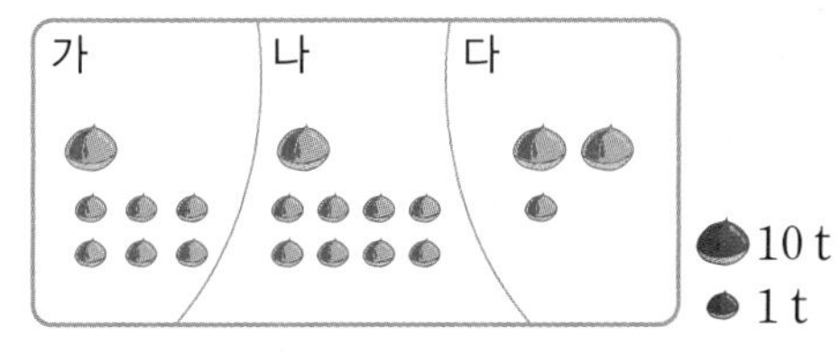

(가 농장과 나 농장에서 수확한 밤의 무게의 합)$=17\times 2=34$(t)
(나 농장과 다 농장에서 수확한 밤의 무게의 합)$=19.5\times 2=39$(t)
(가 농장과 다 농장에서 수확한 밤의 무게의 합)$=18.5\times 2=37$(t)
(세 농장에서 수확한 밤의 무게의 합)$=(34+39+37)\div 2=110\div 2=55$(t)
➡ (가 농장에서 수확한 밤의 무게)$=55-39=16$(t)
→ 큰 그림(●) 1개, 작은 그림(●) 6개를 그립니다.
(나 농장에서 수확한 밤의 무게)$=55-37=18$(t)
→ 큰 그림(●) 1개, 작은 그림(●) 8개를 그립니다.
(다 농장에서 수확한 밤의 무게)$=55-34=21$(t)
→ 큰 그림(●) 2개, 작은 그림(●) 1개를 그립니다.

8 64 %, 32 %

(감의 수분의 양)$=400\times\frac{83}{100}=332$(g)
(감의 탄수화물의 양)$=400\times\frac{16}{100}=64$(g)
➡ (곶감의 수분의 양)$=332-300=32$(g)
곶감의 무게는 $400-300=100$(g)이므로
(곶감의 탄수화물의 백분율)$=\frac{64}{100}\times 100=64(\%)$
(곶감의 수분의 백분율)$=\frac{32}{100}\times 100=32(\%)$입니다.

9 27 %

지난달 입장객 수를 2, 이번 달 입장객 수를 3이라 하면 지난달과 이번 달의 전체 입장객 수는 $2+3=5$입니다.

(지난달 입장한 소인의 수)$=2\times\frac{30}{100}=\frac{3}{5}$,

(이번 달 입장한 소인의 수)$=3\times\frac{25}{100}=\frac{3}{4}$입니다.

➡ (지난달과 이번 달 입장한 소인의 수)$=\frac{3}{5}+\frac{3}{4}=\frac{27}{20}$

따라서 지난달과 이번 달에 입장한 소인의 수의 전체 입장객 수의 비는 $\frac{27}{20}:5$

➡ $\frac{27}{100}:1$이므로 소인의 백분율은 27 %입니다.

다른 풀이

지난달과 이번 달 입장한 전체 입장객 수를 1이라 하면

(지난달 입장한 소인의 수)$=\frac{2}{2+3}\times\frac{30}{100}=\frac{3}{25}$,

(이번 달 입장한 소인의 수)$=\frac{3}{2+3}\times\frac{25}{100}=\frac{3}{20}$입니다.

➡ (지난달과 이번 달 입장한 소인의 수)$=\frac{3}{25}+\frac{3}{20}=\frac{27}{100}$

따라서 지난달과 이번 달에 입장한 소인의 수는 전체의 27 %입니다.

10 9명

(축구를 좋아하는 학생 수)$=225\times\frac{72}{100}=162$(명)

$100-16=84$(%)이므로 (야구를 좋아하는 학생 수)$=225\times\frac{84}{100}=189$(명)

$360^\circ-144^\circ=216^\circ$이므로

(축구와 야구 둘 다 좋아하는 학생의 백분율)$=\frac{216^\circ}{360^\circ}\times100=60$(%)

(축구와 야구 둘 다 좋아하는 학생 수)$=225\times\frac{60}{100}=135$(명)

(축구를 좋아하거나 야구를 좋아하는 학생 수)$=162+189-135=216$(명)이므로

(축구도 야구도 좋아하지 않는 학생 수)$=225-216=9$(명)입니다.

6 직육면체의 부피와 겉넓이

1 직육면체의 부피

138~139쪽

1 6, 6, 12, 18

직육면체를 한 개씩 더 쌓을수록 높이가 높아지므로 부피도 커집니다.
$3\times2=6(cm^2)$, $3\times2\times1=6(cm^3)$, $3\times2\times2=12(cm^3)$, $3\times2\times3=18(cm^3)$

2 $343\,cm^3$

정육면체의 한 모서리의 길이를 □cm라 하면 □×4=28, □=7입니다.
(정육면체의 부피)=(한 모서리의 길이)×(한 모서리의 길이)×(한 모서리의 길이)
$=7\times7\times7=343(cm^3)$

3 4 cm

높이를 □cm라 하면
8×7×□=224, 56×□=224, 224÷56=□, □=4입니다.

4 27배

직육면체의 세 모서리의 길이를 각각 3배로 늘이면 처음 부피의 3×3×3=27(배)가 됩니다.

다른 풀이
(직육면체의 부피)$=8\times5\times3=120(cm^3)$
(각 모서리의 길이를 3배로 늘인 직육면체의 부피)$=24\times15\times9=3240(cm^3)$
3240÷120=27이므로 각 모서리의 길이를 3배로 늘이면 처음 부피의 27배가 됩니다.

5 $324\,cm^3$

(한 밑면의 넓이)=(삼각형의 넓이)$=12\times9\div2=54(cm^2)$, (높이)=6cm
➡ (삼각기둥의 부피)=(한 밑면의 넓이)×(높이)$=54\times6=324(cm^3)$

다른 풀이
주어진 삼각기둥을 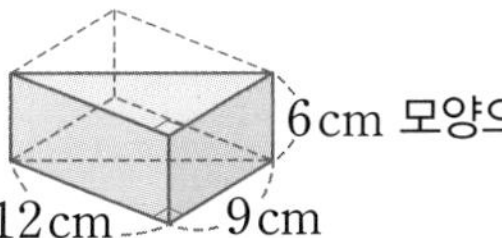 모양으로 생각해 보면

(삼각기둥의 부피)=(직육면체의 부피)$\times\frac{1}{2}$입니다.
➡ (삼각기둥의 부피)$=12\times9\times6\times\frac{1}{2}=324(cm^3)$

2 부피의 단위

140~141쪽

1 $216\,m^3$

(정육면체의 부피)$=600\times600\times600=216000000(cm^3)=216(m^3)$입니다.

다른 풀이
600 cm=6 m이므로 (정육면체의 부피)$=6\times6\times6=216(m^3)$입니다.

2 ㉡, ㉢

$1\,m^3 = 1000000\,cm^3$이므로
잘못된 것은 ㉡ $2500000\,cm^3 = 2.5\,m^3$, ㉢ $3000000\,cm^3 = 3\,m^3$입니다.

3 $1344\,cm^3$

두 부분으로 나누어 부피를 구합니다.

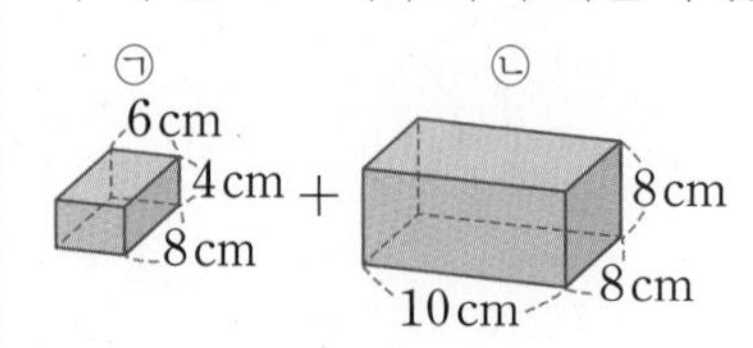

(㉠의 부피)$= 6 \times 8 \times 4 = 192\,(cm^3)$
(㉡의 부피)$= 18 \times 8 \times 8 = 1152\,(cm^3)$
➡ (입체도형의 부피)$= 192 + 1152$
$= 1344\,(cm^3)$

4 $1560\,cm^3$

(늘어난 물의 높이)$= 25 - 12 = 13\,(cm)$
(돌의 부피)$= 15 \times 8 \times 13 = 1560\,(cm^3)$

3 직육면체의 겉넓이

142~143쪽

1 $384\,cm^2$

(한 면의 넓이)$= 8 \times 8 = 64\,(cm^2)$이므로
(정육면체의 겉넓이)$=$(한 면의 넓이)$\times 6 = 64 \times 6 = 384\,(cm^2)$입니다.

2 $62\,cm^2$

직육면체의 가로를 □cm라 하면 □$\times 3 = 15$, □$= 5$입니다.
(직육면체의 겉넓이)$=$(합동인 세 면의 넓이의 합)$\times 2$
$= (5 \times 3 + 3 \times 2 + 5 \times 2) \times 2 = 31 \times 2 = 62\,(cm^2)$

3 $192\,cm^2$

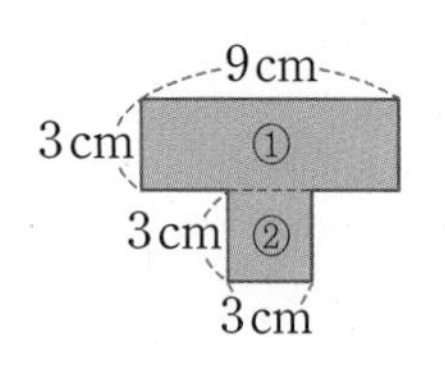

밑면은 왼쪽과 같이 직사각형 2개를 합한 것입니다.
(밑면의 넓이)$=$①$+$②$= 9 \times 3 + 3 \times 3 = 27 + 9 = 36\,(cm^2)$
(밑면의 둘레)$= 9 + 3 \times 7 = 9 + 21 = 30\,(cm)$
➡ (입체도형의 겉넓이)$= 36 \times 2 + 30 \times 4$
$= 72 + 120 = 192\,(cm^2)$

4 $324\,cm^2$

(한 밑면의 넓이)$=$(삼각형의 넓이)$= 12 \times 9 \div 2 = 54\,(cm^2)$
(밑면의 둘레)$= 12 + 9 + 15 = 36\,(cm)$
➡ (삼각기둥의 겉넓이)$= 54 \times 2 + 36 \times 6 = 108 + 216 = 324\,(cm^2)$

5 $108\,cm^2$

(한 밑면의 넓이)$=$(사다리꼴의 넓이)$= (3 + 6) \times 4 \div 2 = 18\,(cm^2)$
(밑면의 둘레)$= 3 + 4 + 6 + 5 = 18\,(cm)$
➡ (사각기둥의 겉넓이)$= 18 \times 2 + 18 \times 4 = 36 + 72 = 108\,(cm^2)$

대표문제 1

$1\ \mathrm{m}=100\ \mathrm{cm}$이므로 $250\ \mathrm{cm}=2.5\ \mathrm{m}$입니다.
$1\ \mathrm{m}^3=1000000\ \mathrm{cm}^3$이므로 $7500000\ \mathrm{cm}^3=7.5\ \mathrm{m}^3$입니다.
(직육면체의 부피)=(가로)×(세로)×(높이)이므로
$7.5=2.5\times2\times$㉠, $7.5=5\times$㉠, ㉠$=1.5$입니다.

1-1 100

$3\ \mathrm{m}^3=3000000\ \mathrm{cm}^3$, $2\ \mathrm{m}=200\ \mathrm{cm}$입니다.
(직육면체의 부피)$=150\times200\times$㉠$=3000000$, $30000\times$㉠$=3000000$, ㉠$=100$입니다.

1-2 0.8 m

$0.32\ \mathrm{m}^3=320000\ \mathrm{cm}^3$입니다.
밑면의 한 모서리의 길이를 □m라 하면 $\square\times\square\times50=320000$, $\square\times\square=6400$, $\square=80$입니다.
따라서 이 직육면체의 밑면의 한 모서리의 길이는 $80\ \mathrm{cm}=0.8\ \mathrm{m}$입니다.

1-3 3 m

$240\ \mathrm{cm}=2.4\ \mathrm{m}$이고, $36000000\ \mathrm{cm}^3=36\ \mathrm{m}^3$입니다.
세로를 □m라 하면 $2.4\times\square\times5=36$, $12\times\square=36$, $\square=3$입니다.
따라서 이 직육면체의 세로는 3 m입니다.

1-4 16

(㉮의 부피)$=800\times800\times800=512000000\ (\mathrm{cm}^3)$ ➡ $512\ \mathrm{m}^3$
정육면체 ㉮와 직육면체 ㉯의 부피가 같으므로 $\square\times4\times8=512$, $\square\times32=512$, $\square=16$입니다.

대표문제 2

$6\ \mathrm{m}=600\ \mathrm{cm}$, $3.6\ \mathrm{m}=360\ \mathrm{cm}$, $4.8\ \mathrm{m}=480\ \mathrm{cm}$이므로
가로, 세로, 높이에 쌓기나무를 각각 몇 개씩 넣을 수 있는지 알아봅니다.
(가로에 넣을 수 있는 쌓기나무의 수)$=600\div6=100$(개)
(세로에 넣을 수 있는 쌓기나무의 수)$=360\div6=60$(개)
(높이에 넣을 수 있는 쌓기나무의 수)$=480\div6=80$(개)
따라서, (필요한 쌓기나무의 수)$=100\times60\times80=480000$(개)입니다.

2-1 24개

가로, 세로, 높이에 쌓기나무를 각각 몇 개씩 넣을 수 있는지 알아봅니다.
(가로에 넣을 수 있는 쌓기나무의 수)$=9\div3=3$(개)
(세로에 넣을 수 있는 쌓기나무의 수)$=6\div3=2$(개)
(높이에 넣을 수 있는 쌓기나무의 수)$=12\div3=4$(개)
➡ (필요한 쌓기나무의 수)$=3\times2\times4=24$(개)

2-2 40개

0.8 m=80 cm, 0.64 m=64 cm, 0.32 m=32 cm
(가로에 넣을 수 있는 장식품의 수)=80÷16=5(개)
(세로에 넣을 수 있는 장식품의 수)=64÷16=4(개)
(높이에 넣을 수 있는 장식품의 수)=32÷16=2(개)
➡ (상자 안에 넣을 수 있는 장식품의 수)=5×4×2=40(개)

2-3 18000개

2.7 m=270 cm, 1.4 m=140 cm, 1.5 m=150 cm
(가로에 넣을 수 있는 ㉯ 상자의 수)=270÷9=30(개)
(세로에 넣을 수 있는 ㉯ 상자의 수)=140÷7=20(개)
(높이에 넣을 수 있는 ㉯ 상자의 수)=150÷5=30(개)
➡ (㉮ 상자에 넣을 수 있는 ㉯ 상자의 수)=30×20×30=18000(개)

2-4 864개

2) 12 18
3) 6 9
2 3
➡ 최소공배수: 2×3×2×3=36

2) 36 16
2) 18 8
9 4
➡ 최소공배수: 2×2×9×4=144

12, 18, 16의 최소공배수가 144이므로 만들 수 있는 가장 작은 정육면체의 한 모서리의 길이는 144cm입니다.
(가로에 쌓아야 하는 상자의 수)=144÷12=12(개)
(세로에 쌓아야 하는 상자의 수)=144÷18=8(개)
(높이에 쌓아야 하는 상자의 수)=144÷16=9(개)
➡ (필요한 상자의 수)=12×8×9=864(개)

대표문제 3

(직육면체의 부피)=16×10×7=1120 (cm^3)입니다.
잘려진 한 입체도형의 부피는 직육면체의 부피의 $\frac{1}{2}$이므로
(잘려진 한 입체도형의 부피)=1120×$\frac{1}{2}$=560 (cm^3)입니다.

3-1 2500 cm^3

(직육면체의 부피)=10×20×25=5000 (cm^3)입니다.
잘려진 한 입체도형의 부피는 직육면체의 부피의 $\frac{1}{2}$이므로
(잘려진 한 입체도형의 부피)=5000×$\frac{1}{2}$=2500 (cm^3)입니다.

서술형 **3-2** 1080 cm^3

예 잘려진 한 입체도형은 가로가 $24 \div 3 = 8$(cm), 세로가 15cm, 높이가 9cm인 직육면체입니다.
따라서 (잘려진 한 직육면체의 부피)$=8 \times 15 \times 9 = 1080$($cm^3$)입니다.

채점 기준	배점
잘려진 한 입체도형의 가로, 세로, 높이를 구했나요?	2점
잘려진 한 입체도형의 부피를 구했나요?	3점

3-3 27 cm

잘려진 한 입체도형은 가로가 □cm, 세로가 15 cm, 높이가 $10 \div 2 = 5$(cm)인 직육면체입니다.
잘려진 한 직육면체의 부피는
$\square \times 15 \times 5 = 675$이므로 $\square \times 75 = 675$, $\square = 9$입니다.
따라서 잘려진 한 입체도형의 가로가 9cm이므로 처음 직육면체의 가로는
$9 \times 3 = 27$(cm)입니다.

3-4 0.55배

입체도형 ㉠과 ㉡은 각각 직육면체 모양이므로
(㉠의 부피)$=(30-20) \times 14 \times 11 = 10 \times 14 \times 11 = 1540$($cm^3$)이고
(㉡의 부피)$=20 \times 14 \times (21-11) = 20 \times 14 \times 10 = 2800$($cm^3$)입니다.
따라서 ㉠의 부피는 ㉡의 부피의 $1540 \div 2800 = 0.55$(배)입니다.

다른 풀이

$\frac{(㉠의\ 부피)}{(㉡의\ 부피)} = \frac{(30-20) \times 14 \times 11}{20 \times 14 \times (21-11)} = \frac{10 \times 14 \times 11}{20 \times 14 \times 10} = \frac{11}{20} = 0.55$(배)

150~151쪽

위, 앞, 옆에서 본 모양을 이용하여 직육면체의 겨냥도를 그려 봅니다.

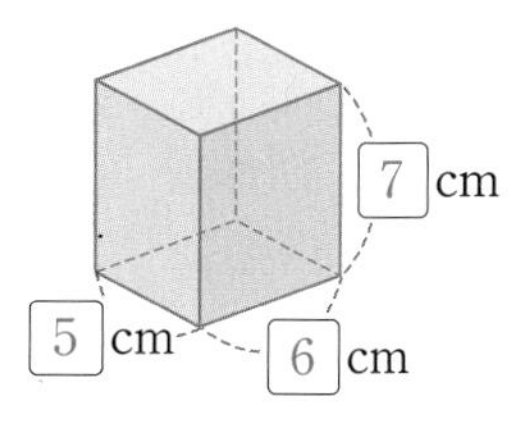

➡ (직육면체의 겉넓이)$=(5 \times 6 + 6 \times 7 + 5 \times 7) \times 2$
$=(30+42+35) \times 2$
$=107 \times 2$
$=214$(cm^2)

4-1 126cm^2

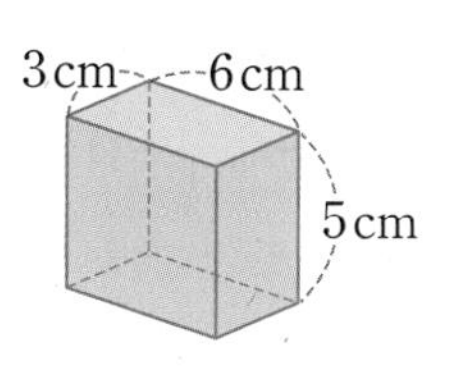

위, 앞, 옆에서 본 모양을 이용하여 직육면체의 겨냥도를 그려 보면 왼쪽 그림과 같습니다.
➡ (직육면체의 겉넓이)$=(6 \times 3 + 3 \times 5 + 6 \times 5) \times 2$
$=63 \times 2 = 126$(cm^2)

4-2 404 cm^2

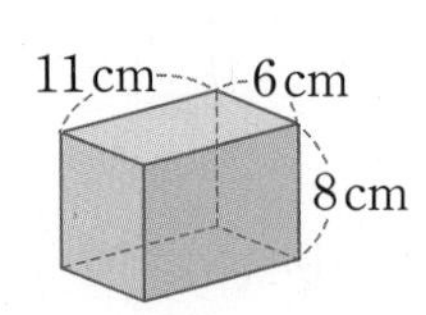

위, 앞, 옆에서 본 모양을 이용하여 직육면체의 겨냥도를 그려 보면 왼쪽 그림과 같습니다.

➡ (직육면체의 겉넓이)$=(6\times11+11\times8+6\times8)\times2$
$=202\times2=404(cm^2)$

4-3 15000 cm^2

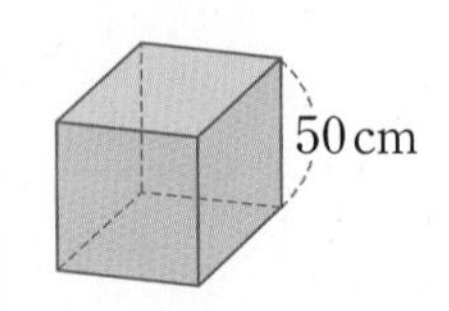

$0.5m=50cm$이므로 겨냥도를 그려 보면 왼쪽 그림과 같이 한 모서리의 길이가 50 cm인 정육면체가 됩니다.

➡ (정육면체의 겉넓이)$=50\times50\times6=15000(cm^2)$

4-4 228 cm^2

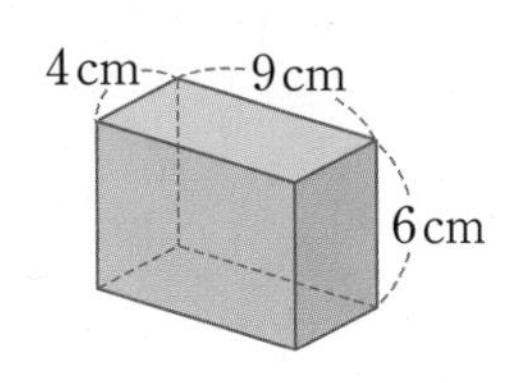

공통인 변 6 cm가 직육면체의 높이이므로 겨냥도를 그려 보면 왼쪽 그림과 같습니다.

➡ (직육면체의 겉넓이)$=(9\times4+4\times6+9\times6)\times2$
$=114\times2=228(cm^2)$

152~153쪽

직육면체의 세로를 ■ cm라 하면 직육면체의 겉넓이는
$(10\times■+■\times8+10\times8)\times2=340$이므로
$(18\times■+80)\times2=340$, $18\times■+80=170$,
$18\times■=90$, $■=5$입니다.
따라서 (직육면체의 부피)$=10\times5\times8=400(cm^3)$입니다.

5-1 208 cm^2

높이를 □ cm라 하면 $6\times4\times□=192$, $24\times□=192$, $□=8$입니다.
따라서 (직육면체의 겉넓이)$=(6\times4+4\times8+6\times8)\times2$
$=104\times2=208(cm^2)$입니다.

5-2 840 cm^3

직육면체의 가로를 □ cm라 하면
(직육면체의 겉넓이)$=(□\times7+7\times10+□\times10)\times2=548$이므로
$□\times17+70=274$, $□\times17=204$, $□=12$입니다.
따라서 (직육면체의 부피)$=12\times7\times10=840(cm^3)$입니다.

서술형 **5-3** 576 cm^2

예 직육면체 밑면의 한 모서리의 길이를 □ cm라 하면
$□\times□\times21=756$, $□\times□=36$, $□=6$입니다.
따라서 (직육면체의 겉넓이)$=(6\times6+6\times21+6\times21)\times2$
$=288\times2=576(cm^2)$입니다.

채점 기준	배점
직육면체의 밑면의 한 모서리의 길이의 길이를 구했나요?	2점
직육면체의 겉넓이를 구했나요?	3점

5-4 294cm^2

정육면체의 한 모서리의 길이를 □cm라 하면 □×□×□=343(cm³)입니다.
세 번 곱했을 때 일의 자리 숫자가 3이 되어야 하므로 □=7입니다.
따라서 (정육면체의 겉넓이)$=7\times7\times6=294$(cm²)입니다.

18cm
㉠ 5cm
㉡ 5cm
6cm

한 밑면의 넓이를 두 부분으로 나누어 구합니다.
(한 밑면의 넓이)=(㉠의 넓이)+(㉡의 넓이)
$=18\times5+6\times5=120$(cm²)

(밑면의 둘레)$=(18+10)\times2=56$(cm)이므로
(옆면의 넓이)=(밑면의 둘레)×(높이)$=56\times20=1120$(cm²)입니다.
두 밑면은 서로 합동이므로
(입체도형의 겉넓이)$=120\times2+1120=1360$(cm²)입니다.

6-1 780cm^2

(입체도형의 옆면의 넓이)$=60\times8=480$(cm²)이고, 두 밑면은 서로 합동이므로
(입체도형의 겉넓이)$=150\times2+480=780$(cm²)입니다.

6-2 392cm^2

한 밑면의 넓이는 가로가 10cm, 세로가 8cm인 직사각형의 넓이에서 한 변이 4cm인 정사각형의 넓이를 뺀 것과 같으므로 $10\times8-4\times4=80-16=64$(cm²)입니다.
(밑면의 둘레)$=(10+8)\times2+4+4=44$(cm)이므로
(옆면의 넓이)$=44\times6=264$(cm²)입니다.
두 밑면은 서로 합동이므로 (입체도형의 겉넓이)$=64\times2+264=392$(cm²)입니다.

6-3 600cm^2

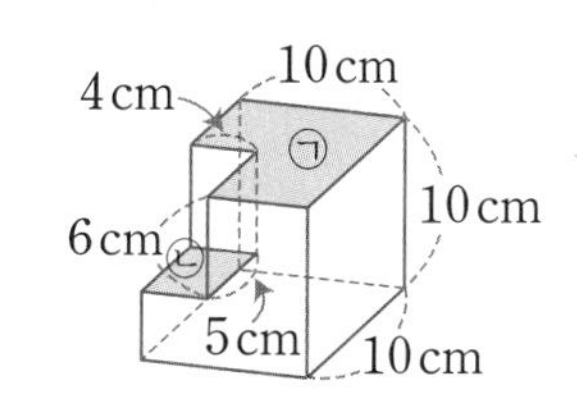

윗면의 넓이는 면 ㉠과 면 ㉡의 합과 같으므로
$10\times10=100$(cm²)입니다.
옆면의 넓이는 한 변이 10cm인 정사각형 넓이의 4배와 같으므로 (옆면의 넓이)$=10\times10\times4=400$(cm²)입니다.
윗면과 아랫면의 넓이는 서로 같으므로
(입체도형의 겉넓이)$=100\times2+400=600$(cm²)입니다.

보충 개념
위, 앞, 옆에서 본 모양은 한 모서리의 길이가 10cm인 정육면체와 같고 숨겨진 면이 없으므로 입체도형의 겉넓이는 한 모서리의 길이가 10cm인 정육면체의 겉넓이와 같습니다.

6-4 974cm^2

(한 밑면의 넓이)$=12\times9-6\times4=108-24=84$(cm²)
(바깥쪽 옆면의 넓이)$=(12+9)\times2\times13=546$(cm²)
(안쪽 옆면의 넓이)$=(6+4)\times2\times13=260$(cm²)
두 밑면은 서로 합동이므로
(입체도형의 겉넓이)$=84\times2+546+260=974$(cm²)입니다.

넣은 돌의 부피만큼 물의 부피가 늘어납니다.
(늘어난 물의 높이)=(돌을 넣은 후 물의 높이)−(처음 물의 높이)
$=30-25=5$(cm)이므로
(돌의 부피)=(늘어난 물의 부피)$=20\times16\times5=1600$(cm^3)입니다.

7-1 450 cm^3

(늘어난 물의 높이)$=8-5=3$(cm)이므로
(돌의 부피)=(늘어난 물의 부피)$=15\times10\times3=450$(cm^3)입니다.

서술형 **7-2** 880 cm^3

예 (줄어든 물의 높이)$=8-4=4$(cm)이므로
(돌의 부피)=(줄어든 물의 부피)$=22\times10\times4=880$(cm^3)입니다.

채점 기준	배점
줄어든 물의 높이를 구했나요?	2점
돌의 부피를 구했나요?	3점

7-3 960 cm^3

(쇠구슬 3개의 부피)=(줄어든 물의 부피)
$=24\times30\times(15-11)=24\times30\times4=2880$(cm^3)
➡ (쇠구슬 1개의 부피)$=2880\div3=960$(cm^3)

7-4 1350 cm^3

돌을 넣었을 때 늘어난 물의 높이는 $13-10=3$(cm)이고,
쇠구슬을 넣었을 때 늘어난 물의 높이는 $14.5-13=1.5$(cm)입니다.
(돌의 부피)$=36\times25\times3=2700$(cm^3)
(쇠구슬의 부피)$=36\times25\times1.5=1350$(cm^3)
➡ (부피의 차)$=2700-1350=1350$(cm^3)

다른 풀이
돌을 넣었을 때와 쇠구슬을 넣었을 때의 높이의 차가 $3-1.5=1.5$(cm)이므로
(부피의 차)$=36\times25\times1.5=1350$(cm^3)입니다.

㉮의 가로는 4 cm, 세로는 2 cm, 높이는 4 cm입니다.
㉯의 가로는 2 cm, 세로는 2 cm, 높이는 8 cm입니다.
(㉮의 겉넓이)$=(8+16+8)\times2=64$(cm^2)
(㉯의 겉넓이)$=(4+16+16)\times2=72$(cm^2)
따라서 ㉯의 겉넓이가 $72-64=8$(cm^2)만큼 더 넓습니다.

8-1 ㉮

㉮의 가로는 6 cm, 세로는 2 cm, 높이는 2 cm입니다.
㉯의 가로는 3 cm, 세로는 2 cm, 높이는 4 cm입니다.
(㉮의 겉넓이)$=(12+4+12)\times 2=56(cm^2)$
(㉯의 겉넓이)$=(6+8+12)\times 2=52(cm^2)$
따라서 ㉮의 겉넓이가 더 넓습니다.

8-2 ㉰, ㉮, ㉯

㉮의 가로는 4 cm, 세로는 2 cm, 높이는 8 cm입니다.
㉯의 가로는 4 cm, 세로는 4 cm, 높이는 4 cm입니다.
㉰의 가로는 2 cm, 세로는 2 cm, 높이는 16 cm입니다.
(㉮의 겉넓이)$=(8+32+16)\times 2=112(cm^2)$
(㉯의 겉넓이)$=(16+16+16)\times 2=96(cm^2)$
(㉰의 겉넓이)$=(4+32+32)\times 2=136(cm^2)$
$136>112>96$이므로 ㉰, ㉮, ㉯입니다.

8-3 $128 cm^2$

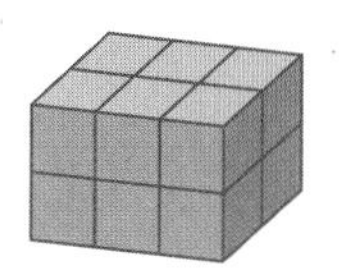

겉넓이가 가장 작은 경우는 오른쪽 직육면체처럼 가로에 3개, 세로에 2개, 높이를 2층으로 쌓았을 때이므로 가로는 6 cm, 세로는 4 cm, 높이는 4 cm입니다.
따라서 만든 직육면체의 겉넓이는 $(24+16+24)\times 2=128(cm^2)$입니다.

각 모서리를 2배로 늘인 정육면체의 한 모서리는 10 cm입니다.
(처음 정육면체의 부피)$=5\times 5\times 5=125(cm^3)$
(늘어난 정육면체의 부피)$=10\times 10\times 10=1000(cm^3)$
따라서 늘어난 정육면체의 부피는 처음 정육면체의 부피의 $1000\div 125=8$(배)가 됩니다.

9-1 4배

늘인 직육면체의 가로는 10 cm, 세로는 20 cm입니다.
(처음 직육면체의 부피)$=5\times 10\times 6=300(cm^3)$
(늘인 직육면체의 부피)$=10\times 20\times 6=1200(cm^3)$
➡ $1200\div 300=4$(배)

9-2 3.375배

늘인 정육면체의 한 모서리의 길이는 $6\times \frac{150}{100}=9(cm)$입니다.
(처음 정육면체의 부피)$=6\times 6\times 6=216(cm^3)$
(늘인 정육면체의 부피)$=9\times 9\times 9=729(cm^3)$
➡ $729\div 216=3.375$(배)

서술형 **9-3** 20 cm

예 (처음 직육면체의 부피)$=16\times5\times7=560$ (cm³)

(줄인 직육면체의 가로)$=16\times\frac{1}{4}=4$ (cm)

늘인 세로를 □cm라고 하면 $4\times\square\times7=560$, $\square=560\div28=20$입니다.

따라서 세로를 20 cm로 늘려야 합니다.

채점 기준	배점
처음 직육면체의 부피를 구했나요?	2점
줄인 직육면체의 가로를 구했나요?	1점
늘인 직육면체의 세로를 구했나요?	2점

(삼각기둥의 부피)=(삼각기둥의 한 밑면의 넓이)×(삼각기둥의 높이)

=((밑변)×(높이)÷2)×(삼각기둥의 높이)

따라서 (삼각기둥의 부피)$=17\times10\div2\times24=2040$ (cm³)입니다.

10-1 140 cm³

삼각기둥의 한 밑면의 넓이는 $7\times4\div2=14$ (cm²)이므로

(삼각기둥의 부피)$=14\times10=140$ (cm³)입니다.

다른 풀이

삼각기둥의 부피는 사각기둥의 부피의 $\frac{1}{2}$이므로 (삼각기둥의 부피)$=7\times4\times10\times\frac{1}{2}=140$ (cm³)입니다.

10-2 1800 cm³

삼각기둥의 한 밑면의 넓이는 $9\times16\div2=72$ (cm²)이므로

(삼각기둥의 부피)$=72\times25=1800$ (cm³)입니다.

10-3 1377 cm³

사각기둥의 한 밑면의 넓이는 $(5+13)\times9\div2=81$ (cm²)이므로

(사각기둥의 부피)$=81\times17=1377$ (cm³)입니다.

10-4 10, 7

삼각기둥의 한 밑면의 넓이는 (㉠×㉡÷2)cm²이므로

(삼각기둥의 부피)=㉠×㉡÷2×16에서

㉠×㉡÷2×16=560, ㉠×㉡÷2=35, ㉠×㉡=70입니다.

따라서 ㉠과 ㉡은 70의 약수이고 70의 약수 중 0<㉠<14, 0<㉡<10이면서

㉠×㉡=70인 경우는 ㉠=10, ㉡=7뿐입니다.

1 $2400\,cm^3$

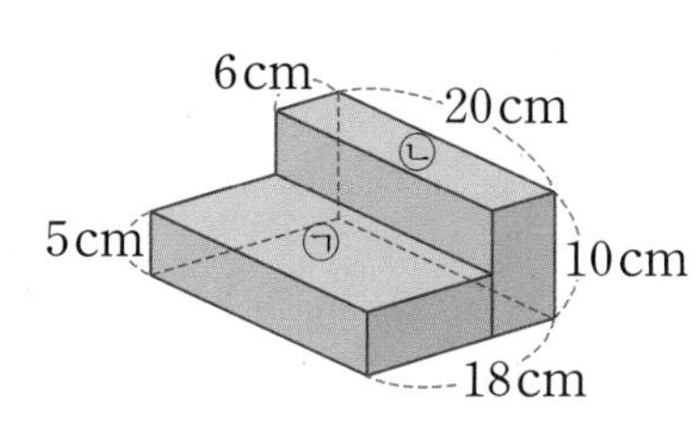

입체도형을 직육면체 ㉠과 ㉡으로 나누어 부피를 구합니다.

(㉠의 부피)$=20\times(18-6)\times5=1200\,(cm^3)$

(㉡의 부피)$=20\times6\times10=1200\,(cm^3)$

따라서 입체도형의 부피는

(㉠의 부피)$+$(㉡의 부피)$=1200+1200=2400\,(cm^3)$입니다.

2 $650\,cm^2$

쌓기나무의 한 모서리의 길이를 □cm라 하면 □×□×□=125, □=5입니다.

입체도형의 겉면의 수는 26개이므로

(입체도형의 겉넓이)$=5\times5\times26=650\,(cm^2)$입니다.

보충 개념

쌓기나무를 위, 앞, 옆에서 본 모양은 오른쪽과 같으므로 겉면의 수는 $(5+4+4)\times2=26$(개)입니다.

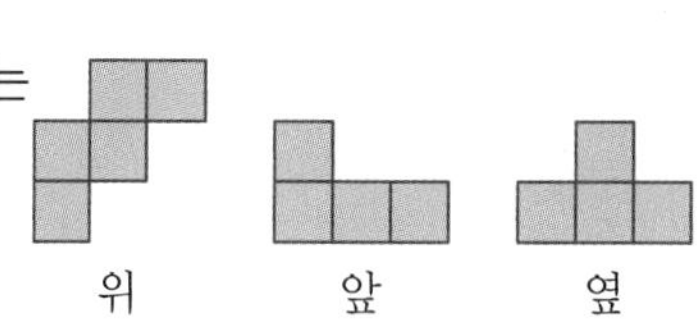

서술형 **3** $15504\,cm^3$

예 종이로 만든 상자는 가로가 $80-6\times2=68\,(cm)$, 세로가 $50-6\times2=38\,(cm)$, 높이가 6cm인 직육면체입니다.

따라서 (상자의 부피)$=68\times38\times6=15504\,(cm^3)$입니다.

채점 기준	배점
상자의 가로, 세로, 높이를 구했나요?	3점
상자의 부피를 구했나요?	2점

4 9배

새로 만든 직육면체의 가로는 $10\times3=30\,(cm)$, 세로는 $5\times3=15\,(cm)$, 높이는 $7\times3=21\,(cm)$입니다.

(처음 직육면체의 겉넓이)$=(10\times5+5\times7+10\times7)\times2=155\times2=310\,(cm^2)$

(새로 만든 직육면체의 겉넓이)$=(30\times15+15\times21+30\times21)\times2$

$=1395\times2=2790\,(cm^2)$

따라서 새로 만든 직육면체의 겉넓이는 처음 직육면체의 겉넓이의 $2790\div310=9$(배)입니다.

다른 풀이

직육면체의 각 모서리의 길이를 3배 하면 각 면의 넓이는 $3\times3=9$(배)가 됩니다.

따라서 새로 만든 직육면체의 겉넓이도 9배가 됩니다.

5 $539\,cm^3$

밑면의 한 모서리의 길이를 □cm, 높이를 △cm라 하면

(㉮에 사용된 끈의 길이)=□×8+△×4=100(cm)

(㉯에 사용된 끈의 길이)$=\square\times4+\triangle\times4=72$(cm)
㉮는 ㉯보다 □cm씩 4번 더 사용했고, 그 길이는 $100-72=28$(cm)이므로
$\square\times4=28$, $\square=7$입니다.
$\square\times4+\triangle\times4=72$에서 $28+\triangle\times4=72$, $\triangle\times4=44$, $\triangle=11$입니다.
㉮는 가로가 7cm, 세로가 7cm, 높이가 11cm인 직육면체 모양이므로
(㉮의 부피)$=7\times7\times11=539$(cm^3)입니다.

6 12.5cm

(처음 물통에 들어 있던 물의 부피)$=24\times20\times10=4800$(cm^3)
(물의 부피)=(물과 물에 잠긴 나무 막대의 부피의 합)−(물에 잠긴 나무 막대의 부피)
이므로 나무 막대를 세운 후 물의 높이를 □cm라 하면
$24\times20\times\square-12\times8\times\square=4800$, $480\times\square-96\times\square=4800$, $384\times\square=4800$,
$\square=12.5$입니다.
따라서 물의 높이는 12.5cm가 됩니다.

7 1200cm^2

한 번 자를 때마다 잘리는 면 2개만큼 겉넓이가 늘어납니다.
➡ $(10\times12)\times2=240$(cm^2)
따라서 5번 잘랐을 때 늘어난 겉넓이는 $240\times5=1200$(cm^2)입니다.

8 4

(수조 전체 부피)$=14\times10\times15=2100$(cm^3)
(비어 있는 부분의 부피)=(수조 전체 부피)−(남은 물의 부피)
$=2100-1820=280$(cm^3)
비어 있는 부분은 삼각기둥 모양이고, (삼각기둥의 부피)=(한 밑면의 넓이)×(높이)
이므로 $㉠\times14\div2\times10=280$, $㉠\times70=280$, $㉠=4$입니다.

다른 풀이
남은 물의 부피는 밑면이 사다리꼴인 사각기둥의 부피와 같으므로
$((15-㉠)+15)\times14\div2\times10=1820$, $(30-㉠)\times70=1820$, $30-㉠=26$, $㉠=4$입니다.

9 130cm^2

가로, 세로, 높이는 42의 약수이므로 가로＜세로＜높이인 경우를 생각해 보면
• 가로가 1cm인 경우:
세로가 2cm, 높이가 21cm ➡ (겉넓이)$=(1\times2+2\times21+1\times21)\times2$
$=130$(cm^2)
세로가 3cm, 높이가 14cm ➡ (겉넓이)$=(1\times3+3\times14+1\times14)\times2$
$=118$(cm^2)
세로가 6cm, 높이가 7cm ➡ (겉넓이)$=(1\times6+6\times7+1\times7)\times2=110$($\text{cm}^2$)
• 가로가 2cm인 경우:
세로가 3cm, 높이가 7cm ➡ (겉넓이)$=(2\times3+3\times7+2\times7)\times2=82$($\text{cm}^2$)
따라서 가장 넓은 겉넓이는 130cm^2입니다.

복습책 정답과 풀이

1 분수의 나눗셈

다시푸는 최상위

1 2개

■는 분모인 7보다 클 수 없으므로 ■에 알맞은 자연수는 1부터 6까지의 수입니다.

$1\frac{■}{7}\div3\times14=\frac{7+■}{7}\div3\times14=\frac{7+■}{\overset{}{\underset{1}{7}}}\times\frac{1}{3}\times\overset{2}{14}=\frac{7+■}{3}\times2$이므로

7+■는 3의 배수이어야 계산 결과가 자연수가 될 수 있습니다.

7+■에서 ■에 1부터 6까지의 자연수를 넣었을 때 3의 배수가 되는 경우를 알아보면 $7+2=9$, $7+5=12$이므로 ■에 알맞은 자연수는 2, 5로 모두 2개입니다.

주의

대분수의 분모가 7이므로 ■에 7보다 큰 수는 넣을 수 없습니다.

2 $\frac{1}{4}$ kg

연필 한 타는 12자루이므로 연필 4타는 $12\times4=48$(자루)입니다.

(연필 한 자루의 무게)$=1\frac{1}{5}\div48=\frac{6}{5}\div48=\frac{48}{40}\div48=\frac{48\div48}{40}=\frac{1}{40}$(kg)

➡ (연필 10자루의 무게)$=\frac{1}{\underset{4}{40}}\times\overset{1}{10}=\frac{1}{4}$(kg)

3 $3\frac{3}{4}$ cm²

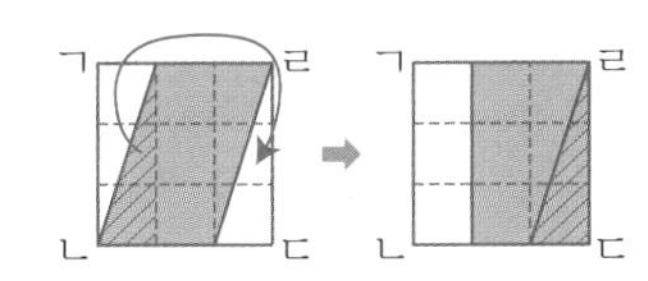

왼쪽 그림과 같이 빗금 친 부분을 옮기면 색칠한 부분의 넓이는 작은 정사각형 6개의 넓이와 같습니다.

➡ (색칠한 부분의 넓이)$=5\frac{5}{8}\div9\times6=\frac{45}{8}\div9\times6$

$=\frac{45\div9}{8}\times6=\frac{5}{\underset{4}{8}}\times\overset{3}{6}=\frac{15}{4}=3\frac{3}{4}$(cm²)

4 $\frac{1}{30}$

세 식의 계산 결과가 모두 같으므로 계산 결과를 모두 1로 놓으면

㉠$\times6\div2=1$, ㉠$\times\overset{3}{6}\times\frac{1}{\underset{1}{2}}=1$, ㉠$\times3=1$, ㉠$\times3\div3=1\div3$, ㉠$=\frac{1}{3}$

㉡$\div8\times4=1$, ㉡$\times\frac{1}{8}\times4=1$, ㉡$\times\frac{1}{2}=1$, ㉡$\times\frac{1}{2}\times2=1\times2$, ㉡$=2$

㉢$\div2\div5=1$, ㉢$\times\frac{1}{2}\times\frac{1}{5}=1$, ㉢$\times\frac{1}{10}=1$, ㉢$\times\frac{1}{10}\times10=1\times10$, ㉢$=10$

➡ $10>2>\frac{1}{3}$이므로 (가장 작은 수)÷(가장 큰 수)$=\frac{1}{3}\div10=\frac{1}{3}\times\frac{1}{10}=\frac{1}{30}$입니다.

5 오전 4시 57분 55초

(하루에 늦게 가는 시간)$=4\frac{1}{6}\div 5=\frac{25}{6}\div 5=\frac{25\div 5}{6}=\frac{5}{6}$(분)

화요일 오후 5시부터 그 주의 금요일 오전 5시까지는

2일 12시간 후인 60시간 후이므로 60시간 동안 늦게 가는 시간은

$\frac{5}{6}\div 24\times 60=\frac{\overset{1}{\cancel{5}}}{\underset{1}{\cancel{6}}}\times\frac{1}{\underset{12}{\cancel{24}}}\times\overset{\overset{5}{\cancel{10}}}{\cancel{60}}=\frac{25}{12}=2\frac{1}{12}$(분)입니다.

$2\frac{1}{12}$분$=2\frac{5}{60}$분$=2$분 5초이므로

(그 주 금요일 오전 5시에 이 시계가 가리키는 시각)

$=$(오전 5시)$-$(2분 5초)$=$오전 4시 57분 55초

6 $\frac{3}{8}$ km

(성진이가 1분 동안 가는 거리)$=\frac{7}{10}\div 7=\frac{7\div 7}{10}=\frac{1}{10}$(km)

(현미가 1분 동안 가는 거리)$=\frac{3}{4}\div 6=\frac{6}{8}\div 6=\frac{6\div 6}{8}=\frac{1}{8}$(km)

출발한지 1분 후의 두 사람 사이의 거리는 두 사람이 1분 동안 가는 거리의 차와 같습니다.

(두 사람이 1분 동안 가는 거리의 차)$=\frac{1}{8}-\frac{1}{10}=\frac{5}{40}-\frac{4}{40}=\frac{1}{40}$(km)

➡ (출발한지 15분 후 두 사람 사이의 거리의 차)$=\frac{1}{\underset{8}{\cancel{40}}}\times\overset{3}{\cancel{15}}=\frac{3}{8}$(km)

7 8일

전체 일의 양을 1이라고 하면 (두 사람이 함께 하루 동안 하는 일의 양)$=1\div 6=\frac{1}{6}$

(동생이 하루 동안 하는 일의 양)$=\frac{1}{6}\div 4=\frac{1}{6}\times\frac{1}{4}=\frac{1}{24}$

➡ (재희가 하루 동안 하는 일의 양)$=\frac{1}{6}-\frac{1}{24}=\frac{4}{24}-\frac{1}{24}=\frac{3}{24}=\frac{1}{8}$

따라서 $\frac{1}{8}\times 8=1$이므로 일을 재희가 혼자 하면 8일 만에 끝낼 수 있습니다.

8 $\frac{7}{18}$ cm^2

겹쳐진 부분의 넓이를 $\square$ cm^2라 하면

(겹쳐진 도형의 전체 넓이)$=\square\times 4+\square\times 5-\square=\square\times 8$

➡ $\square\times 8=3\frac{1}{9}$, $\square=3\frac{1}{9}\div 8=\frac{28}{9}\div 8=\frac{56}{18}\div 8=\frac{56\div 8}{18}=\frac{7}{18}$입니다.

1 $5\frac{3}{4}$

(눈금 5칸의 크기)$=4\frac{1}{2}-1\frac{3}{8}=4\frac{4}{8}-1\frac{3}{8}=3\frac{1}{8}$

(눈금 한 칸의 크기)$=3\frac{1}{8}\div5=\frac{25}{8}\div5=\frac{25\div5}{8}=\frac{5}{8}$

➡ ㉠$=4\frac{1}{2}+\frac{5}{8}+\frac{5}{8}=4\frac{4}{8}+1\frac{2}{8}=5\frac{6}{8}=5\frac{3}{4}$

2 8개

$5\frac{5}{6}\div10=\frac{35}{6}\div10=\frac{70}{12}\div10=\frac{70\div10}{12}=\frac{7}{12}$

$3\frac{1}{3}\div4=\frac{10}{3}\div4=\frac{20}{6}\div4=\frac{20\div4}{6}=\frac{5}{6}$

따라서 $\frac{7}{12}<\frac{□}{36}<\frac{5}{6}$에서 $\frac{21}{36}<\frac{□}{36}<\frac{30}{36}$이므로 □ 안에 들어갈 수 있는 자연수는 22, 23, 24, 25, 26, 27, 28, 29로 모두 8개입니다.

서술형 **3** $\frac{4}{9}$초

예 지하 2층에서 지상 6층까지 7개층을 올라가는 데 걸린 시간이 $3\frac{1}{9}$초이므로

(한 층을 올라가는 데 걸린 시간)$=3\frac{1}{9}\div7=\frac{28\div7}{9}=\frac{4}{9}$(초)입니다.

채점 기준	배점
지하 2층에서 지상 6층까지 몇 층을 올라간 것인지 구했나요?	2점
한 층을 올라가는 데 걸린 시간을 구했나요?	3점

4 ㉣

㉠ $■\times2\div5=■\times2\times\frac{1}{5}=■\times\frac{2}{5}$

㉡ $■\div7\times2\frac{1}{3}=■\times\frac{1}{\cancel{7}_1}\times\frac{\cancel{7}^1}{3}=■\times\frac{1}{3}$

㉢ $■\times1\frac{2}{15}\div2=■\times\frac{17}{15}\times\frac{1}{2}=■\times\frac{17}{30}$

㉣ $■\times\frac{3}{10}\div6=■\times\frac{6}{20}\div6=■\times\frac{1}{20}$

➡ 곱하는 수가 작을수록 계산 결과가 작아지므로 곱하는 수의 크기를 비교합니다.

$\frac{1}{20}(=\frac{3}{60})<\frac{1}{3}(=\frac{20}{60})<\frac{2}{5}(=\frac{24}{60})<\frac{17}{30}(=\frac{34}{60})$이므로

계산 결과가 가장 작은 것은 ㉣입니다.

5 $\frac{3}{10}$ cm^2

(평행사변형의 넓이)$=3\times2\frac{2}{5}=3\times\frac{12}{5}=\frac{36}{5}$(cm^2)입니다.

색칠한 부분의 넓이는 평행사변형의 넓이를 6등분 한 것 중의 한 부분을 다시 4등분 한 것 중의 하나입니다.

➡ (색칠한 부분의 넓이)$=\frac{36}{5}\div6\div4=\frac{36\div6}{5}\div4=\frac{6}{5}\div4=\frac{12}{10}\div4$

$=\frac{12\div4}{10}=\frac{3}{10}$(cm^2)

보충 개념

■를 ●등분 한 것 중의 1은 ■÷●입니다.

6 $6\frac{1}{5}$ kg

(책 15권의 무게)$=7\frac{5}{6}-\frac{1}{12}=7\frac{10}{12}-\frac{1}{12}=7\frac{9}{12}=7\frac{3}{4}$(kg)

(책 한 권의 무게)$=7\frac{3}{4}\div15=\frac{31}{4}\times\frac{1}{15}=\frac{31}{60}$(kg)

➡ (책 12권의 무게)$=\frac{31}{\underset{5}{\cancel{60}}}\times\overset{1}{\cancel{12}}=\frac{31}{5}=6\frac{1}{5}$(kg)

서술형 **7** $8\frac{3}{5}$ km

예 (유주가 1분 동안 걷는 거리)$=\frac{10}{11}\div5=\frac{10\div5}{11}=\frac{2}{11}$(km)

(석기가 1분 동안 자전거로 간 거리)$=1\frac{4}{5}\div3=\frac{9}{5}\div3=\frac{9\div3}{5}=\frac{3}{5}$(km)

(출발한지 1분 후 두 사람 사이의 거리)$=\frac{2}{11}+\frac{3}{5}=\frac{10}{55}+\frac{33}{55}=\frac{43}{55}$(km)

➡ (출발한지 11분 후 두 사람 사이의 거리)$=\frac{43}{\underset{5}{\cancel{55}}}\times\overset{1}{\cancel{11}}=\frac{43}{5}=8\frac{3}{5}$(km)

채점 기준	배점
유주와 석기가 1분 동안 간 거리를 각각 구했나요?	2점
출발한지 1분 후 두 사람 사이의 거리를 구했나요?	2점
출발한지 11분 후 두 사람 사이의 거리를 구했나요?	1점

다른 풀이

(출발한지 11분 후 두 사람 사이의 거리)

$=(\frac{10}{11}\div5+1\frac{4}{5}\div3)\times11=(\frac{2}{11}+\frac{3}{5})\times11$

$=\frac{43}{\underset{5}{\cancel{55}}}\times\overset{1}{\cancel{11}}=\frac{43}{5}=8\frac{3}{5}$(km)

채점 기준	배점
출발한 지 11분 후 두 사람 사이의 거리를 하나의 식으로 세웠나요?	3점
출발한 지 11분 후 두 사람 사이의 거리를 바르게 구했나요?	2점

8 $1\frac{11}{15}$ cm

(직사각형 ㄱㄴㄷㄹ의 넓이)$=4\frac{1}{3}\times6=\frac{13}{3}\times6=26$(cm^2)

사다리꼴 ㄱㄴㅁㄹ의 넓이는 삼각형 ㄹㅁㄷ의 넓이의 4배이므로

직사각형 ㄱㄴㄷㄹ의 넓이는 삼각형 ㄹㅁㄷ의 넓이의 5배와 같습니다.

(삼각형 ㄹㅁㄷ의 넓이)$=26\div5=\frac{26}{5}$(cm^2)

선분 ㄷㅁ의 길이를 □cm라 하면

$\square\times6\div2=\frac{26}{5}$, $\square=\frac{26}{5}\times2\div6=\frac{26}{5}\times2\times\frac{1}{6}=\frac{26}{15}=1\frac{11}{15}$입니다.

9 5

어떤 자연수를 □라 하면 $\frac{72}{5}\div\square$의 몫이 가분수가 되는 □ 안의 수는

1보다 크고 14와 같거나 작아야 합니다.

$\frac{72}{5}\div\square=\frac{72}{5}\times\frac{1}{\square}=\frac{72}{5\times\square}$에서 분모가 5보다 커야 하므로

□는 72의 약수인 1, 2, 3, 4, 6, 8, 9, 12는 될 수 없습니다.

따라서 어떤 자연수가 될 수 있는 수 5, 7, 10, 11, 13, 14 중에서 가장 작은 수는 5입니다.

10 3분 30초

(㉮ 수도와 ㉯ 수도를 동시에 틀어 1분 동안 받을 수 있는 물의 양)$=3+2\frac{1}{4}=5\frac{1}{4}$(L)

빈 욕조에 $5\frac{1}{4}$ L씩 8분 동안 물을 채우면 물이 가득 차므로

(욕조의 들이)$=5\frac{1}{4}\times8=\frac{21}{4}\times8=42$(L)

㉮ 수도를 튼지 □분 만에 고장 났다고 하면

$3\times\square+2\frac{1}{4}\times14=42$, $3\times\square+\frac{9}{4}\times14=42$, $3\times\square+\frac{63}{2}=42$,

$3\times\square+31\frac{1}{2}=42$, $3\times\square=10\frac{1}{2}$, $\square=10\frac{1}{2}\div3=\frac{21\div3}{2}=\frac{7}{2}=3\frac{1}{2}$입니다.

따라서 $3\frac{1}{2}$분$=3\frac{30}{60}$분$=3$분 30초이므로

㉮ 수도는 튼지 3분 30초 만에 고장이 났습니다.

2 각기둥과 각뿔

다시 푸는 최상위 S

1 8개

한 밑면의 변의 수를 □라고 하면 (모서리의 수)=□×3=24이므로 □=8입니다.
따라서 한 밑면의 변은 모두 8개입니다.

2 21개

삼각뿔 모양만큼 한 번 자를 때마다 모서리의 수는 3씩 늘어납니다.
(세 꼭짓점을 잘라 낸 입체도형의 모서리)
=(사각기둥의 밑면의 변의 수)×3+3×3
=4×3+3×3
=12+9=21(개)

3 십이각뿔

각뿔의 밑면의 변의 수를 □라고 하면
(면의 수)+(모서리의 수)+(꼭짓점의 수)=(□+1)+(□×2)+(□+1)
=(□×4)+2=50
➡ □×4=48, □=12
따라서 주어진 도형은 십이각뿔입니다.

4 7 cm

(선분 ㄱㄹ)=5×5=25(cm)이므로
(직사각형 ㄱㄴㄷㄹ의 넓이)=(선분 ㄱㄹ)×(선분 ㄱㄴ), 175=25×(선분 ㄱㄴ),
(선분 ㄱㄴ)=7(cm)입니다.

5 44 cm

전개도를 접으면 밑면이 정팔각형인 팔각기둥이 됩니다.
(모든 모서리의 길이의 합)=(한 밑면의 둘레)×2+(높이)×(한 밑면의 변의 수)
=(2×8)×2+1.5×8=32+12
=44(cm)

6 25 cm

밑면의 한 변의 길이를 □cm라고 하면
(색칠한 부분의 둘레)=12×6+□×2=82입니다.
□×2=10에서 □=5입니다.
따라서 주어진 각뿔의 밑면은 한 변이 5cm인 정오각형이므로
(밑면의 둘레)=5×5=25(cm)입니다.

7 120 cm

세 번 둘러싼 테이프의 길이가 90cm이므로 한 번 둘러싸는 데 필요한 테이프의 길이는
90÷3=30(cm)입니다.
이것은 육각기둥의 한 밑면의 둘레와 같으므로
(모든 모서리의 길이의 합)=(한 밑면의 둘레)×2+(높이)×(한 밑면의 변의 수)
=30×2+10×6=120(cm)입니다.

8 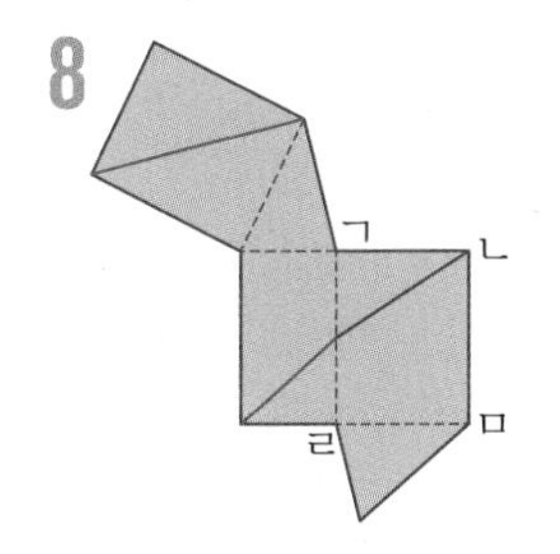

먼저 전개도에 꼭짓점을 모두 표시해 본 후 나머지 선을 이어 완성합니다.
점 ㄴ과 점 ㅂ을 잇고, 선분 ㄱㄹ의 가운데 점과 점 ㄴ을 잇고 선분 ㄱㄹ의 가운데 점과 점 ㅂ을 잇습니다.

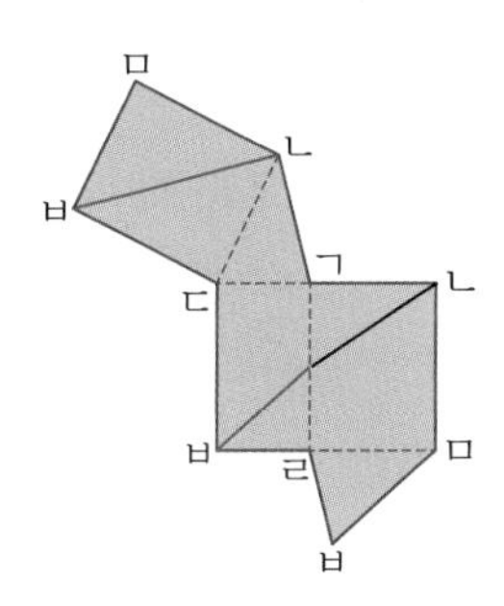

다시 푸는 MATH MASTER

12~14쪽

1 23개

세 각기둥의 한 밑면의 변의 수의 합을 □라고 하면
(모서리의 수의 합)=□×3=51이므로 □=17입니다.
따라서 각기둥에서 (면의 수)=(한 밑면의 변의 수)+2이므로
세 각기둥의 면의 합은 모두 17+(2×3)=23(개)입니다.

2 9개

한 밑면의 변의 수를 □라고 하면 각기둥에서 면의 수는 □+2, 모서리의 수는 □×3, 꼭짓점의 수는 □×2이므로 합은 □+2+□×3+□×2=□×6+2이고,
각뿔에서 면의 수는 □+1, 모서리의 수는 □×2, 꼭짓점의 수는 □+1이므로
합은 □+1+□×2+□+1=□×4+2입니다.
□×6+2와 □×4+2의 차는 □×2이므로 □×2=18, □=9입니다.
따라서 한 밑면의 변은 모두 9개입니다.

3 예 ((나)의 꼭짓점의 수)
=((가)의 꼭짓점의 수)
+2

사각기둥에서 밑면과 옆면을 사선으로 자르면 새로운 면 1개가 생기면서 꼭짓점 2개가 새로 생깁니다.
따라서 (가)와 (나)의 꼭짓점의 수 사이의 관계를 식으로 나타내면
((나)의 꼭짓점의 수)=((가)의 꼭짓점의 수)+2입니다.

4 225 cm^2

오각기둥을 한 바퀴 굴렸을 때 종이에 색칠된 부분의 모양은 직사각형이고,
(오각기둥의 한 밑면의 둘레)=□cm라고 하면

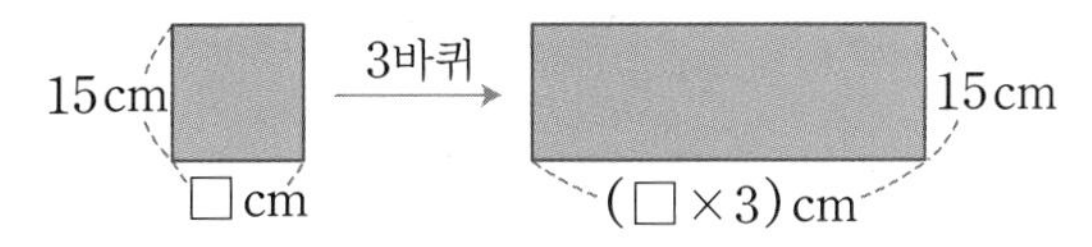

(색칠된 부분의 둘레) $=15\times2+(\square\times3)\times2=120$, $\square\times6=90$, $\square=15$입니다.
(옆면의 넓이의 합) $=$ (한 밑면의 둘레) $\times$ (높이)이므로 오각기둥의 옆면의 넓이의 합은 $15\times15=225(\text{cm}^2)$입니다.

5 3 cm

전개도를 접었을 때 길이가 같은 모서리를 찾으면,
(선분 ㄱㄴ) $=$ (선분 ㅍㅌ) $=$ (선분 ㅌㅋ) $=$ (선분 ㅂㅅ) $=5$ cm이고
(면 ㉯의 넓이) $=$ (선분 ㅂㅅ) $\times$ (선분 ㅁㅂ)에서
$45=5\times$ (선분 ㅁㅂ), (선분 ㅁㅂ) $=9$(cm)입니다.
또한 (선분 ㅁㅂ) $=$ (선분 ㄹㅁ) $=9$ cm이므로
(면 ㉮의 넓이) $=$ (선분 ㄹㅁ) $\times$ (선분 ㄷㄹ)에서
$27=9\times$ (선분 ㄷㄹ), (선분 ㄷㄹ) $=3$(cm)입니다.

6 십각뿔

밑면의 변의 수를 $\square$라고 하면
(모든 모서리의 길이의 합) $=8\times\square+10\times\square$입니다.
$18\times\square=180$에서 $\square=10$이므로 밑면의 변의 수는 10입니다.
따라서 밑면의 모양은 변의 수가 10인 십각형이므로 십각뿔입니다.

7 12개

사각기둥 모양 상자의 높이를 $\square$cm라고 하면 (한 밑면의 넓이) $=9\times3=27(\text{cm}^2)$이므로 (전개도의 넓이) $=27\times2+(9+3+9+3)\times\square(\text{cm}^2)$입니다.
$342=27\times2+(9+3+9+3)\times\square$, $24\times\square+54=342$, $24\times\square=288$, $\square=12$
따라서 사각기둥의 높이는 12cm입니다.
$9\div3=3$, $3\div3=1$, $12\div3=4$에서 한 모서리가 3cm인 정육면체 모양의 초콜릿을 3개씩 1줄로 4층까지 넣을 수 있으므로 초콜릿은 $3\times1\times4=12$(개)까지 넣을 수 있습니다.

8 십각기둥

한 바퀴가 $360°$이므로 $360°\div36°=10$에서 이어 붙인 삼각기둥은 모두 10개가 됩니다.
따라서 밑면이 십각형인 십각기둥이 만들어집니다.

9

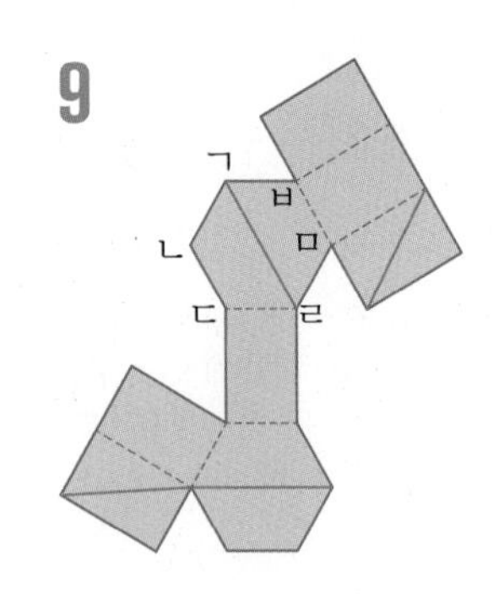

먼저 전개도에 꼭짓점을 모두 표시해 본 후 선을 이어 봅니다.
점 ㄱ과 점 ㄹ을 잇고, 점 ㄹ과 점 ㅋ을 잇고,
점 ㅋ과 점 ㅇ을 잇고, 점 ㅇ과 점 ㄱ을 잇습니다.

3 소수의 나눗셈

다시 푸는 최상위 S

1 43

$40 \div 16 = 2.5$, $54 \div 15 = 3.6$이므로 $2.5 < \square \div 7 < 3.6$에서

$2.5 \times 7 < \square \div 7 \times 7 < 3.6 < 3.6 \times 7$, $17.5 < \square < 25.2$이므로

□ 안에 들어갈 수 있는 자연수는 18, 19, 20, 21, 22, 23, 24, 25입니다.

➡ (조건에 맞는 두 수의 합)$= 18 + 25 = 43$

2 4

가는 34, 나는 12이므로 34●12$= 34 \div (34 - 12)$입니다.

$34 \div (34 - 12) = 34 \div 22 = 1.54/54/54\cdots\cdots$이므로 소수점 아래에 반복되는 숫자는 5, 4로 홀수 번째는 5, 짝수 번째는 2입니다. 소수 100째 자리 숫자는 짝수 번째이므로 4입니다.

3 12.5 cm

(삼각형 ㄱㄴㄷ의 넓이)$=$(사다리꼴 ㄱㄴㄹㅁ의 넓이)$\times \frac{1}{6}$

$=$(사다리꼴 ㄱㄴㄹㅁ의 넓이)$\div 6$

$= 165 \div 6 = 27.5(\text{cm}^2)$

선분 ㄱㄷ의 길이를 □cm라 하면

$5 \times \square \div 2 = 27.5$, $\square = 27.5 \times 2 \div 5$, $\square = 55 \div 5$, $\square = 11$입니다.

(직사각형 ㄱㄷㄹㅁ의 넓이)$=$(사다리꼴 ㄱㄴㄹㅁ의 넓이)$-$(삼각형 ㄱㄴㄷ의 넓이)

$= 165 - 27.5 = 137.5(\text{cm}^2)$

➡ 선분 ㄷㄹ의 길이를 △cm라 하면

$\triangle \times 11 = 137.5$, $\triangle = 137.5 \div 11$, $\triangle = 12.5$입니다.

4 13.62

큰 수를 □, 작은 수를 △라고 하면 $\square + \triangle = 18.16$, $\square \div \triangle = 7$입니다.

$\square \div \triangle = 7$이므로 $\square = \triangle \times 7$이고 $\square + \triangle = 18.16$에서 $\triangle \times 7 + \triangle = 18.16$,

$\triangle \times 8 = 18.16$, $\triangle = 18.16 \div 8 = 2.27$이므로 $\square = 18.16 - 2.27 = 15.89$입니다.

➡ $\square - \triangle = 15.89 - 2.27 = 13.62$

5 0.02

```
      0.8 5
27) 2 2.9 7
    2 1 6
      1 3 7
      1 3 5
          2
```

$22.97 \div 27$의 몫을 소수 둘째 자리까지 구하면 0.85이고 나머지가 있습니다. 22.97에서 가장 작은 수를 빼어 소수 둘째 자리에서 나누어떨어지려면 나누어지는 수는 $27 \times 0.85 = 22.95$가 되어야 하므로 22.97에서 $22.97 - 22.95 = 0.02$를 빼면 소수 둘째 자리에서 나누어떨어집니다.

6 1.45 m

(길 한쪽에 심으려는 나무의 수)$= 82 \div 2 = 41$(그루)

(나무 사이의 간격 수)$= 41 - 1 = 40$(군데)

➡ (나무 사이의 간격)$= 58 \div 40 = 1.45$(m)

7 1.5

$8\star3=(8+3)\div(8-3)=11\div5=2.2$, $9\star5=(9+5)\div(9-5)=14\div4=3.5$, $7\star2=(7+2)\div(7-2)=9\div5=1.8$이므로 두 수의 합을 두 수의 차로 나누는 규칙입니다.

➡ $10\star2=(10+2)\div(10-2)=12\div8=1.5$이므로 ㉠$=1.5$입니다.

8 28.49, 27.91

소수 둘째 자리에서 반올림하여 4.7이 되는 수는 4.65와 같거나 크고 4.75보다 작은 수입니다. 어떤 수를 □라 하면 □는 $4.65\times6=27.9$와 같거나 크고 $4.75\times6=28.5$보다 작은 수이므로 □가 될 수 있는 가장 작은 소수 두 자리 수는 27.91이고, □가 될 수 있는 가장 큰 소수 두 자리 수는 28.49입니다.

다시 푸는 MATH MASTER

17~19쪽

1 5.2 cm

(처음 정육면체의 한 모서리)$=46.8\div12=3.9$(cm)

($\frac{1}{3}$로 줄인 정육면체의 한 모서리)$=3.9\div3=1.3$(cm)

➡ $3.9+1.3=5.2$(cm)

2 12.25

가$=7$이고, 나$=4$이므로

가●나$=7\times(7\div4)=7\times1.75=12.25$

서술형 **3** 4.2 L

예 한 병에 들어 있는 간장의 양을 □L라 하면

$(□+0.6)\times6=28.8$, $□+0.6=28.8\div6$, $□+0.6=4.8$, $□=4.2$입니다.

채점 기준	배점
한 병에 들어 있는 간장의 양을 □L라 하여 식을 바르게 세웠나요?	3점
한 병에 들어 있는 간장의 양을 바르게 구했나요?	2점

4 3.3 cm^2

처음 직사각형의 넓이를 □cm^2라고 하면

늘인 직사각형의 넓이는 $\{(가로)\times4.25\}\times\{(세로)\times4\}=□+52.8$이므로

$(가로)\times(세로)\times17=□+52.8$입니다.

$(가로)\times(세로)=□$이므로

$□\times17=□+52.8$, $□\times16=52.8$, $□=52.8\div16$, $□=3.3$입니다.

5 0.64

어떤 수의 소수점을 오른쪽으로 한 칸 옮기면 처음 수의 10배가 됩니다. 바르게 계산한 몫을 □라 하면 소수점을 오른쪽으로 한 칸 옮겨 적은 몫은 $(10\times□)$입니다.

(잘못 옮겨 적은 몫과 바르게 계산한 몫의 차)$=(10\times□)-□=5.76$, $9\times□=5.76$, $□=5.76\div9=0.64$

6 15075원

예 휘발유 1 L로 갈 수 있는 거리는 $80 \div 5 = 16$(km)이므로
160.8 km를 가는 데 필요한 휘발유의 양은 $160.8 \div 16 = 10.05$(L)입니다.
따라서 필요한 휘발유의 값은 $1500 \times 10.05 = 15075$(원)입니다.

채점 기준	배점
휘발유 1 L로 갈 수 있는 거리를 구했나요?	2점
160.8 km를 가는 데 필요한 휘발유의 양을 구했나요?	2점
160.8 km를 가는 데 필요한 휘발유의 값을 구했나요?	1점

7 19.6 cm

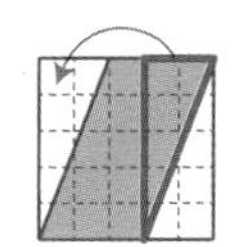
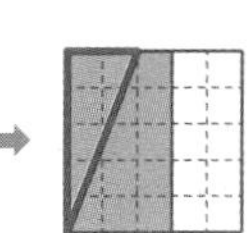

왼쪽과 같이 평행사변형의 넓이는 작은 정사각형 15개의 넓이의 합과 같으므로
(작은 정사각형 한 개의 넓이)$=29.4 \div 15 = 1.96$(cm^2)
$1.96 = 1.4 \times 1.4$이므로 (작은 정사각형의 한 변)$=1.4$ cm
➡ (빨간색 선의 길이)=(작은 정사각형의 한 변)$\times 14 = 1.4 \times 14 = 19.6$(cm)

8 3.64, 2.94

㉠이 될 수 있는 자연수: 14, 15, 16
㉡이 될 수 있는 자연수: 47, 48, 49, 50, 51
• ㉡÷㉠의 몫이 가장 클 때의 몫: $51 \div 14 = 3.642$…… ➡ 3.64
• ㉡÷㉠의 몫이 가장 작을 때의 몫: $47 \div 16 = 2.9375$ ➡ 2.94

9 20.8 cm^2

(이등변삼각형이 1초에 움직이는 거리)$=5.92 \div 8 = 0.74$(cm)
(이등변삼각형이 35초 동안 움직이는 거리)$=0.74 \times 35 = 25.9$(cm)
35초 뒤 도형의 위치는 다음 그림과 같습니다.

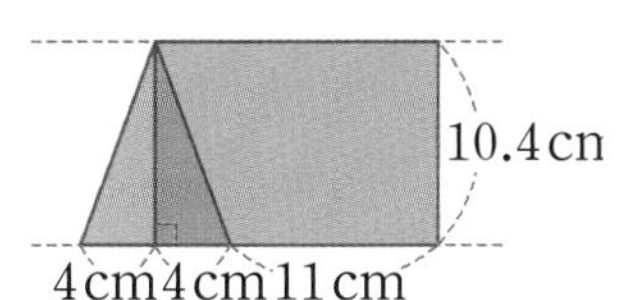

서로 겹치는 부분은 밑변이 4 cm, 높이가 10.4 cm인 삼각형 모양입니다.
➡ (서로 겹치는 부분의 넓이)$=4 \times 10.4 \div 2 = 20.8$(cm^2)

10 6.5초

삼각형 ㄱㄹㅁ의 넓이는 1초에 $14 \times 1 \div 2 = 7$(cm^2)씩 늘어나고,
삼각형 ㅁㄴㄷ의 넓이는 1초에 $20 \times 1 \div 2 = 10$(cm^2)씩 줄어듭니다.
따라서 삼각형 ㅁㄹㄷ의 넓이는 1초에 $10 - 7 = 3$(cm^2)씩 늘어납니다.
삼각형 ㄱㄹㄷ의 넓이가 $14 \times 14 \div 2 = 98$(cm^2)이므로
삼각형 ㅁㄹㄷ의 넓이가 117.5 cm^{2}가 되는 때는
$(117.5 - 98) \div 3 = 19.5 \div 3 = 6.5$(초) 후입니다.

4 비와 비율

다시 푸는 최상위 S

1 20 : 25

$0.8=\frac{4}{5}$이고, $\frac{4}{5}$의 분모와 분자의 합은 $4+5=9$이므로 $\frac{4}{5}$와 크기가 같은 분수 중 분모와 분자의 합이 45인 분수는 $45\div9=5$에서 $\frac{4\times5}{5\times5}=\frac{20}{25}$입니다.
따라서 조건을 모두 만족하는 비는 20 : 25입니다.

2 42 cm^2

(㉮의 넓이) : (㉯의 넓이)$=7:11$이므로
(㉮의 넓이) : (삼각형 ㄱㄴㄷ의 넓이)$=7:18$ ➡ $\frac{7}{18}:1$입니다.
(㉮의 넓이)$=$(전체 넓이)$\times\frac{7}{18}=108\times\frac{7}{18}=42(cm^2)$

3 $\frac{3}{5}$

(사과)$=9+7=16$(개)이므로
(자두)$=60-11-16-9=24$(개)입니다.
따라서 고른 과일이 자두가 아닐 비율은 $\frac{36}{60}=\frac{3}{5}$입니다.

4 20 %

(지우개 한 개의 가격)$=2000\div4=500$(원)
(행사하는 지우개 한 개의 가격)$=2000\div5=400$(원)
(할인 금액)$=500-400=100$(원)이므로 (할인율)$=\frac{100}{500}\times100=20(\%)$입니다.

5 102010원

(1년 동안 예금할 때의 이자)$=100000\times0.01=1000$(원)
(새로운 원금)$=100000+1000=101000$(원)
(다시 1년 동안 예금할 때의 이자)$=101000\times0.01=1010$(원)
(2년 후에 찾을 수 있는 금액)$=100000+1000+1010=102010$(원)

6 72

(넓이에 대한 인구의 비율)$=\frac{(\text{인구})}{(\text{넓이})}$이므로
정호네 마을의 넓이는 $56=\frac{504}{(\text{넓이})}$, (넓이)$=504\div56=9(km^2)$,
(현진이네 마을의 넓이)$=9\div3=3(km^2)$입니다.
따라서 현진이네 마을의 넓이에 대한 인구의 비율은 $\frac{216}{3}=72$입니다.

7 720 m

대휘와 지윤이가 만나는 데 걸린 시간을 □분이라고 하면
$30\times\square+25\times\square=1320$, $55\times\square=1320$, $\square=24$입니다.
대휘와 지윤이는 출발한지 24분 만에 만났으므로
두 사람이 만난 곳은 대휘네 집에서 $30\times24=720$(m) 떨어진 곳입니다.

8 8 %

12 % ➡ $\frac{12}{100}$

(진하기)$=\frac{(\text{소금의 양})}{(\text{소금물의 양})}$이므로 (소금의 양)=(진하기)×(소금물의 양)입니다.

진하기가 12 %인 소금물의 소금의 양을 □ g이라고 하면

$\square=\frac{12}{100}\times200=24$입니다.

따라서 물 100g을 더 넣었을 때 소금물의 진하기는

$\frac{24}{200+100}=\frac{24}{300}=\frac{8}{100}$ ➡ 8 %입니다.

다시푸는 MATH MASTER

1 1.32

처음 직사각형의 가로를 □ cm, 세로를 △ cm라고 하면
(직사각형의 넓이)$=\square\times\triangle$(cm^2)
(새로 만든 직사각형의 넓이)$=(\square\times1.2)\times(\triangle\times1.1)=\square\times\triangle\times1.32$($cm^2$)
따라서 처음 직사각형의 넓이에 대한 새로 만든 직사각형의 넓이의 비율은

$\frac{\square\times\triangle\times1.32}{\square\times\triangle}=1.32$입니다.

2 12명

1차 면접 경쟁률이 12 : 1이므로 1차 면접 통과자 수는 $192\div12=16$(명)입니다.

따라서 최종 합격자 수는 $16\times\frac{75}{100}=12$(명)입니다.

3 5 %p

(지난달 포도 1송이의 값)$=12000\div5=2400$(원)
(이번 달 포도 1송이의 값)$=18000\div6=3000$(원)
포도 1송이의 값은 $3000-2400=600$(원) 올랐으므로 지난달에 비해

$\frac{600}{2400}\times100=25$(%) 올랐습니다.

(지난달 오렌지 1개의 값)$=7200\div4=1800$(원)
(이번 달 오렌지 1개의 값)$=6480\div3=2160$(원)
오렌지 1개의 값은 $2160-1800=360$(원) 올랐으므로 지난달에 비해

$\frac{360}{1800}\times100=20$(%) 올랐습니다.

따라서 포도 1송이의 값은 오렌지 1개의 값보다 $25-20=5$(%p) 더 올랐습니다.

4 6 %

(진하기)$=\frac{(소금의\ 양)}{(소금물의\ 양)}$이므로 (소금의 양)=(진하기)×(소금물의 양)입니다.

진하기가 6 % ➡ $\frac{6}{100}$인 소금물에 녹아 있는 소금의 양을 □ g이라고 하면

□$=\frac{6}{100}\times300=18$입니다.

진하기가 9 % ➡ $\frac{9}{100}$인 소금물에 녹아 있는 소금의 양을 △ g이라고 하면

□$=\frac{9}{100}\times100=9$입니다.

따라서 소금물은 300+100+50=450(g), 소금의 양을 18+9=27(g)이므로

㉮ 소금물의 진하기는 $\frac{27}{450}$ ➡ 6 %입니다.

5 81번

(어제 명중률)$=\frac{32}{50}$

오늘 명중률이 어제와 같으려면 $125\times\frac{32}{50}=80$(번) 명중되어야 하므로 어제보다 명중률을 높이려면 80+1=81(번) 이상 명중되어야 합니다.

6 54 cm^2

6초 후 선분 ㅁㄷ의 길이는 15−2×6=3 (cm)이므로

(사각형 ㄱㅁㄷㄹ의 넓이)=(15+3)×6÷2=54 (cm^2)입니다.

7 $6\frac{3}{4}$

㉯에 대한 ㉮의 비율은 $\frac{㉮}{㉯}=3.6=\frac{18}{5}$이고, ㉯의 ㉰에 대한 비율은 $\frac{㉯}{㉰}=\frac{15}{8}$입니다.

따라서 ㉮와 ㉰의 비율은 $\frac{㉮}{㉯}\times\frac{㉯}{㉰}=\frac{18}{5}\times\frac{15}{8}=\frac{27}{4}=6\frac{3}{4}$입니다.

8 3명

작년 남자 입사자 수와 전체 입사자 수의 비는 5 : 8이므로

(작년 남자 입사자 수)$=96\times\frac{5}{8}=60$(명)이고,

(작년 여자 입사자 수)=96−60=36(명)입니다.

(올해 남자 입사자 수)$=60-60\times\frac{1}{100}=60-6=54$(명)

(올해 여자 입사자 수)$=36+36\times\frac{25}{100}=36+9=45$(명)

따라서 올해 전체 입사자 수는 54+45=99(명)이므로 작년보다 99−96=3(명) 더 늘었습니다.

9 2500원

(정가)=(원가)+(이익)이므로

(물건의 정가)=20000+20000×0.25=20000+5000=25000(원)입니다.

(판매 금액)=(정가)−(할인 금액)이므로

(물건의 판매 금액)=25000−25000×0.1=25000−2500=22500(원)입니다.

물건의 원가는 20000원이므로 물건 1개를 팔아 얻은 이익은

22500−20000=2500(원)입니다.

다시 푸는 최상위 S

26~28쪽

1 3102500원

각 연필 공장에서 판매한 타 수를 구합니다.
(가 공장)$=4800\div12=400$ → 400타
(나 공장)$=3200\div12=266\cdots8$ → 266타
(다 공장)$=2700\div12=225$ → 225타
(라 공장)$=4200\div12=350$ → 350타
따라서 각 연필 공장에서 판매한 연필 타 수의 합은
$400+266+225+350=1241$(타)이므로
(판매한 전체 금액)$=2500\times1241=3102500$(원)입니다.

2 15 %

위인전 20 %가 10권이므로 10 %는 5권입니다.
따라서 전체 학급 문고의 수는 50권입니다.
(과학책이 차지하는 백분율)$=100-(54+20+14)=12$(%)
(과학책의 수)$=50\times\frac{12}{100}=6$(권)
(위인전을 제외한 학급 문고의 수)$=50-10=40$(권)
➡ (위인전을 제외한 과학책의 백분율)$=\frac{6}{40}\times100=15$(%)

3 6명

(복숭아를 좋아하는 학생 수가 차지하는 백분율)$=\frac{126^\circ}{360^\circ}\times100=35$(%)
(바나나를 좋아하는 학생 수가 차지하는 백분율)$=100-(35+25+20+5)=15$(%)
➡ (바나나를 좋아하는 학생 수)$=40\times\frac{15}{100}=6$(명)

4 풀이 참조

농장별 돼지 수

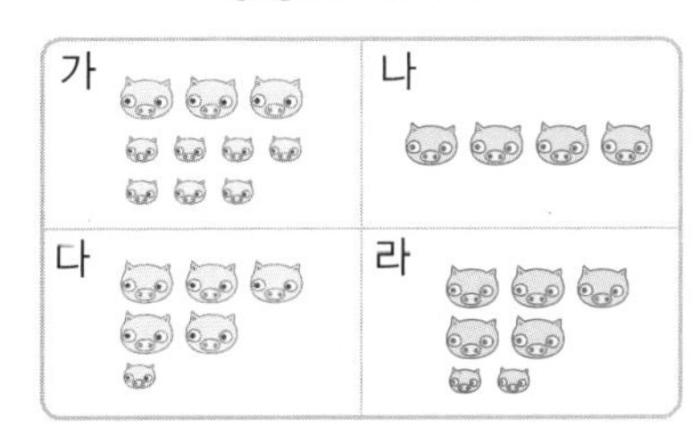

(네 농장 전체 돼지 수의 합)$=450\times4=1800$(마리)
(나와 라 농장의 돼지 수의 합)$=1800-(370+510)=920$(마리)
나 농장의 돼지 수를 □마리라 하면 라 농장의 돼지 수는
(□$+120$)마리이므로 □$+$□$+120=920$, □$\times2+120=920$, □$\times2=800$,
□$=800\div2=400$이고 (라 농장의 돼지 수)$=400+120=520$(마리)입니다.

따라서 나 농장의 돼지 수는 400마리이므로 큰 그림(🐷) 4개를 그리고, 라 농장의 돼지 수는 520마리이므로 큰 그림(🐷) 5개를 작은 그림(🐷) 2개를 그립니다.

5 27개

(나트륨의 백분율)$=4\times\frac{20}{100}=0.8$(%)

(한과 1개에 들어 있는 나트륨의 양)$=10\times\frac{0.8}{100}=0.08$(g)

➡ $0.08\times25=2$(g), $0.08\times26=2.08$(g), $0.08\times27=2.16$(g)이므로 한과를 적어도 27개 먹어야 합니다.

6 19800원

(교통비와 저축의 백분율의 합)$=100-(36+30+10)=24$(%)
(도서 구입비와 학용품 구입비의 백분율의 합)$=36+30=66$(%)
도서 구입비와 학용품 구입비로 사용한 24 %가 7200원이므로 1 %는 300원입니다.
따라서 도서 구입비와 학용품 구입비로 사용한 66 %는 $300\times66=19800$원입니다.

7 14 %p

(귤과 배를 좋아하는 학생 수의 백분율의 합)$=100-(36+18)=46$(%)
(귤을 좋아하는 학생 수의 백분율)$=\square\times15$,
(배를 좋아하는 학생 수의 백분율)$=\square\times8$이라고 하면
$\square\times15+\square\times8=46$, $\square\times23=46$, $\square=2$입니다.
(귤을 좋아하는 학생 수의 백분율)$=2\times15=30$(%),
(배를 좋아하는 학생 수의 백분율)$=2\times8=16$(%)입니다.
➡ 귤을 좋아하는 학생 수의 비율은 배를 좋아하는 학생 수의 비율보다 $30-16=14$(%p) 더 높습니다.

8 4개

현수가 가지고 있는 파란색 구슬 20 %가 40개이므로 전체 구슬은 200개입니다.
연주가 가지고 있는 파란색 구슬 15 %가 24개이므로 5 %는 8개이고 전체 구슬은 160개입니다.

➡ (현수가 가지고 있는 노란색 구슬 수)$=200\times\frac{30}{100}=60$(개),

(연주가 가지고 있는 노란색 구슬 수)$=160\times\frac{40}{100}=64$(개)

따라서 노란색 구슬 수의 차는 $64-60=4$(개)입니다.

9 108명

(남학생 수의 백분율)$=100-46=54$(%)

(남학생의 수)$=2000\times\frac{54}{100}=1080$(명)

(라 동에 사는 남학생 수의 백분율)$=100-(40+35+15)=10$(%)

➡ (라 동에 사는 남학생 수)$=1080\times\frac{10}{100}=108$(명)

1 남학생, 8명

(남학생 중 전시회에 참가하려고 하는 학생 수)$=160\times\frac{75}{100}=120$(명)

(여학생 중 전시회에 참가하려고 하는 학생 수)$=140\times\frac{80}{100}=112$(명)

➡ 전시회에 참가하려고 하는 학생은 남학생이 $120-112=8$(명) 더 많습니다.

2 풀이 참조

토지 이용률

0 10 20 30 40 50 60 70 80 90 100(%)

산림 (45 %)	논 (25 %)	밭 (20 %)	

← 주택지(10 %)

밭과 주택지의 비율은 전체의 $100-(45+25)=30$(%)입니다.
주택지의 백분율을 □라고 하면 (밭의 백분율)$=\square\times2$이므로
$\square+\square\times2=30$, $\square\times3=30$, $\square=10$입니다.
주택지의 백분율은 10 %이고 (밭의 백분율)$=10\times2=20$(%)입니다.

3 384 kg

종이 22 %가 528 kg이므로 1 %는 24 kg입니다.
전체 쓰레기의 양은 2400 kg이므로
➡ (고철의 양)$=2400\times\frac{16}{100}=384$(kg)

서술형 **4** 90명

예 (피자를 좋아하는 학생 수의 백분율)$=\frac{15.2}{40}\times100=38$(%)

(짜장면을 좋아하는 학생 수의 백분율)$=\frac{8.8}{40}\times100=22$(%)

(치킨을 좋아하는 학생 수의 백분율)$=100-(38+22+11+11)=18$(%)

➡ (치킨을 좋아하는 학생 수)$=500\times\frac{18}{100}=90$(명)

채점 기준	배점
피자, 짜장면, 치킨을 좋아하는 학생 수의 백분율을 구했나요?	3점
치킨을 좋아하는 학생 수를 구했나요?	2점

5 1200개

(㉠과 ㉡의 백분율의 합)$=100-(23+22)=55$(%)
(㉠의 백분율)$=\square\times6$, (㉡의 백분율)$=\square\times5$라고 하면
$\square\times6+\square\times5=55$, $\square\times11=55$, $\square=5$입니다.
(㉡의 백분율)$=5\times5=25$(%)가 300개이므로 전체 항목의 수는 25 %의 4배인 1200개입니다.

6 1.5 cm

(장래 희망이 교사 또는 의사인 학생 수)$=80-(28+20)=32$(명)

(의사인 학생 수)$=\square\times3$, (교사인 학생 수)$=\square\times5$라고 하면

$\square\times3+\square\times5=32$, $\square\times8=32$, $\square=4$입니다.

(의사인 학생 수)$=4\times3=12$(명)

(의사인 학생 수의 백분율)$=\frac{12}{80}\times100=15(\%)$

따라서 길이가 10 cm인 띠그래프에서 의사인 학생이 차지하는 길이는

$10\times\frac{15}{100}=1.5$(cm)입니다.

7 풀이 참조

학생별 수확한 고구마의 무게

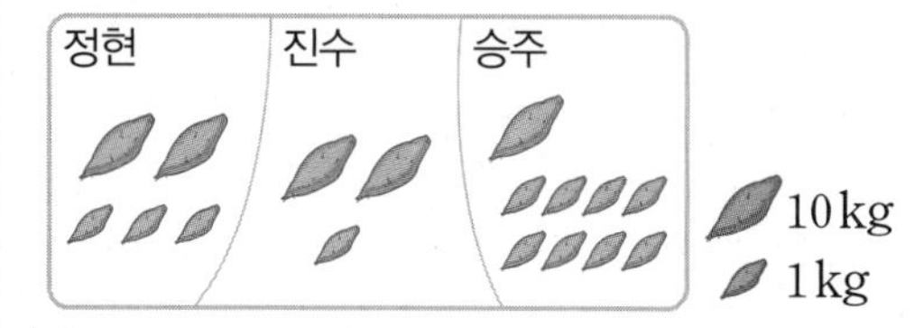

(정현이와 진수가 수확한 고구마의 무게의 합)$=22\times2=44$(kg)

(진수와 승주가 수확한 고구마의 무게의 합)$=19.5\times2=39$(kg)

(정현이와 승주가 수확한 고구마의 무게의 합)$=20.5\times2=41$(kg)

(세 명의 학생이 수확한 고구마의 무게의 합)

$=(44+39+41)\div2=124\div2=62$(kg)

➡ (정현이가 수확한 고구마의 무게)$=62-39=23$(kg)

→ 큰 그림 2개, 작은 그림 3개를 그립니다.

(진수가 수확한 고구마의 무게)$=62-41=21$(kg)

→ 큰 그림 2개, 작은 그림 1개를 그립니다.

(승주가 수확한 고구마의 무게)$=62-44=18$(kg)

→ 큰 그림 1개, 작은 그림 8개를 그립니다.

8 60 %, 35 %

(감의 수분의 양)$=500\times\frac{87}{100}=435$(g)

(감의 탄수화물의 양)$=500\times\frac{12}{100}=60$(g)

(곶감의 수분의 양)$=435-400=35$(g)

➡ (곶감의 탄수화물의 백분율)$=\frac{60}{100}\times100=60(\%)$,

(곶감의 수분의 백분율)$=\frac{35}{100}\times100=35(\%)$

9 46 %

(5학년에 대한 5학년 여학생의 백분율)$=100-60=40$(%),

(6학년에 대한 6학년 여학생의 백분율)$=100-45=55$(%)

5학년 학생 수를 3, 6학년 학생 수를 2라 하면

5학년과 6학년의 학생 수의 합은 $3+2=5$입니다.

(5학년 여학생 수)$=3\times\frac{40}{100}=1\frac{1}{5}$, (6학년 여학생 수)$=2\times\frac{55}{100}=1\frac{1}{10}$

➡ (5학년과 6학년 여학생 수)$=1\frac{1}{5}+1\frac{1}{10}=2\frac{3}{10}$

따라서 5학년과 6학년 여학생 수의 전체 학생 수의 비는

$2\frac{3}{10}:5$ ➡ $\frac{23}{10}:5=\frac{23}{50}:1$이므로 $\frac{23}{50}\times100=46$(%)입니다.

다른 풀이

전체 학생 수를 1이라 하면

(5학년 여학생 수)$=\frac{3}{5}\times\frac{40}{100}=\frac{6}{25}$, (6학년 여학생 수)$=\frac{2}{5}\times\frac{55}{100}=\frac{11}{50}$

➡ (5, 6학년 여학생 수)$=\frac{6}{25}+\frac{11}{50}=\frac{23}{50}$

따라서 5, 6학년 여학생 수는 전체의 46 %입니다.

10 216명

(배구를 좋아하는 학생 수)$=2160\times\frac{60}{100}=1296$(명)

(농구를 좋아하는 학생 수)$=2160\times\frac{75}{100}=1620$(명)

(배구와 농구 둘 다 좋아하는 학생 수)$=2160\times\frac{45}{100}=972$(명)

(배구를 좋아하거나 농구를 좋아하는 학생 수)$=1296+1620-972=1944$(명)

➡ (배구도 농구도 좋아하지 않는 학생 수)$=2160-1944=216$(명)

6 직육면체의 부피와 겉넓이

33~35쪽

1 3 m

360 cm=3.6 m이고 54000000 cm^3=54 m^3입니다.
가로를 □m라고 하면 □×3.6×5=54, 18×□=54, □=3입니다.
따라서 이 직육면체의 가로는 3m입니다.

2 200개

2) 4 10
  2 5 ➡ 최소공배수: 2×2×5=20

4) 20 8
  5 2 ➡ 최소공배수: 4×5×2=40

4, 10, 8의 최소공배수가 40이므로
만들 수 있는 가장 작은 정육면체의 한 모서리는 40 cm입니다.
(가로에 쌓은 상자 수)=40÷4=10(개)
(세로에 쌓은 상자 수)=40÷10=4(개)
(높이에 쌓은 상자 수)=40÷8=5(개)
➡ (필요한 상자 수)=10×4×5=200(개)

3 0.52배

입체도형 ㉠과 ㉡은 각각 직육면체 모양이므로
(㉠의 부피)=(28−20)×12×13=8×12×13=1248(cm^3)이고,
(㉡의 부피)=20×12×(23−13)=20×12×10=2400(cm^3)입니다.
따라서 ㉠의 부피는 ㉡의 부피의 1248÷2400=0.52(배)입니다.

다른 풀이

$\frac{(㉠의\ 부피)}{(㉡의\ 부피)}=\frac{8\times12\times13}{20\times12\times10}=\frac{13}{25}=0.52$(배)

4 126 cm^2

공통인 6cm가 직육면체의 세로이므로 겨냥도를 그려 보면
오른쪽 그림과 같습니다.

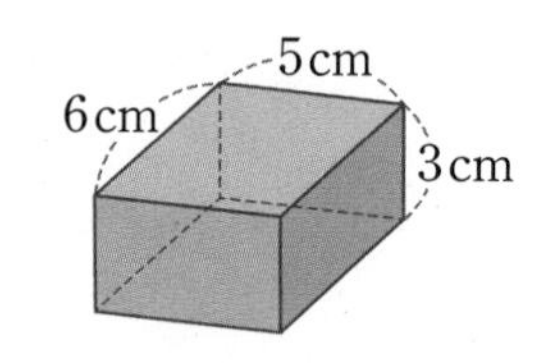

(직육면체의 겉넓이)=(5×6+6×3+5×3)×2
=63×2=126(cm^2)

5 486 cm^2

정육면체의 한 모서리를 □cm라고 하면 □×□×□=729입니다.
729=9×9×9이므로 □=9입니다.
(정육면체의 겉넓이)=9×9×6=486(cm^2)

6 238 cm^2

(밑면의 넓이)$=5\times5-2\times2=25-4=21(\text{cm}^2)$
(바깥쪽 옆면의 넓이)$=(5\times4)\times7=140(\text{cm}^2)$
(안쪽 옆면의 넓이)$=(2\times4)\times7=56(\text{cm}^2)$
(입체도형의 겉넓이)$=21\times2+140+56=238(\text{cm}^2)$

7 585 cm^3

(쇠구슬 4개의 부피)$=$(줄어든 물의 부피)
$=18\times26\times(16-11)$
$=18\times26\times5=2340(\text{cm}^3)$
(쇠구슬 한 개의 부피)$=2340\div4=585(\text{cm}^3)$

8 264 cm^2

쌓을 수 있는 직육면체의 겉넓이는 3가지입니다.
① 가로 2 cm, 세로 2 cm, 높이 32 cm인 경우
(겉넓이)$=(4+64+64)\times2=264(\text{cm}^2)$
② 가로 8 cm, 세로 4 cm, 높이 4 cm인 경우
(겉넓이)$=(32+16+32)\times2=160(\text{cm}^2)$
③ 가로 4 cm, 세로 2 cm, 높이 16 cm인 경우
(겉넓이)$=(8+32+64)\times2=208(\text{cm}^2)$
④ 가로 8 cm, 세로 8 cm, 높이 2 cm인 경우
(겉넓이)$=(64+16+16)\times2=192(\text{cm}^2)$
➡ 가장 큰 겉넓이는 264 cm^2입니다.

서술형 **9** 40 cm

예 (처음 직육면체의 부피)$=16\times8\times15=1920(\text{cm}^3)$
(줄인 높이)$=15\times\frac{40}{100}=6(\text{cm})$
늘인 가로를 □cm라고 하면 $\square\times8\times6=1920$, $\square=40$입니다.
따라서 가로를 40 cm로 늘려야 합니다.

채점 기준	배점
처음 직육면체의 부피를 구했나요?	2점
줄인 높이를 구했나요?	1점
늘인 가로의 부피를 구했나요?	2점

10 105 cm^3

(높이가 9cm인 삼각기둥의 부피)$=5\times3\div2\times9=\frac{135}{2}(\text{cm}^2)$
(높이가 5cm인 삼각기둥의 부피)$=5\times3\div2\times5=\frac{75}{2}(\text{cm}^3)$
따라서 입체도형의 부피는 $\frac{135}{2}+\frac{75}{2}=\frac{210}{2}=105(\text{cm}^3)$입니다.

1 1872 cm^3

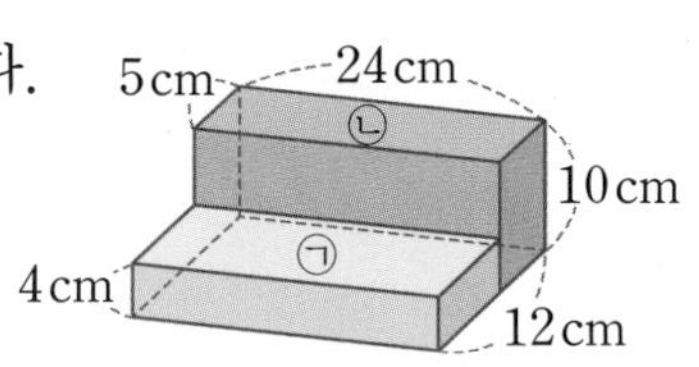

입체도형을 직육면체 ㉠과 ㉡으로 나누어 부피를 구합니다.
(㉠의 부피)$=24\times(12-5)\times4=672(\text{cm}^3)$
(㉡의 부피)$=24\times5\times10=1200(\text{cm}^3)$
따라서 입체도형의 부피는 $672+1200=1872(\text{cm}^3)$ 입니다.

2 512 cm^2

쌓기나무의 한 모서리를 □cm라고 하면 □×□×□=64, □=4입니다.
입체도형의 겉면의 수는 32개이므로
(입체도형의 겉넓이)$=4\times4\times32=512(\text{cm}^2)$입니다.

3 14688 cm^3

종이로 만든 상자는 가로가 $70-8\times2=54(\text{cm})$, 세로가 $50-8\times2=34(\text{cm})$, 높이가 8cm인 직육면체입니다.
(상자의 부피)$=54\times34\times8=14688(\text{cm}^3)$

4 4배

새로 만든 직육면체의 가로는 $9\times2=18(\text{cm})$, 세로는 $4\times2=8(\text{cm})$, 높이는 $8\times2=16(\text{cm})$입니다.
(처음 직육면체의 겉넓이)$=(9\times4+4\times8+9\times8)\times2$
$=140\times2=280(\text{cm}^2)$
(새로 만든 직육면체의 겉넓이)$=(18\times8+8\times16+18\times16)\times2$
$=560\times2=1120(\text{cm}^2)$
따라서 새로 만든 직육면체의 겉넓이는 처음 직육면체의 겉넓이의 $1120\div280=4$(배)가 됩니다.

다른 풀이
직육면체의 각 모서리의 길이를 2배 하면 각 면의 넓이는 $2\times2=4$(배)가 됩니다.
따라서 새로 만든 직육면체의 겉넓이도 4배가 됩니다.

5 3 cm

쌓기나무의 한 모서리의 길이를 □cm라고 하면
(쌓기나무 64개의 겉넓이의 합)=□×□×6×64
=□×□×384(cm²)
(큰 정육면체의 겉넓이)=□×4×□×4×6
=□×□×96(cm²)
두 겉넓이의 차가 □×□×384−□×□×96=2592이므로
□×□×288=2592, □×□=9, □=3입니다.
따라서 쌓기나무의 한 모서리의 길이는 3cm입니다.

6 $288\,cm^3$

밑면의 한 변을 □ cm, 높이를 △ cm라고 하면
(㉮ 상자에 사용된 끈의 길이)=□×8+△×4=80(cm)
(㉯ 상자에 사용된 끈의 길이)=□×4+△×4=56(cm)
㉮ 상자는 ㉯ 상자보다 □ cm씩 4번 더 사용했고, 그 길이는 80−56=24(cm)이므로
□×4=24, □=6입니다.
□×4+△×4=56에서 □+△=14이므로 △=14−6=8입니다.
상자는 밑면의 가로가 6cm, 세로가 6cm, 높이가 8cm인 직육면체 모양이므로
(상자의 부피)=6×6×8=288(cm^3)입니다.

7 12 cm

(처음 물통에 들어 있는 물의 부피)=16×12×10=1920(cm^3)
(물의 부피)=(물과 물에 잠긴 나무 막대의 부피의 합)−(물에 잠긴 나무 막대의 부피)
이므로 나무 막대를 세운 후의 물의 높이를 □cm라고 하면
16×12×□−8×4×□=1920, 192×□−32×□=1920, 160×□=1920,
□=12입니다.
따라서 물의 높이는 12cm가 됩니다.

8 $576\,cm^2$

한 번 자를 때마다 잘리는 면 2개만큼 겉넓이가 늘어납니다.
➡ (8×9)×2=144(cm^2)
따라서 4번 잘랐을 때 늘어난 겉넓이는 144×4=576(cm^2)입니다.

다른 풀이
4번 자르면 5조각으로 나누어지므로 자른 나무 한 조각은 가로가 8cm, 세로가 35÷5=7(cm),
높이가 9cm인 직육면체 모양입니다.
(처음 나무의 겉넓이)=(8×35+35×9+8×9)×2=667×2=1334(cm^2)
(자른 나무의 겉넓이의 합)=(8×7+7×9+8×9)×2×5=191×2×5=1910(cm^2)
따라서 겉넓이의 차는 1910−1334=576(cm^2)입니다.

9 2

(수조 전체 부피)=4×5×6=120(cm^3)
(물의 부피)=(수조 전체 부피)−(비어 있는 부분의 부피)
=120−100=20(cm^3)
물이 있는 부분은 삼각기둥 모양이고
(삼각기둥의 부피)=(한 밑면의 넓이)×(높이)이므로
㉠×5÷2×4=20, ㉠×10=20, ㉠=2입니다.

다른 풀이
비어 있는 부분의 부피는 밑면이 사다리꼴인 사각기둥의 부피와 같으므로
((6−㉠)+6)×5÷2×4=100, (12−㉠)×10=100, 12−㉠=10, ㉠=2입니다.

10 $286\,cm^2$

가로, 세로, 높이는 105의 약수이므로 가로 $<$ 세로 $<$ 높이인 경우를 생각해 보면

• 가로가 1cm인 경우:

세로가 3cm, 높이가 35cm이면

➡ (겉넓이) $=(1\times3+3\times35+1\times35)\times2=286\,(cm^2)$

세로가 5cm, 높이가 21cm이면

➡ (겉넓이) $=(1\times5+5\times21+1\times21)\times2=262\,(cm^2)$

세로가 7cm, 높이가 15cm이면

➡ (겉넓이) $=(1\times7+7\times15+1\times15)\times2=254\,(cm^2)$

• 가로가 3cm인 경우:

세로가 5cm, 높이가 7cm이면

➡ (겉넓이) $=(3\times5+5\times7+3\times7)\times2=142\,(cm^2)$

따라서 가장 넓은 겉넓이는 $286\,cm^2$입니다.

MEMO

MEMO

MEMO

MEMO

최상위를 위한

심화 학습 서비스 제공!

문제풀이 동영상 ⊕ 상위권 학습 자료

(QR 코드 스캔 혹은 디딤돌 홈페이지 참고)

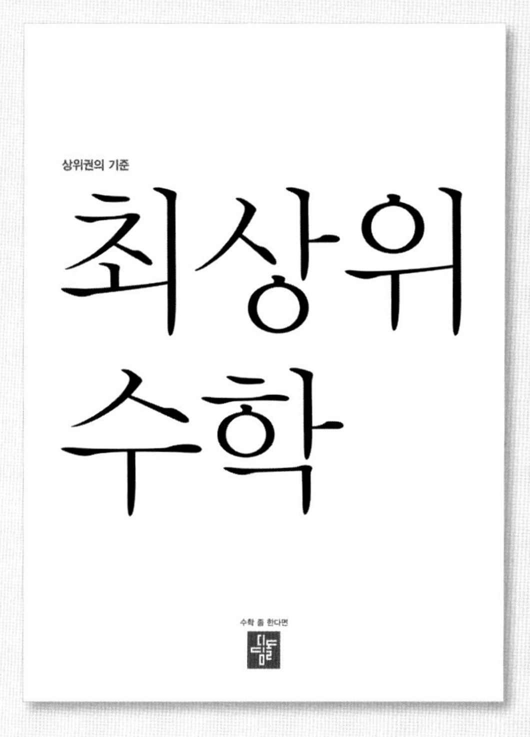

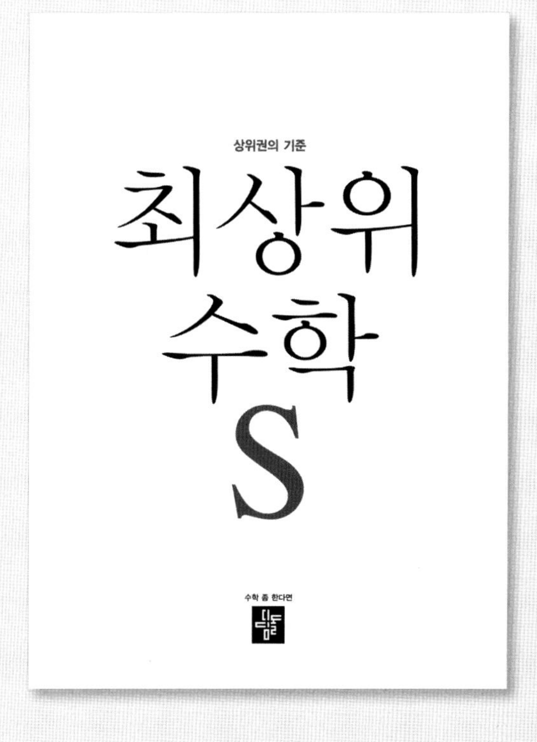

한걸음 한걸음 디딤돌을 걷다 보면 수학이 완성됩니다.

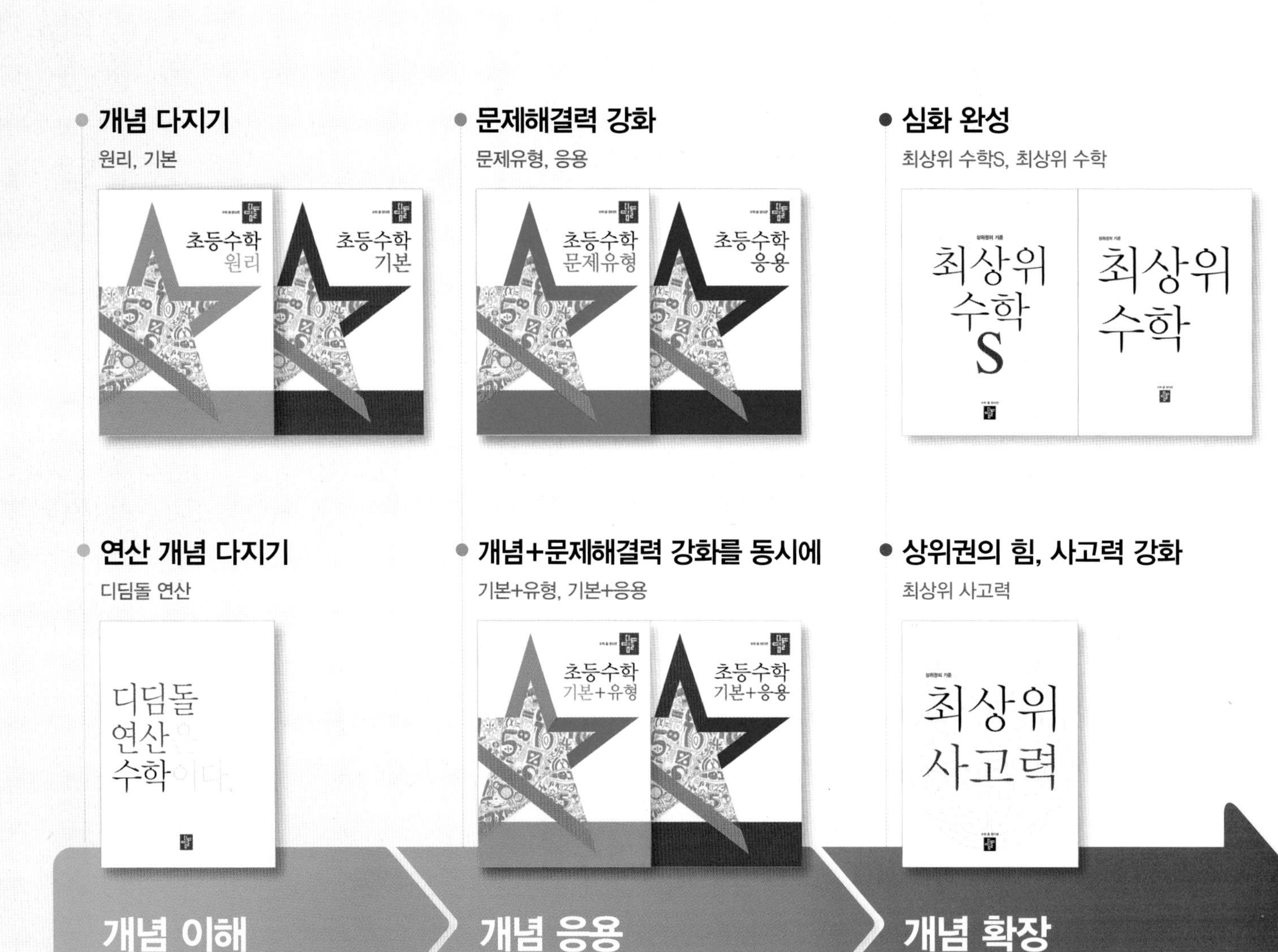

학습 능력과 목표에 따라
맞춤형이 가능한 디딤돌 초등 수학